地下穿越施工技术

周　松　陈立生　编著

中国建筑工业出版社

图书在版编目（CIP）数据

地下穿越施工技术/周松，陈立生编著. —北京：中
国建筑工业出版社，2016.9
ISBN 978-7-112-19548-0

Ⅰ. ①地… Ⅱ. ①周… ②陈… Ⅲ. ①地下工程
-工程施工-施工技术-上海市 Ⅳ.①TU94

中国版本图书馆 CIP 数据核字（2016）第 149231 号

本书为上海城建市政工程（集团）有限公司在地下施工领域多年来丰富的工程建设经验和新技术的总结，以及对各种理论应用的创新与探索。在着重介绍了地下工程中最常采用的穿越施工方法的同时，详细阐述了地下工程穿越施工中工程建设者所应关心的一系列难题。全书共分为 11 章，主要内容包括：概述；地下穿越类型及环境保护方法；地质及既有建（构）筑物调查；地下穿越设备选型；盾构穿越的施工控制技术；顶管穿越施工控制技术；管幕-箱涵穿越施工控制技术；小半径曲线穿越施工控制技术；穿越施工监控测量技术；穿越施工的应急措施；地下穿越施工典型案例。

责任编辑：王　梅　辛海丽
责任设计：李立志
责任校对：王宇枢　党　蕾

地下穿越施工技术

周　松　陈立生　编著

*

中国建筑工业出版社出版、发行（北京西郊百万庄）
各地新华书店、建筑书店经销
霸州市顺浩图文科技发展有限公司制版
廊坊市海涛印刷有限公司印刷

*

开本：787×1092 毫米　1/16　印张：21¾　字数：540 千字
2016 年 9 月第一版　2016 年 9 月第一次印刷
定价：**58.00** 元
ISBN 978-7-112-19548-0
（29055）

版权所有　翻印必究
如有印装质量问题，可寄本社退换
（邮政编码 100037）

序　言

改革开放以来，我国城市建设突飞猛进，城市地下空间开发利用取得了举世瞩目的成就。目前我国城市地下空间开发数量和规模已处于国际领先水平，但从开发效益和利用效率等方面来看，正如钱七虎院士所指出的那样："我国是地下空间开发利用的大国，但还不是地下空间开发利用的强国"。

《国家新型城镇化规划（2014—2020 年）》中，提出"统筹规划地上、地下空间开发"，"建立健全城市地下空间开发利用协调机制"，"科学有序推进城市轨道交通建设"和"推行城市综合管廊"等综合开发利用城市地下空间资源的重要举措，以应对"摊大饼"式的城市发展模式和"城市空间无序开发、人口过度集聚，重经济发展、轻环境保护，重城市建设"，以及城市机动化率不断提高等所引发的日益突出的交通拥堵、城市滞涝、城市雾霾等"城市病"问题。正是在这一背景下，城市地下空间开发的理论研究和施工实践经验的总结便显得尤为重要。

本书是上海城建市政工程（集团）有限公司的广大工程建设者集体智慧的结晶，他们在积累了数十年城市隧道工程、地下工程相关的理论研究和实践经验的基础上，对城市地下空间开发中最常见的三种穿越施工工艺（顶管法、盾构法、管幕-箱涵顶进法）进行了详尽的阐述，内容基本涵盖了工程施工中所遇到的难题，也涉及了土力学、基础工程、机械工程等理论前沿问题，兼顾了地下工程施工的各个方面。本书对近年来上海城建市政工程（集团）有限公司所承揽的六个具有典型意义的大型工程案例进行了详细的阐述，在一定程度上展现了国内在隧道及地下工程施工理论、管理、工艺上的先进理念和最新科技水平。部分施工工艺，如管幕-箱涵顶进工法已达到国际领先水准。

本书中所总结的具有实际工程指导意义的方法、经验和措施，是值得我国隧道及地下工程技术人员学习和借鉴的。我相信本书的出版将进一步促进我国隧道及地下工程的施工技术、施工管理、施工工艺的研究，推动建设管理部门、施工单位和设计单位的技术及管理水平不断提高。

王振信

2016 年 6 月

前　言

随着社会经济的高速发展及城市人口的快速增长，城市和道路交通建设日新月异，地铁、隧道及地下管线的敷设等市政工程趋于集约化、空间化、复杂化。但由于城市地面建筑物、道路逐渐增多，地下空间逐步被利用，工程建设中大量的地下工程都会遇到穿越建、构筑物和管线的需求。比如建造公路隧道、城市地铁隧道、地下管道工程、城市过街地道等，这些工程面对的周边环境和工程地质往往非常复杂，所穿越的对象种类繁多，工程风险极大。总结出穿越工程方面的成套施工技术是摆在我们面前的一项重要使命。

上海城建市政工程（集团）有限公司凭借在地下施工领域所拥有的先进技术，承揽了数十项大型地下穿越工程，尤其是最近 10 年，通过有影响力的大型穿越工程的施工，集团积累了丰富的工程建设经验，成功研发并采用了一些新技术，对各种理论的应用也进行了一些创新与探索。但是，我们深知地下工程是一门实证科学，解决地下工程施工的实际问题必须强调理论创新与实际经验的相互促进，因此，对一些典型的重大工程，系统地分析实例与数据，认真地总结经验，升华理论是非常有必要的。

根据上述设想，本书着重介绍了地下工程中最常采用的三种穿越施工方法，即盾构法、顶管法、管幕—箱涵顶进法，汇总了上述三种穿越的施工工法、施工经验及案例。同时，也介绍了一些与它们息息相关的、正在探索的地下施工方面的新理论和新技术。本书详细阐述了地下工程穿越施工时，工程建设者所应关心的一系列难题，包括：穿越类型、周边环境调查、设备选型、施工过程中的控制技术、监控测量技术以及必要的应急措施等。

本书以介绍实践经验为主，尽可能全面详细地汇集工程建设中的有关问题，也加入了许多土力学、基础工程、机械工程等理论和实践的内容，在本书第 11 章，对上海城建市政工程（集团）有限公司所承揽的六个大型穿越工程（盾构法、顶管法、管幕—箱涵顶进法）进行了深入的介绍，可以作为前述所有章节内容的实际应用。希望本书可供我国地下工程和隧道工程业界施工人员、设计人员、各高校科研单位相关专业的老师与研究生们等广大业界同仁们借鉴、参考。

在本书成稿编著的过程中，有幸得到了同济大学白云教授、廖少明教授，上海交通大学黄醒春教授，隧道股份杨我清教授级高工的悉心指导，他们就本书各个章节提出了许多宝贵的意见，特此感谢。另外，许多合作单位的一些科研成果和技术总结，我们也将它们引入书中，以飨读者，同时谨向这些同志致以衷心的感谢。

本书的编著成员及主要分工如下：

周松：第 1 章，第 5 章，第 6 章，第 7 章，第 11 章；陈立生：第 1 章，第 2 章，第 5 章，第 6 章，第 11 章；葛金科：第 1 章，第 2 章，第 7 章，第 11 章；彭少杰：第 4 章 4.1 节，第 10 章；王洪新：第 2 章，第 5 章；陈台礼：第 3 章；卢礼顺：第 5 章，第 8 章 8.1 节，第 10 章；荣建、徐伟忠：第 9 章；第 11 章 11.2 节；杨光辉：第 11 章 11.1 节、

11.3 节；张振：第 4 章 4.2 节、4.3 节，第 6 章，第 8 章 8.2 节，第 11 章 11.4 节、11.5 节；曾英俊：第 11 章 11.6 节；本书全篇由杨继范、王欢整理、编辑，并由周松、陈立生通读、统稿及主持内容、文字的修缮。

　　尽管本书的每一位参编作者都付出了艰辛的努力，但由于水平经验和文字表达方面的局限与不足，书中内容不尽完善，难免有疏漏和不妥之处，敬请专家和读者批评指正。

2016 年 3 月

目　录

第1章 概　　述

1.1　穿越施工背景

随着社会经济的高速发展及城市人口的快速增长，城市和道路交通建设日新月异，地铁、隧道及地下管线的铺设等市政工程趋于集约化、空间化、复杂化。在这些地下工程建设过程中，由于地面交通和建筑环境的限制，通常不能采用传统的明挖法施工技术，而需采用对地面和周围环境干扰较小的地下穿越方法进行施工。

所谓地下穿越施工，是指地下工程施工中无需明挖，穿越既有建（构）筑物及管线的施工方法，相关的主要技术有：盾构法、顶管法、管幕-箱涵法等。其主要用于穿越地面有不便拆除的建（构）筑物、繁华街市、交通干道、地铁等场所。与传统的明挖法相比，地下穿越施工具有以下优势：（1）施工期间不影响上部道路的正常通行；（2）相对于桥梁方案能够节省建筑用地；（3）施工干扰少，保护城市环境；（4）能满足抵抗一定自然灾害的要求等。

由于现代城市建设中经常遇到的立体交通与地下建筑，地下穿越施工将不可避免地产生与既有建（构）筑物间的相互扰动影响，同时，地下隧道的断面尺寸也在逐步地增大，有的则需要浅覆土、长距离、矩形断面穿越。因此，对地下穿越施工新技术及其引起的环境效应进行深入研究，探求其合理可行的施工技术及环境保护技术具有良好的社会、经济和环境效益。

1.2　穿越施工技术的发展与现状

地下穿越既有建（构）筑物的问题根据被穿越物的不同大致可以分为四种类型：1）穿越地表建筑物及桩基；2）穿越地下管线；3）穿越铁路；4）穿越既有地下构筑物（包括隧道）。尽管四类建（构）筑物存在结构形式、受力方式和变形模式的差异，但在地下穿越的施工中都面临着同样的技术问题，即对隧道开挖导致土体位移的预测、土体扰动位移对既有建（构）筑物可能引起破坏的评价、既有建（构）筑物的保护措施、控制标准、既有建（构）筑物的监测和地下穿越的施工方法选择。所以，可以将其归为一类问题——穿越施工技术，而各种类型的工程评价方法则可以相互借鉴。

1.2.1　穿越施工技术发展

对于大型地下工程项目，根据建设条件要求，目前最常用的穿越施工方法有：盾构法、顶管法、管幕-箱涵顶进法等，下面将以此三种方法为例来分别介绍穿越施工技术的发展。

1.2.1.1　盾构法的技术发展

盾构法的起源可以追溯到 1818 年，距今已有近 200 年的历史，最早由法国工程师布鲁诺提出，并于 1823～1841 年，在伦敦泰晤士河下修建了世界上第一条由盾构法施工的隧道，全长 458m。到了 1874 年，英国工程师格雷脱海特创造了比较完整的用压缩空气来平衡水土压力的气压盾构施工工艺，并用于修建伦敦城南线 Vyrnwy 隧道，为现代化盾构奠定了基础。

20 世纪初，盾构法施工在英、美、法、德、苏等国开始推广，被广泛用于公路隧道、地铁和市政隧道的建设中，并在加气压施工方法和盾尾注浆技术等方面有了突破性的发展；20 世纪 30～40 年代，这些国家已相继成功地使用盾构法建成了内径 3.0～9.0m 的多条地下铁道及水底隧道；从 20 世纪 60 年代起，盾构法在日本得到了迅速的发展，其用途也越来越广。为防止地层沉降构成对建筑物、管道的威胁，日本和德国还研究开发了盾构开挖面的稳定技术和开挖技术。1967 年世界上第一台泥水加压式盾构研制成功，1974 年世界上第一台土压平衡盾构研制成功，并相继投入使用，开辟了能有效控制地面沉降的新途径，这标志着盾构法施工技术进入了一个崭新的阶段，它们可以在大多数类型的工程地质和水文条件下使用，机械化程度高且施工速度快。除在岩石和半岩石土层的地质条件下，钻爆法和盾构法的竞争较激烈外，在软岩、不稳定岩层及软土地层中盾构法施工显得更加可靠和经济有效。从世界范围内看，在盾构法隧道施工技术方面，日本和欧洲处于领先地位。世界上第一个直径大于 14m 的超大直径盾构隧道工程是日本东京湾的海底道路隧道工程，施工用盾构机直径达 14.14m，隧道埋深 20m，海底盾构隧道段长 9.5km。1994 年，英、法两国合建完成英吉利海峡隧道，施工机械盾构机直径为 7.82m，隧道埋深达 110m，海底盾构隧道段长达 39km。这两项工程的顺利完成，把世界盾构法隧道施工技术推进到较新阶段。

我国是较早采用盾构法施工的发展中国家，虽然起步较晚，但是发展很快，目前已能自行研制和生产所需的盾构机器设备。1970 年，上海隧道工程公司使用直径为 10.2m 的网格挤压式盾构机，建成穿越黄浦江的我国第一条水下隧道，实现了中国用盾构法修建公路隧道"零"的突破。20 世纪 80 年代中期，上海开始进行土压平衡和泥水加压盾构的研制，并取得了成功。近年来，黄浦江越江隧道、合流污水工程等，尤其是地铁隧道的建设，使盾构法技术在上海得到了飞速的发展，并使上海具备了盾构设备研发的实力。其中上海崇明越江隧道工程，采用了世界最大直径（ϕ15.43m）的泥水加压盾构施工，掘进长度为 7470m，解决了高水压软土复杂地质条件下，超大断面盾构衬砌结构设计、开挖面稳定、隧道抗浮、管片制作与拼装、隧道防水、关键部件的检修等一系列设计施工难题，于 2009 年 11 月建成通车。

目前，在国内超大直径盾构（一般为 ϕ14m 以上）相关案例应用逐渐丰富起来。近 10 年来，我国超大直径盾构隧道建成通车运营的工程有 9 项，其中上海有 5 项，南京有 2 项，杭州有 1 项，扬州有 1 项。采用了 12 台盾构掘进机，掘进长度达 51.86km，超过国外 20 年来超大直径隧道工程的总长度。2004 年上海上中路越江隧道工程引进当时世界最大直径的 ϕ14.87m 泥水加压盾构，建造了黄浦江下双管双层双向 8 车道的公路隧道，掘进长度达到 1250m，穿越了饱和含水的淤泥质黏土、淤泥质粉质黏土等软弱地层，隧道最大埋深达到 45m，最浅覆土仅 8.6m，于 2009 年建成通车。2007 年上海外滩道路北段隧道采用 ϕ14.27m 土压平衡盾构施工，为国内首次采用大直径土压平衡盾构在城市密集区施工，掘进长度 1098m，该工程最大特点为穿越"1 桥 2 隧 33 栋"大量重要的建构筑物和历史名胜，其中盾构边线离历史知名建筑浦江饭店桩基仅 1.7m，于 2010 年 3 月建成运营。图 1-1 为国内超大直径盾构隧道典型工程案例，其他已建的及在建的超大直径盾构隧道工程如表 1-1 所示。

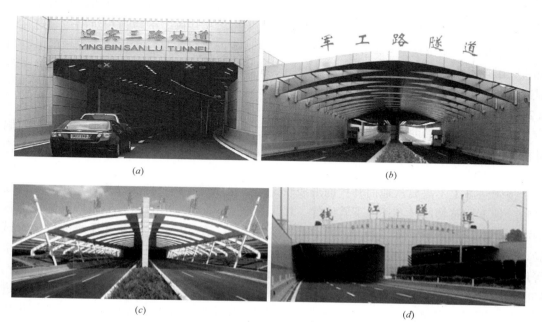

(a) (b)

(c) (d)

图 1-1 国内超大直径盾构隧道典型工程案例

(a) 虹桥综合交通枢纽迎宾三路隧道（ϕ14.27m）；(b) 上海军工路隧道（ϕ14.89m）；

(c) 上海长江隧道（ϕ15.43m）；(d) 杭州钱江隧道（ϕ15.43m）

我国超大直径盾构隧道工程一览表　　　　　　　　　　表 1-1

工程名称	盾构直径、机型	隧道长度（km）	建设时间
上海上中路隧道	1 台 ϕ14.89m 泥水盾构	1.25×2	2005～2009
上海军工路隧道	1 台 ϕ14.89m 泥水盾构	1.525×2	2008～2010
上海长江隧道	2 台 ϕ15.43m 泥水盾构	7.47×2	2005～2009
南京长江纬七路隧道	2 台 ϕ14.9m 泥水盾构	3.835×2	2005～2010
上海外滩道路隧道	1 台 ϕ14.27m 土压盾构	1.098	2007～2010
上海虹桥综合交通枢纽迎宾三路隧道	1 台 ϕ14.27m 土压盾构	1.682	2009～2011
杭州钱江隧道	1 台 ϕ15.43m 泥水盾构	3.02×2	2012～2014
南京纬三路过江通道	2 台 ϕ14.93m 泥水盾构	3.995＋3.688	2014～2015
扬州瘦西湖隧道	1 台 ϕ14.93m 泥水盾构	3.6×2	2011～2014
上海虹梅南路隧道	1 台 14.93m 泥水盾构	3.39×2	2011～2015

工程名称	盾构直径、机型	隧道长度（km）	建设时间
上海长江西路隧道	1台15.43m泥水盾构	1.538＋1.545	在建
上海沿江通道	2台15.43m泥水盾构	5.09×2	在建
上海北横通道	1台15.56m泥水盾构	2.751＋3.665	在建
总计	17台	78.322	

总体来说，随着我国城市地铁、公路工程建设的广泛开展，近十年来盾构技术在我国得到了空前的发展。但是，从工程造价上来看，采用盾构法施工的隧道相对昂贵，这在一定程度上制约了城市地下空间的开发和利用；另一方面，目前我国盾构隧道领域的基础研究和应用技术水平与盾构隧道技术发达的国家相比还有一定差距，在较多专业领域如装备制造，尚需进行专项研究和开发。

1.2.1.2 顶管法的技术发展

顶管法施工是借助于始发工作井内主顶油缸及中继间等的顶推力，把掘进机和紧随掘进机后的管道及中继间从工作井内穿过地层一直顶推到接收井内的一种非开挖铺设地下管道的施工方法。

顶管法施工不需要从地面开挖而形成管道，并且能够穿越公路、铁道、河川、地面建筑物、地下构筑物以及各种地下管线等。最早始于1896年美国的北太平洋铁路铺设工程的施工中。我国的顶管施工最早始于1953年的北京，在1956年上海也开始进行顶管试验，但一开始都是一些手掘式顶管，设备也比较简陋。1984年前后，北京、上海、南京等地先后开始引进国外先进的机械式顶管设备，从而使我国的顶管技术上了一个新台阶。1988年，通过引进消化吸收，上海研制成功了国内第一台ϕ1200mm土压泥水平衡掘进机。与此同时，多刀盘土压平衡掘进机、大刀盘土压平衡掘进机、大刀盘泥水平衡掘进机也相继在上海诞生，取得了令人满意的效果。

近20年来，顶管施工技术无论在施工理论，还是在施工工艺和设备开发研制方面，都有了突飞猛进的发展，各种新方法新工艺不断出现，这也带动了顶管技术在我国的发展，同时有关顶管工程的理论也逐步发展起来。随着城市建设和改造项目的增多，顶管工程在我国各个城市都得到了广泛应用，顶管施工日趋普及，应用的领域也越来越宽，已应用到给水排水管、煤气管、动力电缆、通信电缆和发电厂循环水冷却系统等许多管道与隧道的施工中。比较典型的顶管工程案例有上海合流污水一期、二期、三期，上海苏州河综合整治工程等。近年来比较典型的顶管工程有：上海白龙港南线东段超大直径顶管工程，为城市污水输送干线，是国内口径最大的混凝土顶管工程，顶管内径达到4m，外径达到4.64m，单线总长52km。上海青草沙原水顶管严桥支线工程，为城市生活用水输送干线，采用大口径钢顶管，其中严桥支线工程最大管径3.6m，单线总长54km。1997年上海黄浦江上游引水工程的长桥支线顶管，也为城市生活用水输送干线，采用内径3.5m钢顶管，并实现了一次最大顶进距离1743m，为当时的世界纪录。上海北京西路—华夏西路电力隧道为国内目前最大口径的混凝土顶管电力隧道，外径为4.14m，内径3.5m，顶管隧道长度为6.2km。2015年实施的黄浦江上游水源地连通管工程，线路全长约42km，采用DN4000、DN3800和DN3600钢管，多为超大直径、超长距离钢顶管施工。超大直径顶管典型工程案例见图1-2。

图 1-2　超大直径顶管典型工程案例
（a）上海苏州河综合整治；（b）上海白龙港超大直径顶管工程；
（c）上海北京西路—华夏西路电力隧道；（d）上海青草沙原水顶管严桥支线工程

1.2.1.3　管幕-箱涵法的技术发展

管幕-箱涵工法是顶管和箱涵两种顶进技术相结合而发展起来的，包含了水平管幕（顶管）顶进技术以及在管幕内的箱涵顶进技术。管幕-箱涵法作为一种适用于软土地层的新型地下工程非开挖技术，可用于任意断面形状（矩形、拱形、异形）的穿越工程，箱涵穿越区域沉降变形控制严格，对周边环境如地面交通、管线和房屋等影响小。该施工方法适用于填土、淤泥土、黏土、砂土、岩层等各种地层，可用于穿越铁路、机场联络通道、高速公路、穿越繁忙的街道、建筑密集或者环境保护要求严格的地下通道等特殊条件下的地下工程施工，尤其针对软土地层浅覆土、大断面的穿越施工，具有明显的优越性。

管幕-箱涵工法最早于1971年出现在日本 Kawase-Inae 穿越铁路的通道工程，由 Iseki 公司修建。以后近40年里，作为一种新型的非开挖技术，该施工工艺发展日趋成熟，国内外采用该工法成功修建了许多浅埋式大断面隧道或地下通道，并形成了多种各具特色的施工工法，如日本的 FJ 工法、ESA 工法、中国大陆首创的 RBJ 工法等。1991年日本近幾公路松原海南线松尾工程中，采用 ESA 工法顶进大断面箱涵，箱涵宽26.6m，高8.3m，顶进长度达到121m；2000年日本大池—成田线高速公路线下地道工程采用 FJ 箱涵顶进工法施工穿越高速公路，其大断面箱涵宽19.8m，高度7.33m，施工顶进长度

47m；2005 年建成的上海中环线北虹路下立交工程更是管幕-箱涵工法在中国大陆的首次应用，首创采用 RBJ 顶进工法，箱涵结构宽 34.2m、高 7.85m 为当时世界第一，管幕段长 126m，顶进距离为世界第二，该项目工程最终还获得了 2006 年上海市科技进步一等奖和国际非开挖协会金奖。其他成功的著名施工案例还有：台湾复兴北路穿越松山机场地道工程、日本公路松原海南线桧尾工程、北京地铁 10 号线穿越京包铁路框架桥工程以及厦门市高崎互通下穿鹰厦铁路隧道工程等等，均取得了良好的效果。

其中上海中环线北虹路地下通道工程是我国第一次在饱和软土地区采用管幕-箱涵法施工工艺，也是世界上在饱和含水软土地层中施工的最大最长的管幕法工程，为八车道城市主干道，由上海市隧道工程轨道交通设计研究院设计，原上海市市政二公司（现更名为上海城建市政工程（集团）有限公司）施工修建。施工工期为 2003 年 6 月～2005 年 6月。该项目管幕段由 80 根 ϕ970，壁厚 10mm 带锁口的钢管形成"口"字形帷幕，相邻钢管间采用锁口连接。钢管幕管顶覆土厚度仅为 4.5m，管幕内箱涵结构外包尺寸达到 34.2m×7.85m，箱涵顶进长度 126m。地下通道穿越西郊宾馆和虹桥路，西郊宾馆是重要的保护对象。虹桥路为交通主干道，车流量很大，地下管线复杂，对路面变形控制要求很高。

为了顺利完成该项目工程，施工方自主开发成功了基于 RBJ 工法的管幕-箱涵施工方法，首次采用了管幕内土体不加固的箱涵顶进施工方案。相对于其他施工方案，RBJ 施工工法适用于软土地层浅埋式大断面长距离非开挖地道工程，具有以下一些优点：1）RBJ工法依靠网格工具头稳定开挖面，对管幕内土体可不进行加固处理，安全可靠，有效降低了工程投资费用，缩短了工期；2）管幕内箱涵顶进采用顶进法取代对拉法，使受力体系更简化，在管幕与箱涵之间形成完整可靠的支承润滑介质。既可减少箱涵顶进过程中的地表沉降，又能降低箱涵顶进阻力；3）用底排钢管幕作为箱涵顶进的基准面，施工精度高，质量有可靠保证。图 1-3 为上海中环线北虹路地下通道工程（管幕-箱涵工法）。

图 1-3　上海中环线北虹路地下通道工程（管幕-箱涵工法）

2016 年开始实施的上海市田林路下穿中环线地道工程，对上海市中环线北虹路地道的管幕工法进行了改进，主要是在口字形钢管幕内采用全断面封闭式切削的土压平衡掘进机取代钢网格工具头，分节顶进箱涵。不仅能够更好地控制地表变形，而且进一步拓宽了该工法对地层的适应性。田林路地道的箱涵断面为 19.6m×6.4m，长度约 90m。箱涵顶进通过 PLC 可编程计算器由一位控制人员对箱涵的开挖面稳定、箱涵顶进的姿态、箱涵的泥浆减阻和顶力等进行远距离集中控制。目前工程正在实施过程中。这是目前软土地层世界上最大断面的土压平衡矩形箱涵掘进机浅覆土穿越敏感公路的工程。

1.2.2 现状及存在问题

随着城市地面建筑物、道路逐渐增多，地下空间逐步被利用，在城市规划等问题上会遇到大量地下穿越工程的需求。比如建造公路隧道、城市地铁隧道、大量地下管道工程、大量城市过街地道等，这些穿越工程面对的周边环境和工程地质往往非常复杂，工程风险很大。总结出穿越工程方面的成套施工技术是摆在我们面前的一项重要使命。由于地下工程情况复杂，不可预见的因素较多，是工程风险的易发范围。穿越工程的相关理论、经验和应用技术还不够完善，集中表现在以下方面：

1）地表变形控制技术尚不成熟，很难真正做到微扰动施工要求；

2）施工条件复杂，受地质条件影响较大，有较多的不确定性和风险；

3）对地下构（建）筑物的资料和调查很难做到精准等等。

另外，随着地下空间的不断被开发利用，交叉的地下工程与日俱增，关于穿越施工的工程实例国内外都有不同程度的研究。通过以往的研究，归纳出穿越施工存在的几个关键性问题：

1. 工程地质和水文地质条件。对于穿越工程来讲，由于其在既有结构近邻施工，工程地质和水文地质条件直接影响周边既有结构的变形和安全控制等。周围土体的具体特征是决定穿越施工时采取什么样加固措施的决定性因素，比如围岩的性质和地下水决定平衡条件和注浆效果等。因此，穿越工程的工程地质和水文地质评价是决定选用施工方法的关键，甚至是决定工程成败的关键。

2. 新旧结构之间地层的处理。穿越工程在施工前或施工中一般会对新旧结构之间的地层进行加固处理。当新旧结构之间地层的土层较厚或穿越距离较长时多采用注浆加固的方式；当新旧结构之间地层的土层较薄或穿越距离较短时多采用管棚等刚度较大的结构作支护的方式。

3. 既有结构的现状评价。结构的破坏是由于所受外力超过其极限承载力或变形大于容许值，在结构的设计过程中，设计人员对结构所受各种荷载一般都做了较保守的计算，在年限内，结构承载力一般能满足要求。但由于新建结构要穿越施工，引起了新的变形，从而产生附加内力，对于已经使用若干年的地下结构，由于长期受地下水的侵蚀，结构会受到不同程度的损伤，很多结构已经呈现开裂、渗水现象。因此，要充分做好既有结构的现状评价与监测，在全面掌握既有结构动态反应的基础上，才能给出比较合理的控制标准、变形警报值和容许值，作为选择合理的施工方案的依据，达到控制变形的目的。

4. 空间位置关系。新建结构与既有结构的空间位置关系也是影响既有结构变形的关键因素之一。比如新建隧道是紧贴既有结构还是之间夹有一定厚度的土层，此时的相互影响将取决于相对位置关系和工程地质条件。

5. 施工方法的选择。对于地下工程引起的环境问题，施工方法的选择是至关重要的，特别是对于一些大断面的地下工程，比如地下商场、地下车站等，施工方案和辅助工法是控制变形沉降的重点因素。

1.3 地下穿越工程施工方法

1.3.1 盾构穿越施工方法

1.3.1.1 基本概念

　　盾构穿越施工方法是暗挖法施工中的一种全机械化施工方法，它是盾构机械在地层中掘进，通过盾构外壳和隧道衬砌结构支承周围土体防止发生往隧道内的坍塌，并在开挖面前方利用切削装置进行地层开挖，同时控制开挖面的出土量以平衡地层压力，通过出土机械运出洞外，依靠后部千斤顶加压顶进，随后拼装预制混凝土管片，形成隧道结构的一种机械化施工方法。该方法常用于软土地区埋深较大的隧道工程，可穿越江河、湖泊、海底、地面建筑物和地下管线密集区。对于岩石地层，可用相应的岩石隧道掘进机（TBM）开挖施工。盾构穿越施工示意图如图1-4所示。

图 1-4　盾构穿越施工示意图

1.3.1.2 结构形式

　　盾构的结构有多种分类方式。按盾构断面形状可分为圆形（单圆、双圆等）、拱形、矩形和马蹄形等异形断面形式。圆形盾构因其抵抗地层中的土压力和水压力较好，衬砌拼装简便，可采用通用构件，易于更换，因而应用较为广泛。

　　按开挖面与作业室之间隔墙构造可分为全开敞式、半开敞式和密封式，其中全开敞式、半敞开式因为技术落后，目前几乎不采用，因此这里不再赘述。密封式盾构是指在机械开挖式盾构机内设置密封隔墙，开挖土体进入开挖面和隔墙之间的刀盘腔（切口环）内，采用出土设备或泥水管路输出，盾构掘进中由舱内泥水压力或土压力提供足以使开挖面保持稳定的压力。密封式盾构又分为泥水平衡式和土压平衡式等，是目前广泛采用的盾构形式。其中土压式盾构又细分为一般土压式和加泥式土压平衡式。如图1-5所示。

　　另外，按照平衡地下水与稳定开挖面的方式可分为泥水加压、土压平衡盾构，局部气压盾构或全气压盾

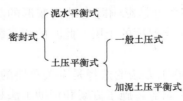

图 1-5　密封盾构结构形式分类

构等。

1.3.1.3 工艺流程

盾构穿越施工工艺流程如图 1-6 所示。可概括为：

1）在盾构法施工隧道的起始端和终端各建一个工作竖井，分别称为始发井（或称拼装室）和到达井（或称拆卸室）。特别长的隧道，还应设置中间检修工作井（室）。

2）把盾构主机和配件分批吊入始发井中，并组装成整机，随后调试各系统性能使之达到设计要求。

3）洞口地层加固。

4）依靠盾构千斤顶推力（作用在已拼装好的衬砌环和始发井后壁上）将盾构从始发井的结构开孔处推出。

5）盾构在地层中沿着设计轴线推进，在推进的同时不断出土和安装衬砌管片。

6）及时向衬砌背后的空隙注浆，防止地层移动和固定衬砌环位置。

7）盾构进入到达井而后被拆除。如施工需要，可穿越到达井或盾构过站再向前推进。

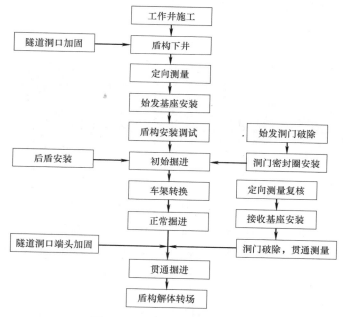

图 1-6 盾构穿越施工工艺流程

盾构掘进由始发工作井始发，到隧道贯通、盾构机进入到达工作井，一般经过始发、初始掘进、转换（台车转换）、正常掘进、到达掘进五个阶段。盾构自基座上开始推进到盾构掘进通过洞口土体加固段止，可作为始发施工阶段；盾构始发后进入初始掘进阶段；台车转换后进入正常掘进阶段（正常掘进是基于初始掘进得到的数据，采取适合的掘进控制技术，所进行的高效掘进阶段）；当盾构正常掘进至离接收工作井一定距离（通常为 50～100m）时，盾构进入到达掘进阶段。到达掘进是正常掘进的延续，是保证盾构准确贯通、安全到达的必要阶段。

施工过程中，开挖面的稳定及出土量控制、盾构沿设计路线的高精度推进（即盾构的方位、姿态控制）、衬砌拼装作业、建筑间隙填充四项工作最为关键，常称为盾构掘进控制的"四要素"，这些条件是保证盾构施工成功穿越的重要因素。

1.3.1.4　设备系统

盾构的种类较多，其设备系统均由盾构壳体、掘削机构、搅拌装置、推进装置、排土机构、管片拼装机构等几部分组成。图 1-7（a）为土压平衡式盾构机，图 1-7（b）为泥水平衡式盾构机。

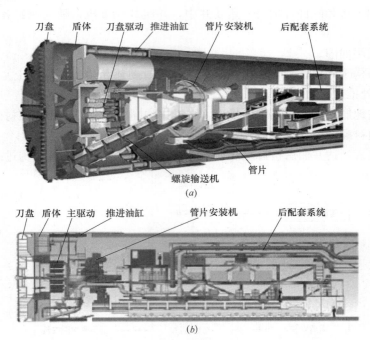

（a）

（b）

图 1-7　盾构的种类

（a）土压平衡盾构机；（b）泥水平衡式盾构机

盾构壳体的主要作用就是用作保护掘削、排土、推进、衬砌拼装等设备以及人员操作的安全，故整个外壳采用一定厚度的钢板制作，并用环形梁加固支撑。根据位置的不同，通常把盾构外壳沿纵向从前往后分为切口环、支承环和盾尾环三部分。

切口环位于盾构的最前端，起开挖和挡土作用，切口环能保持工作面的稳定，并把开挖下来的土体向后方运输，切口环的形状和尺寸由开挖下来土体的状态和输送方式来确定。

支承环即盾构的中央部位，是盾构的主体部分。它紧接于切口环，是一个刚性很好的筒形结构，承受地层压力、千斤顶的反作用力、切口入土正面阻力、衬砌拼装时的施工载荷等作用力。支承环内部通常装有刀盘驱动装置、排土装置、盾构千斤顶、管片拼装机构（举重臂）等。

盾尾环即盾构的后部，主要用于掩护管片的安装工作，为了防止周围地层的土体、地下水及背后注入泥浆窜入该部位，特设置盾尾密封装置。

掘削机构的主要功能是利用切削工具将盾构前方的土体开挖、搅拌并通过排土机构输向盾构后方，最后运送至地面排出。对封闭式（土压式、泥水式）盾构而言掘削机构主要是掘削刀盘。

对于土压盾构，搅拌机构是附在刀盘背面的突起棒形构件，其作用是随着刀盘的转动将涌入土舱内的渣土与注入的添加剂搅拌均匀，提高渣土的流塑性，以防沉积黏固，从而有利提高排土效率。而对于泥水盾构而言，搅拌机构的作用是将掘削下来的土体与泥水舱内的泥水混合均匀并形成利于排泥泵排除的浓泥浆。为了防止土体在舱底沉淀，通常在泥水舱底部还设置搅拌粉碎机构。

推进体系为盾构外壳内侧沿环形中梁布置的推进千斤顶，千斤顶的另一端顶在已经组装好的衬砌管片上，利用推进油缸来推动盾构能够在土中顺利前行。一般情况下，盾构千斤顶应等间隔地设置在支承环的内侧紧靠盾构外壳处且其伸缩方向应与盾构中心轴平行。

排土机构因盾构机类型不同而有所差异。对于土压式盾构，其排土机构包括螺旋出土器、排土控制器、皮带输送机、泥土运输设备等，即通过螺旋出土器将土舱中的渣土送至皮带运输机上，经过皮带传送至后方的运土车上，再经地面吊车将运土车上的渣土吊至地面后运走。对于泥水盾构而言，其排土机构包括泥浆送入系统和泥浆排放系统，即将具有一定压力的泥浆从地面通过管路注入泥水舱中，再与掘削下来的渣土进行混合，形成具有一定浑浊液的浓泥浆，经排泥泵及管路排至地面。

管片拼装机构设置在盾构的尾部，由举重臂和真圆保持器组成包括搬运管片的钳夹系统和提升、旋转、就位系统。举重臂常以液压为动力，其作用是将管片按设计规格和要求迅速、安全地就位拼装成整环。

1.3.2　顶管穿越施工方法

1.3.2.1　基本概念

顶管穿越施工方法是隧道或地下管道穿越铁路、道路、河流或建筑物等各种障碍物时采用的一种暗挖式施工方法。即采用支承于基座上的液压千斤顶或具有顶进、牵引功能的设备，通过传力顶铁和导向轨道，将机头、管节按设计高程、方位、坡度压入土层中，同时挖除并运走机头正面的土体；当第一节管段全部顶入土层后，将第二管节接在后面继续顶进，如此将数节管节顶入，做好接口，建成涵管。顶管的断面形状通常为圆形或矩形，该方法特别适于修建穿越已有建筑物、交通线涵管或河流、湖泊下的小断面地下管道。在市政工程的各种管线施工中应用广泛。顶管穿越施工示意图如图1-8所示。

1.3.2.2　顶管分类及结构形式

顶管穿越施工有多种分类方法，它们分别从不同侧面强调了该方法在某一方面的特征。其中，常见分类方法如下：

1. 按顶管管径大小，可分为大口径顶管（管径在2000mm以上）、中口径顶管（管径在1200～1800mm）、小口径顶管（管径在500～1000mm）和微型顶管（管径在400mm以下）四种。

2. 按施工顶管的埋深H，可分为深埋式、中埋式、浅埋式和超浅埋式地下顶管工程，即当$H>8$m或$H>3D$（D为管道内径）时，为深埋式地下顶管；当$H>3$m或$H>2D$且$H<8$m时，为中埋式地下顶管；当$H\leqslant3$m或$H\leqslant2D$时，为浅埋式地下顶管；当$H<3$m且$H\leqslant1.5D$时，为超浅埋式地下顶管。

3. 按施工顶管的管节材料划分可分为钢筋混凝土管、钢管、球墨铸铁管、玻璃钢管、（PVC管）和石棉水泥管等顶管。

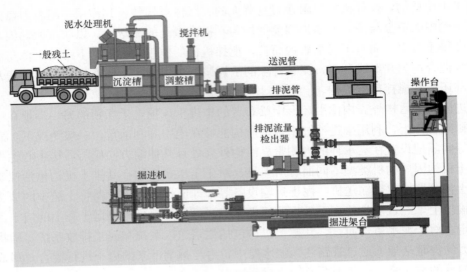

图 1-8 顶管穿越施工示意图

4. 按顶进管道轨迹的曲直，可分为直线顶管和曲线顶管。

5. 按顶管施工的工作井和接收井之间的距离（一次顶进长度），顶管施工可分为普通顶管和长距离顶管。

6. 按顶管机的结构形式根据施工工艺的不同，可分为敞开式和封闭式两大类。敞开式顶管掘进机有手掘式、挤压式和网格式等；同样，由于敞开式顶管掘进机目前极少采用，这里不再赘述。封闭式顶管掘进机有土压平衡型、泥水平衡型、混合型等。其中混合式顶管机即是通过顶管机的重新设置，可以实现气水平衡、土压平衡、气压平衡和敞开式顶管机任意两者之间的相互组合，以实现对不同地层的广泛适应性。

1.3.2.3 工艺流程

顶管穿越施工一般主要包括 16 部分内容：工作井施工，洞口止水圈施工，掘进机安装，主顶装置，顶铁安装，机头导轨设置，后座墙构筑，顶进用管及接口安装，输土装置，地面起吊设备，测量装置，注浆系统，中继站，辅助设施，供电及照明，通风及换气。主要施工工艺流程如图 1-9 所示。

1.3.2.4 设备系统

顶管穿越施工设备一般由顶管机、后顶进设备、顶进油缸、中继站、顶进管道、起重机械、排土设备、注浆系统等几部分组成。顶管施工时，现场还需要设置工作坑及其他临时性设施，下面作简要介绍。顶管穿越施工设备组成见图 1-10。

顶管机是在一个护盾的保护下，采用机械或水力破碎的方法来完成隧道开挖的机械，又称掘进机，是顶管关键设备，安装在管道最前端，外形与管道相似，结构可为三段双铰管。

后顶进设备主要由导轨、主顶千斤顶、组合千斤顶架、液压动力泵站及管阀、顶铁等装置组成。如图 1-11 所示。

导轨是在基础上安装的轨道，一般采用装配式；管节在顶进前先安放在导轨上；在顶进管道入土前，导轨承担导向功能，以保证管节按设计高程和方向前进。主顶千斤顶安装

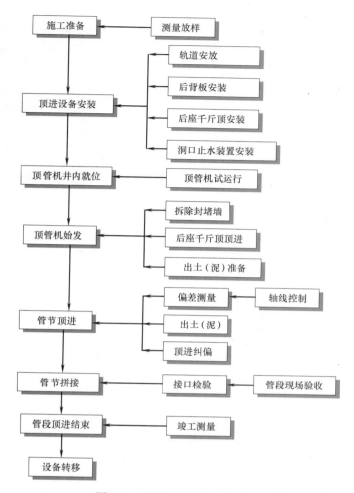

图 1-9 顶管穿越施工工艺流程

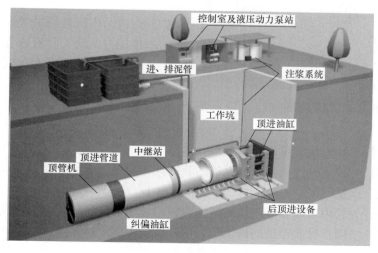

图 1-10 顶管穿越施工设备

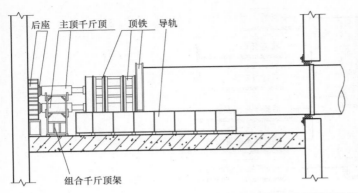

图 1-11 顶管工程后顶进设备

于顶进工作坑中，用于向土中顶进管道，其形式多为液压驱动的活塞式双作用油缸；其组合布置一般采用以下几种形式：固定式、移动式和双冲程组合式。油泵宜设置在千斤顶附近，油管应顺直、转角少，且与千斤顶相匹配，并应有备用油泵。顶铁又称为承压环或者均压环，其主要作用是把主顶千斤顶的顶力比较均匀地分散到顶进管道的端面上，同时起保护管道端面的作用，还可以延长短行程千斤顶的行程；顶铁可分成矩形顶铁、环形顶铁、弧形顶铁、马蹄形顶铁和 U 形顶铁等。

纠偏油缸安装在首节管或顶管掘进机后面，用以调整高程和轴线的偏差，如图 1-12 所示。纠偏油缸的行程一般为 50～100mm，顶力为 500～1000kN。施工中应根据管径、顶进方法、顶管掘进机长度、地质条件等因素来选择纠偏油缸的吨位值。

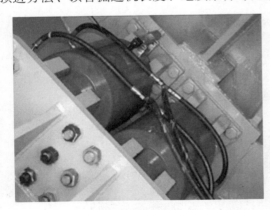

图 1-12 顶管纠偏油缸

中继站有时也称为中间顶推站、中继间或中继环，安装在顶进管道的某些部位，把这段顶进管道分成若干个顶进区间。如图 1-13 所示。它主要由多个顶推油缸、特殊的钢制外壳、前后两个特殊的顶进管道和均压环、密封件等组成，顶推油缸均匀地分布于保护外壳内。当所需的顶进力超过主顶工作站的顶推能力及施工管道或者后座装置所容许的最大荷载时，则需要在施工的管线之间安装中继站进行辅助施工。

起重机械是顶管穿越施工所配备的垂直吊装和运输设备。一般情况下可采用桥式起重机（即门式行车）或旋转臂架式起重机（如汽车吊、履带吊），起重能力必须满足如下各项工作要求：①顶管掘进机和顶进设备的装拆；②顶进管道的吊放和顶铁的装拆；③土方和材料的垂直运输。

排土设备分为管内运输和场内地面运输两种。管内运输应根据土层的性质、选用掘进机型、管内作业空间、每次顶进的出土量、顶进长度等因素确定。

泥浆系统包括泥浆池、沉淀池和拌浆系统等。泥浆池应尽量靠近工作坑边，可以减小进、排泥管路过长而产生的压力损失。沉淀池可沉淀块状物，防止块状物直接进入排泥泵

图 1-13 顶管中继间

引起排泥泵堵塞和损坏。

注浆系统一般使用柱塞泵，以满足长距离顶进注浆的需求，浆液应保证搅拌均匀。

顶进管道指要顶进的各种管道，也称工程管。适合于顶管的管材类型通常包括混凝土管道、钢管、玻璃钢夹砂管及预应力钢筒混凝土管（PCCP 管）等。

顶管施工的工作井是顶管施工时在现场设置的临时性设施。工作井是一个竖井，顶进过程中，顶管的管节不断在工作井内安装顶进，管内土方陆续从井下提升到地面上运走。按照围护结构形式划分，常用的工作井有：沉井工作井、地下连续墙工作井、钻孔灌注桩围护井、钢板桩工作井等。工作井附属设施包括集水井、工作台、测量基准点、后座墙、基础、洞门与洞口止水圈等。

1.3.3 管幕-箱涵穿越施工方法

1.3.3.1 基本概念

管幕-箱涵施工方法是管幕施工法和箱涵工法的结合，即在箱涵顶进位置的外周先用顶管法形成封闭的钢管幕（管幕工法），再在钢管幕围护下顶进箱涵的施工新技术。管幕-箱涵的断面形状通常为矩形，该方法作为一种地下通道的暗挖施工工法，对防止土体坍落和控制地表下沉有着明显的效果。图 1-14 为管幕-箱涵施工示意图。

图 1-14　管幕-箱涵施工示意图

1—箱涵顶进千斤顶；2—管幕工作井；3—顶进箱涵；4—矩形钢管幕；5—开挖面出土

1.3.3.2 结构形式

管幕-箱涵结构形式取决于箱涵的顶进方式。箱涵顶进施工可分为：顶入法、牵引法、

15

对拉法、顶拉法、对顶法、中继间法等。

顶入法是最早使用的桥涵顶进施工方法,由于它工序简单、施工方便,因而也是目前用途最广的一种方法,施工时在一侧设置工作坑,坑底做滑板,在滑板上预制钢筋混凝土箱涵,箱涵的前端做成突出的刃角,再在离箱涵尾部不远处修筑后背,然后在后背梁与箱涵底板之间安设千斤顶(或称顶镐),同时对后部土层进行加固,最后顶镐借后背的顶进反力将箱涵顶入土体。顶进时,在箱涵前端刃角处不断挖土,随顶随挖,直至箱涵全部顶入为止。其特点是:主体结构整体一次预制完成,在顶力设备许可条件下,不论桥涵位置正交、斜交、覆土厚薄,一般都能一次顶入就位。

牵引法也称前置千斤顶法,是在计划埋设结构物位置的对面设置特殊的张拉千斤顶,用千斤顶拖动穿过水平钻孔的预应力钢绞线,通过钢绞线将置于对面的结构物拉入路基中的方法。

对拉法是先在路面两侧工作坑内各预制一节箱涵,然后利用小口径顶管法将高强钢丝束或其他拉杆穿过土体,使两节箱涵连接上,互为地锚,对拉前进,直至对接合拢。对拉法不需要后背,因此可在后背修筑困难或不经济时采用。目前主要用于涵身不长,且底板置于原地面附近的单孔小孔径箱涵。

顶拉法施工,是将整座箱涵分为若干节,用通长的钢筋束或用螺栓连接起来的型钢作为拉杆,将各节箱涵串联起来,根据中继间的工作原理,利用其中两节或更多节箱涵的摩阻力,借助于千斤顶克服另一节箱涵顶进时的摩阻力,依次逐节顶拉前进,做到不设固定后背而将箱涵顶入土体。该法适宜于浅覆土、长距离箱涵穿越。

对顶法是在路面两侧各挖一个工作坑,将箱涵分成两半,分别在两侧工作坑内预制并修筑后背,各借后背反力将箱涵顶入土体。该法主要是当箱涵过长,且顶进距离也很长,需要顶力过大,致使后背修建及顶进设备选型困难,或工作坑长度受限制且设置中继间也有困难时才采用。

中继间法是指当箱涵较长时可分为若干节,用中继间法顶进,即前节箱涵利用后节箱涵作后背,用节间设置的中继间千斤顶进行顶进。中继间内的千斤顶到达最大顶程后,前节箱涵暂停前进,而进行后节箱涵的顶进。此时,前节中继间的千斤顶随着后节箱涵的前进而压缩(回镐)。箱涵最后一节还是要依靠后背的反力进行顶进,不过后背的最大反力仅为最后一节箱涵的顶力,这样后背的受力就可以小很多。

1.3.3.3 工艺流程

管幕-箱涵施工工艺流程如图 1-15 所示,可概括为:

1) 构筑顶管始发井和接收井,必要的情况下需进行土体加固;

2) 将钢管按一定的顺序分节顶入土层中,钢管之间设有锁口,使钢管彼此搭接,形成管幕;

3) 钢管锁口处涂刷止水润滑剂,钢管顶进时有润滑作用,后期成为有止水作用的凝胶,且通过预埋注浆管在钢管接头处注入止水剂,使浆液纵向流动并充满锁口处的间隙,防止开挖时地下水渗入管幕内;

4) 在钢管内进行注浆或注入混凝土并进行养护,以提高管幕的刚度,减小开挖时管幕的变形;

5) 在管幕内全断面开挖,边开挖边单向顶进箱涵或双向对拉箱涵,最终形成完整的地下结构。

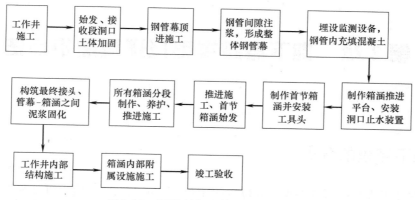

图 1-15　管幕-箱涵整体施工工艺流程

参考文献

[1]　周松，荣建，陈立生等．大直径泥水盾构下穿机场的施工控制［J］．岩石力学与工程学报，2012，31（4）：806～813.

[2]　周松，杨俊龙，葛金科．软土地层大断面管幕-箱涵施工技术［J］．岩土工程界，2006，（02）：30～32.

[3]　葛金科，李向阳．软土地层管幕-箱涵顶进施工新技术［J］．大直径隧道与城市轨道交通工程技术——上海国际隧道工程研讨会文集，2005：41～44.

[4]　彭少杰，杨光辉，黄醒春．大型泥水盾构近距离穿越运营地铁关键技术研究［J］．城市道桥与防洪，2008，（10）：28～33.

[5]　周文波．盾构法隧道施工技术及应用［M］．北京：中国建筑工业出版社，2004.

[6]　王洪新．软土层土压平衡盾构配置参数计算与平衡控制［D］．上海：同济大学，2009.

[7]　孙钧，虞兴福，孙旻等．超大型"管幕-箱涵"顶进施工：土体变形的分析与预测［J］．岩土力学，2006，27（7）：1021～1027.

[8]　上海市政工程设计研究总院．顶管设计关键技术研究［R］，2007.

[9]　韩选江．大型地下顶管施工技术原理及应用［M］．北京：中国建筑工业出版社，2008.

[10]　（美）ＡＰ莫泽著，北京市市政工程设计研究总院《地下管设计》翻译组译．地下管设计［M］．北京：机械工业出版社，2003.

第2章 地下穿越类型及环境保护方法

2.1 地下穿越的分类

根据在建工程与被穿越工程空间位置的相互关系，地下穿越施工可分为下部穿越、上部穿越、侧面穿越等类型。

2.1.1 下部穿越施工

2.1.1.1 地铁盾构下穿既有地铁隧道

以上海地铁二号线工程为例：地铁二号线一期工程区间隧道人民公园站—南京东路站位于上海黄浦区，人民公园东端，从南京东路达到河南中路口，全长837.429m。隧道外径6.2m，内径5.5m，衬砌每环宽1m。如图2-1和图2-2所示。上海地铁一号线人民广场站—新闸路站区隧道于1992年4月至1993年10月掘进施工。地铁二号线人民公园站—河南中路站上下行线区间隧道盾构分别于1998年5月和7月在地铁一号线运营隧道下方穿过，隧道相距1m左右，走向基本正交。

2.1.1.2 地铁盾构下穿人行隧道

地铁二号线盾构在穿越黄浦江江底的过程中，在同期建设中的行人观光隧道下穿过，如图2-3所示，是地铁盾构近距离下穿人行道的典型案例。

两者呈30°斜交，相互影响的范围约有30～40m。地铁隧道上行线与行人隧道的最小间距为1.57m，下行线隧道与行人隧道的最小间距为2.18m。行人隧道东起位于陆家嘴路北侧、东方明珠电视塔西侧的浦东出入口竖井，西至位于南京东路外滩（陈毅塑像北侧）绿化带内的浦西出入口，全长646.7m，行人隧道外径7.48m，内径6.67m，衬砌设计强度C50，每环衬砌宽1.2m。该隧道工程采用土压平衡式盾构施工，盾构长8.935m，直径7.65m，其最大特点是盾构中部采用了铰接装置以适应观光隧道轴线曲率半径。三条隧道在外滩防汛墙仅11m宽的预留门洞中穿过。

2.1.1.3 上海轨道交通四号线下穿二号线隧道

上海轨道交通四号线浦电路至张扬路区间隧道与已建轨道交通二号线隧道斜交。该工程盾构机从浦电路站始发（下行线隧道），沿福山路下方向北推进420余米后小角度曲线斜向下穿运营中的地铁二号线区间隧道，到达张杨路站调头后向南推进130余米，再次小角度曲线斜向下穿运营中的地铁二号线区间隧道。本工程隧道外径为6.2m，内径5.5m。采用错缝衬砌，每环管片厚度为0.35m，宽度为1.2m。采用φ6340土压平衡盾构机施工，盾构机长度8.6m，盾构外径6.34m，刀盘开口率为30%。

两线的空间位置关系如图2-3及图2-4所示，夹角θ=12.6°，中心线埋深为16.3～

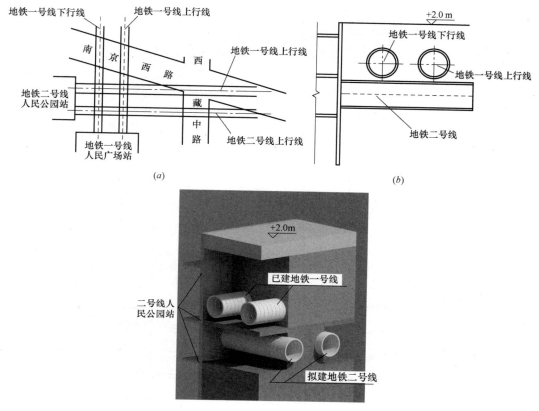

图 2-1 拟建上海地铁二号线下穿已建地铁一号线

（a）地铁一、二号线交叉平面示意图；（b）地铁一、二号线交叉剖面示意图

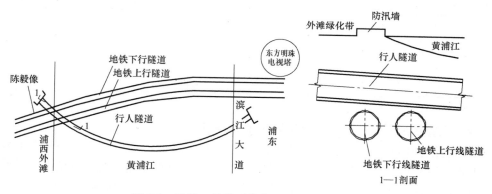

图 2-2 地铁二号线盾构穿越行人观光隧道

18.3m。M4 线盾构下穿二号线，穿越时的距离为 1.045m，属于超近距离穿越。

工程穿越区段的地铁二号线隧道位于灰色淤泥质黏土④层，下穿的四号线隧道断面内土层有灰色淤泥质黏土④层、灰色黏土⑤$_1$层、灰色粉质黏土⑤$_2$层。隧道曲线参数如表 2-1 所示。

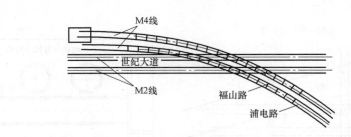

图 2-3　轨道交通四号线盾构隧道穿越轨道交通二号线平面图

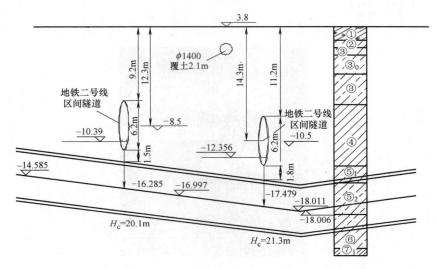

图 2-4　轨道交通四号线盾构隧道穿越轨道交通二号线纵剖面图

隧道曲线参数表　　　　　　　　　　　　　　　　　　　　表 2-1

线别	隧道长度(m)	坡度(max)/竖曲线半径(m)	平曲线半径(m)	隧道设计中心标高
上行	707.006 (590 环)	28.9‰/R=2980	399.851	−8.978m～ −18.011m
下行	715.712 (597 环)	28.9‰/R=2980	379.851	−8.978m～ −18.322m

注：地面标高 3.8～4.0m。

2.1.1.4　大直径泥水盾构近距离下穿既有地铁隧道

西藏南路越江隧道工程为 2010 年上海世博会专用隧道，采用盾构法穿越黄浦江，隧道顶埋深约 29m，管片外径为 ϕ11.36m，内径 ϕ10.36m。西藏南路越江隧道东、西线均下穿上海轨道交通 8 号线上、下行线，成井字形交叉，如图 2-5 所示。穿越部分长度为 28.7m 两对隧道中心线的水平面投影在穿越点处夹角约为 56°穿越时，盾构机顶部与上海轨道交通 8 号线隧道最小净距约为 2.68m，隧道与上海轨道交通 8 号线最小净距为 2.79m。该位置穿越时盾构切削的土体为 ⑦$_{1-1}$ 层草黄色砂质粉土和 ⑦$_{1-2}$ 层灰黄色粉细砂，与上海轨道交通 8 号线隧道之间夹有 1.1～2.3m 的 ⑥层暗绿色粉质黏土，穿越处为隧道的最低点。

西藏南路越江隧道工程穿越施工的具体工程情况将在本书第 11 章 11.1 节详细介绍。

2.1.1.5 大直径泥水盾构穿越堤防

杭州庆春路过江隧道是钱塘江江底第一条越江公路隧道，采用直径 $\phi11.65m$ 泥水盾构施工。该工程隧道分东西两线，轴线相距约 60m，东西线隧道盾构垂直下穿钱塘江南岸防洪堤。隧道由钱塘江南岸工作井出发，南北方向垂直穿越钱塘江。盾构施工主要穿越粉砂及粉土、粉质黏土、粉细砂和圆砾。钱塘江南岸大堤为碾压式土石结构，于 2002 年建成，为 50 年一遇洪水位的标准堤塘。大堤顶部为宽 8m 的沥青道路，有重型车辆频繁通行。盾构与大堤位置关系见图 2-6。

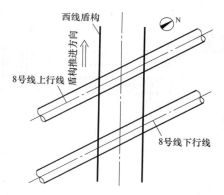

图 2-5 西藏南路越江西线隧道盾构穿越上海轨道交通 8 号线平面示意图

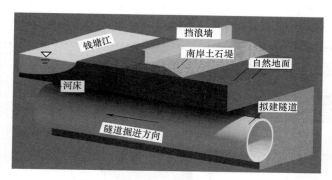

图 2-6 泥水盾构下穿大堤示意图

东西线隧道埋深、直径、坡度等基本一致，土层情况基本一致。西线隧道先行施工，最终西线隧道上方大堤沉降接近 70mm。西线推进结束后，施工单位总结经验，优化盾构施工参数，调整了盾构穿越时的泥水舱压力设置等参数。与西线相比，东线泥水压力波动更小，掘进速度更快，同步注浆更及时，对盾构姿态的控制也更好。这些都有效地抑制和降低了盾构施工引起的地层位移，最终，东线穿越时大堤沉降控制在 35mm 之内。

2.1.1.6 顶管下穿民房

上海市北京西路—华夏西路电力电缆隧道工程是上海世博会的配套工程。电力三标隧道采用 $\phi3500$ 钢筋混凝土顶管法施工。全长 6.2km。其中 12~13 号工作井区间隧道全长 1284m，顶管覆土深度为 20.47~11.98m，纵向为单向坡，坡度 0.66%，平面为 S 形曲线顶管，管节为 F 型预制钢筋混凝土管，采用标准管节长度为 2.5m。

顶管要穿越民房群范围里程号为 SK13+300~SK13+520，长度 220m，这些民房结构非常差，顶进到 500m 时开始进入民房，到 720m 顶出民房区，穿越施工扰动周期 70d。图 2-7 为下穿的民房照片。

2.1.1.7 管幕-箱涵穿越宾馆园区和既有道路

上海中环线北虹路下立交工程为长距离浅埋式地道工程，设计采用管幕-箱涵顶进的方法施工。其中，北工作井位于仙霞网球中心的西侧，西郊宾馆内，为始发井；南工作井

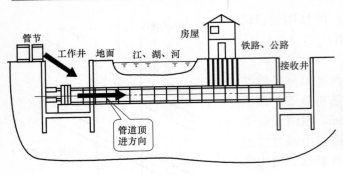

图 2-7 下穿民房示意图

位于虹桥路、虹许路口，为接收井；管幕段位于在南北工作井之间，长度为 126m。地道钢管幕覆土厚度仅为 4.5m，工程穿越敏感的虹桥路和西郊宾馆。其中，西郊宾馆是重要的保护对象，虹桥路为交通主干道，车流量大，地下管线复杂，对地表变形控制要求很高。

北虹路下立交工程平面图见图 2-8，箱涵与管幕位置关系见图 2-9。

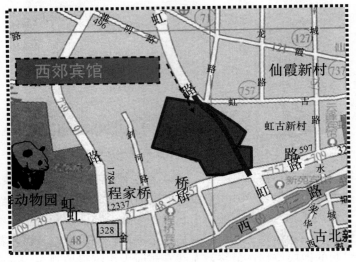

图 2-8 北虹路下立交工程平面图

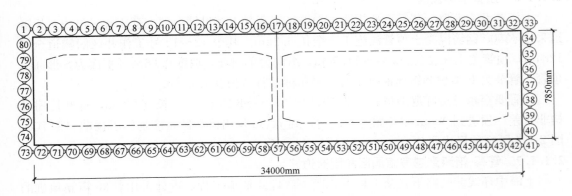

图 2-9 箱涵与管幕间位置关系横断面示意图

2.1.2 侧面穿越施工

2.1.2.1 地铁盾构穿越倾斜住宅

上海市轨道交通 11 号线盾构区间隧道采用 ϕ6.340m 的土压平衡式盾构进行施工，在始发井推进 30m 处，盾构上、下行线将先后穿越一幢倾斜居民楼，且在倾斜方向一侧穿越。该居民楼建于 1960 年，五层砖混结构建筑，该居民楼整体向北侧倾斜，由房顶至地面平均倾斜 22cm 左右，最大处倾斜达 26cm，倾斜率达 17.2‰，如图 2-10 所示。穿越距离 72m，基础下部穿越长度约为 15m。该处隧道顶部埋深 7.48m，穿越土层为④淤泥质黏土层、⑤₁₋₁黏土层。盾构与倾斜楼房之间相对位置如图 2-10 所示。

轨交 11 号线穿越倾斜居民危楼施工的具体工程情况将在本书第 11 章 11.3 节详细介绍。

图 2-10　隧道与倾斜楼房相对位置剖面图

2.1.2.2 大直径土压平衡盾构穿越老建筑

上海外滩通道工程采用直径 14.27mm 的土压平衡盾构施工，是国内直径最大的土压平衡盾构隧道，自北向南穿越上海外滩福州路以北地区。盾构在外滩历史文化风貌保护区和黄浦江的夹缝下穿行而过，沿途浅覆土、近距离穿越浦江饭店、上海大厦、苏州河驳岸、外白渡桥、外滩万国建筑博览群、地铁和地下通道等设施（图 2-11）。这些建筑物虽经多次修缮，仍然存在较为严重的老化问题。

盾构在始发段穿越加固区土体之后，将紧邻该工程保护对象浦江饭店和上海大厦施工，其中，浦江饭店基础与隧道外边线的距离为 1.7～4.5m，上海大厦的桩基距隧道外边线也仅有 2.8～3.4m。国内超大直径土压平衡盾构施工技术尚无现成经验可循，因此，始发段推进对历史建筑物的专项保护尤为重要。除了根据实时监测数据不断调整施工参数外，还需采取建筑物超前保护等非常规措施力求把盾构推进对周边建筑物和环境的影响降至最低。针对浦江饭店基础较为薄弱的状况，在浦江饭店靠近圆隧道一侧采取隔离桩加固，切断沉降槽在浦江饭店一侧的传递路径。

针对侧面下穿越施工扰动影响的力学特点，工程采用 0.8m 的 FCEC 外套管内螺旋的机械施工隔离桩。该设备施工时外套管逆转内螺旋正转，钢套管内的土体通过内螺旋正转带出，避免产生任何振动，套管和螺旋钻杆始终同步钻进。钻孔灌注桩桩径 0.8m，深度

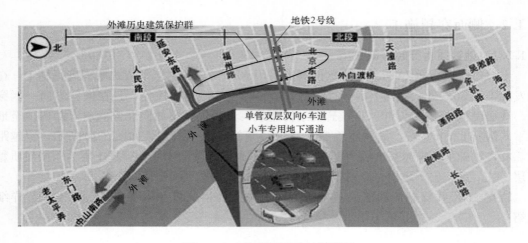

图 2-11　上海外滩通道工程平面

为 32m、33.7m 与 36m，分 3 个区，一区为 32m 桩长，隔离范围为 35m，二区为 33.7m 桩长，隔离范围为 35m，三区为 36m 桩长，隔离范围 33m，隔离总范围 103m，桩间采用注浆加固；而隧道西侧上海大厦由于建筑物基础桩基形式较为牢固，该区域的隔离形式采用跟踪隔离注浆的形式。

2.1.3　上部穿越施工

2.1.3.1　地铁盾构从上部穿越既有隧道

上海是国内盾构法隧道实施最早的城市，由于城市地下空间有限，从既有隧道上部穿越的实例很多。其中较为典型的为上海市轨道交通 9 号线上、下行线盾构在至衡山路天平路附近穿越运营中的 1 号线，两线隧道之间的平面夹角约 45°，上行线盾构上穿 1 号线隧道，净距 1.1m，下行线盾构上穿 1 号线隧道，净距 1.9m（图 2-12）。

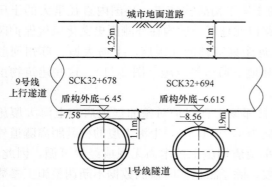

图 2-12　9 号线上行线隧道与 1 号线隧道竖向相对位置

2.1.3.2　大直径土压平衡盾构从上部穿越既有隧道

上海外滩隧道采用直径 14.27m 土压平衡盾构进行施工，隧道直径 13.95m，管片厚度 0.6m，环宽 2m。盾构在 345～355 环处上穿运营中的上海地铁 2 号线，平面斜交角度 73°，上下最小净距约 1.4m。穿越段地铁 2 号线上、下行线道中心距为 11.73m，如图 2-13 所示。盾构穿越区主要土层为②₀ 号江滩土、④号灰色淤泥质黏土、⑤₁ 号灰色黏土层、⑤₃ 号灰色粉质黏土。

2.1.3.3　顶管上穿地铁隧道

西藏路电力顶管隧道工程采用三维曲线顶管法施工，管道内径 2.7m，外径 3.2m。电力隧道全长约 3.03km，北起新疆路，南至复兴中路。其中 4 号顶管工作井位于西藏中路、

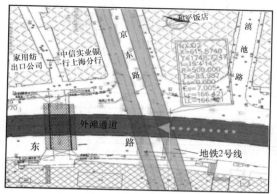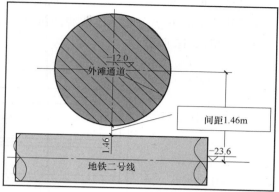

图 2-13 外滩盾构上穿地铁 2 号线示意图

九江路路口，3 号工作井位于西藏中路、新闸路路口，4～3 区间设计长度 576m，在距 4 号工作井约 108m 处，电力顶管隧道从运行中的地铁 2 号线隧道上方穿越，整个穿越 2 号线上行、下行线隧道的总投影长度约 25.0m，电力顶管隧道与地铁隧道之间的净距离约 1.5m，影响投影宽度为 3.3m，电力隧道设计中心线与地铁 2 号线间所夹锐角约为 75°。电力隧道与地铁 2 号线间相对位置如图 2-14 所示，这是较为典型的顶管上穿地铁隧道的案例。

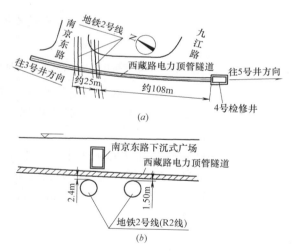

图 2-14 电力隧道与地铁 2 号线相对位置示意图
（a）平面图；（b）剖面图

2.1.4 特殊情况下的穿越施工

2.1.4.1 地铁盾构穿越正在施工的下立交工程

上海市轨道交通 10 号线同济大学站—国权路站区间长 690.4m。四平路中山北二路下立交长 890m，位于同济大学站与国权路站的区间隧道上方。区间盾构穿越下立交与深基坑底部距离为 6.3m，隧道与下立交基坑地下连续墙净距约 2.0m，暗埋段下立交底板底与地铁隧道顶的距离为 6.1～9.3m。

基坑暗埋段围护采用600mm厚的地下连续墙。隧道与下立交结构设计时，为尽可能减少盾构推进时下立交地下连续墙的沉降，地下连续墙与地铁隧道垂直净间距为0.6～2.0m。如图2-15所示。

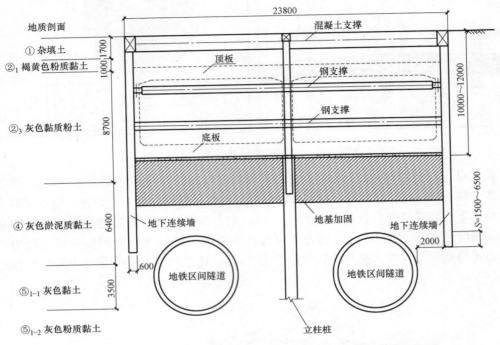

图2-15 同济大学—国权路站双线隧道与中山北二路下立交横剖面图

盾构穿越时的工况如下几种：（1）中山北二路下立交基坑地下连续墙围护结构完成；（2）基坑采用明挖法开挖见底；（3）底板未浇筑，双线盾构穿越下立交深基坑地下连续墙；（4）下立交底板及侧墙等结构施工中。

为了减少盾构推进后基坑底板的沉降，在实际施工中，在下立交底板上设置了注浆孔，盾构推过后，根据下立交底板沉降监测数据，通过注浆孔向下立交底板下方进行补偿注浆，有效地控制了基坑底板的沉降量。沿线路中心线每6m布置3个注浆孔，注浆孔的横向间距为1.5m。结构如图2-16所示。

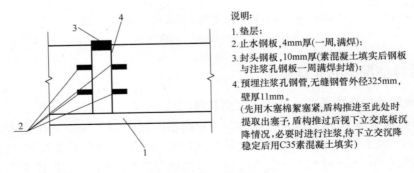

说明:
1. 垫层;
2. 止水钢板,4mm厚(一周,满焊);
3. 封头钢板,10mm厚(素混凝土填实后钢板与注浆孔钢板一周满焊封堵);
4. 预埋注浆孔钢管,无缝钢管外径325mm,壁厚11mm。
(先用木塞棉絮塞紧,盾构推进至此处时提取出塞子,盾构推过后视下立交底板沉降情况,必要时进行注浆,待下立交沉降稳定后用C35素混凝土填实)

图2-16 注浆孔剖面图

2.1.4.2 大直径泥水盾构穿越机场滑行道

作为沟通虹桥机场东、西航站楼的重要通道，虹桥综合交通枢纽仙霞西路道路新建工程隧道双线下穿机场，隧道北线长 1044.15m，南线长 1035.71m，最大纵坡约 5%。隧道采用两台 φ11.58m 泥水平衡盾构施工，隧道内径为 10.36m，外径为 11.36m，管片壁厚500mm，环宽为 1.5m。

隧道盾构下穿虹桥机场的绕行滑行道和机场土面区、停机坪、导航灯基座等重要设施。其中，穿越绕行滑行道段的覆土厚度为 9.5~10.4m，绕滑道宽度为 38m，穿越段盾构推进主要位于第④、⑤₁ 层土体中，场地地下潜水埋深约 0.50~1.75m，承压水水头埋深呈年周期性变化，变化幅度约为 3.0~11.0m。具体穿越位置的平面及剖面布置图见图2-17 和图 2-18。

图 2-17　仙霞西路隧道示意图

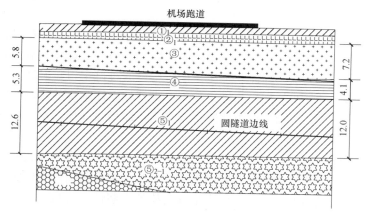

图 2-18　穿越绕滑道区段地质纵剖面图

依据《国际民航公约附件十四》附录 A：飞机的运行和道面基础的不均匀沉陷，终将导致表面不平坦的增加。上述容差中的少量偏差将不致严重地妨碍飞机的运行。鉴于运营安全考虑，民航公约针对机场运营期间的道面变形和平整度有着极高的要求，具体见表2-2。

道面变形允许值　　　　　　　　表 2-2

规定项目	允　许　值	规定项目	允　许　值
道面变形曲率	1/30000	道面纵向坡度	1%～2%
道面平整度	2.5～3.0cm(45m 范围)	道面横向坡度	1.5%～2%

针对仙霞西路隧道穿越其绕滑道，虹桥机场方提出的保护要求如下：

1. 道面高程：施工区域与周边产生的沉降差异不大于 10mm（工后不大于 50mm）；
2. 差异沉降：不大于 1‰（工后也为不大于 1‰）。

2.2　穿越施工的关键技术

2.2.1　盾构穿越施工的关键技术

盾构穿越施工过程中，如何维持开挖面稳定是最关键的因素。总体上看，盾构法施工过程是一个原状土受到破坏、扰动后再重塑的复杂力学过程。开挖面土体受到刀盘的剪切、挤压作用和压力舱支护压力的作用；壳体外侧土体受到壳体的剪切、挤压作用；盾尾土体受到同步注浆的压力作用；土体经过前述阶段受到扰动后，将经历很长一段时间的重塑。因此，盾构推进过程中的开挖面的稳定，直接关系到盾构推进姿态、地面沉降、建筑物和管线的沉降与变形。针对上述问题，可采取的主要施工控制技术有以下几项。

2.2.2.1　开挖面稳定问题

在复杂地质条件下盾构隧道开挖面失稳可导致地表沉降过大从而破坏地表建（构）筑物及地下管线。对于不同形式的盾构掘进机，其维持开挖面稳定的施工措施也是不一样的。

对于土压平衡盾构机，其是依靠土舱压力来平衡开挖面前方土压和水压的，一般来说，土舱压力的调整应该根据掘进过程中地质、埋深及地表沉降监测数据，通过维持开挖土量与排土量的平衡来实现。因此，土压平衡盾构可通过设定刀盘旋转（切削）速度、调整排土量或设定排土量、调整掘进速度来达到。当开挖土体本身的流动性较差且不能较好的传递土压力和水压力，必须采取土体改良的措施，以增强开挖面土体的塑性、稳定性和排土量。

对于泥水平衡盾构机，其主要采取使用高质量泥水以形成自立性较好泥膜的方法稳定盾构前方土体。因此，开挖面稳定及舱内土体的改良，主要是增加土体的流动性并能正确传递地层土压和盾构机的推力。包括泥水平衡盾构的泥浆性能改良、水土压力平衡和土压平衡盾构的流塑性改良、土压力的控制等内容。

2.2.2.2　盾构姿态控制

盾构主机分为单体式和铰接式两种，对于穿越工程，若隧道的最小设计水平曲率半径小于 400m，一般建议采用铰接式盾构，可有效减少盾构姿态调整时对周围土体形成超挖和过多扰动而造成的沉降；对于标准贯入值 N 大于 60 的硬土、强风化和中风化岩石地层，不管隧道设计水平曲率半径多少，建议也采用铰接式盾构，以提高盾构的姿态控制能力。铰接式盾构又分被动铰接和主动铰接两种，建议对于穿越工程，选用主动铰接形式的盾构。

盾构姿态的控制，从控制沉降角度考虑，有两个方面的关联。一是盾构姿态若能得到精确控制，盾构掘进对周围土体扰动就越少，地面隆沉量更易得到精确控制；二是盾构姿态保持良好，可以有效提高盾尾密封装置的密封效果和使用寿命，这一点对于泥水平衡盾构更为重要。因此，对于穿越工程，盾构机应优先配置先进的激光自动测量导向系统，并与盾构操作系统予以整合。

2.2.2.3 推进参数控制

当盾构穿越建（构）筑物时，施工技术要求高，需要严格加强对推进参数的控制，同时，紧密依靠穿越建（构）筑物沉降、变形监测数据，及时调整盾构推进参数，不断完善施工工艺。

在盾构穿越过程中，必须严格控制切口土压力，确保在盾构正面沉降控制良好的情况下，尽量减少土压力的波动，使盾构均衡匀速施工，以减少盾构施工对地面和周围土体的影响。还应经常监视土舱压力值或泥水舱压力值，控制千斤顶推进速度，出土螺旋机转速及阀门大小，根据监测数据实时调整参数。

2.2.2.4 同步注浆工艺

当向盾尾孔隙中压浆不及时、压浆量不足或是注浆压力不适当时，都会使盾尾处周围土体失去原始的平衡状态，而向盾尾间隙中移动，造成地表沉降，严重时会造成穿越施工事故，因此，需通过注浆压力与注浆填充率控制盾尾注浆引起的地层损失，达到控制地表变形的目的。

2.2.2 顶管穿越施工的关键技术

目前常用的顶管掘进机类型为泥水平衡式和土压平衡式。顶管的施工是一个对周围土体的卸载和加载过程，在此过程中，必须确保将地表变形和对既有建（构）筑物的影响控制在一个较低的范围内。因此，往往从开挖面稳定、触变泥浆工艺质量、姿态控制和信息化施工四方面因素进行考虑。其中，从控制变形的角度来看，维持开挖面的稳定最为重要。

2.2.2.1 开挖面稳定问题

开挖面稳定的核心问题是掘进机封闭舱内的压力控制问题。当开挖面支护压力过小时，开挖面土体向顶管内坍塌破坏，这时掘进机前方土体将会产生非常严重的下沉量，甚至发生坍塌；而相反，当开挖面支护压力过大时，开挖面土体在顶管顶进方向严重挤压，土体将发生隆起。一般而言，顶管穿越施工，为了控制开挖面稳定，需要考虑掘进机选型、刀盘设计、正面水土压力控制、开挖面地层土体改良等措施。

1. 选择合适的顶管掘进机

选择合理的顶管掘进机是保证顶管顺利施工的前提和关键。应详细分析顶管机头穿越土层的固有特性参数和力学参数，然后根据土体稳定系数数值、水文条件、变形沉降控制要求并综合施工现场实际，如顶进速度快慢、耗电量的多少，劳动力的需求，综合选定顶管掘进机装置形式。

2. 合理的刀盘设计

顶管掘进机的刀盘结构既要考虑刀盘开挖性能又要考虑渣土的流动性及开挖面的稳定性。采用面板式刀盘，有利于稳定前方掘削面，防止掘削地层的过分坍塌，尤其适用于透水系数较大、土体自稳性能较差的砂土地质和砂石地质。

顶管掘进机刀盘开挖性能主要通过刀具的选择、布置和刀盘开口率来保证。采用合理的切削刀的设计和布置可有效减少穿越时因刀盘切削土体而使机头正面土体产生挤压应力，减少对切削面以外土体的扰动。

3. 正面水土压力控制

顶管顶进施工时，必须根据覆土深度和土质情况计算出顶管掘进机正面的水土压力，作为设定土压力。并在整个施工过程中，针对不同的覆土和土质情况，结合周围环境、穿越目标物体等变形监测值（隆起或沉降），及时调整设定土压力值。

4. 开挖面地层土体改良

无论采用什么样的顶管掘进机，百分之百适应穿越施工的各种地质要求，在技术上也很难达到，也是不经济的。顶管掘进过程中，尤其遇到复杂地层，由于土体本身的流动性较差且不能较好地传递土压力和水压力，必须采取土体改良的措施，以增强开挖面的稳定性和排土量。

对于土压平衡掘进机，加入膨润土泥浆是土体改良的一种重要方法，主要以向土舱内添加为主，向刀盘和螺旋输送机上添加为辅。特别是在含砂量较大或者砂卵石地层，加入膨润土的效果更加明显。加入膨润土泥浆土体改良后，有效改善了颗粒级配，使土舱内土体塑性流动性好，土体能够结合在一起。降低了土体的透水性和对刀盘、刀具、螺旋输送机的磨损，增加了顶管掘进长度，保证穿越施工顺利进行。

对于泥水平衡掘进机，土体改良主要依赖于地面泥水分离处理系统，优良的新浆配制，可以在切削开挖面形成良好的泥膜，防止不良土体的坍塌，对于在覆土较浅的砂土地层开挖，可以确保土舱中的泥水维持预定的压力而不至于形成地面冒浆；同时，还可有效提高排泥系统的运土效率。因此，在穿越工程中，可采用可靠的、符合工程新浆配制要求的地面泥水分离处理装置。

2.2.2.2　触变泥浆工艺质量

选用合适的触变泥浆压浆工艺对顶管的穿越施工也尤为重要。触变泥浆的作用在于使顶管管节外壁与土层之间形成良好性能的泥浆套，它不仅会使顶进阻力成倍的下降，而且会使地表沉降和对土体扰动控制到最小。管壁触变泥浆套除了减阻作用，还起到填充管道外周空隙的作用，减少管外壁对周围土体的扰动并支承上方土体，从而有效降低因地层损失引起地面沉降。理想的泥浆套应该厚度适宜，刚好能填充管壁外周空隙，形成连续状态。

1. 触变泥浆注浆工艺

触变泥浆是由膨润土、水和掺合剂按一定比例混合而成。其中膨润土是主要成分，水占大部分。触变泥浆的配比与膨润土微细颗粒所占的数量、膨润土的种类有关。所以实施配比要经过实验室的测试后确定。而掺合剂对触变泥浆性能的影响极大，含量虽小，却不容忽视。对于在砂性土中的顶管，为了防止泥浆扩散过快，应增加膨润土用量，掺加CMC 和高分子胶凝剂。对于粗砂层顶管，还应增加粉煤灰、木屑等。

注浆过程中，为了使压出的膨润土悬浮液尽可能均匀地分布在整个管体外围，以便能够围绕整个管体形成所需的环带,压浆注射喷口要均匀地配置在整个管壁圆周上。注射喷口的间距或数量需取决于土体允许膨润土向四外扩散的程度。在渗透性很小的土体中,密实的矿土和砂砾土,间距就必须缩小一些,在疏松的砾石土中,间距则可以相应地加大。

压浆一定要从始发洞口开始压浆,避免管道在"背土"条件下的运动将对土体产生很大的扰动。同时保证掘进机头尾部的同步压浆,并对管道沿线定时进行补浆,不断弥补浆液向土层的渗透量,不断的补浆有助于减少管道前移时对管道上方土体的摩擦扰动。

当掘进机进入曲线段时,由于曲线段外侧存在法向分力作用,对土体扰动和摩阻力都会增大,要增加对曲线外侧的注浆量,尽可能形成完整泥浆套。

2. 工后泥浆固化

做好置换浆工作,减少后期扰动土体固结产生的沉降、变形。顶管贯通后,要及时利用触变泥浆压注孔对顶进时处于管道外的触变泥浆进行纯水泥浆置换,从而减少管道的后期沉降。

2.2.2.3 姿态控制

在实际顶进施工中,由于测量和纠偏操作的误差、开挖面的稳定控制、土层的不均匀性等因素,导致掘进机不能按预先设计的轴线顶进,这就需要在施工中不断调整顶管机的姿态。管道轴线作为衡量顶管质量的主要技术指标,它的偏移不仅对顶进管道的整体质量造成影响,还会在施工过程中由于纠偏作用产生超挖,从而对周围土体环境与地面环境产生不良影响。

为了使管节按照规定的方向前进,顶管顶进前按设计的高程和方向精确地安装导轨、修筑后背及布置顶铁,必须通过测量掘进机三维姿态(平面方位角偏差、轴线高程偏差、自转偏转偏差)来保证以上工作的精度。在顶进过程中必须不断观测顶管机前进的轨迹,检查顶管机的姿态是否符合设计规定的轴线要求。

施工过程中,应该贯彻勤测量、勤纠偏、微纠偏的原则。在施工现场,应该绘制顶管姿态变化曲线图表,包括高程变化曲线和水平变化曲线,在姿态变化曲线图上应该标出控制线,以便施工人员及时了解异常情况,并设定顶管姿态的报警值。顶管的纠偏操作应根据顶管姿态变化曲线图,并根据不同的水文地质条件,采用合适的纠偏方案。

对于曲线顶管,除了顶管机的纠偏以外,还应该增加多组纠偏装置,各铰点必须具有足够的强度和刚度,且连接牢固可靠。

2.2.2.4 信息化施工

信息化施工。顶管施工参数中对周围环境和邻近已建隧道隆沉变形有明显影响的是:正面水土压力、顶管顶进速度、顶管姿态等。根据地表沉降、地下管线变形、建筑物变形等外部环境的监测,包括数据的采集、整理、分析和反馈,通过不断的分析、比较从中得到真实、具有指导性的信息,从而为顶管施工确定合理的施工参数,指导施工。

2.2.3 管幕-箱涵穿越施工的关键技术

管幕-箱涵施工工艺是综合了顶管和箱涵两种顶进技术而发展起来。其穿越施工工艺对于软土地层的大断面地下通道工程,尤其是浅埋式不能明挖的大断面或超大断面地下通道施工非常具有优势。在管幕-箱涵施工工艺中,对地表沉降及周围环境影响的施工关键技术主要集中在以下几个方面。

2.2.3.1　钢管幕顶进精度控制

钢管幕顶进穿越施工与顶管施工类似，但由于管幕锁口的影响，在钢管幕顶进过程中更易造成姿态和管轴线的偏差，从而在纠偏过程中，对土体产生更大的扰动。在钢管幕顶进过程中，需要严格控制顶管的水平、高程和管道偏转方向的精度。

1. 掘进机头的精度控制

在掘进机内增加倾斜仪传感器跟踪，通过机内的倾斜仪传感器，实时掌握掘进机的倾角和旋转角度，以便操作员及时了解机头姿态和纠正偏转角度；为掘进机装备激光反射纠偏系统（RSG），利用激光发射点把掘进机头本体偏移量、应纠偏量和纠偏量等分别显示在操作盘的电视屏上，便于操作员勤测勤纠，保证钢管在顶进的任何时候的轴线偏差量都在容许的范围内；必要时，可开发计算机轨迹控制软件来指导施工。

2. 改进掘进机头纠偏措施

钢管幕施工所采用的掘进机头重量较轻，顶进过程中容易产生机头偏转。在机头内安设偏转传感器，使操作人员能及时了解机头的微小偏转情况，并采用改变刀盘转向的方法加以调整。当刀盘反转无效时，可采用在机内一侧叠加配重的方法予以纠偏；对钢管幕顶进，由于后续钢管幕是焊接而成，仅依靠机头纠偏导向，并不能较好地引导整体钢管幕的顺利直行。可采用三段两铰机头，具有两组纠偏系统。在管节接头处还设置拉杆装置和防偏转装置，使得钢管幕既满足轴线控制要求，又不致产生旋转而使锁口不能正确相接。另外，适当提高掘进机的长径比，可提高纠偏动作的灵敏性。

3. 根据地层特性调整施工参数

施工时要求仔细研究顶管途经的地质情况，避免由于土层变化，引起顶力变化，从而造成顶管的偏差，由于正面土体失稳会导致管道受力情况急剧变化、顶进方向失去控制、正面大量迅速涌水，故顶进过程中，需要严格监测和控制掘进机开挖面的稳定性。在顶进过程中，尽量使正面土体保持和接近原始应力状态是防坍塌、防涌水和确保正面土体稳定的关键。同时开展全面、及时的施工监测，监测内容包括钢管应力、钢管变形、地表沉降、管线沉降、周围建筑物的变形以及顶管掘进机的姿态及开挖面的稳定等。

4. 合理的顶进顺序

管幕顶进作业应以最终横断面中轴线为基准对称进行，合理的钢管顶进顺序，有利于控制管幕的累积偏差在允许的范围内。对于"口"字形钢管幕，一般情况下，如果先施工下排管幕，地面沉降已经产生，再施工侧排和上排钢管时则对下排管幕的影响很小。

因此，从上述沉降规律出发，施工时，为减小对已施工完成管幕钢管的影响，保证各部位钢管幕精度和止水性能，管幕钢管的施工顺序应先施工下排钢管，再施工两侧和上排管幕；水平向管幕钢管由左右两侧以中轴为中心对称顶进，使地表横向沉降量较为均匀对称。对于纵向的钢管幕，为减小竖向排列相邻管排顶进对地表变形的影响，应先顶下管再顶上管。同时，为了使工作面清晰，避免相互干扰，可采用多个掘进机头向工作井两侧分开对称施工。

2.2.3.2　箱涵顶进的开挖面稳定

开挖面稳定性控制技术是管幕-箱涵施工工法的关键。在软土地区箱涵顶进施工中，箱涵工具管开挖面前的土体可采用水平注浆法进行加固，土体具有较强的自稳能力，且止水性也较好。加固后的土体能够给管幕提供支点，充分发挥钢管幕的作用。此时，可采用网格式工具头。

对于管幕内软土不进行加固的工程，地表变形对开挖面的挖土工况非常敏感，管幕也因没有较好的支撑点而不能充分发挥梁的作用，此时，可充分利用钢管幕-箱涵工法综合优势，开挖面稳定性可通过可变网格大小的工具头来实现。通过调整箱涵前方的网格工作头挖土量、网格尺寸大小以及顶进速率控制穿越施工过程中土体的变形。施工实践证明：在软土地区，采用可变大小的网格式工具头，合理严格的挖土方式，网格内适当的局部排水和加固措施，也能实现较小的地表变形，从而有效保护周边环境，产生良好的社会效益。

另外，研发机械式箱涵工具头，也是管幕-箱涵发展的趋势。其能有效保证开挖面稳定，且使管幕-箱涵适用地层更为广泛，除了黏土，还可用于砂土、粉土等。

2.2.3.3 箱涵和管幕间建筑空隙与泥浆套

由于钢管幕与箱涵之间存在一定的建筑空隙。为了减少建筑空隙对地面沉降的影响，除了提高钢管幕的顶进精度和箱涵制作的表面平整度以外，还应在箱涵周围注入合适的泥浆套，注浆既能显著减小摩阻力，又能有效调节地表变形。当箱涵顶进结束后，注入纯水泥浆，在箱涵周围形成水泥浆套承担上部荷载。

浆液应保证连续、均匀地压注，使管外壁与土体间形成完整的泥浆润滑套，相应地，采取可靠的措施保证钢管幕锁口之间及工作井洞口处的密封性能。管幕顶进结束后，立即用纯水泥浆置换固化管外壁的膨润土泥浆，以稳定管外壁土体和控制钢管幕顶进的后期沉降。

2.2.3.4 加强沉降监测

加强沉降监测也是施工中对地面沉降控制的有力手段。可以对施工进行全过程的监测，依靠监控数据指导施工。及时提供沉降、位移观测曲线图。密切注意监测值的变化情况，当出现异常时，及时分析，采取措施处理。并在施工组织设计时，编制明确的应急预案。

2.3 穿越施工常用辅助方法

2.3.1 垂直加固保护既有建筑

地下工程穿越基础薄弱的建筑物前，为减少穿越造成的沉降，可在沿既有建筑物周围布置注浆孔，也可采用基础托换方式。本节将着重介绍注浆加固法，后续对桥梁结构的基础托换作专题介绍。

在穿越建筑物之前进行注浆加固其地基基础。浆液宜采用单液注浆，注浆同时要加强对房屋的监测，根据监测数据调整注浆压力和注浆量。注浆可将与预埋袖阀管配套的袖阀枪插入袖阀管底，注入一段后向上提升，逐层对土体进行分层加固直至地表，每次注浆完毕后及时清洗注浆孔，以便后续施工能继续使用。

地下工程施工，如盾构、顶管等，前方掘进机头通过后，由于地层受到扰动，还会引起地面沉降。要采用跟踪注浆及时填充和固结空隙，有效地控制地面下沉。因双液浆比单液浆可以更快地固结土体，对及早控制房屋和地面沉降有很好的效果，可采用双液注浆机进行注浆，亦可利用预注浆时打设的袖阀管进行注浆。

以盾构机掘进时，穿越房屋为例，地面跟踪注浆应结合地面和房屋监测情况进行，当地面和房屋沉降速率较小时，应在离盾构机盾尾后至少 10m 处进行注浆，注浆压力控制在 0.5～0.8MPa，浆液初凝时间控制在 30s 左右，并在注浆过程中随时与盾构机操作室保持联系，确认注浆对盾构掘进有无影响；当地面和房屋沉降速度较大时，地面跟踪注浆应在盾构机盾尾后至少 6m 处进行注浆，并在盾构机掘进过程中进行，盾构机停机时立即清洗注浆管并停止注浆，以防浆液包裹住盾体或流入土舱，从而影响盾构的正常掘进。待盾构机重新掘进时继续注浆，注浆终压为 0.3～0.5MPa，浆液初凝时间控制在 20s 左右。注浆过程中随时与盾构机操作室保持联系，若盾构机出现土舱压力升高、推力增大等异常现象应立即停止注浆，待盾构机正常掘进后再开始注浆。图 2-19 是成都地铁 2 号线蜀汉路东站—白果林站盾构区间穿越天然基础老旧建筑物时对既有房屋注浆加固情况。

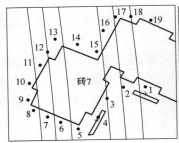

图 2-19　沿既有房屋周围布置注浆孔从地面注浆

2.3.2　倾斜加固保护既有铁路

地下工程穿越既有铁路也是穿越施工经常遇到的情况。一般铁路是由碎石道床、混凝土轨枕结构等组成的。目前，铁路客车的运营时速都比较高，相应地，也对穿越施工提出了比较高的要求。

目前流行的做法是路基下设主加固区、路基两侧设次加固区；在铁路路基两侧进行高压旋喷加固，把主、次加固区分，高压旋喷桩起到加固、隔断及控制变形的作用。一般情况下，主加固区 P_s＞1.0MPa、次加固区 P_s＝0.9MPa，高压旋喷桩 q_u＞0.8MPa。整体施工顺序为：旋喷桩施工→主加固区施工→次加固区施工。加固体强度达到要求后进行穿越施工。上海 11 号线某区间隧道盾构下穿沪宁铁路时采用的加固方法便是高压旋喷桩隔断，从地面打斜孔进行注浆，具体加固方案如图 2-20 所示。

高压旋喷桩施工时，为减小旋喷施工对运行列车安全行使的影响，旋喷桩采用跳孔顺序施工，先施工靠近铁路一侧的那一排，再施工第三排，最后施工中间一排。在靠近铁路一侧设置泄压孔，一旦发现铁轨明显隆起，应立即打开泄压孔泄压。

主加固区采用复合浆液和单液浆分层注浆加固，首先对地面以下 3m 区域进行复合浆（快硬性）劈裂注浆（缩短胶凝时间，尽早形成封闭层，以控制注浆压力和扩散半径，减小注浆对基础的影响），然后对剩余下部区域进行单液注浆加固。由于不能进入列车行驶范围进行加固，因此，采用打设斜孔注浆，注浆孔和地面夹角为 30°。施工时，先施工靠

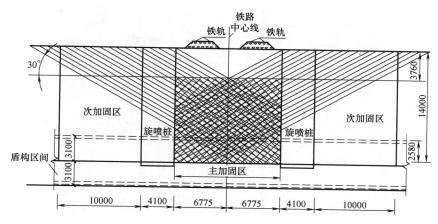

图 2-20 从地面打斜管旋喷注浆加固铁路路基

近铁路一排孔，然后施工外围注浆孔，最后施工中间孔，避免浆液无限制地扩散。每排孔按施 1 跳 4 的顺序施工，防止地面隆起。设置泄压孔，监测有异常时及时泄压。

次加固区采用压密注浆加固方法，浆液为单液浆，垂直设置孔注浆。

2.3.3 隔断法保护老旧建筑

为避免或减少地下穿越施工对既有建（构）筑物的影响，可在穿越隧道与既有建（构）筑物间设置隔断墙，隔断墙可采用钢板桩、地下连续墙、树根桩、深层搅拌桩或注浆加固等，图 2-21 是采用注浆加固隔离穿越隧道与既有建（构）筑物的示意图。

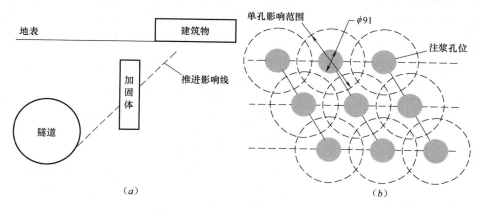

图 2-21 采用注浆加固进行隔离
（a）加固区域；（b）孔位布置

外滩隧道侧向穿越浦江饭店和上海大厦工程中，盾构隧道紧邻该工程保护对象浦江饭店和上海大厦施工，其中浦江饭店基础距离隧道外边线的距离为 1.7～4.5m，上海大厦的桩基距离隧道外边线也仅有 2.8～3.4m。为保护邻近建筑物，在浦江饭店靠近圆隧道一侧采取隔离桩加固。隔离桩为采用 800mm 的 FCEC 外套管内螺旋的机械施工的钻孔灌注桩；隧道西侧上海大厦由于建筑物基础桩基形式较为牢固，该区域的隔离形式采用跟踪隔离注浆的形式。两侧不同形式的隔离墙与穿越隧道剖面关系见图 2-22。

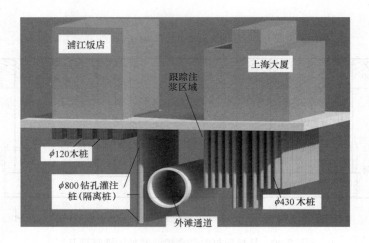

图 2-22　外滩隧道侧向穿越浦江饭店和上海大厦隔断施工剖面

2.3.4　基础托换保护措施

　　类似上海等大型城市的地铁施工时，随着轨道交通路网的加密，由于车站与桥梁距离太近，盾构可能在刚出地铁车站后就遇到桥梁桩基，致使线路平面位置无法变更；也可能由于线路曲率半径和最大坡度来限制使地铁隧道也无法绕开桩基础。此时，可采用盾构直接切桩穿越桩基方法。为了保证既有桥梁正常使用，要采取基础托换工法对既有桥梁进行加固处理。上海轨道交通 10 号线溧阳路—曲阳路区间隧道穿越四平路上的沙泾港桥桩基时就采用了基础托换方法对桥梁基础进行了加固，通过托换将原来由桩基础承担的上部结构荷载转换到托换后的扩大筏板基础上，并且，在底板托换完成并对筏板下土体进行加固后，盾构继续推进直至遇到桥台下桩基，具体基础托换形式如图 2-23 所示。

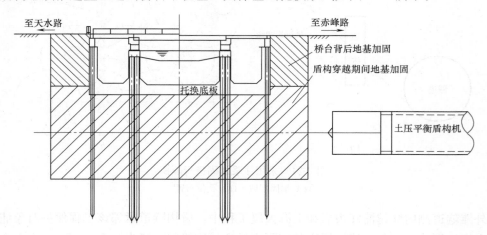

图 2-23　采用钻孔灌注桩进行桥桩基础托换

2.3.5　隧道压重控制上浮

　　盾构从既有隧道上部穿越时，相当于在既有隧道上方卸载，既有隧道会产生上浮。对此，可以通过在隧道内施加相当于卸载土体重量的重物来控制隧道上浮变形。

上海外滩隧道盾构穿越 2 号线施工时，为增加外滩隧道穿越段自重，减少隧道上浮量，采取了隧道内部增加配重的措施。当盾构进入穿越区段后，对一号车架尾部与口子件之间 5 环区域以及口子件内部进行了压重，每环压重量达到 50t 左右；同时迅速跟进口子件两侧混凝土的浇筑，增加隧道的纵向刚度，控制隧道变形。具体的压重措施如图 2-24 所示。

图 2-24　盾构压重措施

参考文献

[1]　周松，邹长中，华学新，朱建华. 上海复兴东路双管双层公路越江隧道工程施工技术 [J]. 第 11 界隧道和地下工程科技动态报告会，2004：485～490.

[2]　葛世平，廖少明，陈立生，陈丹锡. 地铁隧道建设与运营对地面房屋的沉降影响与对策 [J]. 岩石力学与工程学报，2008，27（03）：550～556.

[3]　陈立生，孙连元，沈成明，夏晨欢，陈丹锡. 盾构近距离穿越倾斜楼房的技术可行性研究 [J]. 全国青年岩土力学与工程会议暨岩土工程系列学术研讨会，2007.

[4]　白廷辉，尤旭东，李文勇. 盾构超近距离穿越地铁运营隧道的保护技术 [J]. 地下空间，1999，19（4）：311～316.

[5]　白廷辉. 上海地铁 2 号线区间隧道盾构施工若干技术难题及对策 [J]. 地下工程与隧道，2000，（2）：1～9.

[6]　廖少明，杨俊龙，奚程磊等. 盾构近距离穿越施工的工作面土压力研究 [J]. 岩土力学，2005，26（11）：1727～1730.

[7]　吴世明，林存刚，张忠苗等. 泥水盾构下穿堤防的风险分析及控制研究 [J]. 岩石力学与工程学报，2011，30（5）：1034～1042.

[8]　葛涛，吴正松，龚叶锋. 大口径长距离泥水平衡顶管穿越民房的地面沉降控制 [J]. 特种结构，2009，26（6）：45～47.

[9]　齐明山. 上海市轨道交通 9 号线盾构上穿 1 号线影响分析 [J]. 城市轨道交通研究，2009，（1）：52～55.

[10]　段创峰. 超大直径土压盾构上穿运营地铁隧道施工技术 [J]. 建筑施工，2012，34（7）：725～727.

［11］　朱伟林，徐智华. 顶管近距离穿越运营中地铁隧道的施工技术［J］. 上海电力，2005，（6）：627～630.

［12］　曾英俊，杨敏，熊巨华等. 双线盾构长距离穿越深基坑底部引起地下连续墙沉降分析及控制措施［J］. 建筑结构学报，2012，33（2）：135～141.

［13］　辛永波. 成都地铁盾构机穿越建筑物注浆施工技术［J］. 都市快轨交通，2012，25（1）：90～93.

［14］　肖广良. 盾构在软土地层穿越既有铁路施工技术［J］. 隧道建设，2008，28（3）：324～329.

［15］　黄德中，周永习，戴仕敏等. 上海外滩通道盾构穿越历史建筑群施工保护技术［J］. 施工技术，2010，39（9）：43～46.

［16］　马元，黄德中，胡斌. 外滩通道建筑物保护及周边环境影响分析［J］. 交通科技与经济，2011，63（1）：8～12.

［17］　张登雨，张子新，吴昌将. 盾构侧穿邻近古建筑地表长期沉降预测与分析［J］. 岩石力学与工程学报，2011，30（10）：2143～2150.

［18］　徐前卫，朱合华，马险峰等. 地铁盾构隧道穿越桥梁下方群桩基础的托换与除桩技术研究［J］. 岩土工程学报，2012，34（7）：1217～1226.

［19］　辛永波. 成都地铁盾构机穿越建筑物注浆施工技术［J］. 都市快轨交通，2012，25（1）：90～93.

第3章 地质及既有建（构）筑物调查

3.1 调查的目的与内容

地下穿越施工非开挖的特点，使得调查工作显得尤为重要。调查目的是利用科学的方法，有目的、有系统地收集能够反映与穿越有关的地质及既有建（构）筑物在时间上的变化和空间上的分布状况的信息，为穿越设备选型及制定合理的施工方案提供依据。

若调查不完整、不准确，则可能造成较大损失，甚至酿成事故。例如：某存在一定坡度的盾构隧道，事前粗略的土质勘察和借鉴其他工程的土质勘察结果，把盾构穿越的地层定位为整个线路的粉砂层，疏忽了其中有一小段为含地下水压较大的砂砾层，故选用了挤压盾构施工，当穿越砂砾层部位时，出现大量喷水现象。又如：上海某 $\phi 2700$ 的排水顶管工程，地处浦东老城区（早年河道较多，填土后建造建筑物），由于施工前调查不完整，在施工时顶管顶进线路上碰到大量桩基与条石，发生了机头顶不动、前方塌方等现象，最后通过机头硬磨、明挖清障等多种手段，在延误工期、增加成本的状况下才完成了工程，故调查是决定项目建设成败的关键因素。

围绕工程建设的规划、设计、施工及维护管理等阶段，涉及穿越施工方面的主要调查项目有：工程与水文地质调查、障碍物调查及环境调查。

3.2 工程与水文地质调查

地质条件对工法的设计与施工影响很大，必须认真进行调查。通过踏勘、收集整理现有资料、原位试验及室内土工试验等方法，掌握土体赋存状态及其物理力学参数，指导施工。表 3-1 所示为地质调查的项目、内容及目的。

地质调查的项目、内容及目的 表 3-1

项目	内容	目的
地层	土层名称、厚度、分布状况、工程性质等	确认地层构成，了解是否含如下特殊地层：①崩塌性砂层；②高水压含卵石砾层；③软弱淤泥及黏土层；④缺氧、含有毒气体地层。进而进行设备选型与制定施工方案
土质	N 值、粒度分布、均匀系数、渗透系数，粒径、硬度等土质特性	设备选型与制定施工方案
地下水	水位、水质、孔隙水压力、地下水流速、流量和季节变动情况等	设备选型与制定施工方案

穿越施工中，对上述表中的特殊地层需特别注意，特殊地层的调查如表 3-2 所示。

特殊地层调查的重点和方法　　　　　　　　　　　　　　表 3-2

特殊地层	调查重点	调查方法
崩塌性砂层	地层强度（抗剪强度）、细颗粒含量（百分率）、均匀系数、曲率系数、透水系数	现场透水试验、室内渗透试验、孔隙水压力测定
高水压含卵石砾层	卵石及砾石形状、尺寸、数量、硬度、均匀系数、曲率系数、透水系数、地下水流量、流速、孔隙水压	大直径钻孔、深基础试掘、抽水试验、渗透试验、孔隙水压力测定
软弱淤泥及黏土层	灵敏度、黏度、地层强度（抗剪强度）、变形特性（变形系数、e-$\log P$ 曲线、压实系数）	单轴抗压强度试验、固结试验、三轴抗压强度试验
缺氧、含有毒气体地层	氧气浓度、气体浓度、有机成分含量、有害物质（硫化氢）含量	水质分析、气体浓度测定、烧失量试验

崩塌性砂层的特点是不均匀系数小、密实性差、渗水系数大、稳定性差，水土压稍有失衡就会发生崩塌。对于这种地层来说，当盾尾离开，背后注入浆液尚未填充到位之前的短暂时间间隔内，地层中出现空洞，此时砂层中出现崩塌直至地表出现凹陷。在这种地层中推进时，为确保掘削面的稳定，必须设计出与地层条件相匹配的泥水（泥土）参数。泥水盾构的情形下，应恰当地选择泥水的密度、粒度级配、泥水的黏度等参数；同时，应恰当地选择工程材料等级、泥土的配比、添加材的掺入量等参数。为此，准确的掌握掘削土层的粒径级配构成、渗水性和地下水位等参数显得极为重要。

高水压含卵石砾层多为江河下部含大卵石的高水压砾层，掘削这种地层之前，必须弄清卵石的大小、形状、尺寸、数量、硬度，以及地下水的流速和流量等参数，因为这些参数是设计推进机械的刀具材质、形状、切口形状等的依据，必须详细勘察。当采用常规钻孔法难以获得上述参数时，可采用大口径钻孔和试掘深基础的方法来取得上述参数。此外，在竖井井底黏土层下方存在砾石层的情况下，开挖井底时因承压水的作用可能会出现井底隆起。对此，必须事先通过测量孔隙水压等方法，掌握承压水的压力，必要时应采取地层加固等措施予以防止。

软淤泥及黏土层特点是自然含水率比液限还大，故稍受外力作用就会发生扰动且强度显著下降。就这种土层而言，不仅掘进中保持土压平衡极为困难，而且往往会出现前期沉降及掘进通过后沉降长期不收敛，即沉降持续时间特别长。为了防止出现这种现象必须对该地层进行加固，所以事先掌握土体的灵敏度和变形特性特别重要。

涉及穿越有害气体地层时，在穿越前，应先分析水质，测定气体浓度，了解其含量。并判断是否构成安全隐患等，在实际施工中，为了防患未然，掘进设备上应配备各种监测装置及报警装置，以此规避工程风险，确保作业安全。

3.3　障碍物调查（既有建、构筑物调查）

障碍物是指影响穿越施工的地形、地物及设施的统称。障碍物调查以保护工程线路周边的地形、地物、各类设施及确保工程的安全性为最终目的。表 3-3 所示为障碍物调查的项目、内容及目的。

障碍物调查的项目、内容及目的

表 3-3

项目	内容	目的
既有建(构)筑物	结构形式、基础形式、与隧道空间位置、长高比、完损现状及使用特性等	制定搬迁或保护及监测措施
在建建(构)筑物	进度、施工工艺、结构形式、基础结构构造、空间位置、用途及使用情况等	制定保护及监测措施、调整施工进度安排
管线	类型、材质、管径、数量、空间属性及使用情况等	制定搬迁或保护及监测措施
井及地下空洞	平面位置、深度、使用情况、缺氧程度、地下水位及水质等	制定搬迁或保护及监测措施
建(构)筑物残留物及临时工程残留物	材质、空间位置、工程经历及工程状况(土地管理者、道路管理者、埋设的企业、施工单位)、土壤和地下水的污染状况等	制定搬离措施及监测方案

既有建筑物调查在障碍物的调查中尤为重要，一旦调查不彻底，穿越时潜在的工程风险以及可能造成的经济损失是极大的，一般既有建（构）筑物主要有房屋建筑、隧道、道路和堤防等。施工穿越过程中，除了要确保既有建（构）筑物稳定安全以外，还应符合相关运管单位的技术标准、控制要求。

对于房屋建筑，目前国内的主要结构形式有：砖混结构、框架结构、剪力墙结构以及框架-剪力墙结构，其中剪力墙结构和框剪结构一般多用于高层建筑物，这类结构一般具有较高的抵抗变形能力。基础类型主要分为：独立基础、条形基础、筏板基础、箱形基础、桩基础。整体刚度从大到小为：箱形基础、筏板基础、条形基础、独立基础，对于桩基础，则视桩基桩底与隧道埋深的关系而定，一般认为，隧道底部深度在桩底以上，隧道施工对其影响较小，反之，则认为相对较大。

对于隧道，根据用途可以分为交通隧道、水工隧道、市政隧道和矿山隧道等，有明挖和暗挖两种开挖方式。在不考虑地层的情况下，一般认为，明挖施工的隧道的抵抗变形能力要高于暗挖施工的隧道，而城市施工中，穿越既有暗挖地铁的情况往往较多，有不同方位的穿越、不同次数的穿越等，这样对于既有地铁隧道的空间位置、运营情况以及拟建隧道与既有隧道之间的土质情况的调查尤为重要。

对于道路，按照交通性质和所在位置主要有公路和城市道路。公路按使用任务、功能和适应的交通量可以分为：高速公路、一级公路、二级公路、三级公路、四级公路。城市道路根据其在城市道路系统中的地位和功能可以分为快速路、主干路、次干路和支路。在穿越时，对施工要求较高的主要有高速公路和高架快速路，往往这种道路造价高、客流量大，需以保护为主，不允许暂停使用或搬迁，故施工前的调查需详尽，施工期间不可出现意外。

对于水工堤防，按抵御水体类别分为河堤、湖堤、海堤；按筑堤材料分为土堤、砌石堤、土石混合堤、钢筋混凝土防洪墙等。堤防工程的级别可以分为一级、二级、三级、四级和五级。堤防除了对堤线、堤型、堤基、堤身、护堤地、各种防渗设施与观测设施、堤岸防护工程、各类穿堤、跨堤建筑物、安全保护区和专用地等的调查外，尚需调查穿越时间段内的水文情况和应急抢险的场地、路线等。

除了一般建筑物外，尚存在保护性建筑物。这类建筑物往往具有一定历史文化价值，故在穿越施工过程中除常规调查外，还需调查建筑物的历史价值，并制定可能更高的保护标准，且需特别注重穿越和重复穿越后的沉降变形叠加分析和调查及后期处理措施。

3.4　环境调查

环境既包括以大气、水、土壤、植物、动物、微生物等为内容的物质因素，也包括以观念、制度、行为准则等为内容的非物质因素。环境调查是指对在穿越施工之前及施工过程中给周边事物可能带来影响的调查。穿越施工时产生的噪声、振动、地层变形、注浆等可能会对环境构成污染，需要调查控制标准并制定控制措施。表 3-4 所示为环境调查的项目、内容及目的。

环境调查的项目、内容及目的　　　　　　　　　　　表 3-4

项目	内容	目的
噪声及振动	调查监控不同工程阶段和不同时间点的噪声及振动，特别注意医院、学校等必须安静的各项设施	制定相应控制措施
地层变形	监控垂直位移、水平位移、土压力、地下水压力及地下水位	制定穿越推进及沉降控制和监测措施
注浆影响	浆液冒顶，附近水质的污染	制定注浆方案
施工废弃物	弃土（浆）点、土方（泥浆）运输路线，排水设施、水质等	制定控制和监测措施，促进再生利用
其他	周边交通流量	制定工程用车进出方案、运输路线，设置交通指示标志

为了实施可持续发展战略，预防因规划和建设项目实施后对环境造成不良影响，促进经济、社会和环境的协调发展，国家制定了《中华人民共和国环境影响评价法》，并鼓励有关单位、专家和公众以适当的方式参与环境影响评价。

国家根据建设项目对环境的影响程度，对建设项目的环境影响评价实行分类管理。建设单位应当按照下列规定组织编制环境影响报告书、环境影响报告表或者填报环境影响登记表（以下统称环境影响评价文件）：

1）可能造成重大环境影响的，应当编制环境影响报告书，对产生的环境影响进行全面评价；

2）可能造成轻度环境影响的，应当编制环境影响报告表，对产生的环境影响进行分析或者专项评价；

3）对环境影响很小、不需要进行环境影响评价的，应当填报环境影响登记表。

穿越工程对周边环境产生的影响一般主要以噪声和振动为主，调查重点为周边医院、学校，以及居民住宅区和办公区，通过降噪、减振措施及调整施工时段来有效减少对环境的影响。

参考文献

［1］ 童本浩．西藏北路特大型箱涵顶进施工的监控［J］．上海市政工程，2002（1）：71～72．

［2］ 徐永福，陈建山，傅德明．盾构掘进对周围土体力学性质的影响［J］．岩石力学与工程学报，2003，22（7）：1174～1179．

［3］ 任建喜．地下工程施工技术［M］．西安：西北工业大学出版社，2012．

［4］ 陈龙，黄宏伟．上中路隧道工程风险管理的实践［J］．地下空间与工程学报，2006，2（1）：66～73．

［5］ 雷升祥，张守同．隧道施工中的风险预测与安全技术［J］．铁道建筑技术，2002，4：15～19．

［6］ 周红波，何锡兴，蒋建军，蔡来炳．软土地铁盾构法隧道工程风险识别与应对［J］．现代隧道技术，2006，43（2）：10～14．

［7］ 刘洪洲．交叠隧道盾构法施工的相互影响及其环境土工问题的数值法研究［R］．同济大学博士后研究工作报告，2002.01．

［8］ 孙均等．城市环境土工学［M］．上海：上海科学技术出版社，2005．

［9］ 方从启，王承德．顶管施工中的地面沉降及其估算［J］．江苏理工大学学报，1998，19（4）：106～110．

［10］ 李大勇，俞建霖，龚晓南．深基坑工程中地下管线的保护问题分析［J］．建筑技术，2002（2）：95～96．

第 4 章　地下穿越设备选型

4.1　盾构机选型

对于穿越工程，盾构选型设计十分关键。盾构选型应在认真细致研究各种选型条件特别是地质条件的基础上，遵循施工条件适应性、功能针对性、系统可靠性、应急预留性和技术经济性原则，首先确定盾构的基本类型，然后对刀盘结构形式、刀具布置、开口率、刀盘与盾构切口环的间隙控制、刀盘驱动控制的方式及主要参数、刀盘主驱动密封等加以认真分析，全面确定各个系统的详细选型配置要求，作为盾构采购或适应性大修改造的技术依据。

4.1.1　选型依据

4.1.1.1　概述

盾构机的选型是一个广义的概念，一般包括盾构的选型和工程适应性分析。盾构的选型是根据工程条件和要求，确定盾构的类型、功能配置、主要参数和性能要求，作为盾构设计制造或盾构采购技术谈判的重要依据；盾构的工程适应性分析是指根据工程条件和要求，分析盾构的类型是否匹配，盾构的功能配置是否满足正常使用寿命的要求，盾构的主要参数和性能是否符合掘进要求，并提出盾构维修保养的具体要求。

对于穿越隧道工程，盾构机的选型非常关键，盾构机选型除需满足工程的整体条件要求外，为确保穿越施工阶段的安全性和可靠性，还需在盾构的选型环节，结合穿越工程的特点和穿越阶段的施工措施，在盾构的功能配置和性能上提出相应的技术要求。因此，在穿越隧道工程的盾构选型前，首先必须对工程的各项条件进行仔细核对和认真分析。

4.1.1.2　选型条件

隧道工程充满着各种变数，几乎没有一条暗挖隧道的工况条件完全相同。盾构掘进机一般归类于非标设备，一部分原因来自不同施工单位的不同施工习惯、技术经济性的综合考量或业主单位的某些规定，但更多的在于客观原因，即各种各样的施工条件和要求。上述的客观因素将构成穿越工程的盾构主要选型依据，其他因素则次之。

盾构的主要选型条件或依据，依重要性依次包括地质、水文、构筑物、隧道参数和拟采用的相关施工技术措施等，所有这些条件必须综合设备各系统的性能和功能加以考虑，不得有忽略。

1. 地质

地质环境是盾构隧道的载体，是穿越工程的基础条件，盾构机对地质环境的适应程度对穿越工程能否成功的影响不言而喻，可以通过加强勘探工作加以了解和掌握。对于穿越工程，承载力较差的软弱地层、流砂地层、卵砾石地层、掘进断面垂直或水平方向土性不均地层及近期受扰动的地层（如短期内同一区域需两次穿越），施工隆沉控制难度非常大，也对盾掘进机的配置提出了更高、更全面的要求。当然，有些特殊的地质情况，也可能会对穿越工程产生较大的影响，必须认真对待，如地下桩群、地下暗浜、废弃旧管道和局部溶洞等。

事实上，地质环境的复杂性几乎无法让人随时随地完全掌握盾构开挖面的实际情况，盾构掘进机的选型以地质条件为量身定做的出发点，既要做到满足全局地质环境的要求，又要符合穿越段的地质环境的要求，若综合考虑技术经济性和总体施工的快速高效，很多场合无法保证盾构百分之百的地质适应性，必须结合穿越工程的实际情况加以分析，必要时可采取地层加固等辅助施工措施，以合理的代价来提高盾构的地层适应性。

工程地质条件一般包括颗粒分析及粒度分布、标准贯入度 N 值/单轴抗压强度、砾石直径/含量、液限/塑限、黏聚力 c、内摩擦角 ϕ、土粒子相对密度、空隙率/孔隙比、地层反力系数、压密特性、弹性波速度、含水率、空隙水压、渗透系数等。

2. 水文

盾构施工的水文环境主要包括地下水、潮汐和季节性降雨等，地下水的变化、承压富水地层、地层渗透系数大及与江河连通，在某些地层的综合作用下，对于穿越工程影响极大，主要体现在易产生喷涌，易超挖，开挖面支护稳定性差，必须密切关注，并在盾构的选型方案上采取针对性的控制措施。

工程的水文条件一般包括最高/最低/平均地下水位、地下水流速/流向和河床变迁情况等。

3. 构筑物

构筑物包括地面构筑物和地下构筑物。地面构筑物一般是指隧道上方为高速公路、公路、桥梁、建筑、机场跑道、铁路轨道等，地下构筑物一般是指穿越隧道工程上部或附近不可搬迁或废除的地下管线、已有隧道、地下建筑物等。

在考虑构筑物时，需要同时关注允许隆沉参数、与地面构筑物的距离即隧道埋深、与地下构筑物的空间相对位置。

大部分情况下，盾构施工的允许隆沉参数参照国内的相关规范及保护性建（构）筑物的控制标准，一般控制在厘米级。但是，在某些场合，如穿越机场跑道、穿越铁路轨道和穿越运营中的隧道等，允许隆沉参数的要求将更为严格，一般控制在毫米级。在这种情况下，对盾构的选型提出了更高的控制要求，包括开挖面的稳定控制和盾构尾部管片空隙处填充的同步隆沉控制。

在大部分情况下，隧道埋深若小于盾构直径的 1.5 倍，穿越施工对地面构筑物的安全影响会相对较大。

地下管线的类型、数量和分布，地下构筑物与穿越施工隧道的空间相对位置及距离，施工隧道与地下构筑物的关系是上穿还是下穿，是大直径穿越小直径还是小直径穿越大直径，对于盾构的选型配置都至关重要。

4. 隧道设计参数

在盾构确定选型方案时，还需关注隧道的断面尺寸、长度、隧道垂直和水平的线型和隧道埋深等。隧道的一次性掘进长度若较长，需要考虑刀具的磨损和设备的可靠性是否在到达穿越段时满足穿越施工的要求。隧道在穿越段的线型也很重要，若是以小曲率半径穿越，将对盾构的姿态和隆沉的控制能力提出更高要求。

5. 施工技术措施

盾构很难达到百分之百的地质适应性，有时会对穿越工程采用一些必要的施工技术辅助措施，而这些措施的采用，也会对盾构的选型方案造成一定的影响，比如采用冻结局部加固，需确保盾构切削系统在各种意外情况下始终能正常工作，否则易造成刀盘冻死；比如采用旋喷局部加固，加固后的土质情况，将改变原来的地质特性，需要盾构在选型时加以考虑。

4.1.2　选型原则

穿越工程盾构选型应遵循五大基本原则：1) 施工条件适应性；2) 功能针对性；3) 系统可靠性；4) 应急预留性；5) 技术经济性。

4.1.2.1　施工条件适应性

穿越工程的盾构选型首先需依据已掌握的地质水文资料，其次需参照工程附近以往地下施工中地质水文经验的差异性，结合穿越构筑物、隧道参数和施工技术措施等，在盾构选型时应予以统筹考虑，满足最不利地层环境和工况下的施工要求。

4.1.2.2　功能针对性

考虑到公共环境安全，穿越工程相对于一般的隧道工程，施工风险更高，难度更大，盾构作为隧道施工的唯一工具，必须在功能上针对穿越段的特点，在一般选型的基础上，提出更安全、更可靠和更全面的针对性解决方案。

4.1.2.3　系统可靠性

穿越工程的盾构选型设计，应尽可能采用在地下施工工况下的应用成熟技术，包括关键系统的设计、关键部件的设计、材料的选用和盾构控制系统等。任何处于试验阶段的创新技术或需过通过实践才能证明可行的技术，都有可能在穿越阶段产生难以预料的问题，应尽量避免。

穿越工程若采用已有盾构，应在选型阶段，在基本确定其施工条件适应性的前提下，认真研究其以往的施工使用情况，分析评估其成色和系统的可靠性，确定维修保养、大修和适应性改制的选型方案。

对于穿越工程，若从提高掘进磨合度方向考虑，一般情况下，采用八成新的已有盾构较采用全新盾构更理想。

4.1.2.4　应急预留性

从环境安全性出发，穿越工程必须做到万无一失，因此，在吸收各种穿越工程案例的经验教训前提下，很多或许有可能产生的不利因素应该予以考虑，与各种应急施工技术措施相配套，盾构选型时应注意：

1) 施工技术应急措施的兼容性，包括操控接口，应急设备与盾构设备操作的集成和联动性等；

2) 对于与穿越施工相关的盾构重要的系统及设备，应在可行的情况下设有应急备用系统，确保在各种不利条件下正常运作。

4.1.2.5 技术经济性

当前国内外盾构商生产的盾构产品,具有各种各样的设计理念,价格参差不齐。其实,从国内外的穿越案例来看,并不是盾构价格越是昂贵,配置越是先进,穿越施工越是可靠、安全,关键还是要牢牢结合穿越工程的实际情况,以本节所述的原则科学选型,在安全可靠的前提下考虑技术的先进性,然后再考虑盾构的价格,以取得最佳方案和确定必要的工程辅助措施。

4.1.3 盾构形式的选择

4.1.3.1 盾构的类型

盾构类型的选取与盾构施工环境密切相关,必须与之相匹配。根据施工环境,盾构类型分为软土盾构、复合盾构和硬岩隧道掘进机(TBM)。对于穿越工程,本书所关注的主要是软土盾构和复合盾构两类。

软土盾构是指适用于软土和全风化、强风化围岩地质条件下的盾构,其主要特点是刀盘仅安装切削软土用的切刀、刮刀、贝壳刀或撕裂刀等;复合盾构是指适用于既有软土又有硬岩地质条件下的盾构,其主要特点是其刀盘上既装有软土盾构的常用刀具,又装有破碎硬岩的滚刀,部分软土刀具和滚刀可以根据掘进的地质而进行互换。

4.1.3.2 盾构的形式

盾构的形式是指根据工程地质水位条件,盾构所采用的开挖与支护方式,一般分为自然支护、机械支护、压缩空气支护、泥水平衡支护和土压平衡支护。对于穿越工程,较适合的盾构形式主要是泥水平衡盾构和土压平衡盾构,也是目前国内外运用最广泛的盾构类型,且软土和复合均有,如图4-1所示。

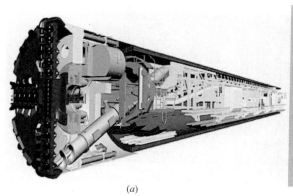
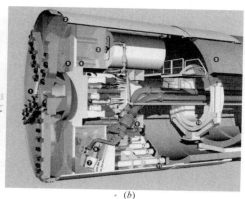

(a)　　　　　　　　　　　　　　　　　　　　*(b)*

图 4-1　盾构的形式
(*a*) 土压平衡盾构;(*b*) 泥水平衡盾构

4.1.3.3 盾构形式的选取

1. 根据地层渗透系数选取

根据国内外的隧道施工经验,通常,地层渗透小于 $10^{-7}\,\mathrm{m/s}$ 时,宜选用土压平衡盾构;地层渗透系数大于 $10^{-4}\,\mathrm{m/s}$ 时,宜选用泥水平衡盾构;地层渗透系数介于 $10^{-7} \sim 10^{-4}\,\mathrm{m/s}$ 时,泥水平衡和土压平衡盾构均适用,在此情况下可以进一步根据地质条件选

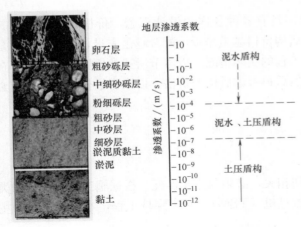

图 4-2　根据地层渗透系数选取盾构类型

取，若地层以富水砂层或砂砾层为主，宜采用泥水平衡盾构，反之，宜选用土压平衡盾构，如图 4-2 所示。

2. 根据地层颗粒级配选取

从开挖面压力稳定和弃土处理角度看，土压平衡盾构主要适用于粉土、粉质黏土、淤泥质粉土、粉砂层等细颗粒含量较多地层，细颗粒含量多，渣土易形成不透水的塑流体，有利于在土舱内建立压力平衡和螺旋输送机排土。若采用泥水平衡盾构，对于细颗粒为主的排泥泥浆，地面泥水分离的难度较大，不利于新浆的配制

和新浆成本的控制，且造成对环境的不利影响，因此，砾石粗砂之类的粗颗粒地层，较适合采用泥水平衡盾构，如图 4-3 所示。

不过，随着盾构技术的进步，如土体改良技术的应用和提高，高分子聚合物材料的应用，上述的选取原则也在发生变化，泥水平衡盾构和土压平衡盾构各自适用范围的重叠区在不断增加。

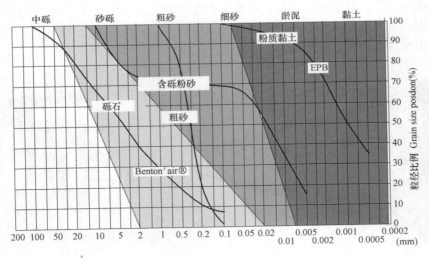

图 4-3　根据地层颗粒级配选取盾构类型

3. 根据地下水压选取

通常，地下水压大于 0.3MPa 时，土压平衡盾构易发生螺旋输送机闸门处喷涌现象，此时宜选用泥水平衡盾构，否则，需采用双级螺旋输送机或其他措施以防止喷涌发生。

4. 根据埋深选取

通常，埋深小于盾构直径 D 时，选用泥水平衡盾构易出现地面冒浆和开挖面失稳，故宜选用土压平衡盾构。

5. 施工环境条件

泥水平衡盾构施工时需要较大的泥水处理场地、需要施工水源，一般在城市密集区及缺水地区不宜采用。

6. 安全性

近年来，对于开挖面压力的控制，泥水平衡盾构从原先的直接控制型逐步发展成了气压复合控制型，通过泥水舱和气压调节舱的组合运用，使开挖面泥水压力波动范围从 $\pm(0.5\sim1.0)\times10^5$ Pa 减小到 $\pm(1.0\sim2.0)\times10^4$ Pa，极大提升了泥水盾构的压力平衡能力，使泥水平衡盾构在穿越某些构筑物时安全性更高。

对于上述关于泥水或土压盾构的选取，应根据实际情况加以科学分析，确定相对合理的优先顺序。在泥水盾构和土压盾构均能满足工程施工要求的情况下，应结合技术经济性的研究确定盾构形式。

4.1.4 选型要点

关于盾构的选型，国内外已有很多的经验积累，本书中不再作全面介绍。本节主要从穿越工程的角度出发，阐述盾构选型应特别关注的关键要点。

4.1.4.1 盾构壳体

1. 盾构外径

对于非铰接式常规盾构，盾构壳体一般按前后顺序由切口环、中间支承环、盾尾环组成，且每段壳体的外径基本尺寸相同。目前，一方面为了减少壳体周边的摩擦阻力，提高盾构的有效总推进能力，另一方面为了降低盾构主机及刀盘盘体在地层中卡死的可能性，对于穿越 N 值大于 50 以上的砂性土层及强、中风化岩层，有的盾构厂商将盾构壳体设计成前大后小，即切口环、中间支承环和盾尾环外径依次减小。

对于穿越工程，建议在两种情况下，应尽可能保持盾构壳体外径前后一致。一是穿越段为软弱地层，尤其是含粉细砂的富水地层，二是穿越段为复合地层，但土层中含有软弱层，或含有富水砂性土层。而其他的边缘情况，应酌情控制盾构壳体的前后外径差，建议不超过 3cm。

同步注浆及盾尾油脂压注管路通常有两种形式，一种外包管路，即在盾尾环段的压注管路安装于盾构外壳外侧，再加保护罩；另一种是内置管路，即盾尾环段的压注管路安装于盾构壳体内侧的槽内，上压盖板。前者盾尾段所用钢板厚度主要根据实际受力计算，盾构壳体外径和同步注浆所需压注的浆液量相对较小；后者盾尾段所用钢板厚度需根据内置管路截面积和实际受力计算综合考虑，盾构壳体外径和同步注浆所需压注的浆液量相对较大。

一般来说，盾构外径越大，出盾尾管片外侧所需的理论注浆量越大，在推进速度较快的情况下，同步注浆量控制不到位对于沉降控制质量的影响也越明显。因此，对于全新盾构的选型，若穿越工程的主要地质为软弱土层，建议采用第一种形式；若整个隧道区间可能会遇到较硬地层或加固区，建议在盾壳外外置保护罩前方，设置先导刀具，一是保护保护罩，二是有效降低盾构推进和调整姿态时的阻力。需要注意的是，采用此种形式，盾构始发、到达的洞口密封装置需要采用特别保护措施，尤其是对于泥水平衡盾构。

2. 盾构长度

盾构的灵敏度等于盾构外径与盾构长度之比，即盾构长度越长，盾构的灵敏度越差。

盾构的灵敏度差，盾构在推进过程中易出现三种不利情况。一是盾构姿态调整相对困难；二是盾构姿态调整，对周围土体的挤压和扰动较大；三是盾构姿态调整，同样的盾尾与管片间隙，盾尾密封刷更易损坏，或盾尾更易漏浆。

土体扰动大，地面沉降不易控制。盾尾漏浆，对于泥水平衡盾构来说，极易引起正面泥水压力的失控，造成正面土体失稳坍塌。因此，对于穿越工程，在盾构选型设计阶段，应对盾构内部的设备进行合理布局，尽可能地减少盾构的总长度，提高盾构的灵敏度。

4.1.4.2　刀盘切削系统

刀盘切削系统的选型是否合理，是穿越工程成败的关键。对于穿越工程，需要对刀盘结构型式、刀具布置、开口率、刀盘与盾构切口环的间隙控制、刀盘驱动控制的方式及主要参数、刀盘主驱动密封等重点关注。

1. 刀盘的结构形式

通常，刀盘的结构形式主要有辐条式和面板式两种，如图 4-4 所示。

(a) 　　　　　　　　　　　　　　　　　*(b)*

图 4-4　刀盘的类型

（*a*）辐条式刀盘；（*b*）面板式刀盘

对于土压平衡盾构来说，刀盘结构形式的选取主要从地质条件出发，结合三个主要因素进行综合考虑，一是土体的流动性，二是刀具对于土体的切削效率，三是地层对机械支承的依赖性。

对于软土地层，土体的流动性较差，刀盘宜采用辐条式结构形式，有利于达成开挖面土压和土舱内土压的基本平衡，降低刀盘驱动扭矩，减少刀具的磨损。在土体流动性较好的场合，采用辐条式和面板式均可。

对于硬土、强风化或中风化岩、复合地层，从切削和岩石破碎原理考虑，在同样的推进速度下，对每把刀具的进尺深度和速度有一定的限制要求，因此，首先需要通过计算，来确定刀盘盘面各个切削轨迹的各种刀具用量，一般来说，在综合考虑刀具的磨损更换频率和总掘进效率的情况下，刀盘宜用面板式，除了平面面板式，在需要安装滚刀破岩的场合，需采用鼓型面板式，以利于根据需要布置必要数量的各种刀具。

对于开挖断面中卵砾石占有较高比例的地层和开挖面存在较大孤石的地层，刀盘盘面的支承，可以有效阻挡开挖面的坍塌，有效防止较大孤石在尚未破碎的情况下直接进入土舱，或使刀盘卡死，或是使螺旋输送机无法正常出土，刀盘宜用面板式。

对于泥水平衡盾构，可以基本忽略土体的流动性，只需要从刀具对于土体的切削效率和刀盘盘体的辅助机械支承角度考虑，因此，刀盘宜用面板式。

2. 刀具布置

目前为止，盾构采用的刀具一般包括主切削刮刀、先行刀、中心刀、周边刀、撕裂刀、贝壳刀、滚刀和程控仿形刀等，盾构刀盘盘面采用不同刀具形式的组合布置与地质条件和隧道线性密切相关。关于刀具的合理选取与布置，国内外已有许多行业经验值得参考借鉴，在此不再详述。

对于穿越工程，应特别关注以下四个方面：

一是刀具的可更换性。盾构隧道施工的一个掘进区间里，往往会遇到性质相差悬殊的地层，刀盘刀具选取与布置，很难做到一次性满足全部地层的切削要求。同时，刀具磨损量的大小，与穿越的地层地质相关；一个区间内是否需要换刀，与刀具磨损量和区间长度相关。因此，在穿越工程刀盘刀具设计选型时，必须考虑主要刀具的中间可更换性，以保证在穿越段施工时，刀具的状态最优和匹配性最佳。

二是刀具的动态变化，即在施工到穿越段时，应保证刀盘刀具的切削状况保持正常，避免出现某些轨迹上刀具过度磨损或损坏失效的情况。要做到这一点，必须结合工程的特点，重点精确计算外周区域刀具的磨损量，在设计上，采用合理的同一轨迹分层切削、双向切削和预装可液控更换的刀具等手段，对刀具的材料和制作工艺提出严格的要求。针对砂性土石英含量较高的地层，设置刀具磨损分级报警系统，使操作人员在施工中随时掌握刀具磨损的实际状况或磨损趋势，在穿越段前及时做出是否更换的技术判断；针对需要配置滚刀的复合地层，应重点考虑如何避免滚刀出现偏磨，解决方案：1）在轨道沿旋转轨迹上的两侧设置可伸缩液控保护挡块；2）选用低启动旋转力矩的滚刀装置；3）设置盾构超前钻探装置，或采用超声波探测系统，及时了解开挖面的实际地质分布状况。

三是周边超挖刀的超挖量。在穿越段施工时，刀盘周边超挖刀的状态非常重要，一方面，我们不希望刀盘超挖量太大，引起沉降过大；另一方面，我们也不希望没有任何超挖，引起盾构前进阻力增大，在盾构微调姿态时易造成对周围土体的蛇形扰动，同样会导致沉降增大。因此，在盾构刀具选型设计时，建议以进入穿越段时盾构周边超挖刀相对于盾构壳体的理论超挖量为 5mm 为目标，结合工程地质及掘进距离，科学计算、设置周边超挖刀的初始超挖量。

四是切削刀具的慢速掘进适应性。在穿越段施工时，往往需要盾构以相当慢速推进。刀盘的刀具选型设计应与之相适应，需合理选择刀具的切削宽度和刀具的刃角，一般建议刀具的宽度宜相对偏小些，刀具的刃角相对偏尖些。

3. 开口率

刀盘开口率的选取原则，与刀盘结构形式的选取基本类同。选取辐条式，相当于选择较大的刀盘开口率；选取面板式，则相当于选择较小的刀盘开口率。

对于穿越工程，在适合辐条式的场合，刀盘开口率大小不用特意优先关注。但是，对于土压平衡盾构适合面板式的场合，建议刀盘开口率的设置低于正常情况下 5%～10%；对于泥水平衡盾构，建议刀盘开口率低于 15%。

刀盘的开口设置主要是考虑切削土体的流入通道，不当的开口布置，极有可能形成不同点切削土体的流动不畅，导致出现局部结泥饼、刀具加速异常磨损等。刀盘开口设置，应重点考虑三个部位：一是中心切削部位，由于刀具切削的线速度较低，在含黏性土的地层中此处极易结泥饼，中心处应布置足够多的刀具，尽可能增加中心开口率；二是主切削部位；三是周边刀及超挖刀部位，由于周边进土量相对中心部位大很多，刀具的线速度较大，应在刀盘开口的结构选型设计时，采取合理的结构形式，有效增大周边刀具附近的开口率，有效减缓刀具的磨损。

4. 刀盘与盾构切口环的间隙控制

设计时，考虑到刀盘盘体周边超挖土体的流入通道，考虑到结构件的制造和安装误差，刀盘盘体与盾构切口环留有一定的间隙，一般设置间隙 δ 为 3～5cm，如图 4-5 所示。

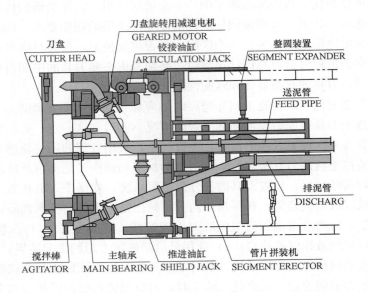

图 4-5　刀盘与盾构切口环的间隙控制

在大部分情况下，上述的间隙设置是可行的。但是对于穿越工程，尤其是穿越段的地层中含粉细砂、细砂等砂性土时，无论是土压平衡盾构还是泥水平衡盾构，都应特别留意，防止间隙加大，使刀盘周边的土体从此间隙中过度流入，形成盾构开挖面的周围土体超挖，导致开挖面上方土体坍塌或沉降加剧，因此，建议此间隙的取值在 1cm～1.5cm 之间。

5. 刀盘驱动控制的方式及主要参数

刀盘驱动的主要参数是刀盘的切削扭矩和转速，不管采用什么形式的刀盘驱动，刀盘的切削扭矩和转速应满足工程所有地层的掘进切削需求。对于穿越工程而言，应重点考虑以下几点要求：

1）转速可变可控，建议无级调速，如变频电机或液压马达无级调速驱动；

2）转速-扭矩特性曲线符合工况要求；

3）130％～150％脱困扭矩；

4）刀盘驱动装置留有一定的增加工作扭矩的余量。

4.1.4.3 推进系统

对于穿越工程，推进系统建议配置超慢速推进精确控制和分区油压的控制两大功能。在推进液压系统中，建议采用容积调速的方式，以不同排量泵的组合，来达到超慢速推进精确控制和常速推进的功能切换；建议采用比例减压和闭环控制的方式，实现不同分区油压的控制。

4.1.4.4 出土系统

除了压力平衡控制方式不同外，土压平衡盾构和泥水平衡盾构最大的区别就是完全不同的出土方式。土压平衡盾构采用螺旋输送机和皮带输送机组合出土，泥水平衡盾构则采用泥水泵送系统出土。

1. 土压平衡盾构

螺旋输送机一般有中心轴式和带式两种，常用中心轴式，其受力状况及止水性能较理想，而在土体中含有较大粒径的卵砾石的场合，则建议采用输送特性较好的带式螺旋输送机。

对于穿越工程，螺旋输送机的地质适应性，首先体现在其遭遇富水砂性、卵砾石等地层的防喷特性，必须设置螺旋输送机闸口防喷装置，建议必要时采用双螺旋输送机形式，或螺旋输送机接管道泵送；其次是适应穿越段的慢速掘进控制能力，建议参照液压系统的双液压泵容积调速的方式，也可将液压泵的最稳定输出排量设为最大值进行流量的比例控制；最后是螺旋输送机磨损组件的可更换性，在砂性、卵砾石等地层中掘进，螺旋输送机的前端叶片及槽体极易产生磨损，影响出土的效率，建议采用设置前闸门和液控退出装置的手段，或其他预设的有效手段，达到施工过程中更换易损件的目的。图 4-6 为螺旋输送机。

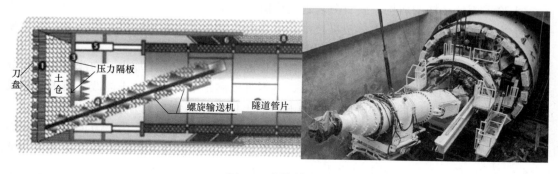

图 4-6 螺旋输送机

盾构土压平衡的控制，主要是依靠螺旋输送机根据设定土压的自动变速出土控制，土压的设定一般是人为的，使有时土压的设定值不合理。若在富水的粉细砂、细砂等地层中，过低的设定土压，加上土体不易察觉的轻微喷涌，都会使螺旋输送机的自动压力平衡控制与实际状况产生一定的差异，不知不觉造成超挖，引起开挖面的突然坍塌。因此，对于穿越工程，建议设置出土量的自动监控系统，以提醒盾构操作人员，及时调整螺旋输送机的自动控制参数和闸门开度，或采取必要的土体改良措施。目前，对于土压平衡盾构，较有效的出土量监控系统，主要是在皮带输送机上配置自动称量系统。

2. 泥水平衡盾构

高效排泥、开挖面压力平衡能力强，是泥水平衡盾构的两大优势。对于穿越工程，需要解决两大关键技术问题，一是在任何情况下，控制开挖面的压力波动及波峰值是关键；二是控制欠挖和超挖。

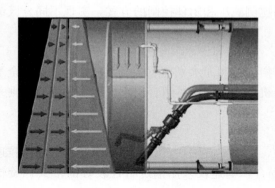

图 4-7　泥水平衡盾构机开挖面压力和进、排泥管

对于开挖面压力的控制，在有条件的情况下，建议引进目前国际上较先进的气压辅助平衡系统，可以有效抑制吸口堵塞、覆土地貌突变（如埋深）、遭遇溶洞或气包等引起的压力过渡波动，降低波峰值。另外，盾构暂停施工，或泥水输送平衡系统暂停运行时，如拼装状态，应设置一套自动补压系统，确保盾构在任何情况下开挖面压力稳定。泥水平衡盾构机开挖面压力和进、排泥管示意图见图 4-7。

对于土层中含有加固体、卵砾石和孤石等的场合，必须配置破碎装置，考虑到破碎装置的工作效率，建议设置盾构泥水舱下部设置不同高度的可互相切换的排泥口，含破碎装置的排泥口置于底部，其余备用的排泥口位置略高，所有排泥口的排泥管道与吸口平面的角度应大于 60°。

对于穿越工程，依据泥水平衡的排泥量监控非常重要，除需在流量传感器配置基础上的进排泥偏差流量监控外，还需配备必要的核子密度计，实时监控每环排泥量，有效防止超挖或欠挖。

4.1.4.5　土体改良系统

无论采用什么样的盾构，要百分之百适应隧道工程的各种地质要求，是不经济的，在技术上也很难达到的。依靠土体改良技术，可以有效提高盾构配置的技术经济性。对于穿越工程，盾构土体改良系统的合理应用尤其重要。

对于土压平衡盾构，目前国内外的土体改良成熟技术包括加泥加水、泡沫压注和高分子聚合物等，分别采用了不同的设备技术，基本可以满足不同地层的土体改良要求。建议在穿越工程中，尽可能同时配置以上三种不同的土体改良系统，提升盾构的地质适应性。关于改良材料的压注点，一方面应在土舱内的面板上固定设置若干，另一方面应在刀盘面板上的不同位置进行设置，根据地质情况，酌情设置 4～6 个点。土体改良系统必须在整个隧道施工阶段保持可靠而不堵塞失效，压注口装置的选型设计是关键，应给予高度关注。必要时，在刀盘土舱内配备搅拌装置，通过充分均匀搅拌，改善土舱内的土体的流动性。

对于泥水平衡盾构，土体改良主要依赖于地面泥水分离处理系统，优良的新浆配制，可以在切削开挖面形成良好的泥膜，防止不良土体的坍塌，对于在覆土较浅的砂性土地层开挖，可以确保土舱中的泥水维持预定的压力而不至于形成地面冒浆；同时，还可有效提高排泥系统的运土效率。因此，在穿越工程中，建议采用可靠的、符合工程新浆配制要求的地面泥水分离处理装置。

4.1.4.6　姿态控制系统

盾构主机分为单体式和铰接式两种，对于穿越工程，若隧道的最小设计水平曲率半径小于 400m，一般建议采用铰接式盾构，有效减少盾构姿态调整时对周围土体形成超挖和过多扰动而造成的沉降；对于标准贯入值 N 大于 60 的硬土、强风化和中风化岩石地层，不管隧道设计水平曲率半径多少，建议也采用铰接式盾构，以提高盾构的姿态控制能力。铰接式盾构又分被动铰接和主动铰接两种，建议对于穿越工程，选用主动铰接形式的盾构。

盾构姿态的控制，从控制沉降角度考虑，有两个方面的关联。一是盾构姿态若能得到精确控制，盾构掘进对周围土体扰动就越少，地面隆沉量更易得到精确控制；二是盾构姿态保持良好，可以有效提高盾尾密封装置的密封效果和使用寿命，这一点对于泥水平衡盾构更为重要。因此，对于穿越工程，建议盾构配置先进的激光自动测量导向系统，并与盾构操作系统予以整合。盾构机姿态控制系统控制界面及操作室见图 4-8。

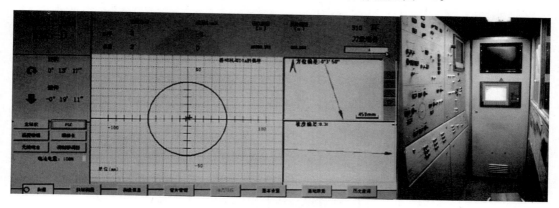

图 4-8 盾构机姿态控制系统

4.1.4.7 密封系统

盾构有三处密封非常关键，一是刀盘主驱动装置的土体密封，二是中心回转接头密封，三是盾尾密封。对于穿越工程，需在盾构选型配置上，对于密封的结构及原理、密封件材质、密封件的固定形式、密封油脂及压注系统等高度重视，适应隧道工程建设环境条件下安全和可靠性。

以盾尾密封为例，首先，建议第一道密封采用钢板刷，后几道采用钢丝刷，以有效阻止同步注浆材料的侵入；其次，对于盾尾油脂的注脂，建议采用 PLC 程序控制方式，在直线掘进时，确保各个点的注脂均匀，在曲线掘进或盾尾间隙存在一定差异时，通过调整各个注脂点的注脂时间分配，来调节各点所需的不同注脂量。图 4-9 为盾尾密封系统。

4.1.4.8 同步注浆系统

对于穿越工程，为有效控制沉降，必须采用同步注浆技术，而不是一般的壁后注浆。除一般功能外，用于穿越工程的同步注浆系统在选型设计时，应达到以下技术功能：

1) 各个注浆点独立泵送控制；
2) 应附有有效的清洗装置，确保管路畅通；
3) 各路注浆管路系统中，应有流量和压力传感器；
4) 采用 PLC 程序控制，确保注浆量与推进速度基本同步；
5) 系统应有实时监控的信息化操作及数据采集系统。

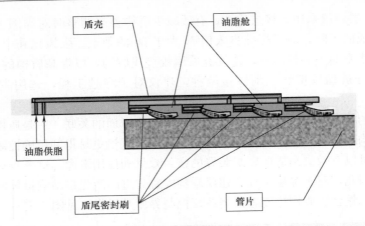

图 4-9 盾尾密封系统

盾构机同步注浆示意图见图 4-10。

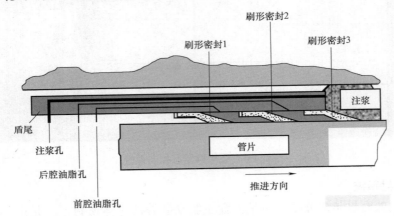

图 4-10 盾构机同步注浆示意图

4.1.4.9 信息化监控系统

穿越工程需要操作人员和技术决策人员能及时了解、掌握盾构设备各个系统的运行状态，及时采取针对性的操控措施，因此，盾构中应配备必要的本地信息化监控系统和地面远程监控系统。

对于泥水平衡盾构，因系统更复杂，除盾构本地操作室外，还需配备地面中央控制室。盾构机内操作室，主要负责盾构的推进、管片拼装、同步注浆等盾构施工的基本操作，地面中央控制室，则在监控盾构内操作状况的基础上，负责盾构泥水系统压力平衡的操作。

4.1.5 其他

在实际操作中，对于穿越工程，盾构的成色分析也非常重要，已在实际掘进施工中成功使用、八成新的盾构掘进机，其可靠性和风险可控性永远要优于全新设计、制造的盾构，我们所要做的，就是在适应性分析基础上，结合盾构的以往表现，结合穿越工程的特点，开展盾构功能完善和维修工作，使之尽可能满足穿越工程的实用要求。

4.2 顶管机选型

顶管掘进机的选型主要考虑的方面一是掘进机对地层的适应性，通常一条隧道沿线的土质条件变化可能较大，就需要顶管掘进机可以适应在不同工程水文地质下进行施工；二是顶管穿越上方的周边环境要求，环境因素对顶管掘进机选型的限制较大。通常使用顶管掘进机的类型有土压平衡型、泥水平衡型等。

4.2.1 顶管施工常见土质分类

表 4-1 为顶管施工中常见的土质类型，常见土质包括黏土、砂土、黄土、强风化岩、微风化岩及风化岩。

顶管施工中常见的土质分类

表 4-1

土质类型	成因	土性
淤泥质黏土	较弱的海浪岸流及潮汐的水动力作用下形成	灰色或黑灰色，多呈软塑或半流塑状态，天然含水量很大，变形量大，强度低
砂性土	海水或三角洲河水的冲击作用下沉积	黏粒含量较少，孔隙较大，在水动力的作用下容易产生流砂现象
黄土	风力搬运沉积又没有经过次生扰动或其他成因	呈黄色，包括原生黄土和次生黄土，遇水湿陷性
强风化岩	风化很强的岩石	矿物成分显著变化，含有大量黏土矿物，风化裂隙很发育；干时可用手折断或捏碎，浸水时可较迅速地软化或崩解
微风化岩及中风化	岩质新鲜，表面稍有风化迹象	组织结构部分破坏，硬度高，顶进较困难

1. 淤泥质黏土

此种土的颜色多呈灰色或黑灰色，光润油滑且有腐烂植物的气味，多呈软塑或半流塑状态。其天然含水量一般大于 30%，饱和度一般大于 90%，液限一般在 35%～60% 之间，天然重度较小，约在 15～18kN/m³ 之间，孔隙比都大于 1。具有变形量大，强度低的特点。

2. 砂性土

此种土是在海水或三角洲河水的冲击作用下形成的沉积物。该沉积物含有大量海水或河水所搬运的细砂及粉砂，其特点是黏粒含量较少，故称之为砂性土。砂性土的土颗粒较一般的黏土大，一般在 20μm 以上，土颗粒之间的凝聚力较小，呈单粒结构，孔隙比较大，很容易在水动力的作用下产生流砂现象。

3. 黄土

凡以风力搬运沉积又没有经过次生扰动的、无层理的黄色粉质、含碳酸盐类并具有肉眼可见的、大孔的土状沉积物为黄土（原生黄土）；其他成因的、黄色的、又常具有层理和夹有砂、砾石层的土状沉积物称之为黄土状土（次生黄土）。原生黄土和次生黄土统称为黄土。

4. 强风化岩

强风化岩是指风化程度很高的岩石，岩石原有的组织结构已大部分破坏，矿物成分已显著变化，含有大量黏土矿物。风化裂隙很发育，用镐或锹可挖掘，干钻可钻进。

5. 微风化及中风化岩（岩石）

微风化岩是指岩质新鲜，表面稍有风化迹象，硬度很高的岩石。在此地层中顶进较困难，而且一般顶进距离超过 100m 时需要更换刀头。中风化岩较软，其组织结构部分破坏，矿物成分发生变化，用镐难挖掘。

4.2.2 土压平衡顶管机

4.2.2.1 土压平衡顶管机系统

土压平衡顶管机主要由前后壳体、刀盘刀具、支承及驱动装置、螺旋输送机、纠偏系统和电控系统等组成，如图 4-11、图 4-12 所示。

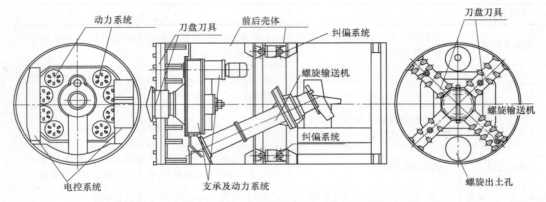

图 4-11　土压平衡顶管机系统示意图

图 4-12　土压平衡式顶管机

4.2.2.2 刀盘与刀具

刀盘具有开挖、稳定开挖面及搅拌渣土的功能。

开挖功能：对开挖面的地层进行开挖，开挖后的渣土顺利通过渣槽，进入土舱；

稳定功能：支承开挖面，对开挖卸载土体提供反力，维护工作面压力的平衡，从而起到保证开挖面稳定的作用。

搅拌功能：通过搅拌机构对土舱内的渣土进行搅拌，使渣土具有一定的塑性，通过输送机将土输出，并调整控制土舱中的土压力，防止土层崩塌和隆起。

1. 刀盘的正面形状选择

如表 4-2 所示，刀盘的正面形状基本上分成辐条型和面板型两种。

土压平衡顶管的掘削刀盘 表 4-2

刀盘	开口率及形状	优点	缺点
面板型刀盘	开口率为 20%～60%	因为面板有挡土和搅拌掘削土的功效，所以有利于稳定开挖面；掘削槽可以限制砾径；有利于破除障碍物，及刀具更换等作业	容易出现土舱内掘削土充不满；在黏性地层中掘进时，切削槽口处和隔板上容易粘附掘削土
辐条型刀盘	无面板，该机刀盘后设有许多根搅拌棒	土舱易被充满；开挖面上的土压、水压和土舱内设置的土压计的检测值的差距小；掘削土在土舱内不易被压密，故黏附现象少，刀盘切削扭矩小	当地层中混有巨砾时，巨砾无法通过螺旋输送机

① 面板型：面板型刀盘可以防止开挖面过度坍塌，有利于开挖面稳定。有时在面板上设有切口开闭装置可用来调节土体排出量，也可在开挖停止时关闭切口，防止切口引起开挖面坍塌。开挖黏性土时，由于土体粘在面板表面，常常妨碍刀盘旋转，而且会扰乱开挖面，所以必须予以注意。面板型用于土压平衡式和泥水平衡式顶管。

② 辐条型：辐条型刀盘可以减轻切削刀的实际负荷扭矩；开口率大，可增大排出开挖土体的效果；将土腔内土压有效传递给开挖面，而且对前面的刀具进行检查或更换较为容易；轮辐的数量由运行特性确定，轮辐不会使土料在土舱出口有不规则的流动；轮缘可做成圆柱形或圆锥形机壳的一部分，能将其受力分配至各个轮辐上。它的缺点是轮辐必须承受很大一部分因切削刀盘驱动产生的力，因而重量大；轮缘在周边增大了摩擦面，从而增大了所需的扭矩。

2. 刀盘的支承方式选择

如图 4-13 所示，刀盘的支承方式有中心轴方式、中间支承方式和周边支承方式。表 4-3 列出了上述三种支承方式的定义和特点。这些方式在已知顶管直径、土质对象、施工长度的土压平衡式的场合下，要考虑到螺旋输送机的直径、位置等进行选定。施工长度长的时候，从土体密封的耐久性方面看，大多选择中心轴支承方式。

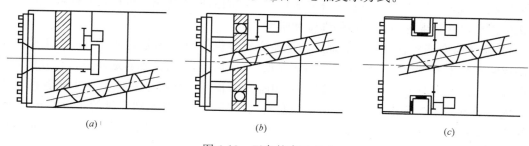

(a) (b) (c)

图 4-13 刀盘的支承方式
(a) 中心轴方式；(b) 中间支承方式；(c) 周边支承方式

3. 切削刀头选择

按照刀头的形状划分，刀头的种类有 T 形刀头、屋顶形刀头、薄壳式刀头和圆盘式刀头。T 形刀头和屋顶形刀头主要用于砂、粉砂和黏性土等比较软弱的围岩。薄壳式刀头和盘形刀头耐磨性较强，主要用于砾石层、岩石层和风化花岗岩等硬质围岩。

还可按照切削刀头的切削目的和种类划分,如表 4-4 所示。

刀盘的支承方式 表 4-3

刀盘支承方式	定义	特点	构造图
中心轴方式	刀盘由中心轴支承	由于构造简单、制造方便,这种方式被顶管机广泛采用。缺点是机内空间除去驱动部件所占用之外所剩狭窄,难以处理大砾石	图 4-13(a)
中间支承方式	用多根横梁支承切削刀	用于中直径顶管时,横梁间隔变窄,砂土难于流动,必须充分研究防止横梁附近黏性土附着的问题	图 4-13(b)
周边支承方式	切削刀用框架支持	对处理大砾石及障碍物有利。但是,必须充分研究土舱内砂土容易同时旋转的问题,特别应注意防止切削刀周边的砂土附着问题和冻结的问题	图 4-13(c)

切削刀头的切削目的和种类 表 4-4

目的	种类名称	切削位置
开挖面正面的开挖	掘削刀头	面板正面
	齿轮钻头	
先行开挖 山体破碎	先行刀头	面板正面
	导向钻头	
刀具外围保护 开挖阻力减少	外围保护刀头	面板正面的外圈部
	修整刀头	面板外圈部
背面面板保护	背面保护刀头	掘削刀头背面面板
其他	加泥口保护刀头	加泥口位置
	障碍物切削刀头	面板正面外圈部

刀具布置原则既要考虑刀盘开挖性能又要考虑渣土的流动性及开挖面的稳定性。顶管机刀盘开挖性能主要通过刀具的选择和布置来保证;渣土的流动性则需要合理布置开口及结构形状,配置渣土改良材料的注入口及刀盘背面搅拌棒;开挖面的稳定性通过刀盘开口率来控制。因此顶管机刀盘需要充分考虑顶管开挖面的地质情况,进行针对性的设计,合理选择刀具,并且保证刀盘结构的强度和刚度。

1) 施工时会遇到各种复杂的地层,地质资料提供的只是部分的钻探资料;不能完全准确反映实际地质情况,会有误差,因此在顶管机刀盘选型时必须对地质进行充分的分析和研究,刀盘及刀具配置要有一定的富裕和能力储备。一般每个轨迹上至少布置两把刀具,周边刀具的工作量相对较大,可适当布置较多的刀具。考虑到刀盘的正反旋转切削,刀具应对称布置。刀具一般采用螺栓固定以便于更换。切削刀伸出刀盘面板的高度应保证渣土的流动性,防止刀盘面板与开挖面间产生泥饼。

2) 不同地质地层需要合理配置不同刀具。软土层只需要切削型刀具;软岩地层除配置切削型刀具外,还需要配置双刃滚刀或齿刀;硬岩地层除配置切削型刀具外,还需要配置单刃滚刀或齿刀。

3) 刀具的布置应充分考虑刀盘的受力性能,力求刀径向载荷的合力通过刀盘的中心,使主轴承受力状况良好。考虑到刀盘的受力均匀性,刀具布置应具有对称性。

4）刀具的固定点在切削轮面上形成螺旋线，这样在开挖时刀具可以相互支撑。

5）刀具是易损件，当刀具磨损量在8~15mm时，需要进行刀具更换。刀具的磨损量可根据刀盘的转动距离和刀的磨损量的关系曲线估算。

6）刀盘直径应考虑刀具磨损后开挖直径大于顶管机切口环的直径，保证顶管姿态的易于调整。

7）在曲线半径小的情况下进行掘进时，为了保证顶管机的调整方向，需要有较大的开挖直径，因此刀盘上应配置有扩孔刀和仿形刀（仿形刀的类型有滚刀型和齿刀型，需要根据地质情况确定，同滚刀配置）。

8）为提高刀盘的寿命，刀盘面板、刀座及周边应焊有耐磨条。

4. 刀盘搅拌机构

刀盘搅拌机构的功能是搅拌注入添加剂后的舱内掘削土体，提高其流塑性，严防堆积粘固，提高排土效果。搅拌机构必须在刀盘的开挖部位、取土部位有效地使土体进行相对运动，防止发生共转、附着、沉淀等现象。顶管机的以下构件都能起到搅拌作用：刀盘背面的搅拌翼；设置在隔壁上的固定翼；设置在螺旋输送机芯轴上的搅拌翼，另外，刀盘上的刀具、轮辐、中间梁在开挖过程中也起到搅拌的作用。

4.2.2.3　螺旋输送机

螺旋输送机是一种可以将开挖装置挖掘下来的土方排送至后方运输机械的装置，它由螺杆、外壳、排土闸门等部件组成。是土压平衡式顶管机的重要组成部分。螺旋输送机的功能主要有以下三点：

1）运送在切削土舱中切削下来的土体；

2）在螺旋输送机内充满形成螺旋状连续体的切削土，提高止水效果；

3）保证土压平衡。

螺旋输送机的形式大致区分为有轴和带式，挖掘砾石地层时，需按排土能力研究输送机形式和尺寸大小（直径）。尤其在透水性好的土质条件下使用无轴式时，需认真研究止水性等压力保持能力。

对于中间有轴的螺旋输送机，能通过的最大土块尺寸可达其净直径的40%。在含有岩石的土层中，为了尽量提高螺旋输送机通过土块的能力，通常采用带式的螺旋输送机。但是当带式的螺旋输送机被堵塞时，由于只有螺旋叶片的结构较为软弱，它不能通过反转来消除堵塞。

螺旋输送机的转速通过顶管顶进油缸伸长速度信号及土舱内的土压信号来控制。另外，系统还需设反馈回路，以消除误差。

螺旋输送机的安装位置与刀盘的支承形式有关。应尽量将其安装在位置较低处，因为土料是利用其自身重量压入螺旋输送机开口中的。当螺旋输送机位于中心时，必须将在开挖室下部的土料向上压送以克服重力作用。

螺旋输送机的驱动装置由电动机、行星齿轮减速器及联轴器组成。减速器型号可根据选定的电动机功率及螺旋输送机与电动机转速之比确定。

4.2.2.4　刀盘驱动

1. 刀盘驱动形式

刀盘驱动形式主要有液压驱动和电机驱动两种。液压驱动由液压马达通过减速装置驱动刀盘旋转，而电机驱动是由电机通过减速装置驱动刀盘旋转。前者通过改变泵流量进行调速，后者通过变频或变极调速。液压驱动调速方便、过载适应能力强，但效率相对变频电机驱动较低。液压马达一般是低速大扭矩马达和高速小扭矩马达，不需减速箱，或需要传动比较小的减速箱，而电机马达往往需要较大传动比的减速箱。

另外，刀盘机构对传动的要求为：传动可靠，具有防止过载功能；具有调速功能，可以实现正反转；维护简单，控制方便，并具有价格优势。

2. 刀盘转速的确定

对顶管机本身而言，高速较为有利，这是因为：顶管的顶进速度＝切削刀盘转速×切入深度。在相同的掘进速度情况下，刀盘转速高速时的切入深度比低速时的小，与切入深度成正比的刀盘扭矩、顶进力相对较小；因此，刀具的承载负荷也就相应地较小，在顶管反馈参数信息允许的前提下可提高掘进速度。

但刀盘转速在高速时对软弱围岩的扰动较大，有可能造成围岩失稳而坍塌，同时高速时出土较快，会增大螺旋输送机的工作负载。因此，在软弱围岩的地质情况下，刀盘转速主要选用低速。但为使顶管机能够充分地发挥效能，在条件允许的情况下还应尽量地选用高速。

3. 顶管机切削刀盘装备扭矩的计算

顶管机的切削刀盘装备扭矩指切削刀盘机构所能提供的最大扭矩。切削刀盘的装备扭矩计算主要考虑切削土体阻力及附加阻力，可以采用惯用计算法决定装备扭矩：

$$T = \alpha D^3 \times 10^4 \qquad (4\text{-}1)$$

式中　T——刀盘装备扭矩（N·m）；

　　　D——顶管机外径（m）；

　　　α——扭矩系数。扭矩系数因顶管直径、土质等而异，一般土压平衡顶管取平均值 1.8～2.3。

4.2.3　泥水平衡顶管机

4.2.3.1　泥水平衡顶管机系统

泥水平衡顶管机主要由前后壳体、切削系统、动力传动系统、纠偏系统、电气控制系统、机内泥水系统构成，如图 4-14、图 4-15 所示。

1. 切削系统

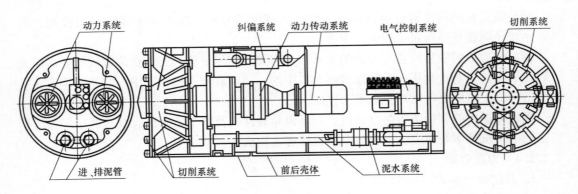

图 4-14　泥水平衡顶管机系统示意图

图 4-15 泥水平衡顶管机

切削系统由刀盘、泥水舱、驱动装置等组成。刀盘安装在主轴前端，在顶进中起支承开挖面和切削土体的作用。刀盘是稳定开挖面的重要因素。泥水顶管中利用泥水及面板稳定开挖面和挡土，应根据不同地质条件确定掘削槽口宽度和开口率，以防止进泥口的堵塞。切削刀具为硬质合金。泥水舱是土体转换为泥水的舱体，又是后部动力系统的支撑体，具有足够的强度和刚度。泥水舱内安装有泥水压力表。泥水平衡顶管掘进机刀盘如图4-16 所示。

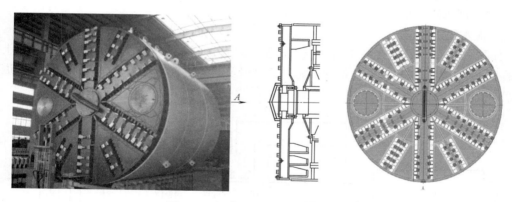

图 4-16 泥水平衡顶管掘进机刀盘

面板上的开口率，对黏土层可大，对砂土层应小，对砾层应根据最大砾径确定。对大直径顶管和面板边缘，开口数可多些，但决定开口率时还应考虑辐条数。开口的宽度既要考虑正面土体能够进入泥水舱，又不能使得进入泥水舱的土体在进泥口堵塞。不同土质时的开口宽度的取值标准如表4-5 所示。

不同土质时的开口宽度   表 4-5

土质	特点	面板开口宽度(mm)
黏性土	黏性高	100～150
砂层	松散	80～100
砾	砾径 100mm 以下	120
大砾	砾破碎装置	250～350

驱动装置由电机通过行星齿轮减速器带动主轴旋转。主轴前支承点为挡土舱后轴承

座。正面顶力由顶力调心滚子轴承承受。

2. 机内纠偏系统

机内液压纠偏系统可以控制纠偏、旁通及截止阀动作。各动作间互锁由电控系统保证。油缸动作由电磁阀完成，各油缸管路中均有限压阀。系统各工作压力通过安装在仪表板上的压力表由摄像机传给地面上的 TV 显示屏。泵站有过载、油箱油位报警等功能。

纠偏油缸组在前后机壳之间的 45°的斜向布置，连接处设两道 Y 型橡胶止水圈，一般可使机头作相对折角的纠偏。纠偏动作由地面操作台控制。油压、油缸伸缩量、机体相对折角、水平绝对倾斜角和机体转角都由 TV 和 PLC 反馈到地面操作台。

3. 电气控制系统

电气控制系统由主动力矩、地面操作台、机头电气柜、PLC 系统、TV 系统组成。为避免继电器的过多故障源，在机头电气柜和地面操作台中均设置了 PLC 远程站，通过其与地面操作台的通信线传达测量数据及操作人员的指令，实现远程控制。

4. 电气控制系统机内泥水系统

机内泥水系统由机内旁通阀和截止阀及泥水管路组成。泥水顶管机具有泥水正反循环作用。机内旁通阀用于在泥浆被输送到泥水舱之前，先在送、排泥管路之间进行循环，打通回路。机内截止阀用于向泥水舱输送或截止泥浆。

4.2.3.2 泥水输送系统

1. 泥水输送系统

如图 4-17 所示，整个系统由把泥水送至开挖面的送泥（水）设备，把携带掘削土体的泥水送至地表的泥水处理设备的排泥设备，以及其他装置（砾石处理机构、输泥管道延伸等）构成。

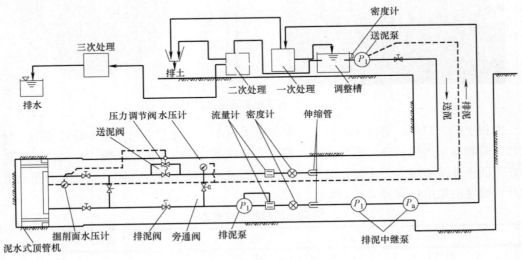

图 4-17 泥水输送系统概况图

2. 泥水输送系统有关计算

泥浆泵的选型比较重要，选择泥浆泵应注意泵的流量和扬程需有一定的富余量。有关选型可以按照下列公式计算：

1）流速

$$V=Q/S \tag{4-2}$$

式中　　V——流速；

　　　　Q——流量；

　　　　S——管路截面积。

　　2）管路损失扬程

$$H=f \times \frac{L}{D} \times \frac{V^2}{2g} \tag{4-3}$$

式中　　H——管路损失扬程；

　　　　f——摩擦损失系数（一般取 $0.015 \sim 0.018$）；

　　　　L——管路长度；

　　　　D——管路直径；

　　　　V——平均流速。

　　3）配置电机功率

$$P=\alpha\gamma \frac{QH}{367.2e_{\mathrm{m}}} \tag{4-4}$$

式中　　P——配置电机功率；

　　　　a——电机系数，一般取值 $1.2 \sim 1.4$；

　　　　H——管路损失扬程；

　　　　Q——流量；

　　　　γ——浆体相对密度；

　　　　e_{m}——效率。

　3. 泥水输送进排泥设备

　　泥水输送进排泥设备如图 4-18 所示，包括泥浆泵、配管设备、测量装置以及旁通系统（对砾石层和软黏土层）。

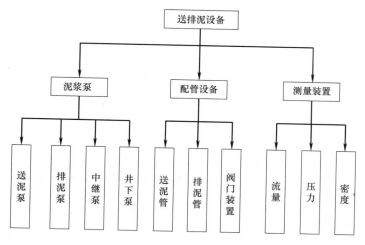

图 4-18　送排泥设备

　4. 泥浆泵

　　泥浆泵分为送泥泵、排泥泵、中继泵以及井下泵。

送泥泵主要用于从泥水处理设备（调整槽）向开挖面压送泥水，通常选用定置式泥浆泵设置于地表。

排泥泵的功能是在吸力作用下，将掘削渣土经排放管道输至地表的泥水调整槽中，通常选择转数可调的泥浆泵，设置在顶管机的后方台车上。

当掘进距离增加，泥水管路较长时，通常需要设置中继泵，中继泵的作用是弥补掘进距离增加造成的进、排泥压力损失，保证排泥通道的通畅，通常选择定置定速泵。

但是，随着顶管的掘进距离增长，排泥管中泥水因携带掘削渣土，泥水的密度、黏度均有较大的增加，流经管道时的内壁摩阻力较大，即排放压力损失大。因此，与送泥管中泥水压力相比，排泥管中泥水压力的下降较大，排泥通道的中继泵间距设置应相对较小。一般情况下，排泥管可每 200～300m 设置一台中继泵，而送泥管 500～600m 设置一台。

井下泵的功能是把排放的泥水从井下升至地表泥水处理设备中，常选用转数可调式泵。

5. 配管设备

为了减小压力损失，通常送泥管的直径比排泥管直径大 50mm。但是，在靠近顶管机的部位，后继台车部位、阀门设置部位、伸缩管部位等位置，可使送泥管的直径与排泥管的直径相同。

排泥管的管径取决于输送的砾径、土粒的沉淀极限流速、顶管的掘进速度、顶管外径等诸多因素。在砂砾层中通常排泥管径不得小于 200mm。

控制泥水流向的阀门切换装置，设置在顶管机的后方台车上。

6. 测量装置

泥浆输送系统的测量参数主要为：流量值、压力值以及泥浆密度值。

流量值采用流量计测得，流量计通常可采用两种形式：电磁流量计和超声波多普勒流量计。两种流量计的工作原理如表 4-6 所示。

流量计的工作原理　　　　　　　　　　　　　　　　　　　　表 4-6

流量计	原理	工作原理图
电磁流量计	利用流体流过磁场时产生的感应电动势与流量的比例关系制作的流量计	
超声波多普勒流量计	利用流体中存在固体物质和气泡时的超声多普勒效应致使的频率变化与流体流速成正比的原理制作的流量计	

泥水输送压力值是采用压力计测量作用在泥水管路金属壁上的压力，用金属形变表征。压力计主要有布尔登管式、隔板式及波纹管式等几种。

泥浆密度值则采用密度计测得，根据密度计的工作原理，常采用以下三种密度计：线密度计、重力式密度计以及差压式密度计，如表 4-7 所示。

密度计的工作原理 表 4-7

密度计	工 作 原 理
线密度计	在泥水管道上横断向设置放射线源,测定穿透射线的强度,经电子电路变换成电流变化进而确定泥水的密度
重力式密度计	重力式密度计的基本原理是测输泥管道的一部分的质量,进而换算出密度
差压式密度计	在管道的内部设置一段颈缩部分,由泥水流经该部前后的压力差求出密度

7. 旁通系统

当顶管在砾石层和软黏土层中掘进时，存在渣土堵塞排泥管道的可能性，实际施工时，可通过泥水输送流量、流速数据进行判断。此时，由于开挖面上的送入泥水过剩，压力增大，很可能出现管路爆裂，导致开挖面坍塌及周围地层先隆起后沉降。作为防治措施，有必要设置可使泥水不再进入开挖面的旁通系统。该装置是由许多阀和管道组合而成的置于顶管工作井中的泥水配流装置。它具有使泥水循环流动、正向流动、逆向流动和调节流量的功能。

4.2.3.3 泥水处理系统

1. 系统原理

泥水处理系统由粗粒分离、运出机构、泥水循环利用的调节机构、排放废液的处理机构构成。配制泥水的细粒成分黏土主要来源于掘削地层的黏土，即排放泥水中的黏土等细粒成分。但是，排放的含有掘削土体的泥水中混有砾石、砂、黏土及淤泥的结块等粒径较大的粗粒成分，所以必须对排放泥水作一系列的处理和调整，使之符合循环再利用标准及

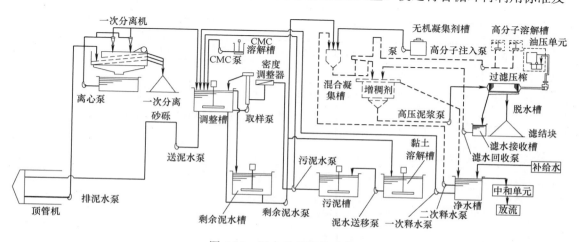

图 4-19 泥水处理系统示意图

图 4-20　泥水处理系统图

废弃物排放标准，这个的处理调整过程称为泥水处理。泥水处理系统如图 4-19 和图 4-20 所示。泥水处理过程如表 4-8 所示，具体细分可为一次处理、二次处理、三次处理。

泥水处理过程　　　　　　　　　　　　　　　　　　　　　　　　表 4-8

泥水处理过程	处 理 方 法
一次处理	携带掘削土体的排泥中的砾、砂及黏土结块等粒径大于 $74\mu m$ 的粗颗从泥水中分离出去，并用运土车运走
送入泥水的调整	一次处理后剩下的只含细粒成分的泥水的密度、黏度、粒度分布，使其达到管理基准值，然后作为稳定开挖面的泥水送回开挖面
二次处理	使一次处理后的多余的泥水进一步做土（细粒成分）、水分离（凝集脱水），处理成可以搬运的状态，然后运出
三次处理	二次处理后产生的水和坑内排水等 pH 值高的水处理后排放标准的水，然后排放

2. 系统组成设备

与泥水处理过程相对应（表 4-8），泥水处理设备包括一次处理设备、二次处理设备及三次处理设备，如表 4-9 所示。

泥水处理设备及其机理　　　　　　　　　　　　　　　　　　　　表 4-9

处理设备			机　　理
一次处理设备	渣土振动筛		利用机械振动筛的网孔把粒径 5mm 以上的砾石、黏土结块分离
	湿式离心机		使用离心机把粒径 74mm 的土颗粒分离
	组合处理		使渣土振动筛和湿式离心机组合处理
二次处理设备	凝聚分离设备		把剩余泥水不作 pH 调整后，使其在凝聚沉淀槽中搅拌，同时添加絮凝剂使细颗粒结合形成絮凝物，促进沉淀
	脱水设备	加压脱水方式	利用泵和空压机对絮凝物加压，通过滤膜脱水
		真空脱水	绷紧滤膜的旋转鼓筒内加负压，利用其压力差进行脱水
		离心分离	把原液送入旋转体内使其高速旋转，利用其离心力使土体在壁面上堆积结块。分离液从大口排出，结块从小口排出
三次处理设备			设备分离、絮凝、脱水三工序产生的废液与洞内的杂乱废水通常均显碱性，可用酸性液体等进行中和，在排放之前把 pH 值调整到符合排放水质基准的程度之后再行排放

4.2.4 岩石泥水顶管机的基本原理与构造

岩石泥水顶管掘进机适用于含卵石砂砾。图 4-21（a）为岩石顶管机机头构造，机头刀盘正面布置有各种刀具，其中的滚轮刀具由能正反旋转的刀盘带动自转，靠刀盘正面压力，对岩石进行剪切破碎和压轧。被破碎的碎石进入刀盘后方的偏心破碎装置进行二次破碎后，由泥水将残土经排泥管运走。图 4-21（b）为岩石顶管机整体结构图，图 4-22 为岩石顶管机实物图。

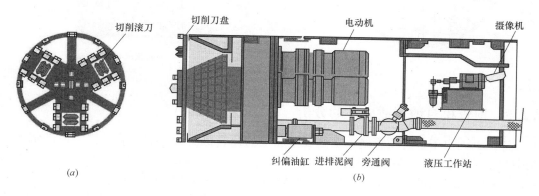

图 4-21 岩石顶管机刀盘及整体结构图
（a）刀盘；（b）内部结构

岩石顶管机刀盘可破碎岩石，具有以下两个特点：

1. 一次破碎：一次破碎用的滚轮刀，其滚轮上的圆形突出部分呈不均等状态布置于滚轮上。刀盘旋转过程中，由于对岩石的前后两次切削具有不同的作用点，从而大大提高了切削功率和滚刀母体的耐用程度。

2. 二次破碎：由刀盘后方的偏心回转破碎装置，依靠该装置的外圆锥筒和内圆锥转子进行挤压轧碎。因该破碎方法不是依靠刀盘正面加压，从而起到了

图 4-22 岩石顶管机

既能破碎砾石，又能保持土体平衡及防止顶管机旋转的作用。如图 4-23 所示。

岩石顶管机的除了一般顶管机所有的方向修正等共有特点和上述特点外，还具有以下专门对付砂砾和岩石的特殊装置：

1) 为防止顶管机在岩石顶进中旋转，顶管机两侧设有防旋转掌脚，必要时由液压千斤顶操作伸出固定在顶管机两侧岩石。

2) 在顶管机尾部设置后方筒，内备有液压千斤顶装置，可单独操作顶管机前进或后退，必要时对顶管机前进速度微调，在气动或更换刀具前操作刀盘后退，使之暂时脱离顶进面。

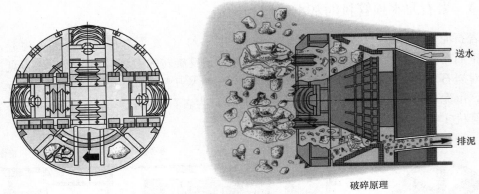

图 4-23 岩石顶管机破碎原理图

4.2.5 顶管机对地层适应性的分析

表 4-10 列出了各类顶管施工工法及其相应的顶管机所适用的土质条件、顶进施工中的顶进速度快慢、耗电量的多少，劳动力的需求，以及对环境的影响程度。施工过程中，参照表 4-10 对不同的土质情况选用不同的顶管施工工法及相应的顶管机。

顶管机适用土质条件参考表   表 4-10

序号	机头形式	适宜土层	慎用土层	适应环境要求
1	大刀盘土压平衡式	淤泥质黏土、淤泥质粉质黏土、粉质黏土、黏质粉土、砂质粉土	硬黏土	高
2	泥水平衡式	淤泥质黏土、淤泥质粉质黏土、粉质黏土	硬黏土、粉砂	一般
3	二次破碎泥水式	淤泥质黏土、淤泥质粉质黏土、粉质黏土、黏质粉土、砂质粉土、粉砂、砂砾	硬黏土	高
4	岩石顶管机	强风化、中风化和微风化岩层	软硬黏土	一般

4.2.6 顶管机选型流程

顶管机选型首先要看该顶管机是否有利于开挖面的稳定，其次才考虑环境、工期、造价等限制因素，同时，还必须考虑宜用的辅助工法。只有这样才能选择出一种较为合适的顶管机。顶管机选型的一般程序流程图如图 4-24 所示。

4.2.7 顶管机选型

在选择顶管时，不仅要考虑到地质情况，还要考虑到顶管的外径、隧道的长度、工程的施工程序、劳动力情况、工期、造价等，而且还要综合研究工程施工环境、基地条件、环境影响等。表 4-11 为顶管机的选型表。

4.2.8 主顶设备的选择

顶管的顶进装置是设置在工作井内的，理论上讲，随着顶进距离的增加，顶管的顶力也随之增加。当顶管阻力超过控制顶力时，就采用中继间接力顶进的方法以满足长距离顶管的顶力要求。

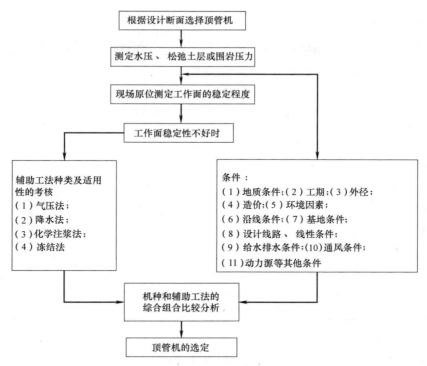

图 4-24 顶管机选型程序流程图

顶管机选型表 表 4-11

选型依据		适 用 情 况
土质条件		泥水平衡式顶管机适用的土质范围比较广,在地下水压力很高及变化范围较大情况下也适用;土压平衡式适用的范围也比较广,对于硬土,可以在开挖面采取土体改良措施
设备造价		敞口式顶管机没有复杂的后配套系统,造价比密闭式顶管机低。在地质条件允许的情况下,从降低造价考虑,宜优先选用敞口式顶管机;土压平衡式顶管机和泥水式平衡顶管机的造价相接近
顶进速度		机械顶管的速度基本上都能达到要求,根据不同的土质,一般的顶管机速度可达 50mm/min。泥水平衡式顶管机比土压平衡式顶管机的顶进速度快
安全性能		泥水平衡式和土压平衡式的安全性都比较高
顶管口径		从出土量和排土形式上考虑,小口径顶管用泥水平衡式顶管机较好;从顶进速度和地面沉降精度等综合因素考虑,大口径顶管多采用泥水平衡式顶管机
施工时覆土深度		如果覆土较浅又在砂土中顶进,应该尽可能采用土压平衡式和泥水平衡式顶管机
刀盘形式	可浮动刀盘	适用于软土地层;施工后的地面沉降很小,一般在 10mm 以内
	带有破碎功能刀盘	适用口径为 600~2400mm;口径越小,能破碎的砾石的粒径也越小,一般能破碎粒径为刀盘直径的 15%~20%
	具有偏心破碎装置的刀盘	适用口径为 250~1350mm;几乎是全土质的顶管机,破碎粒径为刀盘直径的 15%
	中心轴支承刀盘	适用于各种口径刀盘扭矩大的顶管机中,可靠性好
	中间支承刀盘	适用于大、中口径刀盘扭矩较大的顶管机中
	周边支承刀盘	适用范围与中间支承刀盘适用范围基本相同

选型依据	适 用 情 况
顶程长度	一般小口径顶管机一个顶程在100～130m;中大型顶管机一个顶程可达1000m以上(使用中继间);泥水平衡式顶管机适宜长距离顶管
地面变形	敞口型的顶管机引起的地表沉降大于密闭式的顶管机; 土压平衡式顶管机和泥水平衡式顶管机都能够有效地控制地面沉降
顶进精度	一般利用激光导向纠偏,精度可达±50mm
曲线顶进能力	曲线顶管与顶管机的选型无关,但是与顶管机的纠偏系统有关; 一般对小曲率半径的顶管,可以设置多组纠偏装置
环境影响	根据现场施工条件选择土压式和泥水式顶管机
设备耐久性	易损件如止水、油封一般应保证使用2km以上;刀具视土质情况而定,应尽可能考虑在一个顶程内不更换刀具;主轴、主减速机、主齿轮等都应该满足顶管的正常施工要求;一般泥水平衡式顶管机的设备耐久性比土压平衡式顶管机要好
现场文明状况	泥水平衡式顶管机采用管道输送土体。在地面设置泥浆沉淀池或泥浆沉淀箱。所以无论是管内还是地面都比较文明;土压平衡式顶管机所输出的土体是经过刀盘和螺旋机搅拌过的,一般在管内采用土箱车运输,地面倒入土方池。目前,多将螺旋机排出的土体在机内转换为泥水,通过泥水管路系统排到地面

主顶设备选择的原则如下:

1)根据不同的管材和管径,计算出管材允许的最大顶力。

2)验算工作井结构的允许顶力和工作井后座土体的抗力。一般情况下,应对工作井后靠土体进行预加固,以提高土体抗力。

3)配置主顶油缸的总顶力。

4)计算顶管的总阻力。

5)确定顶管的控制顶力。

主顶设备有主顶油缸、主顶液压系统和管路系统组成(见图4-25)。

主顶油缸的配置应在确定顶管控制顶力的基础上,给以加大配置,以使得液压系统的工作压力降低,提高系统的工作可靠性。

主顶液压系统应根据主顶油缸的总容积和顶进速度,确定流量,并留有足够的安全余

图4-25 主顶设备

量。油箱的容积也应满足油缸总容积两倍以上。此外，主顶液压系统还应具有单独和分组顶进、缩回，变频调速，远距离控制和数据采集等功能。

4.3 管幕箱涵工具头选型

4.3.1 钢管幕顶进用泥水平衡顶管掘进机

4.3.1.1 概述

目前常用的顶管掘进机类型有泥水平衡式和土压平衡式。由于钢管幕的直径不宜大，一般取 $DN800\sim1000$，所以对于小直径顶管，通常选用遥控式泥水平衡顶管掘进机进行施工。另外应该考虑顶管机对地层的适应性。钢管幕顶进用泥水平衡顶管掘进系统布置示意如图 4-26 所示。

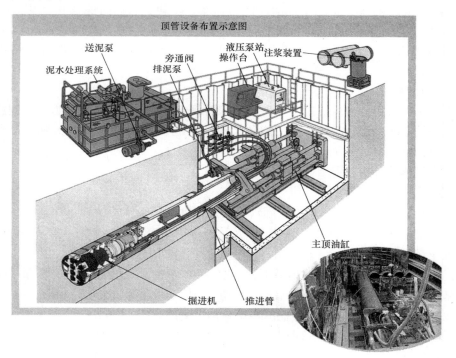

图 4-26　泥水平衡顶管设备布置示意图

带锁口的钢管幕掘进机选型与一般顶管没有区别，主要考虑二方面：一是钢管幕有高精度的姿态控制和偏转控制要求；二是对地表变形要求高。钢管幕顶进用泥水平衡顶管掘进机如图 4-27 所示。

4.3.1.2 管幕顶管机壳体系统

泥水平衡顶管掘进机壳体通常采用二段一铰的钢质筒体结构，它由前、后筒体相套组成。套接处设两道 Y 型橡胶密封环止水。两副限转块限制前后部绕轴线的相对转动。前后两段由四只纠偏油缸相连接，90°均布，可使两壳体、绕三轴作相对折角 2.0°及轴向

73

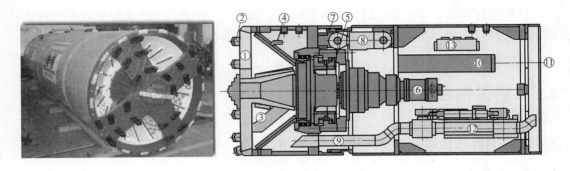

图 4-27　钢管幕顶进用泥水平衡顶管掘进机

1—刀盘；2—切削刀头；3—刮板；4—高压进水口；5—动力箱；6—油马达；7—壳体密封；
8—纠偏油缸；9—排泥管；10—ELS 靶；11—激光束；12—旁通阀；13—阀柜

42mm 的伸缩变化。四缸动作为二锁二浮二动。系统选择应考虑的技术要点为：

1. 前筒体的长径比。适当增加前筒体的长度，以利于纠偏时能在软土地层中获得较大土体反力。尽量把纠偏油缸布置在前筒体的中部，以减小纠偏油缸的顶力。

2. 顶管机为三段二铰形式。配置两组纠偏装置，遥控操作控制。以解决钢管的导向困难。

4.3.1.3　动力系统

动力系统配备一台电机通过行星齿轮减速器驱动主轴，刀盘的转速为变频调速。主轴前支承点为挡土舱中心轴承座，以一道防尘圈和两道 Y 密封圈隔离泥水舱压力泥浆，主轴后支承点为减速器后轴承座，减速器采用浸油润滑。

下面对具体设计中的参数确定作一大致介绍。

a. 转矩装备系数 a 的确定。

转矩一般表达式 $T = aD^3$，但实际情况要远为复杂。工作转矩大小和开挖面土体的贯入值 N、平衡土压力、切土刀入土深度以及顶速等因素有关。N 值越大，平衡土压越大，切土刀入土越深，顶速越快，转矩就要求越大。国外同类机型的 $a = 0.85 \sim 2.0$，变化范围很大。如上海市中环线北虹路地道工程，取 $a = 1.80$。该工程始发洞口是深层搅拌桩加固区，地下水头为 3.5m。正常工况下，切土刀入土深为 15～35mm；顶速为 18～30mm/min；对淤泥质黏土，有效输出转矩为额定值的 20%～30%，但在深搅加固区则为 70%～80%。经济和安全效果较理想。

b. 功率配置

确定功率就先要确定转速。明确转矩后，主要有两种方法：一种是由顶进速度来决定。即根据额定顶进速度，再选择一个合适的切口开量，得出所需的理论转速，从而确定功率。另一种是类比法，按同类机型来确定功率。然而根据施工经验，理论转速往往太小，施工时，在合理控制开挖面地层损失的前提下，常需要开大切土口才能保证一定的正常顶进速度。设计时应结合总体布置以及电机和减速机等产品规格，按类比法及施工经验合理确定功率及输出转速。

4.3.1.4　液压系统

液压系统的整体化泵站安装在设备段内的设备车上。分成两个开式系统：一个系统控制纠偏油缸的动作；另一系统控制泥水系统的机内阀组的动作。动作均由电磁阀完成。各动作之间由电气系统进行互锁。全部阀件采用叠加阀组成液压集成块。

考虑到顶管机内空间较小，维修保养条件较差，所以主机液压泵站通常采用比较耐用的齿轮泵作为动力，系统压力为 25MPa，回油管路应合理排设，避免顶管机油箱局部发热使油箱散热均衡。油箱、油泵、阀体、管道等组成一体化泵站，所有装有过滤器的工作油口均布置在泵站一个端面上，通过快速接头与机内各油缸相连。

4.3.1.5 电气控制系统

电气控制系统主要由地面操纵台、PLC 控制系统组成。

系统控制内容包括：

1）刀盘驱动电机的顺逆运转；程序启动、停止的控制和电机电流的显示。

2）缺相、超温、过载的报警。

3）机头液压泵的启、停控制以及反相、油箱油位和滤油器超压的报警。

4）纠偏油缸动作组合；伸、缩的控制。

5）机内泥水截止阀和旁通阀的闭、启控制。

6）机内送泥阀、排泥阀、旁通阀、泄放阀、压力调节阀的操作方式、流路选择和开、闭的控制，以及泥水模拟屏显示。

7）送泥泵、排泥泵、接力泵的启、停控制。

8）倾斜仪读数、纠偏油缸压力的显示。

9）工业电视系统。

10）地面遥控和机头操纵的控制方法的切换。

11）机内有线监听和对讲机。

12）各类常规和专用报警。

电气控制系统全部电缆连接均采用接插件。遥控指令、动作程序和部分测量数据的反馈主要通过 PLC 传输。而 TV 为反映机内状态的各主要连续信息的传输通道。操纵以地面遥控为主，同时在机头设置机内操作台。

a. 控制系统通讯的可靠性要求高。通常采用工业用可编程序控制微机，即 PLC。工控微机已能在工业化条件下有效地进行抗干扰工作，系统可靠性得到极大提高。

b. 小口径顶管机因为机内空间小，一般仅在机头设置一个具备几项必备操作功能的便携式控制盒，而以地面操纵为主，任何地点如有控制系统的故障，均可停机排除后再顶进。

4.3.1.6 泥水系统

泥水系统以离心泵为送、排泥主泵，系统管路的管径一般为 100mm，额定流量为 80m³/h。

泥水的流量和压力的调节由压力调节阀、流量调节阀及送泥泵溢放阀共同控制来完成。除了机头截止阀，机头旁通阀和送泥泵溢放阀之外，其余阀件组成了整体式的基坑阀组。泥水可作三种循环形式：第一循环为基坑回路；第二循环为机内回路；第三循环为顶进回路。其中第二、三循又可作逆流循环。压力显示主要是两处：泥水腔压力和机内管道压力，由 TV 显示。流量则由电磁流量计显示。

4.3.1.7 机头姿态显示系统

针对管幕顶进的高精度方向控制要求，机头姿态显示系统主要包括：

1. 斜仪传感器：能够实时精确显示机头前方筒体的水平倾斜角和旋转角度。以便操作人员及时纠正机头姿态。

2. 激光导向：由工作坑内的激光经纬仪的激光点射向机头测量中心靶上，通过机内摄像头把光点偏移量摄录，并在地面 TV 显示屏上显示。以指导纠偏操作。

3. 激光反射装置：由于机内设备限制，测量中心靶不可能接近刀盘的前方，所以测量中心靶上的激光点不能直接反映刀盘断面的姿态，对纠偏操作会产生滞后效应。激光反射装置能弥补这一缺陷，并能预知机头偏差趋势。这对管幕顶进是至关重要的。

4.3.2 箱涵网格工具头

4.3.2.1 概述

目前，世界上所施工的管幕法工程中，管幕内土体强度都要求能够达到自立，而在软土地区箱涵顶进施工中，都对箱涵工具管开挖面前的土体进行加固，以保证在箱涵高度范围内的土体能够自立、稳定。如 1989 年台北松山机场地下通道工程由日本铁建公司承建，采用管幕结合 ESA 箱涵顶进工法施工，长 100m，箱涵宽 22.2m，高 7.5m，管幕内土体采用水平注浆法加固。2000 年大池成田线高速公路下大断面箱涵顶进时管幕内土体也采用注浆加固。上海市中环线北虹路地道工程中箱涵所处地层为高含水量、低强度的饱和软土，为降低工程造价和缩短工期，首次采用对管幕内土体不加固的箱涵顶进施工方案，开挖面的稳定性通过特殊设计的网格工具管来保证，通过对土体的力学分析，结合工程特点利用网格内土体在稳定的前提下摩擦力与土压力始终平衡的自平衡原理，建立平衡微分方程解出维持开挖面稳定所需的工具管网格临界长度，建立网格的长、宽、高之间应满足的定量关系。

由于迄今国内外尚缺乏成熟的理论技术和设计依据，本节以上海市中环线北虹路地道工程为例，概要阐述箱涵网格工具头的基本设计方法。图 4-28 为上海市中环线北虹路地道工程箱涵网格工具头。

图 4-28 上海市中环线北虹路地道工程箱涵网格工具头

4.3.2.2 结构形式

一般而言，网格工具头有以下两种类型（图 4-29），采用钢结构制作，焊接于箱涵预埋钢板上。工具头由四周切口、纵横网格梁组成空间箱形体系。

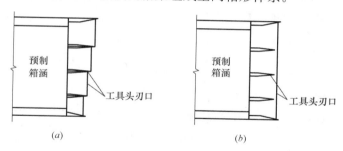

图 4-29 网格工具头结构形式

网格工具头的主要作用是维持开挖面稳定，因此，图中 4-29（a）上长下短类型的工具头维持开挖面的稳定性优于图 4-29（b），工具管的上下切口的坡度和长度对顶进阻力影响很大，合适的坡度和长度所形成的喇叭口，在箱涵顶进挤土的施工工艺下易于形成竖向土拱，该土拱可使开挖面的土压力向工具头的上下两端传递，从而减小了开挖面中间部分的土压力。网格的纵、横梁所形成空间体系充分发挥了土体自身的抗剪强度，在网格前端形成空间土拱，提高了开挖面的稳定性。图 4-29（b）平头式网格工具头易于制作安装。实际应用中应根据工程特点，综合分析评价后选用合适的网格工具头的结构形式。

4.3.2.3 荷载分析

网格工具头所受的为空间荷载，现以网格及网格内土体为整体研究对象，主要荷载有：钢网格自重（含网格内的土重）G、土压力 e、上表面上覆土压力 F_s、左、右侧面土压力 F_c、底面地基反力 S 以及网格与箱涵接触反力 N，图 4-30 是以两孔箱涵为例的荷载分析图。

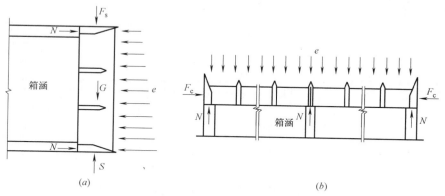

图 4-30 钢网格工具头受力示意图

图 4-30（a）为竖向剖面受力图，图 4-30（b）为水平剖面受力图。与朗肯土压力计算结果相比，网格前端由于土拱使得土压力的分布发生改变，距离网格切口越近改变程度越大。土压力是个变化量，与挤土程度有关，在闭胸顶进的工况下土压力的上限值为被动土压力，而在开口顶进并且在控制地面隆起量的情况下，网格前端的土压力值在静止土压力和被动土压力之间，所以可取静止土压力的 1.4 倍作为网格的外载。土压力是网格的主要荷载，合理的土压力取值既要保证网格的结构安全又要使得网格机头经济合理。荷载计算如下：

$$F_s = \gamma_0 h_0 l$$

（4-5）

式中 γ_0——上覆土加权平均重度；

　　　 h_0——上覆土厚度；

　　　 l——切口的长度。

$$e = 1.4\gamma h k_0 \tag{4-6}$$

式中 γ——土压力计算点以上加权平均重度；

　　　 h——计算点至地面高度；

　　　 k_0——计算点处静止土压力系数。

$$S = \gamma_0 h_0 l + G/b \tag{4-7}$$

式中 b——网格工具头的宽度（等于箱涵宽度）。

考察单个网格，其受力见图4-31：土体所受的力通过土-钢接触面的剪力传递至钢网格。所以在进行网格梁结构计算时，可直接把土压力等效至网格梁上。

4.3.2.4 荷载计算

网格工具头形式及外荷载确定后，通过适当的计算简图进行结构力学计算，根据计算确定截面尺寸、选配材料。

1. 切口计算简图

上切口水平方向上直接支撑在箱涵前端，竖向支撑于竖向网格上，所以上切口可按支撑于竖向网格上的两端固定的梁计算。同理，两侧切口也可按支撑于横向网格上的两端固定梁计算。底部切口按反向固定梁计算。根据计算简图很容易计算出结构内力。计算公式略。计算简图见图

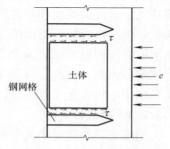

图4-31 网格受力示意图

4-32。图中梁的跨度 a 为网格水平间距，b 为网格的竖向间距，如网格间距部相等，可取最大间距进行设计。

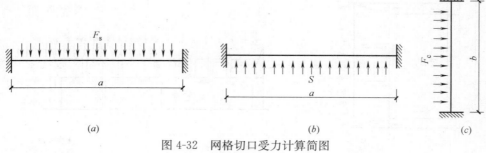

(a) 　　　　　　　　　　　　　(b) 　　　　　　　　　　　　(c)

图4-32 网格切口受力计算简图

(a) 顶部切口；(b) 底部切口；(c) 两侧切口

2. 网格梁计算简图

纵横网格梁在箱涵前端形成空间井字形结构，计算简图与纵横梁的布置有关，有两种计算方法，当设计中有主次梁之分时，可简化为受水平力及竖向力的主次梁计算，一般以竖向网格梁为主梁，水平为次梁；当设计纵横梁截面基本相同时，在土压力作用下可简化为四周固定于箱涵上的井字梁计算（图4-33）。

次梁以主梁为弹性支座，承受水平向的土压力和竖向的土体重力，为双向受弯构件。主梁受次梁传来的集中力和土体的分布力，为压弯构件，主、次梁计算简图见图4-34。

图4-34中 G_1 为水平网格上土体重量，e_1 为传至次梁的土压力，e_2 为传至主梁的土压

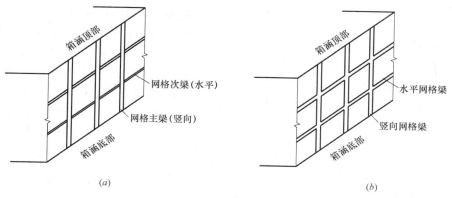

图 4-33　网格梁结构体系示意图

（a）网格主次梁体系；（b）网格井字梁体系

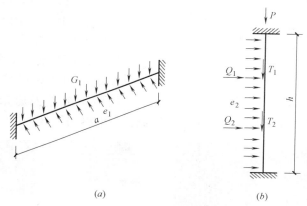

图 4-34　网格主、次梁计算简图

（a）次梁计算；（b）主梁计算

力，按承担的面积计算，Q_1、Q_2、T_1、T_2 为次梁传至主梁的支座反力、P 为上覆土重量通过切口传至主梁的集中力，h 为竖向梁的计算高度，上下箱涵底板中心线之间的距离。计算式如下：

$$e_1 = 0.25 \times e \times b \quad G_1 = \gamma \times b \times l_0 \quad p = F_s \times a \times l$$

$$e_2 = 0.25 \times e \times a \quad Q_1 = 0.5 \times e_1 \times a \quad T_1 = 0.5 \times G_1 \times a \tag{4-8}$$

式中　l_0——网格伸入土中的深度；

　　　l——切口外伸长度。

根据以上计算简图并考虑荷载分项系数后即可计算出结构内力，进行截面验算。

当纵横梁截面相近时，可按井字梁设计。水平梁在网格内竖向土重作用下仍按两端以竖向梁为固定支座进行计算。竖向梁在上覆土竖向荷载作用下的井字梁计算简图见图4-35。在纵横梁相交点挠度相等，该点的接触力可按交叉梁的变形协调条件计算。具体计算过程及计算公式可参见有关的结构力学教材和结构设计手册，此处不再赘述。

4.3.2.5　网格工具头设计

1. 网格尺寸设计

在箱涵截面范围内大网格尺寸水平向分 20 格，净间距中间两格为 1500mm，其余各

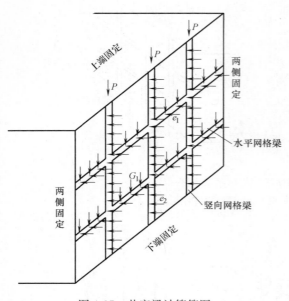

图 4-35　井字梁计算简图

格为 1300mm；竖向共分 3 层，从下到上净间距依次为第一层 1715mm，第二层 1400mm，第三层 1435mm；大网格的长度为（伸入土内）1300mm。每格大网格中布置小网格，小网格的长度为（伸入土体）为 500mm。根据网格前端的土压力计算网格的入土深度。因为是挤土施工，土体达到极限破坏状态，所以土体参数均按试验平均值选取。根据计算，网格入土深度可取 1.3m，计算过程略。

2. 网格结构设计

结构体系采用平头式网格工具头，纵横梁尺寸相近，井字梁结构体系设计，结构由钢板焊接而成，为减小箱涵顶进阻力，更好地形成土拱效应，网格梁前端做成锥形。结构计算时，工具头前端土压力按 1.4 倍静止土压力计算，制作后的网格工具头见图 4-36。

图 4-36　箱涵网格工具头现场制作图

参 考 文 献

[1]　周松，彭少杰，李怀洪. φ11.58m 泥水平衡盾构改制技术［J］. 上海国际隧道工程研讨会，2005.
[2]　陈立生，王洪新. 土压平衡盾构平衡控制的新思路［J］. 上海建设科技，2008，(5)：18～21.
[3]　廖少明，徐意智，陈立生，沈成明. 穿越不同建（构）筑物的地铁盾构选型与控制［J］. 上海交通大学学报，2012 (01)：47～52.
[4]　彭春强，范民权. 大跨地道箱涵结构中无粘结预应力技术应用［J］. 特种结构，2001，18 (3)：11～13.
[5]　王承德. 近十年来超长距离顶管发展概况［J］. 特种结构，1997，14 (4)：16～21.
[6]　马. 谢尔勒著. 漆平生，杨顺喜，李明堃译. 顶管工程［M］. 北京：中国建筑工业出版社，1983.

［7］　孙继辉. 塑料管道顶推施工关键技术的研究与应用 ［J］. 建筑施工，2007，29（7）：544～547.

［8］　马保松. 顶管和微型隧道技术 ［M］. 北京：人民交通出版社，2004.

［9］　李保建. 顶管掘进机在非开挖机械化施工中的选用 ［J］. 建筑技术开发，2004，31（1）：45～46.

［10］　徐方京，侯学渊. 盾尾间隙引起地层移动的机理及注浆方法 ［J］. 地下工程与隧道，1993，03：12～20.

［11］　沈桂平，曹文宏，杨俊龙等. 管幕法综述 ［J］. 岩土工程界，2006，9（2）：27～29.

［12］　大川孝，横山治郎，石原久，小島亘. トンネル補助工法としてのパイプルーフ効果の計測と考察 ［J］. 土木学会論文集，1985，355（VI-2）：100～107.

［13］　Yoshiaki GOTO. Field observation of load distribution by joint in pipe beam roof ［J］ 土木学会論文集，1984，344（I-1）：387～390.

第5章 盾构穿越的施工控制技术

5.1 开挖面及舱内土体改良

开挖面及舱内土体改良的目的主要是为了增加土体的流动性并能正确传递地层土压和盾构机的推力。保证开挖面的稳定，包括泥水平衡盾构的泥浆性能改良、水土压力平衡控制和土压平衡盾构的流塑性改良、土压力的控制等内容。

5.1.1 土压平衡盾构机的开挖面稳定与土体改良技术

土压平衡盾构在复杂地层施工中，由于土体本身的流动性较差且不能较好地传递土压力和水压力时，必须采取土体改良的措施，以增强开挖面的稳定性和排土量。

一般土压平衡盾构机适用于内摩擦角小、渗透系数在 10^{-6} m/s 以下的易塑流的黏性土层。在砂层、砾石、卵石等颗粒粒径较大的地层，土的摩擦力大，透水性高，切削土的流动性差，不能很好地传递压力，在这种土层中要保持开挖面稳定和控制地层损失的难度很大。

为解决砂性土的塑流，可在开挖土舱中注入泡沫并充分搅拌，改变土的性状，以保证土的流动性和减少土的透水性，使开挖面保持稳定。同时加注泡沫还可减少刀盘与土体的摩擦，降低扭矩，减少壳体与刀盘上黏土的黏着力，有利于排土机构出土，所需的驱动功率就可减少。

城市盾构法隧道大都需要穿越不同的地层，在一条线路上可能会有部分不适宜土压平衡盾构机施工的地层，这就限制了土压平衡盾构的适应范围，但是如采用泥水平衡盾构则造价比较高，而且需要较大的场地来安置泥水处理与循环系统。目前城市盾构法隧道施工可提供的场地越来越小，因此为扩大土压平衡盾构机的使用范围，使其能够适应各种不同地层的变化，可采取通过加注泡沫或泥浆的办法来实现这个目的，使土压平衡盾构机造价低、容易控制操作的优点得到充分发挥。

5.1.1.1 泡沫的使用

在砂性土和砾砂性土地基中，由于内摩擦角较大，因而难以获得良好的流动，同时渗透系数大，止水性差，压力不能很好地传递到开挖面，推进过程中明显感到方向不好控制，刀盘扭矩较大，推进速度慢。通过向开挖面注入泡沫，使得开挖土获得良好的流动性和止水性，并保持开挖面稳定，扭矩可明显下降。而在黏性土层中，由于其内摩擦角小，易流动，泡沫只起到活性剂作用，防止土黏在刀具和土舱内壁上，减少对刀具的磨损，提高了出土速度和掘进速度。泡沫的使用同时也扩大土压平衡盾构机适用不同渗透系数及粒径土体的范围。

总体来看，泡沫具有如下优点：

（1）由于气泡的润滑效果，减少了渣土的内摩擦角，提高了挖掘土体的流动性，从而减少了刀盘的扭矩，改善了盾构机作业参数；

（2）减少砂土的渗透性，使整个开挖土传力均匀，工作面压力变动小，有利于调整土舱压力，保证盾构机掘进姿态，控制地表沉降；

（3）减少黏土的黏性，使之不附着于盾构机及刀盘上，有利于出土机构出土。

1. 发泡原理

发泡系统由泡沫发生器、空压机、储料罐和各种管道泵组成，将发泡剂、聚合物与水混合后，经过泡沫发生器，压缩空气将液体吹压膨胀产生泡沫，通过预留泡沫注入孔注入开挖舱内。

2. 泡沫的膨胀率和注入比

泡沫剂用量、FER、FIR 是泡沫系统的三个重要参数。

a. 泡沫的膨胀率（FER）。FER＝（液体的流速 1/mm）：（空气的流速 1/mm）；FER越大说明泡沫越"稀"或越"湿"，一般取值在 1：6～1：15 之间，可根据实际情况进行适当的调整。

b. 泡沫的注入比（FIR）。FIR＝（泡沫加注速率）/（土壤的开挖速率）×100%；一般取值在 40%～100% 之间，具体注入比需要根据土层情况经过试验确定。

5.1.1.2 膨润土泥浆的使用

加入膨润土泥浆也是土压盾构土体改良的一种重要方法，主要以向土舱内添加为主，向刀盘和螺旋输送机上添加为辅。特别是在含砂量较大或者砂卵石地层，加入膨润土的效果更加明显。加入膨润土泥浆土体改良后，有效改善了颗粒级配，使土舱内土体塑性流动性好，土体能够结合在一起。同时，降低了土体的透水性和对刀盘、刀具、螺旋输送机的磨损，增加了盾构掘进长度，既保证了施工顺利进行，又节约了成本。

通过在不同地层中加入膨润土改良材料，可以有效地增加土体的塑性流动性，且使得土体对刀盘、螺旋机、刀具的磨损降低，从而提高施工效率、发挥经济效益。

5.1.2 泥水平衡盾构机的开挖面稳定与土体改良技术

泥水盾构开挖面的稳定，直接关系到盾构推进姿态、地面沉降、建筑物和管线的沉降与变形、泥水循环是否能有效建立等一系列关键性的指标和数据。因此，必须采取措施确保开挖面的稳定。

目前，泥水平衡盾构机主要采取使用高质量泥水以形成自立性较好泥膜的方法稳定盾构前方土体。

5.1.2.1 泥膜的形成

泥水平衡盾构是通过向泥水舱内注入适当压力的泥浆并稳定压力，使其在开挖面形成泥膜，支承正面土体，并由安装在正面的刀盘切削土体表层泥膜，与泥水混合后，形成高密度泥浆，然后由排泥泵及排泥管路，把泥浆输送至地面处理。

在泥水平衡盾构施工中，泥膜的形成是至关重要的，当泥水压力高于地下水压力时，泥水按照达西定律渗入土壤，形成与土壤间隙成一定比例的悬浮颗粒，被捕获并积聚于土壤与泥水的接触表面，泥膜就此形成。随着时间的推移，泥膜的厚度不断增加，渗透抵抗力逐渐增强。当泥膜抵抗力远大于正面土压力时，产生泥水平衡效果。

要形成泥膜必须具备下面四个基本条件。

1. 泥水最大粒径

根据土层渗透系数 K 的不同要求，泥水最大粒径亦不同，它们之间必须相互匹配。土质的渗透系数及泥水最大粒径见表 5-1。

各土质的渗透系数及泥水最大粒径　表 5-1

土层	渗透系数 K(cm/s)	泥水最大粒径(mm)
粗砂	$1\sim9\times10^{1}$	$0.84\sim2$
中砂	$1\sim9\times10^{0}$	$0.42\sim0.84$
细砂	$1\sim9\times10^{-1\sim-2}$	$0.074\sim0.42$
粉砂	$1\sim9\times10^{-3}$	<0.074

2. 颗粒级配

颗粒级配对泥膜的形成具有很大的影响，最佳的泥水颗粒粒径分布形式必须通过大量实验来确定。

3. 泥水相对密度

泥水中的黏粒受到压力差的作用，在开挖面形成一层泥膜，对提高开挖面的稳定起到至关重要的作用，尤其在均匀系数较小的砂性土层中的稳定作用尤为显著。泥水密度随土层的不同而变化，在黏性土中密度可小一些，在砂性土中密度要适当大一些。泥水密度提高能使泥水屈服值升高，同时能使泥膜的稳定性增强。表 5-2 为各种土质的密度。

各种土质的密度　表 5-2

土质	密度(g/cm³)
黏性土	$1.06\sim1.1$
砂性土	$1.1\sim1.16$
细砂，中砂	$1.16\sim1.22$
中粗砂	$1.22\sim1.25$
砂砾	$1.25\sim1.3$

4. 泥水压力

虽然渗透体积随泥水压力上升而上升，但它的增加量远小于压力的增加量，而增加泥水压力将提高作用于开挖面的有效支承压力。因此，开挖面处在高质量泥水条件下，增加泥水压力会提高开挖面的稳定性。

5.1.2.2　泥水质量的提高

常规泥水体系由黏性土、膨润土、CMC（或 PMS）、纯碱等材料经过一定的配比搅拌而成，其密度通常控制在 $1.20\sim1.28$g/cm³ 之间、黏度为 $20\sim25$s 之间。

1. 泥浆材料组成

泥浆的配制材料包括水、颗粒材料、添加剂。颗粒材料多以黏土、膨润土、陶土、石粉、粉砂、细砂为主。添加剂多以化学试剂为主。组成泥水的材料配比，必须根据掘削地层的土质条件确定。

（1）黏土成本低、效果好，是配制泥水的主要材料。主要采用掘削排放泥水中的回收黏土。

（2）膨润土是泥水主材黏土的补充材料。膨润土是以蒙脱石为主要成分的黏土矿物，其相对密度为 2.4～2.9，液限为 330%～600%，遇水体积膨胀 10～15 倍，另外，其颗粒表面带负电，易与带正电的地层结合形成优质泥膜。

（3）CMC 是木材树皮经化学处理后的高分子纤维素，溶于水时呈现极高的黏性，故多用来作增黏剂。CMC 主要用于砂砾层中，有降低滤水量和防止逸泥的作用，也可抵抗阳离子的污染。

（4）纯碱（碳酸钠）外观为白色粉末或细粒结晶，纯碱的作用是增加泥水的活性，以降低泥水的密度和黏度，可以根据泥水实测黏度和密度情况掺入进行调整。

（5）在施工时，使用的水事先应进行水质检测和泥水调和试验，去除杂质和测定 pH 值。

2. 泥浆指标确定

泥水平衡盾构泥浆指标的确定，主要依据盾构所处地层情况、泥水材料的特性、土层的渗透系数等。泥浆指标见表 5-3。

泥水平衡盾构使用的泥浆指标 表 5-3

名称	相对密度(g/cm³)	黏度(s)	析水率(%)	泥水颗粒大小(mm)
新浆	1.08～1.16	18～20	<15	最大粒径
				0.4
循环泥浆	1.20～1.25	>20	<20	最大粒径
				0.8

泥浆各组成材料的配合比，需要根据试验确定。

3. 高分子泥浆体系（PMS）

高分子泥浆体系，是在常规泥水体系的基础上加入一定量的高分子材料（正电胶），经过剪切搅拌而成的泥浆体系，该泥浆体系具有强大的稳定开挖面、悬浮土颗粒以及良好的携渣作用。

5.1.2.3 泥水盾构开挖面稳定的判断与控制

泥水盾构开挖面稳定的判断，主要通过以下方法进行。

1. 土体量

实际的土体量是通过中央控制室的掘进管理系统，较直观地显示在中央计算机的数据库中，可以通过调取数据得到。但是，由于掘进管理系统和泥水管理系统中用以测定泥水密度和泥水流量的密度计、流量计等仪器误差，使实际掘削土体量因测量精度而产生误差。

一般在实际施工过程中，主要是通过偏差流量的变化判断开挖面的稳定性。当偏差流量为正值时，盾构处于"超挖"状态，偏差流量为负值时，盾构处于"欠挖"状态。当遇到砂卵石、砾石等大颗粒地层，泥浆密度的测定误差必然甚大，此种情况下则应进行专门的测量，以确定实际掘削土量的修正算法。

当发现掘削量过大时，应立即检查泥水密度、黏度和切口水压。此外，也可以利用其他措施，检查土体坍塌情况，在查明原因后，及时调整有关参数，确保开挖面稳定。

2. 溢水量

泥水质量的好坏将直接影响泥膜形成的时间和开挖面的稳定。溢水量是测定泥水浆液质量的一个较好的方法，一般认为溢水量在 $6.2A$（$L/m^2 \cdot h$）以下为较理想，超过则需检查泥水质量和管路系统的泥浆情况。其中：A 为盾构刀盘面积（m^2）。

3. 地表沉降

地表沉降是反映盾构正面稳定的一个重要方面，因此必须根据不同需要，布置沉降观测点。开挖面不稳定而产生的地表沉降往往发生在盾构切口前方，这时应该检查泥水质量及切口水压。

4. 切口水压

切口水压的波动和变化可能受到地下或江河水位变化的影响，除此之外，在正常情况下还能够较为直观地反映开挖面土体剥落与崩塌情况。切口水压的异常上升一般是土体剥落与崩塌的反应，而切口水压的下降通常是泥水外溢造成的，应该及时检查泥水的质量和形成泥膜的效果。

5.2　现场推进试验

由于地层条件、地下水状态、盾构埋深、外部环境等的不同，在盾构推进的起始阶段和穿越重要建（构）筑物时，必须进行现场推进试验，以确定盾构掘进的各项参数（压力设定值、注浆量、注浆压力、推力、扭矩、推进速度等）和盾构方向控制规律。使得施工对周边环境的影响降到最低限度，确保盾构施工质量和进度、安全。

正常情况下的土体瞬时变形移动如图 5-1 所示，具有以下特点：

（1）盾构开挖减小了土层的水平压力，导致正面土体崩塌。土体向盾构方向移动。崩塌区域取决于正面土压力大小；

（2）由于盾构机壳与土体摩擦，导致盾构侧面的土体被向前挤压；

（3）盾构正面地层的隆沉（正面土体崩塌区域以外），取决于盾构掘进时的水土压力；

（4）盾尾处的地层下沉，由于管片脱离盾尾时的建筑空隙的产生，通过同步注浆加以控制；

（5）土体变形沿隧道横断面方向的扩展，约在盾构下部向上仰角为 45° 的范围内。

5.2.1　盾构试验段推进目的

盾构始发后，为了更好地掌握盾构的各类参数，施工时注意对推进参数的实时设定优化，掌握地面沉降与施工参数之间的关系，并对推进的各项技术数据进行采集、统计、分析，争取在较短时间内掌握盾构机械设备的操作性能，确定盾构推进的施工参数设定范围，一般将开始掘进的 100m 作为试推段，试推阶段重点是做好以下几项工作：

（1）用最短的时间掌握盾构机的操作方法，机械性能，改进盾构的不完善部分。

（2）了解和认识隧道穿越的区间土层的地质条件，掌握这种地质下盾构的施工方法。

（3）通过本段施工，加强对地面沉降及周边土体变形情况的监测分析，掌握盾构推进

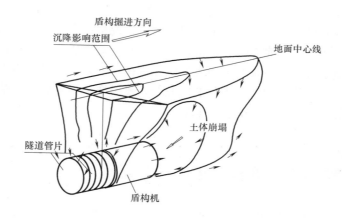

图 5-1 盾构机周边土体位移示意图

参数及同步注浆量参数。

5.2.2 盾构推进试验的参数确定

盾构初始掘进是从理论和经验上选取各项施工参数，在施工过程中根据监测数据及反馈的各种信息，对施工参数及时加以调整。

盾构机始发后，初始掘进分以下几个阶段实施。

首先在盾构机穿越加固土层后，以日进度 3～4m 的速度推进，对密封舱土压力、刀盘转速及压力，推进速度，千斤顶推力，注浆压力及注浆量等，分别采用几组不同施工参数进行试掘进。通过地表沉降的测量和数据反馈，确定一组适用的施工参数。

然后提高日进度为 4～5m，通过施工监测，根据地层条件、地表管线、房屋情况，对施工参数作缜密细微的调整，以取得最佳施工参数。

完成上述的工作要点后，将推进速度提高到正常的计划进度 6 环/日，但仍应以满足地表沉降要求及建筑物、管线安全保护为控制标准。

通过此阶段的试掘进，对隧道的轴线控制，衬砌安装质量及对地质变形的控制均有了各项具体的措施，进一步掌握施工参数，能根据地下隧道覆土厚度、地质条件、地面附加荷载等变化情况，适时地调整盾构掘进参数，为整个区间隧道施工进度、质量管理奠定良好的基础。对区间沿线建构筑物、管线的穿越和保护提供了依据，并以此指导全过程施工。

5.2.3 盾构推进试验段的施工监测

盾构在推进试验阶段，做好盾构始发后地表面、地下管线、地面建构筑物的施工监测，对施工中可能产生的各种地表隆沉、变形，及时采取相应的措施及保护手段。试推进阶段是全过程的前奏，所以施工监测显得更为重要。对土体变形监测，采用沿轴线方向布设沉降监测点，包括深层沉降点，并加设横断面监测点；对地下管线，按要求的距离布设沉降点；在调查研究的基础上，对轴线两侧盾构施工影响区域范围的建筑物，布设沉降监测点以及布设相应的倾斜、裂缝监测点。上述测点的监测应满足规范要求，并根据需要，适时加密监测频度。

由于上述各类变形往往不是即时出现的，也就是说待到变形时，盾构已越过原本造成变形的地下对应作业区，故而需及时地进行分类监测，掌握盾构机掘进作业与地下土层变形、地表变形和地下管线、建筑物沉降等的内在规律，及时反馈信息数据，指导盾构掘进作业。监测工作在盾构作业即将进入影响区开始，直至盾构作业脱离影响区，且地表滞后变形渐趋稳定的整个期间内跟踪测量与监测。

5.3　盾构土舱内压力调整与控制

盾构土舱内压力的调整与控制是确保开挖面稳定和地面隆沉以及顺利出土的必要手段。

5.3.1　土压平衡盾构舱内压力调整与控制

土压平衡盾构是依靠土舱压力 P 来平衡开挖面前方土压和静止水压的。设刀盘中心地层静水压力、土压力之和为 P_0，则 $P = K \cdot P_0$，K 一般取 1.0～1.3。其 P 值应该满足关系式：正面土体主动土压力＋水压＋总摩擦力＜P＜正面土体被动土压力＋水压＋总摩擦力。如土舱压力 P 设置过大，则会引起盾构刀盘前方土体隆起；如土舱压力 P 设置过小，又会引起盾构刀盘前方土体坍塌等。一般来说，土舱压力 P 的调整应该根据掘进过程中地质、埋深及地表沉降监测数据，通过维持开挖土量与排土量的平衡来实现，可通过设定掘进速度、调整排土量或设定排土量、调整掘进速度来达到。对于砂卵石、砾石等大颗粒地层，工程实践表明：若按静止土压推进可导致推进阻力过大及刀盘刀具磨损严重，因此一般应结合盾构装备推力扭矩、刀盘刀具磨损以及出土量等因素综合确定。

5.3.1.1　土压平衡盾构施工的土舱压力计算理论

土压平衡盾构采用土舱压力控制平衡状态。一般认为土压平衡盾构掘进时，土舱压力与开挖面的水土压力平衡以维持开挖面土体的稳定。实际上，土压平衡盾构的平衡应该是出土率的平衡，由于刀盘面板的作用在出土平衡时，开挖面处存在明显的挤压。因此，在其他条件相同并且出土平衡时，不同开口率的盾构的土舱压力并不相等。

土舱压力应根据地层中的原始地应力进行调整，但刀盘开口率对土舱压力的影响也不容忽视。试验研究表明，埋深及地层情况相同时，开口率越小，土舱压力管理值越小。关于这一点可以这样理解：由于要保证土体能够顺利由刀盘开口流入土舱，土舱压力管理值应比刀盘开口处的压力略小。开口率越小，单位时间通过刀盘开口进入土舱的土体流速越高，这也决定了开口率越小，土舱压力与刀盘开口处压力差（以下简称土舱压力差）应越大以保证土体流入土舱的流速满足盾构推进时的出土量平衡控制要求。

研究土舱压力与刀盘开口处压力差对刀盘开口率的定量选型及土舱压力的控制都有重要意义。由于土体被刀盘切削后，通过刀盘开口部分进入土舱，再由螺旋机排出的整个出土过程的复杂性，土舱压力差的理论分析非常困难。通过盾构出土过程与流体力学的近似理论进行比拟以建立考虑更多因素的土舱压力差计算理论的研究表明，由于土体的切削、流动，实际测量土舱开口与土舱后隔板处压力差非常困难，甚至是不可能实现的。这样，就无法验证理论的科学性。

1. 土舱压力差的现场调查

如果在刀盘前方土层中布置土压力盒测定土压力，随着盾构逐渐推进至土压力盒处，土压力盒的测定值会出现逐渐增长现象。如果以土舱压力与土层中测定的土压力差值为统计对象，就可以从一个侧面反映出土舱压力差。必须指出的是，这个压力差与本理论分析时采用的压力差还是有所区别的。

上海地铁 1 号线某区间隧道（刀盘开口率为 30%）和上海双圆隧道某区间（刀盘开口率为 85%）实测的土压力数据。在切口到达处，刀盘开口率为 30% 的盾构土舱内外土压力差值达到近 80kPa，而开口率为 85% 的双圆盾构的土舱内外土压力差值仅 30kPa，具体见图 5-2。

现场土压平衡盾构隧道工程的调查结果从另一个侧面反映出土舱压力差的存在以及刀盘开口率对土舱压力差的影响。图 5-2 是两组土压平衡盾构隧道工程在相近埋深、不同开口率时的土舱压力值统计表。表 5-4 同样表明：相同埋深情况下，刀盘开口率越小，土舱压力管理值越小。对于这种现象可以这样解释：因为盾构土舱压力与刀盘开口处压力存在一定的压力差 Δp，开口率越小，土舱压力差 Δp 越大。在埋深相近情况下，刀盘开口处的静止土压力 p_0 近似相等，土舱压力 $p = p_0 - \Delta p$。所以，开口率越小，土舱压力也越小。

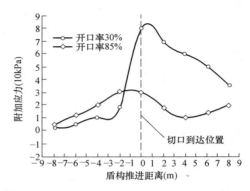

图 5-2 现场监测的不同开口率时土舱内外压力差

相同埋深不同开口率时土舱压力值　　　　　　表 5-4

组号	工程名称	中心埋深 (m)	刀盘开口率 (%)	土舱压力 (kPa)
1	上海地铁 2 号线西延伸段古北路—中山公园下行	14.95	30	241
	上海地铁上海轨道交通 8 号线 9 标复兴路—陆家浜路	14.95	40	254
2	肇嘉浜路	9.58	30	150
	上海地铁 L4 线 19 标	9.0	40	170
	上海某隧道工程	9.72	60	193

模型试验和现场调查结果都说明：

(1) 土舱压力与刀盘开口处的压力差是客观存在的，刀盘开口率对土舱压力差有明显影响，刀盘开口率越小，土舱压力差越大；反之，刀盘开口率越大，土舱压力差越小；

(2) 土体的性质对土舱压力差有影响，相同条件下，流塑性较差的砂性土的土舱压力差明显比流塑性较好的黏性土的土舱压力差大。

以上分析反映出土舱压力差是开挖面土体从土舱前部顺利流动至土舱后部的保证，土舱压力差能够保证舱内土体克服流动过程中的阻力。可以从这个思路获得土舱压力差 Δp

的定量计算方法。

2. 土舱压力差的估算方法

因为舱内土体一直处在流动状态，类似于流体，可以利用流体力学的有关理论进行推导。但由于土体本身及土舱内实际情况的复杂性（刀盘旋转切削和螺旋输送机排土使土体在土舱内的流动极为复杂），较难建立严密准确的数学模型。但可以应用流体力学理论做近似理论分析。由于目前尚没有定量的计算方法，可以采用近似理论分析，与现场和数值模拟数据相互验证，对现场施工控制是非常有意义的。

土体连续从刀盘开口处流入土舱，产生类似圆管内层流的运动。尽管实际上的运动与流体力学圆管内的层流有一定的差异，但由于圆管内层流有与实测结果完全一致的精确解（Hagen-Poiseuille 定律）可利用，所以，本问题是可以利用 Hagen-Poiseuille 定律近似研究的。

根据 Hagen-Poiseuille 定律，直径为 d 的圆管的流量为

$$Q = \frac{\pi d^4}{128 \mu L} \Delta p \tag{5-1}$$

式中　L——管长；

　　　Δp——由于液体与壁面内部摩擦造成的压强下降值；

　　　μ——动力黏度；

　　　d——圆管直径。

改写上式形式，则：

$$\Delta p = \frac{128 Q \mu L}{\pi d^4} \tag{5-2}$$

为利用上式，d 采用刀盘开口的换算直径，采用下式计算：

$$d = \sqrt{\xi D} \tag{5-3}$$

因为即使是流塑性较高的黏性土体流，也与牛顿流体有显著差别，上式中的动力黏度 μ 是个非常难以确定的数值。所以，在应用中改写 μ 为 k，k 是一个受土的黏聚力、盾构推进速度及埋深影响较大的系数。如果盾构以速度为 v 掘进，在出土率为 100% 时，Q 值可采用下式估算：

$$Q = v \cdot \pi D^2 / 4 \tag{5-4}$$

参考式（5-3）及式（5-4），式（5-2）可变为：

$$\Delta p = \frac{32 k L v}{\xi^2 D^2} \tag{5-5}$$

式（5-5）可以用来估算土舱压力管理值与开口处土压力的差值。下面给出计算 k 值的方法。

式（5-5）中的 k 与土体的强度指标 c、φ 有关。根据前面分析可知，土舱压力差主要用来克服土体与土体、土体与土舱壁的内摩擦阻力。刀盘开口率为 100% 时，土舱压力差值 $\Delta p \cdot \pi D^2 / 4$ 和舱内土体与盾壳内侧摩阻力相等，而舱内土体与盾壳的内摩擦力采用下式计算：

$$F = \frac{c}{k_1} \pi D L + \frac{\pi}{2} (1 + K_0) \gamma H D L \frac{\tan \varphi}{k_2} \tag{5-6}$$

式中，$k_1 = 1.8$、$k_2 = 4.3$，分别为土体黏聚力和摩擦系数（$\tan \varphi$）的折减系数。

则：

$$\Delta p=\left[\frac{c}{k_1}\pi DL+\frac{\pi}{2}(1+K_0)\gamma HDL\frac{\tan\varphi}{k_2}\right]/\left(\frac{\pi D^2}{4}\right)=\frac{4cL}{k_1 D}+2(1+K_0)\gamma HL\frac{\tan\varphi}{k_2 D} \quad (5\text{-}7)$$

刀盘开口率为 $\xi=100\%$ 时，式（5-6）与式（5-4）应相等，则：

$$k=\frac{D}{32v}\left[\frac{4c}{k_1}+2(1+K_1)\gamma H\frac{\tan\varphi}{k_2}\right] \quad (5\text{-}8)$$

这样就得到了 k 值的估算方法。

3. 土舱压力管理值的近似计算方法

（1）土舱压力差的计算分析

综合式（5-5）和式（5-8），则出土量达到平衡状态时的土舱压力与刀盘开口处的压力差值可采用下式估算：

$$\Delta P=\frac{L}{\xi D^2}\left[\frac{4c}{k_1}+2(1+K_0)\gamma H\frac{\tan\varphi}{k_2}\right] \quad (5\text{-}9)$$

式中　L——土舱前后的长度，其他符号意义同前。

式（5-9）定量说明了开口率对土舱压力的影响，即刀盘开口率越大，土舱内外压力差越小，反之越大。同时，也给出了土体强度指标对土舱压力的影响，即土体强度指标越大，土舱压力差越大。这些都可以很好地解释现场调查和模型试验的结果。另外，公式（5-9）还说明，其他参数相同情况下，盾构直径越大，土舱内外压力差越小。因此，直径越小，土压平衡盾构开挖面土体越不容易进入土舱，这也就要求小直径盾构应配置更大的刀盘开口率。分析表明，刀盘开口率是土舱管理压力取值的重要影响因素之一。

下面采用表 5-4 数据对式（5-9）进行验证。

对于表 5-4 中第一组数据，土舱内外压力差的差异值 $\Delta p_2-\Delta p_1=13\text{kPa}$。利用公式（5-9）计算，$\Delta p_2-\Delta p_1=16.9\text{kPa}$，理论计算与实测值较为接近。

根据公式（5-9），可以分析土舱压力与刀盘开口处压力差值与开口率的关系，具体见图 5-3（其他计算参数取与表 5-4 中第一组数据相同）。

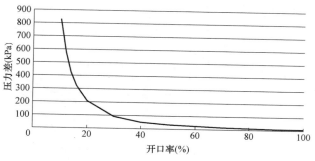

图 5-3　土舱内外压力差与开口率关系

（2）土舱压力管理值的计算

关于土舱压力设定值计算，有些说法是土舱压力设定值为地层静止土压力加上 20kPa。这种说法实际上是混淆了开挖面处接触压力与土舱压力管理值的区别。

根据前面分析，土舱压力管理值为：

$$p = p_0 - \Delta p = \left(1 - \frac{\Delta p}{p_0}\right)p_0 = \alpha p_0 \qquad (5\text{-}10)$$

式中　p——土舱压力；

p_0——开挖面处的静止土压力，$p_0 = K_0 \gamma H$；

α——土舱压力的传递系数。

把式（5-9）代入上式，得到土舱压力的传递系数为：

$$\alpha = 1 - \frac{L}{\xi^2 D}\left[\frac{4c}{k_1 K_0 \gamma H} + 2\left(1 + \frac{1}{K_0}\right)\frac{\tan\varphi}{k_2}\right] \qquad (5\text{-}11)$$

4. 土舱压力管理值近似计算方法的验证与修正

式（5-10）、式（5-11）给出了土舱压力与刀盘开口率、土舱尺寸及土体性质间的近似关系。由于理论分析中引入了许多假设，与实际情况可能有所差异。

重要的影响参数——刀盘开口率可能并不是二次关系，这需要实际土舱压力差监测结果的验证。但是，实际测定土舱压力差存在较大困难。采用以施工现场为基础的离散元分析成果进行分析。

通过离散元分析刀盘开口率对土舱压力影响，最终得到的结论都可以用式（5-11）解释。

在确定开口率条件下，密封舱隔板等效压力与掘进界面等效压力近似为比例关系。用本文结果可以这样解释：对于砂土，黏聚力 c 近似为零。则根据式（5-12），土舱压力的传递系数为：

$$p = \alpha p_0\left[1 - \left(1 + \frac{1}{K_0}\right)\frac{2L\tan\varphi}{\xi^2 D k_2}\right]p_0 \qquad (5\text{-}12)$$

可见，在平衡状态下土舱压力与开挖面处的压力成正比。

压力传递系数随开口率增大而增大，与埋深无关。由于砂土的黏聚力 c 近似为零，由式（5-10）可知砂土地层中土舱压力传递系数与隧道埋深无关。

以上三点均说明通过半解析解可以非常容易地推导出离散元模拟分析的结论。为了进一步比较式（5-11）与数值模拟结果，该拟合公式为（盾构刀盘开口率基本在 35%～85% 之间，只拟合该区间的结果）：

$$\alpha = 0.0184\xi - 0.0001\xi^2 \qquad (5\text{-}13)$$

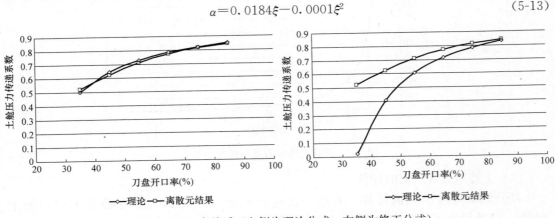

图 5-4　开口率关系（左侧为理论公式，右侧为修正公式）

计算结果与数值分析对比情况见图 5-4（左侧）。从图中可以看出，两者之间有一定误差，主要是由于把刀盘开口部分简化成圆管引起的。实际上刀盘开口形式复杂，公式（5-11）中开口率的指数需要根据现场数据调整。

通过反分析，把式（5-10）形式调整为下式：

$$\alpha = 1 - \frac{L}{\xi^m D}\left[\frac{4c}{k_1 K_0 \gamma H} + 2\left(1 + \frac{1}{K_0}\right)\frac{\tan\varphi}{k_2}\right] \tag{5-14}$$

式中 m 为 1.36。

采用上式重新计算，并与数值分析结果对比，具体见图 5-4（右侧）。从图中可以看出计算结果与数值分析结果极为接近。

如果有更多的试验数据，对式（5-14）中的 m 修正，最终得到的公式会更有科学性，这有待于进一步的积累。尽管如此，由于综合考虑了盾构机土舱形式、刀盘开口率及土层强度指标，公式（5-14）对盾构的现场施工控制仍然有重要的指导意义。

5.3.1.2 土压平衡盾构平衡状态的 EPBR 控制方法

土压平衡盾构采用土舱压力控制平衡状态。盾构掘进时，土舱压力与开挖面的水土压力平衡以维持开挖面土体的稳定，减少对土层的扰动，控制地面变形。实际监测表明，土舱压力并不等于盾构与前方土体的接触压力，准确确定盾构前方的实际水平向水土压力非常困难。因此，实际施工中采取的土舱压力往往难以与开挖面水土压力维持真正的平衡，造成盾构的不平衡掘进状态。

盾构推进施工中，真正平衡状态是出土率的平衡（即盾构刀盘切削的天然状态土体量等于盾构排出的土体量）。由于多数盾构直径较大，出土量较多，盾构推进时采用出土称量的方法控制出土率往往较为困难。在此采用螺旋机转速与推进速度之比控制土压平衡盾构平衡状态的方法和思路。

1. 用土舱压力控制土压平衡盾构掘进的方法

1）用土舱压力控制平衡状态标准的不确定性

盾构施工时的土舱压力管理值是以盾构前方地层水平土水压力的实际值为基准的。

如果水土合算，则土舱压力设定值可采用下式计算：

$$P_0' = \alpha K_0 \gamma h \tag{5-15}$$

式中 　γ——水土合算时土的重度；

h——土层深度；

α——与盾构掘进土层性质、盾构埋深、开口率、刀盘转速和推进速度等有关的参数；

K_0——土舱压力系数。

按照式（5-15），土压平衡盾构的土舱压力应该与隧道埋深近似成正比，但实际情况并非如此。盾构在推进过程中会根据盾构前方土层隆沉情况调整土舱压力。理论土舱压力设定值往往与实际应该设定的土舱压力差异较大，图 5-5 是上海几个盾构工程的土舱压力实际设定值，可见土舱压力设定值并不与隧道埋深完全成正比。图 5-6 是上海某盾构隧道工程土舱压力实际设定值与理论值设定值比较。

由图 5-5、图 5-6 可见，土舱压力的理论设定值与根据监测情况调整后的实际设定值不仅在数值大小上存在较大差异，而且变化趋势也并不相似。这说明，理论计算方法及考虑的因素存在缺陷，采用土舱压力控制平衡的标准并不明确。盾构推进时，前方地面上和

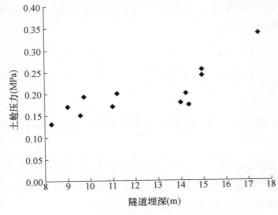

图 5-5　上海盾构隧道工程土舱压力
设定值与埋深关系统计图

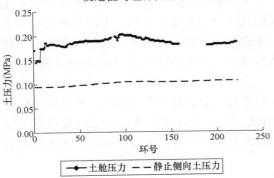

图 5-6　上海某单圆隧道工程土舱
压力设定值与理论值对比

土层中会存在许多建（构）筑物，包括地表上的高层建筑物、地层中的隧道等。在这些建（构）筑物下面地层中的应力会有所变化。盾构经过这些地层时要调整土舱压力。比如，在图 5-7 中的 A 点处的土舱压力要在计算值中减去，D 为空洞直径（计算时还要考虑管片与土体重量差异对土舱压力的影响）；B 点处的土舱压力要在计算值中加上 $\Delta P_0' = \alpha K_0 \gamma H$，其中 H 为地面建筑物的等效换算土层厚度。盾构在 A、B 两点附近施工时，土舱压力也要适当调整，采用台阶式调整方法过渡。

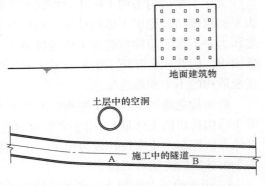

图 5-7　土舱压力设定值影响因素分析图

2）土舱压力调整方法

城市隧道施工环境中的建（构）筑物分布的复杂性和地层本身的复杂性都决定了土压平衡盾构推进时要经常调整土舱压力。调整不可能真正连续，只能跳跃式调整。每次调整的推进行程为 ΔL，调整土舱压力的幅度为 ΔP，则 $\Delta P / \Delta L$ 可作为衡量调整土舱压力造成不平衡掘进的量，$\Delta P / \Delta L$ 越小，盾构推进对地层的影响越小；反之对地层影响越大。

以图 5-8 为例，图中细实线为理论上的土舱压力值，粗实线为实际土舱压力值。当盾构掘进至里程 L_{i-1} 处时，如果采用该处的理论土舱压力 P_{i-1}，则当盾构从 L_{i-1} 推进至 L_i 时，土舱压力值将一直高于实际应当采用的土舱压力，盾构处于超推进状态。如果一直按该设定方法推进，则盾构在推进到隧道最高点前将处于挤土状态，造成地面隆起；在通过最小土舱

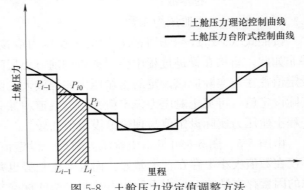

图 5-8　土舱压力设定值调整方法

压力处后，随着土舱压力增大，按上述方法设定土舱压力值，土舱压力值将一直低于实际应当采用的土舱压力，盾构处于欠推进状态，造成地面下沉。

正确的土舱压力设定值应为阴影部分面积除以推进距离，计算方法为：

$$P_{i0} = \int_{L_{i-1}}^{L_i} P\mathrm{d}L/(L_i - L_{i-1}) \approx (P_i + P_{i-1})/2 \tag{5-16}$$

按上述方法设定土舱压力后，盾构经过图中的阴影部分时，前半部分造成的欠推进量（$P_{i-1} > P_{i0}$）正好补偿了后半部分造成的超推进量（$P_i < P_{i0}$）。

所以，土压平衡盾构调整土舱压力时，以较小的 $\Delta P/\Delta L$ 调整对减小地层扰动是有利的。设定值应为调整段两侧理论土舱压力的算术平均值。

3）采用土舱压力控制平衡的缺陷

前面分析可以看出只采用土舱压力控制土压平衡盾构平衡状态存在几个缺陷：

①控制标准不明确。设定土舱压力时，无明确的计算公式，基本上凭经验设定，根据监测结果调整；②跳跃台阶式调整土舱压力，使盾构掘进状态一直在平衡状态附近波动，这种波动既造成地层正负损失，又造成对隧道周围土体的扰动，这些是造成地层沉降的原因之一；③盾构土舱压力调整大多以前方地表变形为依据，由于上海等软弱黏土的变形有滞后性，造成操作者的反复调整，加剧对土层的扰动。因此，可采用土压平衡比作为控制盾构平衡状态的辅助方法。

2. 土压平衡比及其实际意义

根据相关资料，盾构掘进时的出土率为：

$$e = \frac{4k_e \eta k Q}{\gamma_0 \pi D^2}\left(\frac{N}{v}\right) \tag{5-17}$$

式中　e——出土率；

$\quad\quad N$——螺旋机转速；

$\quad\quad Q$——螺旋机一转出土量，采用式（5-18）计算；

$\quad\quad k$——把出土体积换算为重量的参数，与土层性质有关的参数；

$\quad\quad k_e$——出土中原状土所占比例；

$\quad\quad v$——推进速度；

$\quad\quad \gamma_0$——土的天然重度；

$\quad\quad D$——盾构外径。

$$Q = \frac{\pi}{4}(D_1^2 - D_2^2)P \tag{5-18}$$

式中　D_1——螺旋机直径；

$\quad\quad D_2$——螺旋机轴直径；

$\quad\quad P$——螺旋翼片的间距。

当 $e = 100\%$ 时，盾构排出土量与推进应该达到的出土量相等，盾构处于掘进的平衡状态。此时的 N/v 为：

$$\left(\frac{N}{v}\right)_B = \frac{\gamma_0 \pi D^2}{4k_e \eta k Q} \tag{5-19}$$

盾构处于出土平衡时的 N/v 与螺旋机形式、盾构直径及土的性质有关，是表征某种型号盾构机平衡状态的重要参数，称之为土压平衡比，用 $(N/v)_B$ 表示。当盾构以此时

的 N/v 推进时出土稳定，对地层的扰动最小。当盾构掘进时的 $N/v<$ $(N/v)_B$ 时，盾构处于超推进状态，盾构前方土体受到挤压作用；当盾构掘进时的 $N/v>$ $(N/v)_B$ 时，盾构处于欠推进状态，盾构前方土体受到卸载作用。因此，土压平衡盾构掘进时的理想状态一般为 $N/v\approx$ $(N/v)_B$，这样才能减小盾构对地层的扰动。

由于盾构以出土量平衡状态掘进时，大多是以 $N/v\approx$ $(N/v)_B$，出土效率较为稳定，所以，从式（5-19）可以看出，盾构的土压平衡比不受土舱压力影响（或受土舱压力很小）。N/v 波动非常小，接近恒值。通过盾构施工监测数据可以证明这一点。图 5-9 是上海某地铁盾构推进第 979～1122 环时各环参数平均值统计结果。可以看出，尽管土舱压力越来越小，且变化速率较大，但保持土压平衡状态推进时 N/v 变化却非常小，说明对某种型号盾构机在地质情况变化较小时土压平衡比接近某一恒定的值。

3. 螺旋机转速与推进速度比对土舱压力波动影响

根据前面分析可知，如果土压平衡盾构 N/v 一直以土压平衡比推进，则即使推进速度不断变化，土舱压力也会稳定不变；而如果土压平衡盾构实际的 N/v 偏离 $(N/v)_B$ 则会产生土舱压力的波动，土舱压力波动对盾构推进的平衡控制是不利的。

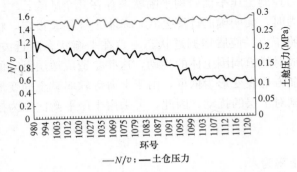

图 5-9　土压平衡盾构的土压平衡比和土舱压力值统计图

土压平衡盾构控制不当必然造成土舱压力波动，造成这种波动的原因可能有：①不正常的参数变化，尤其是不正常的 N/v 变化；②盾构调整土舱压力设定值后，造成 N/v 偏离平衡态；③盾构机出土的异常状态。出现刀盘切削不正常、土舱内土体出土不流畅、螺旋机出土不流畅等。

通过现场监测数据可以证明上述结论的正确性。图 5-10 是上海某地铁盾构推进第 130～350 环时各环参数平均值统计结果。图中可以看到，N/v 波动明显造成了土舱压力波动，两者有明显的对应关系。N/v 增大则土舱压力减小，反之，则土舱压力增大。图中还看出，N/v 的突变点明显对土舱压力稳定极为不利，是土压平衡盾构施工时应该尽力避免的。

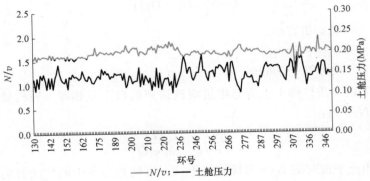

图 5-10　螺旋机转速与推进速度比波动与土舱压力波动对比图

4. 土压平衡盾构推进的土压平衡比控制方法

土舱压力变化时，盾构施工参数的调整方法如下。

如图 5-10 所示，如果盾构在 A 点的土舱压力为 p_{i-1}，B 点调整为 p_i。调整土舱压力时，N/v 会偏离土压平衡比，当土舱压力达到设定值后要尽快调整至土压平衡比状态使盾构继续以土压平衡比推进，进入新的平衡状态。

土压平衡盾构土舱压力从 p_{i-1} 调整为 p_i 过程中，盾构施工参数调整方程可表示为下式：

$$p_i = p_{i-1} + \Delta p = p_{i-1} - K \frac{4k_e \eta k Q}{\gamma_0 \pi D^2} \left[\frac{N}{v} - \left(\frac{N}{v} \right)_B \right] \tag{5-20}$$

式中 K——单位挤压率造成的土舱压力变化。

式 (5-20) 说明：

（1）土舱压力变化是通过调整 N/v 实现的。

（2）调整土舱压力必然使盾构偏离平衡掘进状态，出现超推进或欠推进。因此，缓慢、均衡地调整土舱压力对减少盾构扰动是有利的。

（3）调整 N/v 后，土舱压力至目标值后应尽快恢复至土压平衡比，继续保持进入土舱内土体与由螺旋机排出的土体平衡。

土压平衡盾构平衡控制方法比较

表 5-5

控制方法	控制标准	平衡状态判别		标准值	实际值
		状态	判别式		
土舱压力	P_0'	超推进 平衡 欠推进	$<$ $P = P_0'$ $>$	可计算确定,但不明确	可测定
出土率	100%	超推进 平衡 欠推进	$<$ $e = 100\% >$	可定	极难测定
土压平衡比	$\left(\dfrac{N}{v} \right)_B$	超推进 平衡 欠推进	$<$ $\dfrac{N}{v} = \left(\dfrac{N}{v} \right)_B$ $>$	可计算并测定,较明确	可测定

目前，土压平衡盾构平衡控制主要通过土舱压力控制。控制标准是土层中的原始地层压力。但由于地层情况的复杂性，很难找到明确计算控制指标的方法，只有通过地表变形监测数据反馈来调整。采用出土率控制土压平衡盾构掘进最直接，控制标准就是出土率为 100%（有时考虑施工扰动也有控制在 98% 左右的），但由于盾构直径较大，准确确定实际出土率非常困难，在大直径盾构尤其如此。因此，可以采用土压平衡比来控制土压平衡盾构掘进。采用土压平衡比控制时，可根据自动采集的螺旋机转速和推进速度，通过模型试验或同一台盾构在相似土层推进数据的统计结果确定控制标准，这是土压平衡比控制盾构平衡的优点所在。

现场数据说明土压平衡比在盾构施工过程中是存在的，并且是一个较为恒定的值。土压平衡比丰富了土压平衡盾构的平衡控制方法。另外，采用土压平衡比可以极为有效地区分土压平衡盾构掘进时的异常数据，减小土舱压力的波动，降低盾构推进对地层影响。

5.3.2　泥水平衡盾构舱内压力调整与控制

5.3.2.1　泥水平衡盾构正面稳定动态分析

泥水盾构与土压平衡盾构在掘进过程中开挖面稳定的主要区别在于，泥水盾构开挖面上存在泥膜的形成、破坏、再形成的一个动态过程。泥膜的存在不但起到防止地下水向泥水舱突涌的作用（止水），还由于其结构特性可以起到增加泥水盾构开挖面稳定的作用（受力构件）。

泥水盾构的掘进过程中，不断地切削土体，破坏了开挖面原有的平衡，单从切削土体的过程来看，泥水盾构的掘进过程对于开挖地层来说是一个卸荷过程。随着刀盘对地层的切削，泥水盾构通过泥水舱的泥水压力与地层反力之间的压力差，使得开挖面上形成了一层致密的泥膜，泥水盾构开挖面的稳定与泥膜的形成密切相关。在泥膜形成这个动态过程中，泥膜与开挖面的交界面不但力是平衡的而且位移也是平衡的，开挖面土体的强度随着泥膜的动态形成过程发生变化，开挖面的应力也随着时间动态变化，因此开挖面的稳定是一个动态的稳定过程。

1. 泥水盾构开挖面应力的动态变化特性

假设开挖地层是饱和土，土力学认为饱和土是由固体颗粒构成的骨架及由水充满的空隙所组成。当开挖地层受到泥水舱压力差作用时，在地层中会形成"超孔隙水压力"。在泥膜形成的过程中，根据有效应力理论，地层中的超空隙水压力会逐渐消散，有效应力会逐渐增加。

为了说明随着泥膜的形成开挖地层的力学变化，采取表 5-6 所示参数（泥浆和开挖地层），取不同的压力差条件（5kPa，10kPa，15kPa，20kPa，25kPa）分别计算开挖地层与泥膜交界处应力的变化，以及开挖地层的影响距离随时间的变化。

计算参数表　　　　　　　　　　　表 5-6

地层参数			泥浆及泥膜参数					
a (Pa^{-1})	e	k (m^2)	μ $(Pa \cdot s)$	k (m^2)	ε_0	δ	β	P_a (Pa)
1e-7	0.5	3.45e-13	0.001	3.45e-14	0.2	0.5	0.1	1200

公式 $\dfrac{(1+e)}{a} \dfrac{k}{\mu} \dfrac{\Delta t}{\Delta x^2} = \alpha$ 表明 $\Delta t \sim \Delta x$ 之间的关系，即：

$$\Delta t = \alpha \frac{a\mu}{k(1+e)} \Delta x^2 \tag{5-21}$$

在此取 $\Delta t = 0.1s$，如果取 $\alpha = \dfrac{1}{2}$ 则可以计算出：$\Delta x = 0.0324m$。

假设直径 $D = 10m$ 的泥水盾构掘进过程中的转速为 $\omega = 0.5r/min$，且盾构刀盘的布置图 5-11 所示，每一幅刀具之间的间隔角度为 60°，则在第一幅刀具切割后，第二幅再切削的时间间隔为：$60 \times 2/360min = 20s$。

计算可知泥水盾构的掘进过程中，不同压力差条件下，泥膜与开挖地层交界面处，有效应力变化量随时间的变化如图 5-12 和图 5-13 所示。

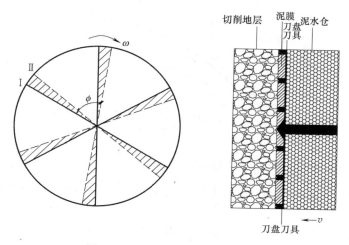

图 5-11　辐条式盾构刀盘布置模型

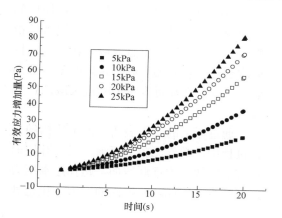

图 5-12　交界面有效应力增量随时间变化

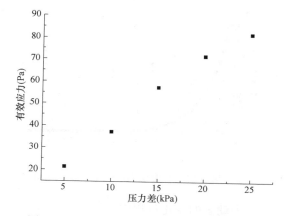

图 5-13　不同压力差在最终时刻的有效应力

从图 5-12 和图 5-13 可以看出，随着泥水盾构的开挖，泥膜与开挖面交界处的有效应力逐渐增加，随着压力差的增大，在同一时刻，交界处的有效应力也增大。图 5-13 所示为泥膜在形成时间的最终时刻，不同压力差作用下，有效应力所能达到的最大值，这个值也随着压力差的增大而增大。

图 5-14 表明随着泥膜的逐渐形成，开挖面前方的影响距离逐渐增加，也就是说开挖面前方有效应力的距离不断增加。虽然在同一时刻影响距离随着压力差的增加而增加，但是在压力差较大的范围内（如图 5-14 中 20kPa 与 25kPa），影响距离差值较

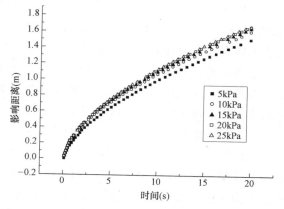

图 5-14　不同压力差作用下影响距离随时间的变化

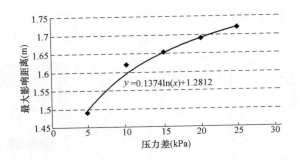

图 5-15　不同压力差作用下最大影响距离的变化（注：黑实线为指数拟合曲线）

小。图 5-15 表示，随着泥膜的形成，不同压力差下开挖面前方的最大影响距离成指数的关系。

以压力差 25kPa 为例，取泥膜形成的最终时刻，开挖面前方有效应力沿影响距离的分布如图 5-16 所示。

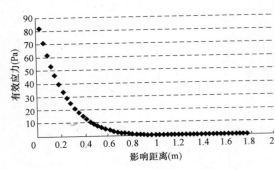

图 5-16　有效应力沿影响距离的分布

在泥膜形成的最终时刻，开挖地层的有效应力增加量在开挖面前方呈递减的指数分布。开挖地层中有效应力在靠近开挖面附近较大，而随着影响距离的增大逐渐衰减，并且在靠近开挖面附近衰减的速率较大。

通过以上的分析表明在泥水盾构的开挖过程中，随着泥膜的逐渐形成，开挖面前方的有效应力逐渐增加，超孔隙水压力逐渐减少。因此，开挖面的应力变化也处在一个动态的变化过程中。

2. 泥水盾构开挖面动态稳定性分析

盾构掘进的过程中，不断掘削土体，破坏了地层中已经存在的平衡状态，使得开挖面前方土体处于一个卸荷的状态，如果不采取及时有效的支护方法作为平衡措施，将导致开挖面土体存在稳定性问题。泥水盾构的开挖面稳定问题涉及很多参数，是个复杂的系统问题。考虑到盾构的掘进过程，开挖面的稳定问题不但与开挖地层力学特性，泥浆的流体力学特性有关，而且还与盾构本身的施工参数有关如掘进速度和刀盘转速相关。因此对于泥水盾构的正面稳定的控制既要兼顾整个系统，又要注意每个参数。

（1）开挖面稳定的极限平衡理论

目前最成功的破坏理论是用应力状态来定义破坏。破坏可以以断裂的形式出现，也会以屈服或塑流的形式出现。对于岩石或硬黏土常表现为断裂破坏，而软土则常呈屈服或塑流。土力学中，土体的剪切破坏常以摩尔-库仑强度理论作为依据。该理论认为，如果任意平面上的剪应力等于材料的抗剪强度时，材料便会出现破坏。若沿任意一个平面上的抗剪强度为 τ_f，该平面上的法向应力为 σ，则材料的摩尔-库仑准则表示为：$\tau_f = \sigma\tan\varphi + c$

式中　φ——内摩擦角；

c——材料的黏聚力。

对泥水盾构掘进过程中开挖面上的应力分析可以参照图 5-17，对于离地面埋深 H_h 位于开挖面前方的点 A，其应力状态可以分析如下：

$\sigma_1 = \gamma H_h$，σ_1 为泥水舱压力。

根据极限平衡分析方法的论述结合正面动态稳定的定义，可得知这种方法判断的是某一时刻开挖面的土体与极限破坏状态的比较，根据其计算公式，当开挖地层的附加有效应力增加时，其形成的摩尔圆偏离极限破坏曲线的距离就越大，开挖面土体对于破坏的安全储备就越大。因此可以利用有效应力的增加来对其极限平衡状态进行判断。

以上所述用极限平衡的方法来判断开挖面稳定的方法，在计算有效应力的增加量时考虑了泥膜的形成过程，也就是用来进行极限平衡判断的有效应力不但是一个动态的变量而且还是一个综合值，综合了施工参数、泥浆指标和开挖地层三方面。

由于盾构直径的增大，使得盾构开挖断面内可能遭遇成层土。考虑到开挖面前方有效应力的增加量是一个综合考虑的值，所以对开挖面是成层土的正面极限稳定状态也要有一个判断。假设开挖面为成层地层，如图 5-18 所示。

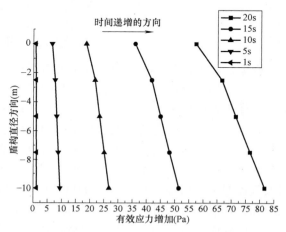

图 5-17 泥水盾构开挖面上有效应力随时间的变化趋势（中心平衡）

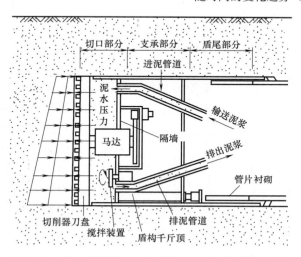

图 5-18 泥水平衡盾构掘进过程中开挖面的平衡原理

计算结果如图 5-19 所示，由于成层地层的存在，使得盾构开挖面的有效应力变化趋势与均一地层的工况有了较大的差别，成层地层的情况更加复杂。虽然在开挖过程中，伴随着泥膜的动态形成过程，无论哪种地层开挖面的有效应力都增加，但是增加的速率却有差异，因此对于开挖面前方存在成层地层的工况要进行有针对性的分析。

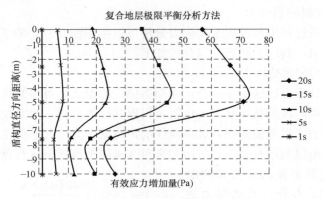

图 5-19　成层土开挖面极限平衡稳定的分析方法

根据极限平衡的分析方法，为了使得开挖面的稳定有一定的安全储备，实际工程中常常设定一定的安全系数。对于安全系数的提出，并非满足了其数值范围内的要求，开挖面前方土体不发生极限破坏，就可以认为整个截面上开挖面是稳定的。这种分析方法的优势是，无论土压平衡盾构还是泥水平衡盾构均可采用这种方法对开挖面的土体进行强度分析来判断其是否到达了破坏，因为这种分析方法仅是以开挖面的应力作为分析对象而忽略了盾构对开挖面的支护方法，所以这种通用的优势也变成了这种分析方法的劣势。比如对于超大直径泥水盾构容易发生的局部破坏现象，利用极限平衡方法虽然能够得到发生破坏的点的位置，但是无法对盾构开挖面的稳定做一个综合评判，也就是说这种对于点的分析，无法扩展到面，也无法对开挖面的整体进行分析。另外，不同的支护形式虽然都可以从应力的角度进行分析，但是在不同的边界条件下，同样的应力并不意味着得到相同的强度分析结果。因此对于盾构的开挖面稳定，除了对开挖面前方的土体进行点的强度分析外，还需对开挖面进行全断面的整体和局部稳定分析。

（2）盾构开挖面的全断面稳定分析

根据泥膜形成过程中泥水盾构开挖面土体的有效应力和有效应力的影响距离的动态变化，给出泥水盾构开挖面动态稳定的整体模型，如图 5-20 所示。如果以泥膜形成过程中，开挖面影响范围内的土体作为研究对象，则其受到周围土体的压力如图 5-21 所示。在某一时刻，影响范围内的土体受到垂直于直径范围内影响线的土压力的作用。如果要研究开挖面上点 A' 附近开挖面土体在某一时刻的局部稳定性，则从点 A' 向影响线 FE 引一条水平线，交于点 A。通过点 A 做影响线 EF 在此点的法线和水平切线，水平切线延伸线与开挖面位置线的延伸线的交点 O 为模型滑移面滑动的圆心，以点 O 为圆心，以直线 OA 为半径做圆，与开挖面交于点 D，则在某一时刻点 A' 附近的开挖面的稳定就是

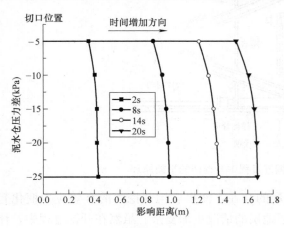

图 5-20　不同泥水舱压力差下开挖面
影响距离随时间的变化

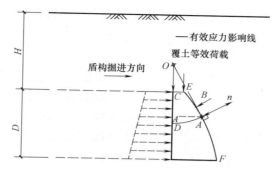

图 5-21　盾构掘进过程中开挖面的平衡原理

对隔离体 $AECD$ 受力分析。

假定绕点 O 转动的圆弧的半径为 R。在圆弧面上任意的取一微分段 l，垂直于滑动面的正应力为 N，则微分段 l 上土的强度 S 为：

$$S=\frac{c_u \cdot l+N \cdot \tan\varphi_u}{F} \qquad (5-22)$$

$$S=\frac{c_u' \cdot l+N \cdot \tan\varphi_u'}{F} \qquad (5-23)$$

式中　　c_u、φ_u、c_u'、φ_u'——开挖面土体的总应力和有效应力抗剪强度参数；
　　　　　F——安全系数。

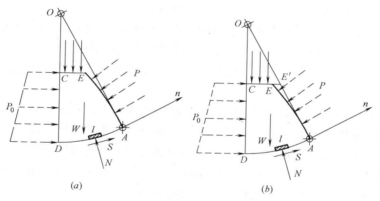

图 5-22　盾构掘进过程中开挖面的平衡原理

沿滑动面 AD 上土体的抗剪强度对圆心 O 形成一个抗滑动力矩 M_c：

$$M_C=R\sum(c_u \cdot l+N \cdot \tan\varphi_u) \qquad (5-24)$$

$$M_C=R\sum(c_u' \cdot l+N \cdot \tan\varphi_u') \qquad (5-25)$$

同理，对于隔离体 $AECD$ 来说泥水舱压力对圆心 O 产生的是抗滑动力矩，而作用在影响区域隔离体上的土压力和隔离体本身的自重产生的是滑动力矩。对于作用在隔离体 $AECD$ 上的土压力来说，由于边 AE 为拟合的曲线，所以为了简化计算可以利用切线与相关直（曲）线组成的隔离体 $AE'CD$ 作为分析对象（如图 5-22b 所示）。该图是沿盾构轴线的一个剖面图，但实际上空间模型的受力要复杂得多，根据楔形模型的简化方法，本模型中也同样进行了简化：简化认为楔形面 CD 等于边长为弦长矩形的面积，如图 5-23（a）所示。认为考量的范围内涉及盾构开挖面上的面积为 A，则根据借用的楔形模型的假设将开挖面的面积等代成面积相等的矩形（面积 $A=B$），其中矩形的边长与圆弧的弦长相等，均为 L（图 5-10a），则空间模型简化为图 5-10（b）。

根据上述的简化方法，则对于开挖面上某一点的局部稳定可以利用图 5-23 中阴影的圆弧楔形块 $ABCD$ 的稳定分析来描述。对于 $ABCD$ 来说，滑移面 CD 上的抗剪强度产生的抗滑力矩 M_{C1} 和泥水舱压力产生的抗滑动力矩 M_{C2}，边 BC 受到的侧向土压力产生的滑动力矩为 M_{D1}、边 AB 受到的上覆土的压力产生的滑动力矩为 M_{D2} 以及圆弧楔形块本身的自重所产生的滑动力矩 M_{D3}，参照边坡稳定的概念，需要在稳定公式中确定一个安全系数 F。

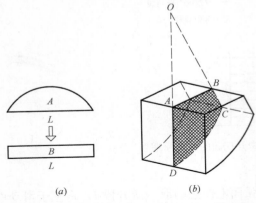

图 5-23　盾构掘进过程中开挖面的平衡原理

$$F=\frac{M_C}{M_D}=\frac{M_{C1}+M_{C2}}{M_{D1}+M_{D2}+M_{D3}}$$

上式利用土力学中边坡稳定的概念对泥水盾构开挖面稳定的问题进行了分析，这个公式不但可以用来分析整个开挖面的稳定，而且还可以对开挖面的局部稳定进行分析，从而利用这个公式可以得到整个开挖面稳定的一个概况。

在影响距离范围内开挖面土体的强度随着泥膜的形成发生了显著的变化。正是由于这部分土体的存在对开挖面前方的土体起到了一个支护作用，因此当这部分土体失稳时开挖面土体就会随之失稳，所以模型中将这部分土体作为研究对象，并根据土体的受力特性定义出模型的滑移面。

泥水盾构开挖面局部和整体稳定由于与泥膜的形成相关，所以也是一个动态变化的过程。从泥膜对影响距离随时间的影响规律来看，楔形体的重量是逐渐增加的，而同时抵抗这种滑动的滑移面的长度也是逐渐增加的，当泥水盾构的开挖面出现成层土时，不同滑移面上抗滑动强度会不同，所以根据泥水盾构施工中的这些特性，对于某些工程风险较大的地方要利用该模型进行全断面全过程的正面稳定分析。

该模型是一个与时间相关的动态模型，从概念上可以对泥水盾构施工中的一些现象进行解释。当泥水盾构由于管片拼装或者其他原因造成的施工停顿较长的时间后再启动过程中往往容易造成开挖面的失稳，可以利用上述模型解释为：当泥水盾构停顿前泥膜已经形成，当盾构的停顿时间较长再掘进时由于影响距离内的土体的应力增加，所以按照常规压力平衡设定的泥水压力进行掘进时往往不能达到平衡，所以会造成瞬间的失稳，所采用的对策是除了要启动旁路外还需要将泥水舱的压力进行适当的提高。根据上述模型可以得到：在泥水盾构开挖面上，在泥水盾构应力较小的顶部较容易发生失稳，而在应力较大的底部却不容易发生失稳。首先由于顶部压力差较小，泥膜形成的初始时刻，开挖面影响距离较小，而底部由于压力差较大影响距离较大，形成的滑移面较长。

5.3.2.2　泥水平衡盾构舱内压力的控制方法

泥水平衡盾构主要是通过控制泥水舱压力实现泥水平衡掘进，泥水压力的设定通常是根据地质情况和隧道埋深、地下水压力等情况，采取水土分算的经验公式计算并结合地表监测数值进行调整的方法来确定的。

经验公式为：

$$P_a = 1/2\gamma_s HK_0 + 1/2\gamma_w H_w \tag{5-26}$$

式中　P_a——泥水压力计算值；

　　　K_0——土的静止侧向压力系数；

　　　γ_s——土体的平均重度（kN/m^3）；

　　　H——隧道埋深（m）；

　　　γ_w——水的重度（kN/m^3）；

　　　H_w——地下水距隧道顶部的距离（m）。

泥水平衡盾构机在掘进施工中，泥水压力的设定值，应该根据盾构机埋深、所在位置、地层情况、环境变形、监测数据、偏差流量、溢水量等进行不断的调整。根据实际施工经验，通常在软黏土地基时，需要在经验公式计算值的基础上，预加 20kPa 的预压力，而在砂性土层中则需要在经验公式计算值的基础上，预加 40kPa 的预压力。

5.4　穿越过程控制

5.4.1　盾构穿越过程地层损失计算理论及扰动位移控制

盾构施工参数的设置是保证盾构施工开挖面平衡的关键。如果设置的盾构施工参数使盾构施工时偏离平衡状态，则会引起地层变形。下面对盾构施工参数对地层变形的影响作相应的分析。

1. 盾构正、负地层损失对沉降的影响

盾构推进引起的地层沉降是盾构开挖面前方产生的地层损失和盾尾处产生的地层损失综合影响的结果。

盾构推进时，地面沉降量的纵向分布估算公式为：

$$S_y = \frac{V_{l1}}{\sqrt{2\pi}i}\left[\Phi\left(\frac{y-y_i}{i}\right) - \Phi\left(\frac{y-y_f}{i}\right)\right] + \frac{V_{l2}}{\sqrt{2\pi}i}\left[\Phi\left(\frac{y-y_i'}{i}\right) - \Phi\left(\frac{y-y_f'}{i}\right)\right] \tag{5-27}$$

式中　V_{l1}、V_{l2}——分别为盾构前方和盾尾处发生的地层损失；

　　　y_i、y_f——分别为推进起始点和工作面到达位置的坐标；

　　　i——沉降槽宽度系数。

可用 $i = R\left(\dfrac{Z}{2r}\right)^{0.8}$ 估算；$y_i' = y_i - L$，$y_f' = y_f - L$（L 为盾构长度）；$\Phi\left(\dfrac{y-y_i}{i}\right) = \Phi(-A) = 1 - \Phi(A)$，A 为 $\left|\dfrac{y-y_i}{i}\right|$。

盾构上方地层的变形是盾构从始发到前方推进一系列地层损失的累计结果。这一过程可以从式（5-27）反映出来。

为了研究方便，找一个能反映地层最终沉降量的点。理想状态是找到在始发点和工作面（盾构推进得足够远）中间的一个点，这个点距始发点和工作面都较远。根据统计学理论，$\Phi(2.33)=0.9901\approx1$，则一般埋深小于 25m 的地铁盾构隧道取值点距始发点和工作面的距离大于 14.7m（扣除盾构长度）时就能满足要求。找到这样一个点后，知

$$\Phi\left(\frac{y-y_i}{i}\right)\approx\Phi(+\infty)\approx1,\Phi\left(\frac{y-y_i'}{i}\right)\approx\Phi(+\infty)\approx1$$

$$\Phi\left(\frac{y-y_f}{i}\right)\approx\Phi(-\infty)\approx0,\Phi\left(\frac{y-y_f'}{i}\right)\approx\Phi(-\infty)\approx0$$

则根据式（5-27），地层的最终沉降量为：

$$S_{(y)\max}=(V_{l1}+V_{l2})/\sqrt{2\pi i} \tag{5-28}$$

式（5-28）说明，盾构推进引起的地层沉降是盾构工作面和盾尾处地层损失共同作用的结果。由于盾尾注浆的滞后性，盾尾处产生地层损失是必然的。但由于土压平衡盾构可以以出土率小于 100% 情况挤土推进，可以在工作面处形成负地层损失，这样正、负地层损失共同作用可以使总沉降量减小。

理论上说，如果适当控制，可以使 $(V_{l1}+V_{l2})=0$，使盾构推进对地层的影响最小。但盾构挤土推进有如下限制：①由于刀盘挤土作用加上附加的土舱压力造成的附加力可能造成开挖面处土体被动破坏；②挤土推进造成的过大的附加应力造成地层中的构筑物附加荷载过大，对保护地层中的构筑物不利。所以，良好的控制状态应为：加强盾尾注浆的管理，尽量减小 V_{l2}，在对地层扰动较小情况下，适当增大 V_{l1}，但要保证 $V_{l1}\leqslant V_{l2}$。

因为地层损失不能测定，要想对沉降进行控制，还需要把上面控制理论通过理论关系转化为可以实施控制的参数。

2. 土压平衡盾构的土舱压力和出土率对工作面前方地层损失的影响

根据前面研究，有效地层损失率 α（试验中为 0.27，盾构施工中还需做大量现场试验进行统计，α 与土层性质有关），则推进单位长度的正地层损失 V_{l1} 为：

$$V_{l1}=\alpha\frac{\pi D^2}{4}(1-e)=\alpha\frac{\pi D^2}{4}\left[1-\frac{4k_e\eta kq}{\gamma_0\pi D^2}\left(\frac{N}{v}\right)\right] \tag{5-29}$$

正地层损失 V_{l1} 还可以表示为：

$$V_{l1}=\alpha\frac{\pi D^2}{4}\cdot(1-e)=\alpha\frac{\pi D^2}{4K}\cdot p \tag{5-30}$$

可见，调整土舱压力（或螺旋机转速/推进速度）可以控制盾构前方土体的负地层损失。

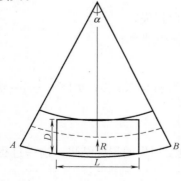

图 5-24　盾构经过曲线图

3. 盾构姿态引起的地层损失

盾构经过曲线或由于盾构配重不合理以"抬头"或"磕头"方式推进，都会使开挖面形成椭圆形，造成地层损失。另外，如果盾构姿态偏差造成盾构轴线与隧道轴线存在偏角，纠偏也会造成地层损失加大。

盾构经过曲线引起的地层损失可采用下述方法计算。曲线半径为 R，盾构的长度为 L，盾构直径为 D，参考图 5-24，则：

$$\left(R+\frac{D}{2}+\Delta R\right)^2=\left(R+\frac{D}{2}\right)+\left(\frac{L}{2}\right)^2 \tag{5-31}$$

整理得：

$$2\left(R+\frac{D}{2}\right)\Delta R+\Delta R^2=\left(\frac{L}{2}\right)^2 \tag{5-32}$$

由于 $2\left(R+\frac{D}{2}\right)\Delta R$ 远大于 ΔR^2，忽略高次项，则超挖量 ΔR 为：

$$\Delta R=\frac{L^2}{4(2R+D)} \tag{5-33}$$

如果盾构的配重不合理，盾构以"抬头"或"磕头"方式推进也会造成地层损失。例如，盾构重心偏于前方，盾构推进时需要一直保持抬头状态才能正常推进。如果盾构抬头或低头的角度为 δ，则由此产生的超挖量 $\Delta R'$ 为：

$$\Delta R'=L\tan\delta \tag{5-34}$$

式中 L——盾构长度。

则盾构经过曲线及配重引起"抬头"或"低头"推进共同作用造成的地层损失 V_{l3-1} 为：

$$V_{l3-1}=\frac{\pi(D+\Delta R')(D+\Delta R)}{4}-\frac{\pi D^2}{4}=\frac{\pi D(\Delta R+\Delta R'+\Delta R\cdot\Delta R')}{4} \tag{5-35}$$

由于忽略高次项 ΔR^2，则 V_{l3-1} 为：

$$V_{l3-1}=\frac{\pi D(\Delta R+\Delta R')}{4}=\frac{\pi D}{4}\left[\frac{L^2}{4(2R+D)}+L\tan\delta\right] \tag{5-36}$$

盾构纠偏造成的地层损失与盾构通过曲线造成的地层损失相类似。如果盾构在推进距离 l_0 过程中，盾构纠偏角为 β。纠偏行程相当于图 5-24 中圆弧 AB，假设纠偏行程长度为 l_0，圆弧 AB 对应的圆心角为 β，则纠偏曲线的曲率半径 R 为：

$$R=\frac{l_0}{\beta} \tag{5-37}$$

式中，β 的单位为弧度。

盾构纠偏造成的地层损失 V_{l3-2} 为：

$$V_{l3-2}=\frac{\pi DL^2}{16(2R+D)}=\frac{\pi\beta DL^2}{16(2l_0+\beta D)} \tag{5-38}$$

所以，由于盾构姿态（包括盾构经过曲线、盾构以"抬头"或"扎头"推进及纠偏引起的地层损失）引起的地层损失 V_{l3} 可采用下式计算：

$$V_{l3}=V_{l3-1}+V_{l3-2}=\frac{\pi D}{4}\left[\frac{L^2}{4(2R+D)}+L\tan\delta+\frac{\beta L^2}{4(2l_0+\beta D)}\right] \tag{5-39}$$

上面分析说明，盾构经过曲线时，曲线半径越小，越容易造成附加地层损失；盾构的灵敏度（盾构长度与盾构直径之比，即 L/D）越大，越容易造成地层损失；盾构推进时的扎头或抬头的角度越大，越容易造成地层损失；盾构纠偏角度越大，纠偏行程越短越容易造成地层损失，工程中可采用铰接式盾构形式加以改善。

4. 盾尾脱出引起的地层损失

由于向盾尾孔隙中压浆不及时、压浆量不足或是注浆压力不适当，都会使盾尾处周围土体失去原始的平衡状态，而向盾尾孔隙中移动，引起地层损失。在软土地层中，由于盾尾注浆造成的地层损失往往是引起地层损失的主要因素。下面对盾尾注浆引起的地层变形机理进行分析。

假设由于盾尾注浆和盾尾脱出不同步引起的隧道周围地层径向位移为 Δu_1（实际上，真实的 Δu_1 非常难以计算，并且难以测定）。浆液在注浆压力作用下填充盾尾空隙。注浆压力使地层产生反向径向位移 Δu_2，以抵消 Δu_1。原则上如果注浆压力 p 足够大，可以使 $\Delta u_2 - \Delta u_1 \approx 0$，使地层变形最小。但注浆压力是点式的，然后转变为连续的注浆压力，所以很难再达到原始地层的效果。如果注浆压力 p 过大，会造成"冒浆"，使地层损失进一步增大。因为注浆过程的复杂性，注浆压力与注浆填充率对地层变形影响只能做初步的理论分析。

在盾尾注浆滞后引起地层径向位移为 Δu_1 后，盾尾间隙处的地层应力变为 p'_0，随后间隙处承受平均注浆压力 p_g，盾尾间隙处地层承受的压力增量为 $\Delta p_g = p_g - p'_0$，则在 Δp_g 作用下的径向位移 Δu_2 为：

$$\Delta \mu_2 = \Delta p_g (1+\mu) R/E \tag{5-40}$$

则盾尾注浆填充率 ξ 可表示为：

$$\zeta = \pi D(\Delta - \Delta u_1 + \Delta u_2)/(\pi D \Delta) = 1 + (\Delta u_1 - \Delta u_2)/\Delta \tag{5-41}$$

式中　Δ——盾尾间隙。

盾构推进太多时不可避免地会发生沉降。如果注浆压力足够大，则会导致 $\Delta u_2 - \Delta u_1 > 0$，造成注浆作用下地表隆起。但实际上尽管盾尾注浆填充率大多大于 100%，有时甚至达 200%（含二次注浆），盾构通过后基本上还会出现沉降。造成这种情况的原因是在注浆压力作用下有一部分浆液（尤其稠度较小的浆液，如可硬性浆液）不可避免地会产生渗透损失，如果把渗透损失换算成径向位移为 Δu_3，则修正式（5-41）得盾尾注浆填充率 ξ 为：

$$\zeta = 1 + (\Delta u_2 + \Delta u_3 - \Delta u_1)/\Delta \tag{5-42}$$

参考式（5-40），可得到注浆压力与盾尾注浆填充率的关系：

$$\zeta = 1[(p_g - p'_0)(1+\mu)R/E + \Delta u_3 - \Delta u_1]/\Delta \tag{5-43}$$

如果保证注浆不引起地层损失，则 $\Delta u_2 - \Delta u_1 \approx 0$，此时的盾尾注浆填充率应为 $\zeta = 1 + \Delta u_3/\Delta$，而此时的注浆填充压力应为原始地层压力。$\Delta u_3$ 受土层性质和浆液性质影响。土层为砂性土及采用稠度较小的浆液（如可硬性浆液）时，浆液渗透损失大，Δu_3 较大；土层为黏性土及采用稠度较小的浆液（如单液浆）时，渗透损失小，Δu_3 较小。

盾尾注浆过程产生的正地层损失 V_{l2} 为：

$$V_{l2} = \pi D(\Delta u_2 - \Delta u_1) \tag{5-44}$$

可以得到正地层损失 V_{l2} 与注浆压力和盾尾注浆填充率的关系：

$$V_{l2} = \pi D[(p_g - p'_0)(1+\mu)R/E - \Delta \mu_1] = \pi D[(\zeta-1)\Delta - \Delta u_3] \tag{5-45}$$

式中，Δu_1 与土层性质和注浆工艺有关；Δu_3 与浆液性质和土层性质有关。因此，注浆工艺、浆液材料等会影响地层损失的大小。在设备、材料及地层情况等条件确定的情况下，式（5-43）和式（5-44）中的 Δu_1 和 Δu_3 为不可控因素，但通过注浆压力与注浆填充率可以控制盾尾注浆引起的地层损失。

5. 盾构施工引起的总地层损失

综上所述，盾构推进引起的总地层损失，主要包括开挖面地层损失 V_{l1}，盾构注浆造

成的地层损失 V_{l2} 及盾构姿态造成的地层损失 V_{l3}。盾构推进时，应加强盾尾注浆的管理，尽量减小 V_{l2}；加强对盾构姿态的管理，尽量减小 V_{l3}。由于 V_{l2}、V_{l3} 基本为正地层损失，而由于土压平衡盾构可以适当挤土推进，V_{l1} 可以为负地层损失。则在对地层扰动较小情况下，可适当增加负地层损失 V_{l1}，以减小 $V_{l1}+V_{l2}+V_{l3}$ 的值，但要保证 $V_{l1} \leqslant V_{l2}+V_{l3}$。

根据式（5-39）、式（5-41）及式（5-45），可得：

$$S_{(ymax)} = \frac{\dfrac{\alpha\pi D^2}{4}(1-e) + \pi D\left[(\zeta-1)\Delta - \Delta u_3\right] + \dfrac{\pi D}{4}\left[\dfrac{L^2}{4(2R+D)} + L\tan\delta\,\dfrac{\beta L^2}{4(2l_0+\beta D)}\right]}{\sqrt{2\pi}i}$$

$$= \frac{\pi D\left[\left(\zeta - \dfrac{\alpha D}{4}e\right) + \left(\dfrac{\alpha D}{4} - \Delta - \Delta u_3\right)\right] + \dfrac{\pi D}{4}\left[\dfrac{L^2}{4(2R+D)} + L\tan\delta\,\dfrac{\beta L^2}{4(2l_0+\beta D)}\right]}{\sqrt{2\pi}i}$$

$$\text{(5-46)}$$

$$S_{(ymax)} = \left\{\frac{(p-p_\beta)\pi\xi^2 D^3}{8\left[\dfrac{2c}{k_1} + (1+K_0)\gamma H\,\dfrac{\tan\varphi}{k_2}\right]L} + \pi D\left[(p_g - p_0')(1+\mu)R/E - \Delta u_1\right] + \right.$$

$$\left. \frac{\pi D}{4}\left[\frac{L^2}{4(2R+D)} + L\tan\delta + \frac{\beta L^2}{4(2l_0+\beta D)}\right]\right\} \Big/ \sqrt{2\pi}i$$

$$= \pi D\left\{\frac{p\xi^2 D^2}{8\left[\dfrac{2c}{k_1} + (1+K_0)\gamma H\,\dfrac{\tan\varphi}{k_2}\right]L} + p_g(1+\mu)R/E\right\} - \left\{p_0'(1+\mu)R/E + \Delta u_1 + \right.$$

$$\left. \frac{p_B\xi^2 D^2}{8\left[\dfrac{2c}{k_1} + (1+K_0)\gamma H\,\dfrac{\tan\varphi}{k_2}\right]L} + \frac{\pi D}{4}\left[\frac{L^2}{4(2R+D)} + L\tan\delta + \frac{\beta L^2}{4(2l_0+\beta D)}\right]\right\} \Big/ \sqrt{2\pi}i$$

$$\text{(5-47)}$$

式（5-46）揭示的是出土率与盾构注浆填充率联合作用对地层变形的影响，是以体积表示的参数关系；式（5-47）揭示的是土舱压力与盾构注浆压力联合作用对地层变形的影响，是以压力表示的参数关系。

根据式（5-46）和式（5-47），如果适当调整出土率 e 与盾构注浆填充率 ζ 关系，或者适当调整土舱压力 p 与盾构注浆压力 p_g 关系，可以达到减小地层变形的目的。施工时，可根据盾构前方地表变形及盾构通过后地表变形情况适当调整出土率、土舱压力、注浆压力及注浆填充率关系，达到控制变形的目的。

5.4.2 盾构姿态和隧道轴线的预测与控制

5.4.2.1 盾构隧道的管片拼装工艺

管片由管片车运到现场后，拼装前须对管片类型、龄期、外观质量情况等项目进行检查。管片经单、双轨梁按安装顺序放到隧道前部，掘进结束后，再由双轨梁运到管片拼装机工作范围内等待安装。

在拼装过程中应重点注意以下几点：

1）管片选型以满足隧道线型为前提，重点考虑管片安装后盾尾间隙要满足下一环掘进的限值，确保有足够的盾尾间隙，以防盾尾直接接触管片，损坏管片。

2）管片安装必须从隧道底部的范围开始，然后依次安装相邻块，最后安装封顶块。

安装第一块管片时，用水平尺与上一环管片精确找平。

3）安装邻接块时，为保证封顶块的安装净空，安装第五块管片时一定要测量两邻接块前后两端的距离（分别大于 K 块的宽度，且误差小于＋10mm），并保持两相邻块的内表面处在同一圆弧面上。

4）封顶块安装前，对止水条进行润滑处理，安装时先搭接 700mm 径向推上，调整位置后缓慢纵向顶推插入。

5）管片块安装到位后，应及时伸出相应位置的推进油缸顶紧管片，其顶推力应大于稳定管片所需力，然后方可移开管片安装机。

6）管片安装完在推进下一环过程中管片脱离盾尾前采用 2600kN/m 风动扳手一次性紧固，防止因管片脱出盾尾后自身上浮，造成管片环与环之间出现错动以及管片出现破损现象发生。

7）管片拼装前对吊装孔进行检查，确保吊装孔螺旋管连接牢固，防止在拼装过程中螺旋管脱出，管片掉落，造成安全隐患。

分析管片拼装的一般流程及其注意事项，可以总结得到，管片拼装的内容主要围绕三根轴线进行，即隧道设计轴线 DTA（Designed Tunnel Axis）、盾构施工轴线、管片成型轴线（或成型施工轴线）。隧道设计轴线指导着盾构隧道的施工，盾构推进必须按照设计轴线进行；盾构在推进过程中，管片拼装成型的轴线须拟合设计轴线，以满足施工要求，此时，盾构的姿态决定着管片拼装的轴线；但考虑到盾构推进是基于成型的管片，即成型管片的轴线确定了盾构的推进趋势。当管片轴线在允许偏差范围内时，按照设计轴线进行拟合，才能保证隧道施工的质量与安全。下面将围绕这三根轴线进行详细分析。

5.4.2.2　盾构隧道施工的轴线控制

隧道设计轴线、盾构轴线、成型管片轴线三者之间的关系可用图 5-25 表示。

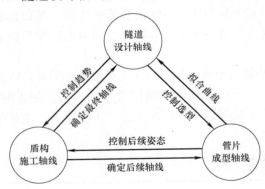

图 5-25　隧道设计轴线、成型管片
轴线、盾构轴线的相互关系

隧道设计轴线，是指隧道施工前，设计人员按照相应的地质勘查资料、周边环境资料等信息设计规划的隧道线路，其线型可以是直线也可以是弯曲的曲线。

管片成型轴线，是指盾构在掘进过程中，已拼装的管片环所形成的轴线，它应该按照设计线路进行拟合。

盾构施工轴线，是盾构在推进过程中所形成的线路，盾构的姿态由已安装的管片所确定，但同时也确定了下一环待安装管片的姿态。

从图中可见，三根轴线之间的关系是相辅相成的，为保证盾构隧道施工的质量与安全，需要严格控制三根轴线的相互关系。由于设计轴线是既定的隧道轴线，在施工前期已经规划好，因此，下面主要研究对管片轴线、盾构轴线的控制。

5.4.2.3　管片轴线对设计轴线拟合的影响

管片环是在盾构机尾部拼装完成的，其拼装的质量，在不考虑后期变形的情况下，管片成型的轴线就是最终的隧道轴线。

区间盾构隧道衬砌类型有两种，一种是单层衬砌，另一种是双层衬砌。国内盾构区间施工经验表明：采用有一定刚度接头的单层柔性衬砌，其圆环的变形、接缝张开及混凝土裂缝开展等，均可控制在预期的要求内，完全满足了地铁区间隧道的设计要求。且施工工艺单一、工程实施周期短、投资省，可确保工程如期贯通的目标。鉴于上述情况，经综合的技术、经济比较及结构计算论证，区间盾构隧道一般采用单层衬砌。

与设计轴线的拟合质量有着重要影响的主要有以下几个因素。

1. 管片环宽

传统的管片环宽为 1.0m 或 1.2m，但随着设计、施工经验的成熟，管片宽度有逐渐增大的趋势，可采用 1.5～2m 宽度的管片。然而，增大管片宽度受客观条件和施工水平的限制。管片宽度越大，要求盾构机千斤顶的行程也越大；在小半径曲线上，2m 宽的管片比 1.2m、1.5m 宽管片的轴线拟合误差大，施工难度亦有一定的提高。

2. 楔形量

一般来说，楔形量应根据管片种类、管片宽度、外径、曲线半径、盾尾间隙大小及管片制作方便性等因素而综合决定。楔形量的大小应能够适应隧道最小转弯半径的要求，隧道最小转弯半径越小，环宽就必须越小，楔形量就必须越大。但如果楔形量设计的过大，施工中很容易造成管片错台，管片成圆度差，不但给管片拼装带来很大困难，更影响隧道的防水和美观。

从拼装的形式来看，通缝拼装施工简单，内力较小，可拼装自由度相对较多，管片的安装比较方便。错缝拼装具有自动消除环面累计误差的功能，整体受力性能好，圆环的整体刚度大，止水性能好，可提高管片接缝刚度、改善接缝防水性能，但错缝拼装的内力大，管片纵缝的抗张开力较大，若管片制作及拼装精度不够理想，施工中管片接缝处混凝土易被顶裂。为加强结构的整体性，改善接缝的防水性能，区间隧道管片通常采用错缝拼装。

一般在受力允许的状态下，可采用小通缝进行拼装。所谓"小通缝"，是指两管片环之间允许有 1～2 条通缝，相应地，3 条及 3 条以上的通缝定义为"大通缝"，大通缝的情况是绝对不允许的，因为它将直接影响成型隧道环、纵向结构受力。上述管片均通过粘贴纠偏楔子调整环面和纠偏。

通用衬砌环是一种标准的楔形环管片，这种类型的管片通过位置旋转来调整楔形量实施直线、曲线的拼装及施工纠偏。随着盾构机性能的提高和设计施工的细化，通用衬砌环具有一定的优势：

（1）衬砌环类型只有一种，模具利用率越高，降低工程造价。

（2）管片生产管理方便，不会出现不同衬砌环数量不匹配的情况。

（3）管片拼装位置多，选择余地大，不会因管片类型采用不合适而造成质量问题。

（4）利于区间设计根据隧道埋深分段配筋的实施，避免多种衬砌环时不同配筋的衬砌环类型数量的不确定性，可节约钢筋用量。而且采用通用衬砌环并不需要盾构机进行特殊配置，国内已有成功的工程经验。

通用管片在平面上的投影为对称的梯形，依靠管片旋转时楔形量的变化来实现隧道的转向及纠偏。不同的隧道工程所使用的管片的楔形量是不同的，如表 5-7 所示。

不同管片外径与楔形量对应表

表 5-7

管片外径 D(m)	$D<4$	$D\in[4,6]$	$D\in[6,8]$	$D\in[8,10]$	$D>10$
楔形量(mm)	15～75	30～85	30～90	40～90	40～70
楔形角(′)	20～115	20～70	15～50	15～35	10～25

例如：轨道交通工程所使用的通用管片，为满足最小曲线半径及盾尾间隙要求，楔形衬砌环设计为双面楔形环，最大楔形量为 37.2mm，每环楔形角 20′37.59″。

3. 管片的拼装点位

通用管片拼装时已拼装的管片要与后续管片通过纵向螺栓、销钉等连接，而纵向连接是环与环之间通过旋转一定的角度进行的。通过管片的旋转，可以控制盾构隧道的轴线走向，从而实现隧道的转弯。由于有纵向连接件的限制，所以管片不能任意旋转，旋转的角度应是最小角度的整数倍。此处的位置，亦称管片点位。在实际拼装过程中，可以调整管片拼装位置，根据不同的拼装位置楔形量控制不同方向上的超前量。当需要调向时，按照不同点位管片的超前量进行选择，拟合隧道轴线，隧道就能按照预计的方向进行调向，使之符合设计的曲率半径。

管片在纵向连接上有 16 个螺栓孔的管片构造图如图 5-26 和图 5-27 所示，因此，具有 16 个拼装点位。通过 16 个管片点位的不同组合，拟合出隧道设计轴线。图中显示了 16 个点位的情况，即 K1～K16，点位的位置对应了砌块拼装的位置。为了方便记忆点位的位置，点位位置处相应地标识了该点点位所对应的时间，如 K1 是 0：00，K5 是 3：00。

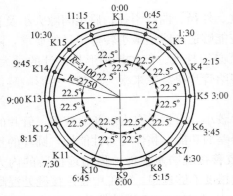

图 5-26　通用管片点位图

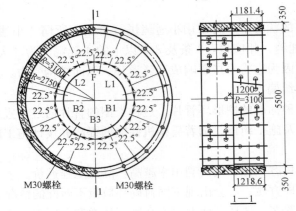

图 5-27　管片构造示意图

5.4.2.4　盾构轴线对设计轴线控制的影响

盾构在推进过程中，盾构姿态和轴线会在已拼装好的管环基础上形成，进而影响下一环管片的拼装。因此，有必要研究分析盾构掘进过程中的各种因素，找出其规律，采取专项施工措施控制隧道轴线的偏差。

研究发现盾构的盾尾间隙、盾构的首尾差以及千斤顶行程差等因素对盾构的姿态起着重要的作用。从这几方面着手，根据其空间关系，可在分析某一因素的影响作用时，设定其他的影响因素不变，采用单因素敏感性分析的方法进行研究。

1. 盾尾建筑空隙

盾构机在掘进过程中具有一定的转弯能力，并且总有一定的偏移量存在，盾构机尾部为保证衬砌装配和盾构能在平曲线和竖曲线方向上的转动、纠偏，盾尾内径与衬砌外径之间所必须保留的施工操作空隙。这个空隙称为"盾尾建筑空隙"，如图 5-28 所示。

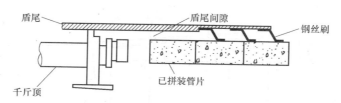

图 5-28 盾尾间隙示意图

管片选型要兼顾盾尾建筑空隙，如果盾尾建筑空隙过小，则在盾构机推进过程中盾尾钢丝刷会与管片发生干扰，轻则加重盾构机向前推进的阻力，减缓推进速度；重则将使管片错台甚至损坏，造成隧道渗漏水或地表沉降。施工中，应该保证盾尾建筑空隙不小于允许的最小间隙，最小盾尾建筑空隙的确定，可由管片宽度、隧道设计轴线、注浆工艺、盾尾油脂压注工艺等因素确定。

盾尾最小间隙若小于 5mm 时，应立即停止施工，查找原因，避免盾构与管片之间的间距过小影响施工。盾尾建筑空隙的变化是一个空间问题，通过简化处理，可分成以下三种情况。

1）通用楔形管片拼装的盾尾建筑空隙计算

前面已介绍了通用管片是具有一定楔形量的，通过楔形管片的组合，理论上可以拼装任意曲线。如图 5-29 所示，在转弯段时，使用既定的楔形管片环，下一环管片的盾尾间隙变化量与上一环管片的参数存在一定的关系，具体推导如下：

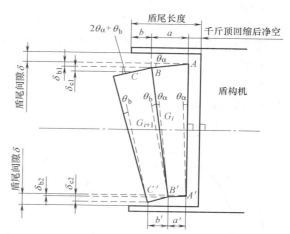

图 5-29 盾构机与楔形环管片的空间关系

管片 G_i 盾尾建筑空隙的变化量（相对于上一环 G_{i-1} 的变化）：

上部： $\delta_{b1} = a \cdot \tan\theta_\alpha$ （5-48）

下部： $\delta_{b1} = -(a' \cdot \tan\theta_\alpha)$ （5-49）

管片 G_{i+1} 盾尾建筑空隙的变化量（相对于上一环 G_{i-1} 的变化）：

上部： $$\delta_{c1} = \delta_{b1} + b \cdot \tan(2\theta_\alpha + \theta_b)$$ （5-50）

下部： $$\delta_{c2} = -[\delta_{b2} + b' \cdot \tan(2\theta_\alpha + \theta_b)]$$ （5-51）

通过公式（5-48）～式（5-51），可知在确定下一环拟拼装的管片环之前，其盾尾建筑空隙可以通过本环管片拼装完成后进行预测，则当已知本环的盾尾建筑空隙值，可按照下一环拼装管环的基本参数，预测下一环的盾尾建筑空隙，进而确定是否满足最小盾尾建筑空隙的要求，是否需要进行修正，或纠偏，其他管片类型计算的方法类似。

2）盾构机方位角与管片方位角不一致

当盾构机方位角与成型管片方位角发生变化时，也会影响后续管片的姿态。图 5-30 展示了盾构机轴线与管片轴线产生一定夹角时的示意图。同上一节类似，从图中可得到盾尾建筑空隙的变化量如下，其中，设管片方位角与盾构机的方位角的夹角为 θ。

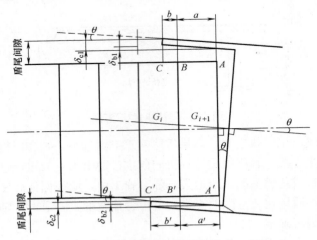

图 5-30　盾构机轴线与管片轴线成一夹角

管片 G_1 盾尾建筑空隙的变化量（相对于上一环的变化）：

上部：
$$\delta_{b1} = a \cdot \sin\theta \tag{5-52}$$

下部：
$$\delta_{b2} = -(a' \cdot \sin\theta) \tag{5-53}$$

管片 G_2 盾尾建筑空隙的变化量（相对于管片 G_1 的变化）：

上部：
$$\delta_{c1} = (a+b) \cdot \sin\theta \tag{5-54}$$

下部：
$$\delta_{c2} = -(a+b) \cdot \sin\theta \tag{5-55}$$

3）盾构机偏移

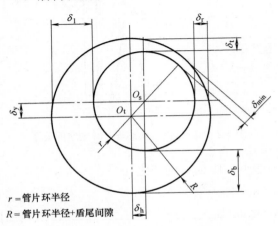

r = 管片环半径

R = 管片环半径+盾尾间隙

图 5-31　盾构机偏移示意图

管片与机尾的间隙如图 5-31 所示，上（δ_t）下（δ_b）左（δ_l）右（δ_r）的数值，在盾构机的施工现场通过是可以测量得到的，在管片中心（O_s）与盾构机中心（O_t）的偏差 δ_v、δ_h 可以用如下公式计算出来：

盾构尾部与成型管片在竖直方向上的间隙：

$$\delta_t + r + \delta_v = r - \delta_v + \delta_b$$
$$\Rightarrow \delta_v = (\delta_b - \delta_t)/2 \tag{5-56}$$

盾构尾部与成型管片在水平方向上的间隙：

$$\delta_r + r + \delta_h = r - \delta_h + \delta_l$$
$$\Rightarrow \delta_h = (\delta_l - \delta_r)/2 \qquad (5\text{-}57)$$

盾构尾部与成型管片的最小间隙：

$$\delta_{min} = R - r - \sqrt{\delta_v^2 + \delta_h^2} \qquad (5\text{-}58)$$

以上三种情况在实际施工中往往不是单独出现，而是常常同时出现，是综合性的影响因素。可以通过以上的简化计算方法，预测并寻找最小的盾尾建筑空隙。

2. 盾构首尾差

盾构首尾差是指盾构切口与盾尾之间的差值，包括高程差和平面差。盾构首尾差是确定盾构姿态的指标之一，故与盾尾间隙存在一一对应的关系。若假设盾构机只在垂直平面上存在一倾斜角度，由以下公式可得此时的首尾差值。

高程差：
$$\Delta_v = L \cdot \tan\theta_v \qquad (5\text{-}59)$$
平面差：
$$\Delta_h = L \cdot \tan\theta_h \qquad (5\text{-}60)$$
$$\theta_v = \theta, \theta_h = 0$$
$$\Rightarrow \Delta_v = L \cdot \tan\theta, \Delta_h = 0 \qquad (5\text{-}61)$$

但实际的盾构推进过程中，首尾的几何关系不是单纯的平面关系，而是空间的三维关系。当通过测量获得盾构首尾差值时（高程差、平面差），即可得到盾构机推进的趋势，进一步结合隧道设计轴线（DTA）调整推进的参数。盾构机与设计轴线的空间关系如图 5-32 所示，其夹角关系可由图 5-32 求得。在实际施工中，Δ_v、Δ_h 是可测量得出的，进一步地可得到盾构的空间关系。其中，为简化问题，假设盾构机为一刚体，盾构切口与盾尾为一直线关系，如图 5-32 所示。其中，平面 ABD 为竖直平面，平面 ABC 为水平面。

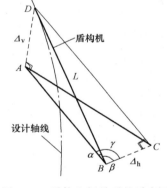

图 5-32 盾构空间关系的示意图

盾构主体 L 与其在平面 ABC 上的投影 $\overline{AB}$ 的夹角为：

$$\alpha = \arcsin(\Delta_v/L) \qquad (5\text{-}62)$$

盾构主体 L 在平面 ABC 上的投影 $\overline{AB}$ 与 $\overline{BC}$ 所形成的夹角为 γ，由三面角余弦定理可知：

$$\beta = \arccos(\Delta_h/L), \cos\beta = \cos\alpha \cdot \cos\gamma$$
$$\Rightarrow \gamma = \mathrm{arccon}(\cos\beta/\cos\alpha) \qquad (5\text{-}63)$$

3. 油缸行程差

盾构机是依靠推进油缸顶推在管片上所产生的反力向前推进的，推进油缸按上下左右四个方向可分为四组。每一个推进循环中，这四组油缸的行程的差值反映了盾构机与管片平面之间的空间关系，可以看出下一推进循环盾尾建筑空隙的变化趋势。

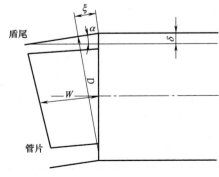

图 5-33 盾尾与管片关系示意图

如图 5-33，由于盾尾建筑空隙的该变量 δ 远小

于管片宽度 W，且上一环管片拼装完成后的油缸行程差 ζ 远小于油缸安装直径 D，所以由近似原理知，可简化盾尾建筑空隙该变量与油缸行程差的公式，得：

$$\delta \ll W, \zeta \ll D$$
$$\Rightarrow \alpha = \frac{\delta}{W} = \frac{\zeta}{D} \Rightarrow \delta = W \cdot \frac{\zeta}{D} \tag{5-64}$$

即盾尾建筑空隙变化量＝管环宽度×推进完成后的行程差/油缸安装直径

通过简化的公式可知，下一环管片的盾尾建筑空隙可以通过本环管片拼装完成后的油缸行程差得出，综合其他因素，如盾构机姿态、拟合轴线等，可确定后续管片的选型，保证轴线拟合的精度。

当然，如果各组推进油缸的行程有差异，就会使管片端面不垂直于盾构机轴线，当这个差值过大时，推进油缸的推力就会在管片的径向产生较大的分力，从而影响已拼好的隧道管片以及主机推进姿态。因此，管片的端面应尽量垂直于盾构机轴线，以使盾构机的推进油缸能垂直地顶在管片上，这样可以使管片受力均匀，推进时不会使管片破损。

5.4.2.5　通用管片设计排版的原理和方法

1. 通用管片排版的原则

在盾构隧道施工前期，需要按照隧道设计轴线进行管片的预排版，以指导盾构施工及其管片的拼装。对于通用管片来说，管片的设计排版主要是设置封顶块处于受力较好的位置，以确定管片环的旋转角度，即确定其上下左右的超前量，来拟合设计的轴线。一般情况下，管片的设计排版是在盾构施工前完成，故暂不考虑盾构的施工因素，主要以管片的基本参数及其要求进行设计排版。

按照通用管片拼装的一般流程，通用管片的封顶块是最后安装的，考虑到管环底部位置受力较大，且不易安装，对于施工安全亦存在一定的隐患，因此避免将封顶块安装在底部的范围。

根据以上要求，管片设计排版有两大原则：

1）不能出现大通缝（三条及三条以上纵缝重合）情况；

2）封顶块 F 块不能拼装在 $157.5°\sim$ $202.5°$ 这个范围内（底部 $45°$ 的范围内）。

2. 通用管片超前量的解算

以 16 个点位的地铁盾构通用管片为例，每次旋转的角度为 $22.5°$。其中，封顶块 F 块为环宽最小处，即 1181.4mm，对应最大环宽为 1218.6mm。设封顶块 F 块在上部正中时的管片姿态为圆环 K1，当 K1 顺时针旋转 $22.5°$ 时，将此时封顶块所处的位置状态定义为 K2。依次类推，可得 K3～K16。在管片旋转的同时，其上部、下部、左部、

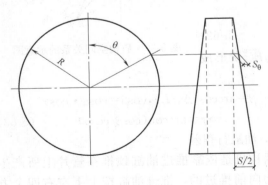

图 5-34　管片超前量的示意图

右部的楔形量也相应地发生了变化。

如图 5-34 所示，假设管片的楔形量为 S（双面楔形量），当顺时针转过 θ 角时，取相应的超前量为 S_θ（单面楔形量），其计算如下：

$$\frac{S_\theta}{S/2} = \frac{R - R\cos\theta}{2R}$$

$$\Rightarrow 2S_\theta = \frac{R - R\cos\theta}{R} \cdot S = \frac{1 - \cos\theta}{2} \cdot S \qquad (5\text{-}65)$$

$$\Rightarrow 2S_{\theta+\pi} = \frac{1 - \cos(\theta+\pi)}{2} \cdot S = \frac{1 + \cos\theta}{2} \cdot S$$

$$\Rightarrow 2S_\theta - 2S_{\theta+\pi} = -S\cos\theta$$

式（5-65）的推导过程为上下的超前量，相应地，左右的超前量计算为

$$2S_\theta - 2S_{\theta+\pi} = -S\sin\theta \qquad (5\text{-}66)$$

360°的管片圆周环共有 16 个点位，故每个旋转角度为 22.5°，则 $\theta_i = 22.5i$，$i=1$，2，3……，已知 K1 管片环的上下楔形量为 37.2mm，进一步地，可计算出其他点位的环宽及上下、左右的超前量。计算得出的不同点位楔形量变化。列出了各管片姿态的示意图。

3. 工程应用例

以 16 个拼装点位为例。通用管片排版及其管片技术参数如表 5-8 所示，管片姿态如图 5-35 所示。

通用管片技术参数对照表　　表 5-8

管片类型	环宽				偏差		超前方位	
	上	下	左	右	垂直	水平		
K1	1181.40	1218.60	1200.00	1200.00	−37.20	0.00	下超	左超
K2	1182.82	1217.18	1207.12	1192.88	−34.36	14.24	下超	左超
K3	1186.85	1213.15	1213.15	1186.85	−26.30	26.30	下超	左超
K4	1192.88	1207.12	1217.18	1182.82	−14.24	34.36	下超	左超
K5	1200.00	1200.00	1218.60	1181.40	0.00	37.20	下超	左超
K6	1207.12	1192.88	1217.18	1182.82	14.24	34.36	上超	左超
K7	1213.15	1186.85	1213.15	1186.85	26.30	26.30	上超	左超
K8	1217.18	1182.82	1207.12	1192.88	34.36	14.24	上超	左超
K9	1218.60	1181.40	1200.00	1200.00	37.20	0.00	上超	左超
K10	1217.18	1182.82	1192.88	1207.12	34.36	−14.24	上超	右超
K11	1213.15	1186.85	1186.85	1213.15	26.30	−26.30	上超	右超
K12	1207.12	1192.88	1182.82	1217.18	14.24	−34.36	上超	右超
K13	1200.00	1200.00	1181.40	1218.60	0.00	−37.20	上超	右超
K14	1192.88	1207.12	1182.82	1217.18	−14.24	−34.36	下超	右超
K15	1186.85	1213.15	1186.85	1213.15	−26.30	−26.30	下超	右超
K16	1182.82	1217.18	1192.88	1207.12	−34.36	−14.24	下超	右超

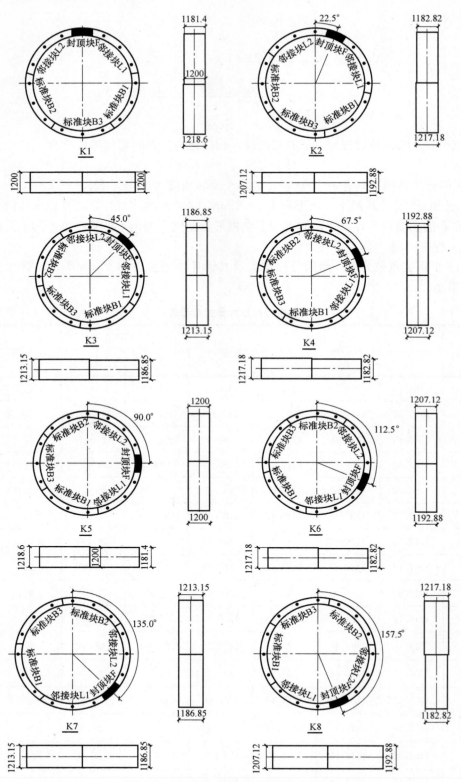

图 5-35　16 个点位的通用管片姿态（一）

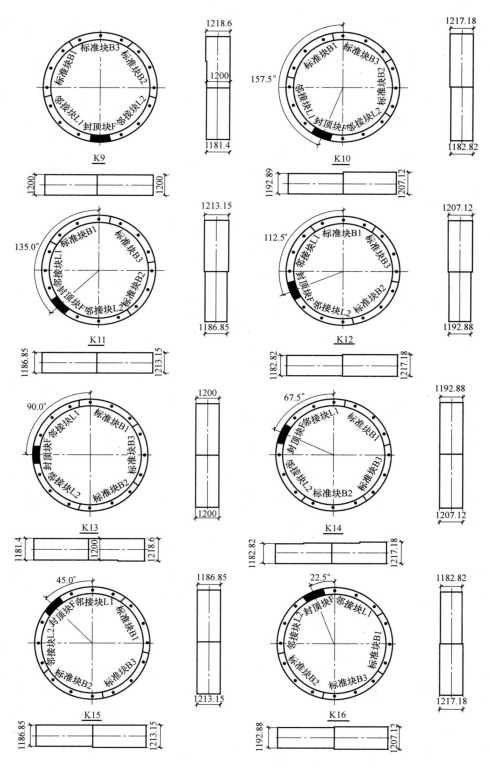

图 5-35　16 个点位的通用管片姿态（二）

5.4.2.6　不同线型的管片排版拟合

盾构掘进之前，需要根据隧道设计轴线和相关的管片参数计算不同半径曲线段管片的排列，不同曲线半径所需的每环楔形量计算简图如图 5-36 所示。取曲线的半径为 R，管片的环宽为 W，管片环所对应的圆心角为 α，隧道半径为 r。每环楔形量的计算如下：

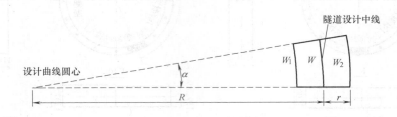

图 5-36　每环楔形量计算简图

$$\frac{\alpha}{2\pi}=\frac{W}{2\pi R}\Rightarrow\alpha=W/R$$

$$\Rightarrow\alpha=\frac{W}{R}=\frac{W_1}{R-r}=\frac{W_2}{R+r} \tag{5-67}$$

$$\Rightarrow\Delta=W_2-W_1=\frac{2r}{R}W$$

假设通用管片的楔形量 $\Delta=37.2\text{mm}$，通用管片宽度 $W=1200\text{mm}$，隧道外径 $2r=6.2\text{m}$，那么，按照公式（5-67）可计算该通用管片所能拟合的最小曲线半径为 $R_{\min}=200\text{m}$，具体计算如下：

$$R_{\min}=\frac{2r\cdot W}{\Delta}=\frac{6.2\times1200}{37.2}=200\text{m} \tag{5-68}$$

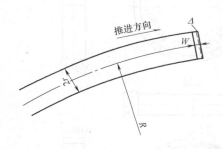

图 5-37　平面曲线楔形量计算示意图

一般而言，根据隧道轴线进行管片的组合排版。根据公式（5-68）可计算出不同半径曲线的每环管片的超前量，再根据线路的超前量之和选用满足曲线转弯要求的管片组合。图 5-37 展示了管片拟合设计轴线的示意图（右转弯情况）。

为研究在不同半径曲线段的管片排版组合，分别取半径 R 为 200m、300m、500m、1000m，以及直线段（$R=+\infty$）。以 $R=300\text{m}$ 为例计算其基本组合。

$$\Delta=\frac{2r}{R}\cdot W=\frac{6.2\text{m}}{300\text{m}}\times1200\text{mm}=24.8\text{mm}$$

即沿半径 $R=300\text{m}$ 的曲线每前进 1.2m，需要 24.8mm 的楔形量以抵消因曲线所产生的内外弧长差。通常工程管片环在平面上的楔形量有 37.2mm、34.36mm、26.30mm、14.24mm 以及零楔形量。

以右转弯为例，若采用楔形量 37.2mm 为主的管片基本组合，则每前进 37.2/24.8＝1.5 环，需要使用一环 K5，即管片组合为【K5、K1、K5】，此时，该组合的楔形量为 37.2mm×2＝74.4mm（＝24.8mm×3）。

若采用楔形量 26.30mm 为主的管片基本组合，则 26.3/24.8≈1 环，可使用管片组合【K3、K7】，此时，该组合的楔形量为 26.30mm×2＝52.60mm（≈24.8×2）。

左转弯时的计算同理，可采用的管片组合为【K13、K1、K13】或【K11、K15】。

在选择上述拼装管片的组合时，要兼顾到左右超前量的平衡，每次选用下超或者上超管片组合时，中间加入适量的【K3、K11】、【K5、K13】等组合（上/下超 0mm，左/右超 0mm），以避免左右超前量的过大。

在直线与圆曲线之间，为了缓和二者之间的变化趋势，需要加设一段特殊的曲线，即缓和曲线。当由圆曲线过渡到直线时，缓和曲线的曲率半径由圆曲线半径逐渐变为无穷大，反之同理，故缓和曲线的坐标、方位角是连续变化的。现在对于圆曲线的管片排版已有较多的研究，而缓和曲线的管片排版往往是由施工人员依靠经验进行选择的，没有成熟的理论支持。以下是一种管片在缓和曲线上的排版方法，以供参考。

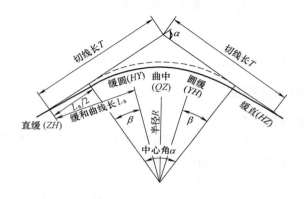

图 5-38　曲线要素示意图

图 5-38 中 α 为曲线中心角（和曲线的交角相等），R 为圆曲线半径，T 为曲线的切线长，L_s 为缓和曲线的长度，β 为缓和曲线对应的切线角。

一般缓和曲线可采用回旋线方程，即曲线半径 R 与回旋长度 L 成反比，其关系如下：

$$\frac{1}{R}＝C_0 \cdot L \qquad (5-69)$$

式中　C_0——系数，不妨设 $I/C_0＝A^2$，A 为回旋线参数。

则式子（5-69）简化为

$$R \cdot L＝A^2 \qquad (5-70)$$

分析缓和曲线的几何关系，可得图 5-39。

根据切线角的公式，有

$$\beta＝\frac{L^2}{2RL_s}(\text{rad}) \qquad (5-71)$$

从图 5-39 中可知，当 $\beta＝\beta_0$ 时，由式（5-69）可得 $\beta＝L/2R$，加上式（5-70），得：

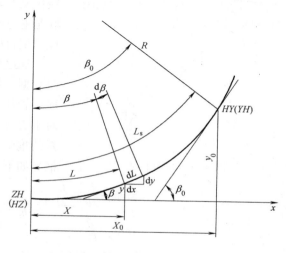

图 5-39　缓和曲线要素图

$$\begin{cases} A^2 = R \cdot L \\ \beta = \dfrac{L}{2R} \end{cases} \tag{5-72}$$

在施工设计中，圆曲线的半径是很容易知道的，而缓和曲线的长度存在多种可能性，这就要求设计单位在确定缓和曲线时，能够给出相应的回旋线参数 A。进一步地，可求得缓和曲线的切线角 β。

已知管片的基本参数，可求得管片在平面上的转角，有管片的转角为

$$\theta = 2\gamma = 2\arctan\left(\frac{\Delta}{2 \cdot 2r}\right) = 2\arctan\left(\frac{\Delta}{4r}\right) \tag{5-73}$$

式中　Δ——管片的楔形量（双面）；

r——隧道的半径，即管片的半径。

要求所需拼装的管片环满足缓和曲线的转弯角度要求，则

$$\beta = \theta_1 + \theta_2 + \theta_3 + \cdots\cdots + \theta_N = \sum_{i=1}^{N} \theta_i \tag{5-74}$$

其中，管片环的数量 N 可由公式 $N = L/W$ 计算得到。

5.4.3　通用管片的动态纠偏

5.4.3.1　通用管片的纠偏原理

施工中盾构机往往会出现偏离设计轴线的情况，根据不同的偏差情况，需要采取不同的纠偏措施来进行轴线的修正。而按照偏差量的不同进行划分，可分为小纠偏（<5cm）、大纠偏（5~10cm）、纠偏线（>10cm）。

对于小纠偏，由于偏差较小，可以通过设定盾构机的姿态以拟合设计轴线的要求；对于 5~10cm 的纠偏量，仅依靠改变盾构机的姿态进行纠偏，是不合理的，往往是通过盾构机姿态的改变和纠偏管环实现纠偏；对于更大偏差量的纠正，需要重新设计纠偏曲线，以逼近设计轴线。上面 5~10cm 的纠偏管环选择也涉及纠偏曲线的重新设计，只是此时的纠偏曲线仅是几环管片。可见，通用管片的纠偏归根到底是通过确定纠偏曲线以重新拟合设计轴线来完成纠偏目的的。以下是纠偏曲线的设计原理。

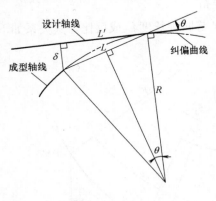

图 5-40　纠偏半径

通过盾构的导向系统，可监测得到施工的实时数据。如图 5-40 中所示，假设 δ 为设计轴线与成型管片轴线的偏差，L' 为纠偏的范围，由于 δ 相对于 L' 小得多，因此可近似 L 为 L'，通过几何关系的推导分析，可得到所需的纠偏曲线的半径，推导如下：

$$\left.\begin{array}{l} \sin\theta = \dfrac{L}{2R} = \dfrac{L'}{2R} \\ \tan\theta = \dfrac{\delta}{L'} \end{array}\right\} \Rightarrow R = \frac{L'}{2\sin\arctan\left(\dfrac{\delta}{L'}\right)} \tag{5-75}$$

通过式（5-75）即可求出所需纠偏曲线的半径后，选择适当楔形量的管片环即可。但

一般而言，纠偏范围 L' 是不确定的，存在多种可能性。为了选取最优的纠偏曲线，可以采用穷举法和最小二乘法相结合的方法，即在后续纠偏曲线的设计中，将可能出现的拟合姿态的管环都列举出来，再采用最小二乘法进行选优，把最佳姿态的拟合管环选取出来。最优的纠偏曲线应该满足纠偏缓和而平稳，即各种影响的最低化。

设 (x, y) 是一组对应的观测量，且满足一定的函数关系：

$$y = f(x, w_1, w_2, w_3, \cdots\cdots w_m) \tag{5-76}$$

其中 w_i（$i = 1, 2, \cdots\cdots m$）为待定参数。

为了寻找函数 f 的参数 w_i（$i = 1, 2, \cdots\cdots m$）的最优估计值，需要求解目标函数：

$$L(w_1, w_2, w_3, \cdots\cdots w_m) = \sum_{i=1}^{m} [y_i - f(x_i, w_1, w_2, w_3, \cdots\cdots w_m)]^2 \tag{5-77}$$

取最小值时的参数 w_i（$i = 1, 2, \cdots\cdots m$）。此时的函数 $y = f(x, w_1, w_2, w_3, \cdots\cdots w_m)$ 的精度是最高的。求解这类问题的方法就是最小二乘方法。

对于盾构施工过程中的管片选型，可以以盾构的主要影响因素，即盾尾间隙、盾构首尾差、油缸行程差等为目标函数，选取最优的纠偏曲线。考虑盾构的姿态对管片环选择的影响，包括油缸行程差、盾尾间隙。其推导过程如下。

在推导之前，可以设定相关因素，设管片环宽为 W，双面楔形量为 Δ，共有 N 个旋转点位，油缸安装直径为 D。第 n 环管片拼装前，左、右油缸的行程差为 U_n（左边＞右边时为正），左、右盾尾间隙分别记为 $T_{l,n}$ 和 $T_{r,n}$，第 n 环的拼装点位为 α_i。由于管片的拼装点位而引起的本环盾尾间隙的变化很小，可忽略不计。则第 n 环拼装完成后（第 $n+1$ 环拼装前）的左、右盾尾间隙可分别表示为式（5-78）和式（5-79）。

$$T_{l,n+1} = T_{l,n} - \frac{W \cdot U_{\Delta n}}{D} \tag{5-78}$$

$$T_{r,n+1} = T_{r,n} - \frac{W \cdot U_{\Delta n}}{D} \tag{5-79}$$

由第 n 环管片引起的行程差变化量为：

$$\Delta U_{\Delta n} = -\Delta \cdot \sin\left(\frac{360}{N} \cdot \alpha_i\right) \tag{5-80}$$

则第 n 环拼装完成后的油缸行程差为：

$$\Delta U_{\Delta n+1} = -\Delta U_{\Delta n} + \Delta \cdot \sin\left(\frac{360}{N} \cdot \alpha_i\right) \tag{5-81}$$

设盾构主机沿直线推进，即第 $n+1$ 环掘进时，各油缸都向前推进一个环宽，行程差的增加量是相等的。第 $n+1$ 环拼装完成后，左右盾尾间隙分别为式（5-82）和式（5-83）。

$$T_{l,n+2} = T_{l,n+1} - \frac{W \cdot U_{\Delta n+1}}{D} = T_{l,n} - \frac{W \cdot U_{\Delta n}}{D} - \frac{W \cdot \left[\Delta U_{\Delta n} + \Delta \cdot \sin\left(\frac{360}{N} \cdot \alpha_i\right)\right]}{D}$$

$$\Rightarrow T_{l,n+2} = T_{l,n} - \frac{2W \cdot U_{\Delta n}}{D} \quad \frac{W \cdot \Delta \cdot \sin\left(\frac{360}{N} \cdot \alpha_i\right)}{D} \tag{5-82}$$

同理，

$$T_{r,n+2}=T_{r,n}+\frac{2W\cdot U_{\Delta n}}{D}+\frac{W\cdot\Delta\cdot\sin\left(\frac{360}{N}\cdot\alpha_i\right)}{D} \tag{5-83}$$

若用 W_{h+2} 表示第 $n+1$ 环拼装完成后的左边与右边的盾尾间隙差，则：

$$W_{h,n+2}=T_{l,n+2}-T_{r,n+2} \tag{5-84}$$

$$W_{h,n+2}=T_{l,n}-T_{r,n}-\frac{4W\cdot U_{\Delta n}}{D}-\frac{2W\cdot\Delta\cdot\sin\left(\frac{360}{N}\cdot\alpha_i\right)}{D} \tag{5-85}$$

同理可得上部和下部的盾尾间隙差为式（5-86），式中 $T_{u,n}$、$T_{d,n}$ 分别为第 n 环的上部、下部的盾尾间隙，$V_{\Delta n}$ 为上下油缸行程差。

$$W_{v,n+2}=T_{u,n}-T_{d,n}-\frac{4W\cdot V_{\Delta n}}{D}-\frac{2W\cdot\Delta\cdot\sin\left(\frac{360}{N}\cdot\alpha_i\right)}{D} \tag{5-86}$$

W_{h+2}、W_{v+2} 表示了第 $n+1$ 环拼装完成周的左右、上下盾尾间隙差，代表了管片中心相对于盾尾中心在水平和竖直方向的偏移量。另外，W_{h+2}、W_{v+2} 越接近 0，则左右、上下的盾尾间隙越趋于相等，代表盾构与管片的姿态越好。故管片选型的目标函数可为：

$$\prod(\alpha_i)=W_{v,n+2}^2+W_{v,n+2}^2 \tag{5-87}$$

式（5-87）中的目标函数包含了盾尾间隙、油缸行程差和拼装点位，使拼装点位的选择综合考虑了二者结合的影响。

通过式（5-87），可以选出最优的纠偏曲线线型。

以上对不同的纠偏方法进行了一些公式推导。下面介绍实际的纠偏方法。

5.4.3.2　管片不同偏差的纠偏案例

1. 针对轴线偏差＜50mm 的情况

当偏差量小于 50mm 时的纠偏，可定义为小纠偏。当发生小偏差时，通过调整盾构机的姿态，就可以改变盾构机的走向，或修正盾构机的空间位置，进而修正后续管片环的姿态，实现偏差的纠正。因此，需要针对盾构机的相关技术参数进行研究分析。表 5-9 是 $\phi6340$ 土压平衡盾构机的相关技术参数。

根据以上技术参数，可将盾构的调整参数分为两类，即预控值和预警值。预控值，是指在盾构施工过程中，对盾构的掘进、管片拼装等作业有一定的干涉关系，起到一定控制作用的参数，包括出土量、注浆质量、千斤顶参数、土压力值。预警值，是指为保证盾构施工的质量安全，设定的警报值，当超出警报值时，应立即停工，分析施工问题，以避免作业的风险，该工程设定的预警值包括盾尾建筑空隙、盾构轴线偏差、盾构首尾差。

（1）预控值

① 出土量

在盾构掘进过程中，为确保盾构沿设计轴线推进，必须严格控制盾构出土量，1.2m 宽管片的理论出土量为 $\pi d^2/4L=\pi\times6.34^2/4\times1.2=37.68\text{m}^3$，按照一定的偏差，出土量控制在 98%～100% 之间，即 31～37.86 m^3。

② 注浆质量

每延米的建筑空隙为 $\pi\times(6.34^2-6.20^2)/4=1.378\text{m}^3/\text{m}$，一般情况下，泥浆压入量

φ6340 土压平衡盾构机技术参数

表 5-9

主要尺寸	外径	φ6340mm
	主体长度	9025mm
推进装置	总推力	40000kN
	单位面积的设备推力	1267kN/m²
	千斤顶伸长速度	6.0cm/min
刀盘装置	类型	面板
	扭力	5470kN·m
	转速	0.98rpm
	电机	55kW×4P×400V×10=550kW
	开口率	38%
超挖装置	类型	超挖刀
	数量	2 座
	超挖量	120mm
螺旋输送机	类型	轴式螺旋运输机
	驱动	液压马达驱动
	排土量	170m³/h
	螺旋径	φ850mm
	扭力	145kN·m
	转速	8.6rpm
管片拼装机	类型	环形齿轮门型方式
	旋转速度	0.8 rpm
	旋转角度	±210°(正反向)
	径向行程	600mm
	轴向行程	950mm
	滑动方式	液压千斤顶式
	推力	110kN
	自由度	6 个
	操作方式	远程无线方式

为"盾尾建筑间隙"的 120%～200%，即控制在 1.65～2.76m³。根据地表监测情况确定每环压浆量及注浆压力为 0.3～0.8 MPa。

③总推力和推进速度

盾构总推力应等于盾构推进过程中所遇到的各种推力，包括盾构外壳与周围土层摩阻力 F_1、切口环刃口切入土层阻力 F_2、衬砌管片与盾尾之间的摩阻力 F_3、盾构自重产生的摩阻力 F_4、开挖面支撑阻力 F_5。

推进速度即千斤顶顶进速度的设定，主要参照施工中反馈的相关信息进行确定，如地表沉降速率、轴线偏差、衬砌管片拼装质量等，一般控制在 3cm/min 左右，一方面避免因推力过大而引起的侧向压力的增大，另一方面减小盾构推进过程中对周围土体的扰动。当处于穿越特定区域时应降低盾构推进速度至 5mm/min，如在小半径纠偏区域中时。

④ 土压力值

切口平衡压力的理论计算根据地质情况及隧道埋深等情况进行：$P=k_0 \gamma h$，式中，k_0 为土的侧向静止平衡压力系数；γ 为土体的平均重度；h 为隧道中心埋深。

（2）预警值

上述的施工控制参数主要是根据实际的施工情况进行预设的，或是根据施工的变化进行调整的。根据上述的研究分析，盾尾建筑空隙、盾构首尾差、轴线偏差等参数的确定对盾构推进的精度、作业的安全性等起到关键性的作用。因此，在盾构推进的施工全过程，应认真进行推进参数及测量的管理，及时掌握盾构机的方向和位置，严格对盾构进行姿态控制。一旦出现报警值，应暂停施工，分析原因采取相应纠正措施后，方可继续正常施工。轨道交通工程施工要求所设定的报警值参数如下：

① 盾尾建筑空隙小于 5mm；

② 盾构首尾差超过 50mm；

③ 轴线偏差超过 40mm。

通过上述预警值的设定，一方面，有效控制了盾构在推进过程中管片拼装的质量问题，可及时调整修正盾构的相关参数，避免管片拼装事故的发生，另一方面，规范了施工班组的施工措施，进而保证隧道的施工安全。

2. 针对轴线偏差在 50～100mm 的情况

当盾构轴线偏差超过 ±50mm 且在 ±100mm 之内时，可以结合调整盾构的施工参数和适当的管片选型，对轴线进行纠正。当然，前述提到的三个预警值在此处也适用。在纠偏的过程中，应确保盾尾建筑空隙，保证盾构机主体的平稳，进而实施纠偏以拟合设计轴线。

按照高程偏差、平面偏差的分类，可分别按照四种不同的偏差类别进行纠偏。下面就盾构机高程偏差在 50～100mm 的情况进行具体分析，其他情况类似。

当盾构机高程偏差在 +50～+100mm 时，盾构机主体有向上抬升的趋势，为避免盾构机继续偏离设计轴线，应纠正其抬升的姿态。对于盾构机主体本身，增加盾尾千斤顶上下部分的行程差，即增加上部千斤顶油压，以 16 个千斤顶的为例，如图 5-41 所示。此时，应增加编号为 1、2、3、4、14、15、16 的千斤顶油压。

同时，由于油缸行程差的显著差异，盾尾的间隙发生了变化，在纠偏过程中应密切关注上下间隙的变化，防止盾尾建筑空隙过小。当上部间隙小于 20mm 时，可以选择上超管片，以适当控制上部的盾尾建筑空隙，拼装上超管片之后的上部盾尾建筑空隙变化如图 5-42 所示。可见，若按原定计划安装管片，盾尾建筑空隙将进一步减少，进而导致盾构与管片发生接触，造成管片的碰撞破损。

经过调整千斤顶油压，拼装上超管片等工序，当切口纠正至 -10mm 左右时，为稳定盾构的推进姿态，此时，应适当地进行平推管环，以稳定盾构轴线与管片轴线之间的相对关系，适当将切口抬升至 +10mm。

其他的偏差情况分析与上面类似，整理汇总如表 5-10 所示。

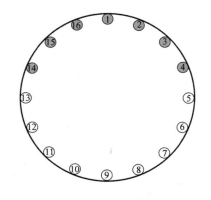

图 5-41　16 个千斤顶分布图

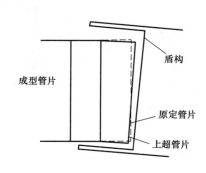

图 5-42　纠偏管片示意图

偏差在 50～100mm 时的纠偏方案　　　　　　　　　　　　　　　　　　表 5-10

偏差情况	千斤顶油压状态	间隙小于 20mm	安装管片类型	切口纠正状态	安装管片类型	切口最终状态
高偏 +50～100mm	增加上部	上部	上超管片	−10mm	平推 2 环	+10mm
高偏 −50～−100mm	增加下部	下部	下超管片	+10mm	平推 2 环	0mm
平偏 +50～100mm	增加右边	右边	右超管片	−20mm	平推 1 环	−10mm
平偏 −50～−100mm	增加左边	左边	左超管片	+20mm	平推 1 环	+10mm

3. 针对轴线偏差＞10cm 的情况

当轴线偏差＞10cm 时，单纯通过一环管片纠正偏差是不可行的。因此，纠偏须进行轴线的重新设计。一般来说，盾构隧道通用管片排版与纠偏软件的动态纠偏可满足纠偏轴线设计的要求。

纠偏轴线设计首先要确定纠偏曲线的半径，由于纠偏曲线的方案有很多种，可采用穷举法和最小二乘法的方法进行最优曲线的选择。式（5-87）给出了判定的目标函数，该函数综合考虑了盾尾建筑空隙、油缸行程差及管片点位的影响，使盾构能够以较好的姿态安全纠偏。

纠偏半径确定之后，可得到该纠偏曲线所需的超前量，进一步地选取一定数量的管片环进行纠偏，如 5 环纠偏方法或 10 环纠偏方法。图 5-43 展示了 5 环动态纠偏的示意图。其中，在大纠偏的过程中，应确保纠偏的缓和平稳。

5.4.4　盾构隧道施工的管片上浮控制

5.4.4.1　上浮的原因分析及一般控制措施

在盾构掘进过程中，隧道的管片位移一般表现为管片上浮，主要是由于工程地质、注

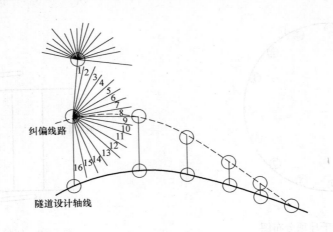

图 5-43　五环纠偏法

浆质量、盾构姿态等方面的影响。管片的上浮，影响了成型的管片轴线、管片姿态的改变，也导致盾构推进姿态的变化，进而影响隧道施工轴线的拟合。因此，必须采取相关措施控制管片的上浮。

1. 管片上浮的影响因素分析

当盾构机进行推进时，其刀盘的直径 D 与管片的外径 d 存在一定的差值，施工的空隙为 $\Delta = D - d$。当管片脱出盾尾后，管片与地层间产生了一个环形的施工空隙，如图 5-44 所示。若不及时填充该空间，在外部压力的作用下，会影响管片的正圆度，同时，还会给管片的上浮提供条件。

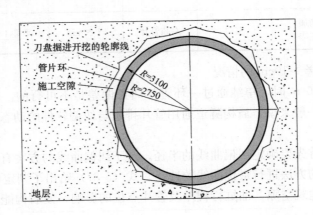

图 5-44　隧道开挖示意图

另外，在透水地层中，盾构掘进所形成的环形建筑空隙中充满了浆液或水，隧道管片在全断面未凝固的浆液（或地下水）工况下，管片本身就有上浮的趋势。

以轨道交通工程为例，管片外径为 $D = 6200mm$，内径为 $d = 5500mm$，厚 $h = 350mm$，环宽 $w = 1200mm$。则：

一环管片的重力为：

$$G = \pi(R^2 - r^2)w\rho g = 3.14 \times (3.1^2 - 2.75^2) \times 1.2 \times 2.5 \times 9.8 = 189kN$$

其中，取管片密度为 $2.5 \times 10^3 \text{kg/m}^3$。

管片所受浆液浮力为：

$$F = \pi R^2 w\rho_0 g = 3.14 \times 3.1^2 \times 1.2 \times 2.0 \times 9.8 = 709\text{kN}$$

其中，通过表5-11的浆液配合比，可得，密度为 $1.6 \sim 2.0 \text{t/m}^3$，取最不安全状态，即取未凝固浆液的密度为 2.0t/m^3。可见，隧道管片在全断面未凝固浆液的工况条件下，管片本身就有上浮的趋势。施工建筑空隙的存在还会加剧上浮量。

本质上液体浮力是由上下压力差导致的，因此注浆压力不均匀也应是导致隧道上浮的根源之一。在施工中，应同时在浆液材料和注浆压力的控制上采取措施。

2. 管片上浮的控制措施

围绕管片上浮的原因，以下从注浆质量、盾构姿态控制、管片选型等方面分析管片上浮的控制措施。

（1）控制注浆质量

注浆过程是控制管片上浮的重要阶段，理想的状态是浆液能够通过一定的注浆方式，完全充填盾尾的空隙，并能快速凝固，达到一定的早期强度，从而使成型管片与周围土体形成稳定的整体结构。因此，良好的浆液性能、适当的注浆方式是约束管片上浮的重要措施。

在浆液的选取方面，浆液有充填性、和易性、初凝时间与早期强度、后期稳定性以及限定范围防止流失（浆液的稠度）等多方面的要求。表5-11是结合工程实践及试验研究所采用的大密度注浆浆液的相关技术指标。

注浆浆液技术指标   表5-11

内容		指标
密度		≥1.9
坍落度(cm)	初始	14.0~16.0
	20h	>5.0
2h 泌水性(mL)		<5
初凝时间(h)		>30
28d 抗压强度(MPa)		>0.1

该浆液具有如下的特点：

① 长期稳定性及流动性良好，适当的初凝时间，能够适应盾构施工及远距离输送的要求；

② 良好的充填性能，在满足浆液施工的前提下，尽早获得高于地层的早期强度；

③ 具备抗地下水稀释分散性能，在地下水环境中不易产生稀释现象；

④ 固结后体积收缩小，泌水率小。

为了适应大密度的同步注浆压注，可采用德国施维英注浆泵进行同步注浆。

施工时可实施多点位交替注浆，使浆液均匀分布，提高浆液的填充效率，减少上浮的几率。

（2）控制盾构姿态

盾构机过量的蛇形运动必然造成频繁的纠偏，容易造成管片环面受力不均匀，使管片环与盾尾形成不同的空隙，为管片上浮提供便利条件，所以要求盾构机掘进过程中必须控制好盾构机的姿态。

在纠偏过程中遇到设计线路、线形发生变化时应提前了解盾构机推进姿态，制定详细计划，模拟盾构后续推进的状况，以保证不因设计线路、线形的改变而引起盾构机推进时自身姿态、管片姿态与线路、线形无法拟合情况。

盾构机的纠偏原则是缓慢平稳，可以以盾构机盾尾姿态为参考点，避免急上急下，姿态变化幅度尽量不超过 2mm/环。正常掘进时严格控制盾构机每环油缸行程差在 30mm 以内，当油缸行程差大于 40mm 时，必须及时进行调整。

另外，在出现上浮趋势时可在前盾位置增加配重，以减少地层对盾构机浮力，增加盾构机相对向下趋势，以期控制盾构机抬头现象。

（3）控制管片姿态

根据管片上浮的情况，可以在推进过程中，在控制隧道轴线偏差在设计允许范围内的情况下，盾构掘进轴线可适当低于隧道的设计中线。在设计轴线不变的情况下，根据经验以及现场状况，推算出管片上浮量的大小，然后对盾构机推进的轴线进行调整，将其轴线进行一定的放低，以减缓管片上浮的程度。

在盾构推进过程中，应该加强管片选点与拼装管理，缓慢进行管片的纠偏。根据盾构机姿态、油缸行程差计算管片姿态。根据管片与盾构机姿态，计算该环管片脱出盾尾时的盾尾间隙，以期控制好盾尾建筑空隙。在正常段施工时，管片选点要符合设计线路走向，且管片轴线与线路中线要基本吻合。在纠偏阶段，管片选点要符合盾构机纠偏线路，且隧道轴线与纠偏线路轴线要基本吻合。

5.4.4.2　控制隧道严重上浮的方法

实际工程中，当土体过分软弱（如淤泥质软土等）时，对管片上浮有一定的加剧作用，管片上浮导致的高程偏差甚至有达到 150mm 的，因此，针对严重的上浮问题，可采取以下的措施控制上浮。

如图 5-45 所示，由于管片上浮，造成了成型管片轴线与盾构轴线发生了变化。从图上的受力分析可知，如果盾构机往下纠偏，拼装下超管片时，盾构机会对管片的反力为 F，由力的分解可知：

$$\vec{F}=\vec{F_1}+\vec{F_2} \tag{5-88}$$

式中　$\vec{F}$——向上的分力，与管片轴线垂直；

　　　$\vec{F_1}$——沿管片轴线方向上的分力。

可知，力 $\vec{F}$ 对管片有一个向上的分力 $\vec{F_1}$，此分力会进一步加剧管片的上浮量，造成纠偏的失败，进一步加大了盾构机和管片向上的轴线偏差。如果继续拼装上超管片，造成的后果更为严重。另外，从图 5-45 可见，盾构机往下纠偏时，由于与成型管片轴线产生了较大的夹角 θ，盾构机下部的尾刷与管片外弧面的间隙减少，易碰撞到管片的外弧面而造成管片的破损。

根据管片"缓慢平稳"的纠偏原则，此时应先考虑将管片轴线与盾构轴线的夹角缩小，待角度较小且稳定之后，再考虑拼装上超的管片完成纠偏。具体的做法如下：

先拼装下超的管片，并且调整盾构机的坡度，减缓盾构机与管片之间的夹角，在拼装

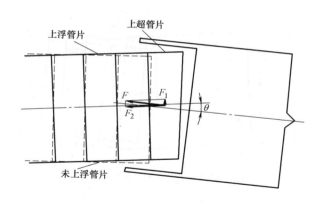

图 5-45 管片受力分析

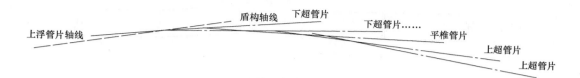

图 5-46 控制严重上浮的盾构推进趋势示意图

下超管片的同时，尽可能减少盾构机对管片向上的分力。待管片与盾构机夹角调整好以后，适量平推几环管片使其进一步稳定。

在盾构机姿态稳定后，按照此时的偏差量，选用相应的上超管片进行上超量的控制，在每次拼装完成上超组合之间，应适量设置平推管片，使盾构机的纠偏能平稳过渡。

5.4.5 盾构隧道穿越施工管片破损及渗漏控制

5.4.5.1 管片破损的原因分析

在施工过程中会出现管片破损的现象，管片的破损对隧道的防水也带来隐患。错缝拼装的管片衬砌是一个空间的组合结构，管片与土体之间、管片与管片之间、管片环与管片之间的相互作用非常复杂。同时，施工过程中盾构管片还受到土压力、水压力、千斤顶压力、注浆压力等荷载的作用。分析总结管片缺陷的原因，可分为以下几类。

（1）管片自身的原因。根据进场和已碎裂管片断面观察来看，存在管片保护层过厚，管片里混有杂物，管片表面气泡过多，进场管片边角有修补等情况。另外，管片在脱模、储存、运输过程中发生碰撞，也会造成管片边角的缺损。

（2）拼装时管片在盾尾中的偏心量太大，管片与盾尾发生磕碰现象，以及盾构推进时发生"卡壳"现象，盾构机一推进，就造成管片一定部位的破碎（图 5-47）。

（3）有定位凹凸榫的管片，在拼装时位置不准，凹凸榫没有对齐，在千斤顶靠拢时会由于凸榫对凹榫的径向分力而顶坏管片（图 5-48）。

（4）管片拼装时相互位置错动，管片与管片间没有形成面接触，盾构推进时在接触点处产生应力集中而使管片的角碎裂。

（5）上一环已拼装管片的环面可能不平整，在调整管片姿态时，难以将管片拼装精度

131

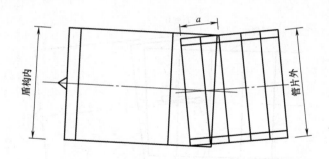

图 5-47　盾尾与管片的空间关系

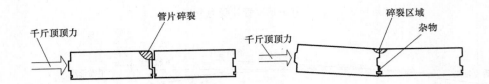

图 5-48　管片凹凸榫的相对关系

控制在设计要求的精度（2mm）以内，造成了后一环管片的单边接触（图 5-49）。在千斤顶的推动下就形成了"跷跷板"，管片受到额外的弯矩而断裂。在封顶块与邻接块的接缝处的环面不平，也是导致邻接块两角容易碎裂的原因。

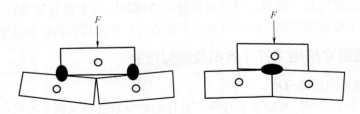

图 5-49　管环不平整示意图

（6）拼装好的邻接块开口量不够，在插入封顶块时间隙偏小，如强行插入，则导致封顶块管片或邻接块管片的角崩落（图 5-50）。

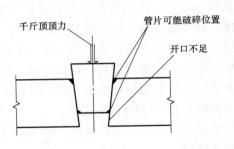

图 5-50　强行插入封顶块拼装图

132

（7）在拼装管片时，操作拼装机的幅度、力度过大，造成管片的碎裂。

（8）隧道后期沉降变形，引起管片碎裂。

（9）有环向槽的圆环，受槽间隙大小、相邻环椭圆度不一致的影响，致使管片碎裂。

5.4.5.2 防止管片破损措施

1. 加强管片验收管理，提高管片的进场质量

对于管片自身的原因，应严格控制管片进场时的质量。如在管片运输过程中，使用有弹性的保护衬垫将管片与管片隔离开，以免发生碰撞而损坏管片。而在起吊过程中要小心轻放，防止磕坏管片的边角。

2. 控制盾构的扭转，选择合理的推力，及时更换重心偏位的千斤顶撑靴

作用于管片上的力是造成管片开裂的最基本因素，对于管片来说受推进推力面扭压组合是致使管片开裂和局部破损的最直接原因。接缝是管片衬砌结构中较关键的部位，从一些试验来看，结构破坏大都开始于薄弱的接缝处，当盾构千斤顶施加在环缝面上，特别是偏心作用时，也会使管片顶裂、顶碎。另外管片环外周边受集中力作用是管片开裂、破损与错台的主要原因。研究表明必须控制盾构扭转相对值在 8‰ 以内，在硬岩段掘进时应控制刀具贯入度不超过 8mm，以控制总推力和局部推力。在盾构推进过程中，在上坡段推进时，适当加大盾构机下部油缸的推力；在下坡段推进时则适当加大上部油缸的推力；在左转弯曲线段推进时，则适当加大右侧油缸推力；在右转弯曲线推进时，则适当加大左侧油缸的推力；在直线平坡段掘进时，则应尽量使所有油缸的推力保持一致。在均匀的地质条件时，保持所有油缸推力一致；在软硬不均的地层中掘进时，则应根据不同地层在断面的具体分布情况，遵循硬地层一侧推进油缸的推力适当加大，软地层一侧油缸的推力适当减小的原则来操作。

对于管片环面不平整应贴衬垫调平，千斤顶撑靴重心偏位要及时更换新的千斤顶的撑靴予以调整。通过合理正确的操作，尽量避免管片的破损。

3. 严格控制管片选型，确保盾尾建筑空隙均匀

盾尾建筑空隙的不合理，往往造成盾尾压迫管片，致使管片外周局部受力，使管片开裂或局部破损和错台。选择管片时应将盾尾建筑空隙的作为参考因素，用几何学可求出管片合理搭配后的盾尾建筑空隙，有效避免盾构盾尾与管片的相互挤压、碰撞。

4. 控制盾构机姿态与曲线段匹配

造成管片开裂的原因还有盾构机姿态控制与曲线段不匹配，致使盾壳挤压管片开裂、整圆器顶压管片开裂等。盾壳挤压管片，还与盾尾尾刷结块硬化、盾尾壳体椭圆变形、隧道旋转、管片连接螺栓未拧紧（易使管环变形）等有关。管片开裂的位置与盾尾刷严重损坏、盾尾内壳磨光的位置基本对应。相应的对策有：正确控制好转弯地段的盾构姿态，宜缓慢掘进，慎重纠偏，及时补充盾尾密封油脂，同时浆液凝胶时间不宜小于 4h，长时间停机时要适时调整浆液和注浆工艺。

5. 控制注浆压力，确保填充质量

由管环的变形而引发的管片开裂、局部破损与错台，是由于盾尾同步注浆及注浆工艺、盾壳内管环姿态、盾尾建筑空隙量的大小及地层的偏压等因素造成，其中盾尾同步注浆及注浆工艺对变形影响最大。可采取改善注浆的配合比、缩短凝固时间等措施，同步注浆压力不宜超过 $4kg/cm^2$，且下部注浆压力应高于上部注浆压力。

5.4.5.3　管片渗漏分析及处理

一般渗漏水都是由于管片碎裂后，地下水从碎裂的部位渗透绕过止水橡胶密封垫进入隧道的。管片渗漏主要分为管片压浆孔渗漏和管片接缝渗漏两种，分别表现为压浆孔周围有水渍、压浆孔周围混凝土有钙化斑点和地下水从已拼装完成管片的接缝中渗漏进入隧道等，针对这两种状况应分别进行分析、解决。

1. 原因分析

1) 管片压浆孔渗漏主要因为压浆孔闷头未拧紧或压浆孔的闷头螺纹与预埋螺母的间隙大。

2) 管片接缝渗漏主要因为管片拼装质量不好，接缝中有杂物，管片纵缝有内外张角、前后喇叭等，管片之间的缝隙不均匀，局部缝隙太大，使止水条无法满足密封要求，周围的地下水因此渗漏进入隧道；管片破碎，破损范围达到粘贴止水条的止水槽时，止水条与管片不能密贴，水就从破损处渗漏进入隧道；纠偏量太大，所贴的楔子垫块厚度超过止水条的有效作用范围；对已贴好止水条的管片保护不好，致使止水条在拼装前已遇水膨胀，管片拼装困难造成止水能力下降。

2. 预防措施

针对管片压浆孔渗漏通常采用气动扳手拧紧压浆孔的闷头，在闷头的丝扣上缠生料带，起到止水的作用。

接缝渗漏的预防方法主要有：提高管片拼装质量，及时纠正环面，拼装时保证管片的整圆度和止水条的正常工况，提高纵缝的拼装质量；对破损的管片及时进行修补，运输过程中造成的损坏应在贴止水条之前修补好。对于管片与盾壳相碰而在推进或拼装过程中被挤坏的管片，也应原地进行修补，以起到对止水条的保护作用；控制衬垫厚度，在贴过较厚衬垫处的止水条上应按规定加贴一层遇水膨胀胶条；粘贴止水条应严格按照规程进行操作；在施工现场加设雨棚等防护措施，加强对管片的保护。根据情况也可对遇水膨胀止水条涂缓膨剂。

3. 处理方案

（1）管片压浆孔部位应将闷头取出，重新按要求拧紧；或采取在压浆孔内注入少量水泥浆堵漏，然后再用闷头闷住。

（2）对渗漏部分的管片接缝进行注浆；利用水硬性材料在渗漏点附近进行壁后注浆；对管片的纵缝和环缝进行嵌缝，嵌缝一般采用遇水膨胀材料嵌入管片内侧预留的槽中，外面封以水泥浆以达到堵漏的目的。

5.4.5.4　管片破损渗漏的处理工艺

1. 管片修补处理措施

管片运输、吊放和拼装过程中，不可避免地会产生管片局部碎裂，易导致隧道渗漏水。主要可采取以下措施，即：管片出厂前修补、工地现场地面修补、工地现场井下修补、拼装结束后的碎裂再次修补。

2. 管片修补材料配比

修补材料配比，水泥：修补液：水不漏为 3：0.5：1。白水泥只用于控制色差，如有需要可掺入普通硅酸盐水泥进行调节。

3. 管片修补方法

（1）当管片有裂纹时

龟裂及宽度小于 0.2mm 的裂缝直接用细砂皮把裂缝周围磨平即可；裂纹较大时，则用细砂皮把裂纹周围磨平后，涂抹适量修补材料后抹平，干透后用砂纸将表面打磨平整。

（2）当管片破损深度＞5mm 时

先用凿子刮去表面微细裂痕，用水清洗基面，清除所有的浮浆、油迹、粉尘等杂物，然后装上木模板，用管片修补剂进行修补填平，干透后再用砂纸将表面打磨平整。

（3）当管片露筋时

基层处理，用刀刮去钢筋表面的污垢，再用高纯度酒精清洗钢筋，并清除表面所有杂物。待干透后，在管片周边装好木模板，再用管片修补剂将修补部位填平，干透后再用砂纸将表面打磨平整。

（4）当管片边角崩块时

基层处理，用凿子刮去表面微裂痕，并清除表面所有杂物。然后在管片周边装好木模板，再用管片修补剂将修补部位填平，干透后再用砂纸将表面打磨平整。

（5）根据碎裂大小，按配比拌制适量的修补材料，均匀涂抹于碎裂处，抹平。

（6）控制修补部分的色差，若出现较明显色差时，则应及时调整配比，并将原修补处表层凿除 5mm 左右，采用新修补材料，重新抹平，消除由于修补造成的色差，保证管片的外观质量。

（7）修补应由专人进行，确保修补质量及修补的及时性。

4. 管片渗漏水的封堵

（1）环、纵缝及手孔渗漏水封堵

对环、纵缝渗漏水现象，主要采用嵌入海绵条，同时用双快水泥予以封堵。手孔渗漏水一般是橡胶密封圈损坏造成的，主要采用更换密封圈的方法消除渗漏水。如以上方法均无法有效封堵渗漏水，则采用堵漏的方法进行。

（2）高压灌注堵漏

高压灌注堵漏工艺，主要为在管片裂缝内注入水溶性环氧树脂堵漏剂，使其遇水分散乳化，进而凝胶固结，与周围混凝土粘接，起到止水和加固补强的双重功能，施工材料主要有：水溶性环氧树脂堵漏剂；双快水泥；泡沫条；高压注浆泵专用止水针头等。施工设备有：高压注浆泵；电锤、冲击钻；钢丝钳以及零星工具等。施工工艺方法如下：

① 寻找裂缝

对潮湿的部位，先清扫结水，待潮湿部位全部清理干净，表面稍干时，仔细寻找裂缝，用色笔或粉笔沿裂缝做好记号。

② 钻孔

按混凝土结构厚度，距离裂缝约 150～350mm，沿裂缝方向两侧交叉钻孔。孔距按现场情况而定，以两孔注浆后浆液在裂缝处能交汇为原则，孔径采用非标的 13mm 针头。孔与裂缝断面成 45°～60°倾角交叉，并交汇与外侧向内 1/3 范围。

③ 埋设止水针头

止水针头是浆液注入裂缝内的连接件，埋设时用专用工具紧固，并保证针头的橡胶部分及孔壁在未使用前干燥，否则在紧固时容易引起打滑。

④ 裂缝修补

灌注浆液从第一针头开始，当浆液从裂缝处冒出，应立即停止灌注，移入下一枚针头，以此类推，直至全部灌满为止。

为使裂缝完全灌满环氧树脂浆液，应进行二次注入。第二次注入应与第一次注入间隔一段时间，但必须在环氧树脂浆液完全凝固前完成。

⑤ 表面清理

待环氧树脂浆液凝固后，管片表面应及时清理，保证隧道外观良好。

5.5　同步注浆与环境保护

5.5.1　同步注浆浆液的选择

目前，盾构施工的同步注浆浆液主要分为缓凝型单液浆和速凝型双液浆。其中，双液浆由于固化后的收缩比较明显，对隧道稳定不利，因此，一般的盾构施工中不采用双液浆作为同步注浆的浆液。我们这里仅介绍单液同步注浆。

根据以往施工工程的情况，单液同步注浆浆液选择以黄砂、石灰粉、粉煤灰、膨润土、添加剂、水等组成的缓凝型浆液。

5.5.1.1　主要原材料及化学反应原理

1. 粉煤灰（火山灰）

古希腊人最早在消石灰中添加天然火山灰材料，他们使用班苏安岛的火山灰。古罗马人采用并改进了古希腊人的技术，使用了其帝国范围内多种来源的灰。火山灰（pozzolan）这个名字来源于那不勒斯湾的一个小镇 Pozzoli。现在火山灰材料泛指源于自然或工业的任何活性铝硅酸盐材料，这些材料或者处于细分散状态或者需粉磨到水泥制备所要求的细度。

目前使用的火山灰通常是来源广泛的副产品材料。最广泛使用的材料——粉煤灰是发电厂煤粉燃烧后的未燃尽的无机残渣。熔融的未燃尽颗粒随烟道气一起从熔炉中排出，冷却后用静电式除尘器收集即为粉煤灰。粉煤灰在建筑工程中应用广泛，预拌混凝土公司通常在其生产的混凝土中定量掺加粉煤灰。尽管采用粉煤灰主要出于成本的考虑（粉煤灰的价格比水泥低一半多），但添加粉煤灰可获得许多技术效果。

无定形或玻璃态氧化硅是火山灰的主要成分，与氢氧化钙反应形成水化硅酸钙。基本反应是：

$$CH+S+H \rightarrow C-S-H \tag{5-89}$$

采用粉煤灰和天然火山灰时，所形成 C-S-H 的组成与常规水化产物没有很大的区别，只是 C/S 的摩尔比略低。然而采用硅含量高的高活性火山灰材料（硅粉和谷壳灰）时，水化产物 C/S 比明显不同，接近于 1.0，而 H/S 比略低。这表明它们与 C—S—H 之间存在的二次火山灰反应。因此总反应可写成：

$$C_3S+2S+10.5H \rightarrow 3[CSH_{3.5}] \tag{5-90}$$

在火山灰反应中，有少量的活性氧化铝代替二氧化硅而成为 C—S—H 组成的一部分。当火山灰中有适量的活性氧化铝时（例如天然火山灰或是煅烧黏土），会发生一独立的二次反应，形成铝酸钙水化物 C-A-H：

$$CH + A + H \rightarrow C-A-H \tag{5-91}$$

铝酸钙水化物的确切组成取决于特定的火山灰材料；根据材料组成的不同，C_2AH_8，C_2ASH_8（钙铝黄长石水化物），或者单硫型硫铝酸盐水化物都有可能形成。

方程式（5-89）表示主要的火山灰反应，其动力学上与 C_2S 的缓慢水化反应很相似。与 C_2S 的水化热 43kJ/mol 相比，CH 的水化热大约是 12kJ/mol，因此，添加火山灰与提高水泥中 C_2S 矿物含量有同一效果，都降低了早期水化放热和早期强度，但不影响长期强度。火山灰反应的活化能大约是 30kJ/mol。由于火山灰反应的实际固相体积增大，因此浆体的最终孔隙率将会减少，与普通水泥的水化浆体相比，将获得更高的强度和耐久性，粉煤灰的化学成分及物理性质见表 5-12。

粉煤灰的化学成分及物理性质　　　　表 5-12

原料 \ 组分	Fe_2O_3	CaO	SiO_2	Al_2O_3	MgO	TiO_2	P_2O_5	S	MnO	比表面积 (cm^2/g)	密度 (g/cm^3)
粉煤灰	6.82	6.75	53.6	27.0	1.46	—				4500	2.33

2. 膨润土

膨润土中所含的蒙脱土提供了良好的触变性能，这是注浆浆料所需的性质。由于蒙脱土矿物存在阳离子置换现象，当置换的阳离子价数与被置换的阳离子价数不同时，如 Al^{3+} 被 Fe^{2+} 或 Mg^{2+} 离子置换，晶层间就出现了多余的电荷，这些多余的电荷主要靠层间吸附的可交换的阳离子，如 K^+、Na^+、Ca^{2+}、Mg^{2+} 等来补偿（图 5-51）。

膨润土具有吸湿性，能吸附 8~15 倍于本体积的水量。吸水后膨胀，能膨胀数倍，甚至 40 余倍。在水介质中能分散呈胶体悬浮液，具有一定的黏滞性、触变性和润滑性。它和水、泥或砂等细碎屑物质的掺合物有可塑性和黏结性。

一般钠基膨润土较之钙基或镁基膨润土的物理化学性质和工艺技术性能优越。主要表现在：吸水速度慢，但吸水率和膨胀倍数大；阳离子交换量高；在水介质中分散性好，胶质价高；它的胶体悬浮液触变性、黏度、润滑性好，pH 值高；热稳定性好；有较高的可塑性和较强的粘结性；热湿拉强度和干压强度高。

单液同步注浆浆料中，膨润土主要作用为调节浆液的流变性能，使得浆体具有一定的触变性，即在不受力时能保持一定形状（类似凝胶），受力后（例如搅拌后）能够成为液体，具有流动性。

3. 粉煤灰，消石灰（熟石灰）之间的化学反应

粉煤灰的主要化学成分为二氧化硅（SiO_2）和氧化铝（Al_2O_3），而它们二者也是最主要的活性成分。

可以将二氧化硅（SiO_2）与消石灰的化学反应表示为：

$$(0.8\sim1.5)Ca(OH)_2 + SiO_2 + |n-(0.8\sim1.5)| \rightarrow (0.8\sim1.5)CaO \cdot SiO_2 \cdot nH_2O$$

化学反应结果生成一种低钙硅比的凝胶，即 CSH（I），这种凝胶比由波特兰水泥水化生成的主要凝胶 CSH（II）具有更好的耐腐蚀性。

氧化铝（Al_2O_3）也会参与化学反应，因此有人提出了包括氧化铝与二氧化硅与消石灰反应的另外一种模式：

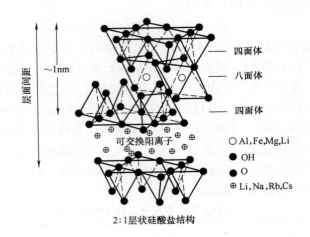

图 5-51　蒙脱土的分子结构示意图

$$2(Al_2O_3 \cdot 2SiO_2)+7Ca(OH)_2 \rightarrow 3CaO \cdot 2SiO_2 \cdot nH_2O+2(2CaO \cdot Al_2O_3 \cdot SiO_2) \cdot nH_2O$$

粉煤灰中的氧化钙分活性的或非活性的，活性的部分也将参与化学反应。

5.5.1.2　液浆配合比的确定

同步注浆浆液的试验指标主要有：不同配比浆液的重度、稠度、坍落度、泌水率、凝结时间和 3d、7d、28d 单轴抗压强度等。

1. 密度试验（图 5-52）

（1）试验前称出容量筒重，精确至 5g。

（2）将砂浆拌合物装满容量筒并略有富余。由于浆料稠度在 8cm 以上，我们采用插捣法，将砂浆拌合物一次装满容量筒，使稍有富余，用捣棒均匀插捣 25 次，插捣过程中如砂浆沉落到低于筒口，则应随时添加砂浆，再敲击 5～6 下。

（3）捣实后将筒口多余的砂浆拌合物刮去，使表面平整，然后将容量筒外壁擦净，称出砂浆与容量筒总重，精确至 5g。

（4）砂浆拌合物的质量密度以 kg/m^3 计，按下列公式计算：

$$1000 \times (m_2 - m_1)/V \tag{5-92}$$

式中　m_1——密度筒质量（kg）；

$\quad\quad m_2$——密度筒及试样质量（kg）；

$\quad\quad V$——密度筒容积（L）。

2. 稠度试验（图 5-53）

（1）盛浆容器和试锥表面用湿布擦干净，润滑滑杆保证滑杆能自由滑动；

（2）将砂浆拌合物一次装入容器，使砂浆表面低于容器口约 10mm，用捣棒自容器中心向边缘插捣 25 次，然后轻轻地将容器摇动或敲击 5～6 下，使砂浆表面平整，随后将容器置于稠度测定仪的底座上；

（3）拧开试锥滑杆的制动螺丝，向下移动滑杆，当试锥尖端与砂浆表面刚接触时，拧紧制动螺丝，使齿条测杆下端刚接触到滑杆上端，并将指针调零；

（4）拧开制动螺丝，同时计时间，待 10s 后立即固定螺丝，将齿条测杆下端接触滑杆

密度筒插捣待称量

图 5-52 密度试验

上端，从刻度盘上读出下沉深度（精确至 1mm）即为砂浆的稠度值；

（5）圆锥形容器内的砂浆，只允许测定一次稠度，重复测定时，应重新取样测定之。

(a)   (b)

图 5-53 稠度试验
(a) 调零；(b) 读数

3. 坍落度试验（图 5-54）

（1）湿润坍落度筒及其他用具，把筒放在不吸水的水平底板上，然后用脚踩住两边的脚踏板，使坍落度筒在装料时保持位置固定。

（2）将试样用小铲分三层均匀地装入筒内，使捣实后每层高度为筒高的三分之一左右。每层用捣棒插捣 25 次。插捣应沿螺旋方向由外向中心进行，各次插捣应在截面上均匀分布。插捣筒边砂浆拌合物时，捣棒可以稍稍倾斜。插捣底层时，捣棒应贯穿整个深度，插捣第二层和顶层时，捣棒应插透本层至下一层的表面。浇灌顶层时，砂浆拌合物应灌到高出筒口。插捣过程中，如砂浆拌合物沉落到低于筒口，则应随时添加。顶层插捣完后，刮去多余的砂浆拌合物，并用抹刀抹平。

（3）清除筒边底板上的砂浆拌合物后，垂直平稳地提起坍落度筒。坍落度筒的提离过程应在 5～10s 内完成。从开始装料到提坍落度筒的整个过程应不间断地进行，并应在150s 内完成。

（4）提起坍落度筒后，量测筒高与坍落后砂浆拌合物试体最高点之间的高度差，即为该砂浆拌合物的坍落度值。以 mm 为单位，结果表达精确至 5mm。

图 5-54 坍落度试验

4．泌水性试验

根据国际标准建议：

（1）采用 1000mL 的量筒，先称取量筒质量；

（2）将调制好的浆体约 800mL 注入量筒内，称取总质量（图 5-55）；

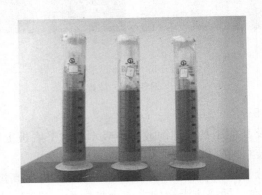

图 5-55 装入浆料的量筒

（3）将量筒上口加盖封好，从浆体注入量筒时算起，按 1h、2h、3h 的时间间隔将上口盖打开，使量筒倾斜，用吸管吸出泌水，加以记录。

（4）泌水体积除以试样浆体的含水量即为泌水率，计算公式如下：

$$泌水率(\%) = 泌水体积(mL)/试样浆$$
$$体重量(g) \times 浆体含水率(\%) \times 100\%$$

5．强度试验

强度试验采用测量 40mm×40mm×160mm 棱柱试体的抗压强度，浆料采用行星搅拌机搅拌，成型采用 40mm×40mm×160mm 三联胶砂试模成型，试体连模一起进行标准养护，试体养护试验室的温度应保持在（20±2）℃，相对湿度应不低于50％（图5-56）。

图5-56　AEC-201型强度试验机及压力试验过程

5.5.1.3　配合比优选

浆液性能指标的确定　　　　　　　　　　　　表5-13

配方编号	20	21	22	23	24	25	26	27	28	29
熟石灰（g）	104 市	104 市	104 市	104 市	104 市	104 市	104 自	104 自	104 自	104 自
粉煤灰（g）	390	390	390	390	390	390	390	390	390	390
膨润土	95	95	95	95	95	95	95	95	95	95
砂（g）	1534	1534	1534	1534	1534	1534	1534	1690	1690	1690
水（g）	390	390	390	390	390	390	390	390	390	390
泵送剂（g）	3.9 老	3.9 中效	3.9 冬季	3.9 中效	3.9 冬季	3.9 冬季	3.9 中效	3.9 冬季	3.9 冬季	3.9 冬季
氢氧化钠（g）	0	0	0	1.94	2.09	0	0	0	0	0
增黏剂（g）	0	0	0	0	0	0.06	0.06	0	0.06	0.06
稠度（cm）	10.7	10.2	10.4	10.2	10.1	9.3	9	11	8	10
3d强度（MPa）	0.06	0.065	0.11	0.125	0.095	0.19	0.15			0.115
7d强度（MPa）	0.25	0.245	0.32	0.32	0.29					
14d强度（MPa）	0.36	0.285	0.29	0.54	0.4	0.415	0.24			0.31
28d强度（MPa）	0.49	0.505	0.505	0.505	0.565					

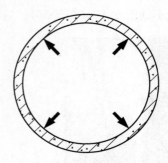

图 5-57　同步注浆注入点图

经过性能和经济性指标的综合比选，最终选择 25 号配方，作为盾构施工同步注浆的配合比。

5.5.2　同步注浆施工与环境保护

5.5.2.1　同步注浆点及注浆系统的选择

根据目前国内盾构机的工作性能和隧道施工的要求，一般采用 4 点～6 点同步注浆的形式，注浆点的选择一般采用图 5-57 的位置，分别为 2 点钟、4 点钟、8 点钟、10 点钟方向。同步注浆系统见图 5-58。

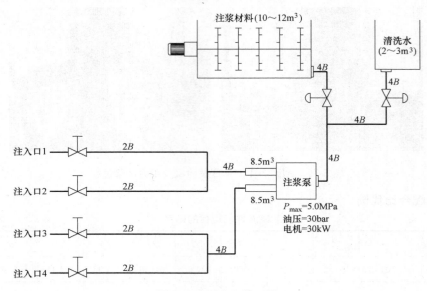

图 5-58　同步注浆系统

5.5.2.2　注浆压力的合理选择与控制

注浆压力取决于地层的地质情况和地下水压力，注浆压力和注浆量的控制以确保填满全部建筑空隙为标准。注浆作业操作的熟练取决于丰富的经验，过高的压力将导致浆液从盾尾窜入，影响盾构机的正常推进。同步注浆压力设定为较周边水土压力高 0.04～0.06MPa 为好。注浆时须指派专人负责，对压入位置、压入量、压力值均作详细记录，并根据地层变形监测信息反馈及时调整，确保压浆压力的合理性。

5.5.2.3　注浆量的确定与调整

理论注浆量的计算：

$$V＝\pi/4 \cdot (盾构外径\text{-}管片外径)^2 \times 环宽 \tag{5-93}$$

根据以往施工经验，实际注浆量一般为理论注浆量的 140% 左右，具体需要根据监测数据的反馈及时进行调整。

从实际工程盾构推进数据来看，盾构推进过程中，由于偏差量的产生，对沉降的累积效应是很明显的（图 5-59），必须通过同步注浆进行填充，按照目前常用的填充注浆材料单液浆来看，根据实践的经验，一般以理论间隙量和盾构推进至对应环号

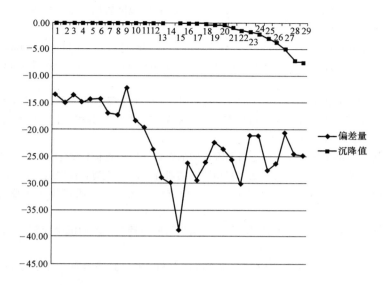

图 5-59　盾构过程偏差量与沉降值

时的偏差量确定：计划注浆量等于理论间隙的 1.4 倍加上偏差量（如系统本身有计量，则按计量数据；如系统本身没有计量，则按照盾构切口到达时计算所得的土体损失量进行计算）。

参考文献

[1]　周松，朱继文，孙威，马伟荣，王肖云. 翔殷路隧道 φ11.58m 泥水平衡盾构出洞技术探讨 [J].
　　　岩土工程界，2004，7（z1）：189～193.

[2]　周松，赵国强. 新型泥浆技术在地下工程中的应用与发展 [J]. 中国土木工程学会年会，2006.

[3]　周松，岳秀平，曹文宏. 复兴东路越江隧道工程新技术研究与应用 [J]. 上海建设科技，2007
　　　(1)：36～38.

[4]　周松，荣建，陈立生，王洪新. 大直径泥水盾构下穿机场的施工控制 [J]. 岩石力学与工程学报，
　　　2012，31（04）：806～813.

[5]　周松，荣建，陈立生，王洪新. 单管双线大直径地铁盾构隧道施工与监测 [J]. 地下空间与工程
　　　学报，2013，9（02）：365～372.

[6]　周松，韩磊，叶冠林，王建华. 浅覆土大断面盾构隧道横截面受力变形特性研究 [J]. 土木工程
　　　学报，2015（S2）：284～287

[7]　陈立生，王洪新. 土压平衡盾构平衡控制的新思路 [J]. 上海建设科技，2008，(5)：18～21.

[8]　陈传灿，陈立生，彭少杰，赵国强. 西藏南路越江隧道施工难点和对策 [J]. 科技导报，2009，27
　　　(19)：28～32.

[9]　刘树佳，白廷辉，廖少明，陈立生，赵国强. 软土地区深埋盾构开挖对土体扰动特性的影响研究
　　　[J]. 施工技术，2015，44（24）：86～89

[10]　王如路，刘建航，廖少明. 盾构法施工的环境保护技术 [J]. 城市轨道交通研究，2009，12
　　　(12)：27～33.

[11]　廖少明，徐意智，陈立生等. 穿越不同建（构）筑物的地铁盾构选型与控制 [J]. 上海交通大学学报（自然版），2012，46（01）：47～52.

[12]　Liao Shao-Ming，Liu Jian-Hang，Wang Ru-Lu，Li Zhi-Ming. Shield tunneling and environment protection in Shanghai soft ground [J]. Tunnelling and Underground Space Technology，2009，24（4）：454～465.

[13]　徐永福，孙钧. 外滩观光隧道盾构的扰动分析 [J]. 土木工程学报，2002. 35（2）：70～43.

[14]　蒋洪胜，侯学渊. 盾构掘进对隧道周围土层扰动的理论与实测分析 [J]. 岩石力学与工程学报，2003，22（9）：1514～1520.

[15]　徐永福，孙钧. 隧道盾构掘进施工对周围土体的影响 [J]. 地下工程与隧道，1999，2：9～13.

[16]　易宏伟. 盾构施工对土体扰动与地层移动影响的研究 [D]. 上海：同济大学，1999.

[17]　徐明，谢永宁. 盾构隧道开挖三维数值模拟方法研究 [J]. 武汉理工大学学报，2012，34（2）：65～68.

[18]　王建秀，田普卓，付慧仙，朱雁飞. 基于地层损失的盾构隧道地面沉降控制 [J]. 地下空间与工程学报，2012，8（3）：569～576.

[19]　周诗俊，王金安. 曲线隧道盾构引起地表沉降分析 [J]. 地下空间与工程学报，2007，3（5）：909～913.

[20]　刘招伟，王梦恕，董新平. 地铁隧道盾构法施工引起的地表沉降分析 [J]. 岩土力学与工程学报，2003，22（8）：1297～1301.

[21]　王洪新. 土压平衡盾构刀盘开口率对土舱压力的影响 [J]. 地下空间与工程学报，2012，08（01）：89～93.

[22]　王敏强，陈胜宏. 盾构推进隧道结构三维非线性有限元仿真 [J]. 岩石力学与工程学报，2002，21（2）：228～232.

[23]　张海波. 地铁隧道盾构法施工对周围环境影响的数值模拟 [D]. 南京：河海大学，2005.

[24]　孙统立，张庆贺，胡向东，朱继文. 双圆盾构隧道施工土体扰动特性及实测分析 [J]. 岩土力学与工程学报，2005，11：1297～1301.

[25]　朱忠隆，张庆贺. 盾构法施工对地层扰动的试验研究 [J]. 岩土力学，2000，21（1）：45～52.

[26]　王洪新. 软土层土压平衡盾构配置参数计算与平衡控制 [D]. 上海：同济大学，2009.

第6章 顶管穿越施工控制技术

近年来随着我国经济建设的高速发展，对可持续发展及环境保护工作越来越重视，在城市建设过程中，明挖法将会受到越来越多的制约，顶管法作为一种非开挖穿越的方法以其技术先进、地面环境影响小等特点，在市政建设方面的地下电缆管道、电力隧道、下水道以及天然气管道施工中得到广泛应用，顶管施工也从小直径逐步发展到大直径、从直线发展到曲线。

6.1 顶管工程开挖面稳定机理与管理

6.1.1 土压平衡顶管开挖面稳定机理

土压平衡式顶管顶进时其前端刀盘旋转掘削地层，掘削下来的土体涌入土舱。当掘削土体充满土舱时，由于顶管的顶进作用，致使掘削土体对开挖面加压。当该加压压力与掘削地层的土压水压相等，随后若能维持螺旋输送机的排土量与刀盘的掘土量相等，这种稳定的出土状态称为开挖面平衡，如图 6-1 所示。要想维持排土量与掘土量相等，掘削土必须具备一定的塑流性和抗渗性。有些地层的掘削土仅靠自身的塑流性和抗渗性，即可满足开挖面稳定的要求。此外，多数地层土体的塑流性和抗渗性无法满足稳定开挖面的要求，为此须加入提高流塑性和抗渗性的添加材，实现稳定开挖面的目的。

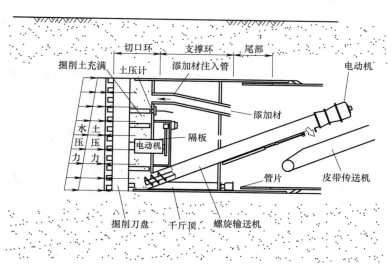

图 6-1 土压平衡顶管开挖面稳定原理图

综上所述土压顶管开挖面稳定的必要条件如下：

(1) 泥土压必须可以对抗开挖面上地层的土压和水压；

(2) 必须可以利用螺旋输送机等排土机构调节排土量；

(3) 对必须混入添加材的土质而言，注入的添加材必须可使泥土（混入添加材的掘削土）的塑流性和抗渗性提高到满足挖掘面稳定要求的水准。

6.1.2 土压平衡顶管机开挖面稳定管理

土压平衡式顶管机可以通过 PLC 可编程序计算器，通过开挖面的土压力计，自动调整顶进速度和螺旋输送机的转速，以达到稳定的开挖面土压力，进而维持正面水土压力的平衡。稳定开挖面的管理重点应以泥土压管理、泥土塑流性管理及掘土量管理为中心。另外，开挖面的稳定状态，还应根据地层变形测量、开挖面坍塌探查等施工管理数据进行综合判断。

泥土压力大小的控制与以下几个方面有关：

(1) 顶进速度：如果螺旋输送机排土量不变，顶进速度与土压力成正比。

(2) 螺旋输送机的排土量：顶进速度恒定，控制土压力与螺旋输送机的排土量成反比。

顶进速度与排土量同时改变，也可以控制土压力在规定的范围内。当顶进速度提高时，土压力随之上升，同时也提高了螺旋输送机的排土量。

一般来说，土压力应该控制在主动土压力 P_A 和被动土压力 P_B 之间。如果地下水压力为 P_w，则土压力 P 按下列条件控制：

$$P_A + P_w < P < P_B + P_w \tag{6-1}$$

实际上，在覆土比较深的时候，从 P_A 到 P_B 的变化范围较大，再加上理论计算与实际之间存在误差，所以必须进一步限定控制土压力的范围。一般把土压力设置在静止土压力 $P_0 = \pm 20\text{kPa}$ 范围内。其中，P_0 按下式计算：

$$P_0 = K_0 \gamma h \tag{6-2}$$

式中 K_0——静止土压系数，一般取 0.33~0.7；

γ——土的重度（kN/m³）；

h——深度（m）。

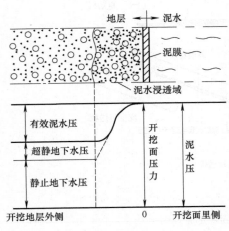

图 6-2 开挖面附近的压力分布状况

6.1.3 泥水平衡顶管开挖面稳定机理

6.1.3.1 泥膜的形成

利用泥水稳定开挖面的想法源于地下连续墙的泥浆护壁原理，其根本原因是泥水与开挖面接触后，可迅速地在开挖面的表面形成隔水泥膜。图 6-2 是开挖面上泥膜的生成过程。在泥水与开挖地层接触时，由于作用在开挖面上的泥水压大于开挖地层的地下水压，泥水中的细粒成分及水通过地层间隙流入开挖地层。其中，细粒成分填充地层间隙，使地层的渗透系数变小。而泥水中的水通过间隙流入地层，这部分流入地层的水称为过滤水，对应的水量称为滤水量（也称脱水量）。

$$P'_w = P_{w1} - P_w \qquad (6\text{-}3)$$

式中　P'_w——超静地下水压；

　　　P_{w1}——泥水流入地层后地层中的实际地下水压；

　　　P_w——静止地下水压（即泥水流入地层前的地下水压）。

另外，这里给出有效泥水压的定义如下：

$$P'_m = \Delta P - P'_w \qquad (6\text{-}4)$$

式中　P'_m——有效泥水压；

　　　ΔP——差力压。

随着时间的增加，地层间隙逐渐被细粒成分充分填充，地层的渗水系数越来越小；滤水量越来越小；超静地下水压的增加速度越来越小，最后超静地下水压稳定在某一数值上，即地层间隙完全被填充。另外，由于泥水中的黏土颗粒带负电荷，而地层土颗粒带正电荷，故泥水中的黏土颗粒吸附聚集在开挖面的表面形成泥膜。因黏土颗粒均匀地悬浮于泥水中，所以泥膜在开挖面上是均匀分布的。综上所述，泥膜形成的因素有两种，前者为渗透填充因素，后者是表面吸附聚集因素。

6.1.3.2　泥水渗透成膜状态

泥水在开挖面上的三种渗透形态如图 6-3 所示。

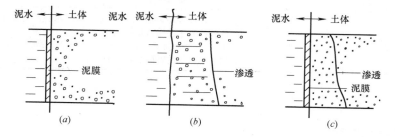

图 6-3　泥水在开挖面上的三种渗透形态

（a）类型 1：细砂上形成泥膜；（b）类型 2：向粗颗粒中渗透，表面无泥膜；（c）类型 3：既能渗透又能形成泥膜

类型 1——泥膜：地层的有效间隙 $L < D_{min}$（泥水最小粒径）。当泥水与开挖面开始接触后，泥水中的水渗入地层，而颗粒成分吸附聚积在开挖面表面，经过一段时间（即成膜时间）后，开挖面上形成一层泥膜。成膜后脱水量、超静地下水压停止增加。这种情形多发生在黏粒土、粉粒土及细砂土等土层。该类型可称为表面吸附聚积膜，泥膜仅局限于开挖面的表面。

类型 2——渗透：地层的有效间隙 $L < 3D_{max}$（泥水最大粒径）。全部泥水可经过地层间隙流走，无法形成泥膜，渗流速度大，脱水量大，超静地下水压大，无法稳定开挖面。这种情形多发生于粗砂、砾石等地层，其解决措施是增大泥水的粒径，即在泥水中添加砂粒。

类型 3——泥膜+渗透：地层的有效间隙 $3D_{max} > L > D_{min}$。该类型的特点是泥水中的颗粒成分向地层间隙渗透、填充，最后成膜。因膜厚取决于渗透深度，所以该膜厚较类型 1 的吸附聚积膜的膜厚要厚。这种情形多发生于砂地层（中、细）。该类型可称为渗透填充膜，泥膜渗入地层，膜厚等于渗透距离。

6.1.4　泥水平衡顶管开挖面稳定管理

泥水平衡顶管机开挖面的稳定管理以泥水压力管理、泥水质量管理和判断开挖面稳定状态的掘削土量管理三项为重点。另外，参考开挖面稳定状态的地层变形测量数据、开挖面坍塌探查等施工管理数据，综合判断稳定状况。

泥水压力能够有效地防止开挖面的变形和坍塌，在开挖面稳定管理中非常关键。泥水压力的管理是使开挖面上的泥水压力比地下水压力高 10～20kPa。覆土层浅、地下水位高的情况下可取下限；覆土深、地下水位低的情况可取其上限。不同土质条件下的泥水压力管理如表 6-1 所示。

不同土质条件下的泥水压力管理　　　　　　　　　　　　　　表 6-1

项目	土性条件		泥水压力控制
泥水压力管理	黏土层	较硬的黏土层	土层相当稳定，即使采用清水而不是泥水，也不会造成开挖面失稳情况
		较软的黏土层	即使在静止土压力范围内，顶进停止时间过长时，也会使开挖面失稳，从而导致地面下陷。这时，应把泥水压力适当提高些
	砂土层	砂砾层	由于这种土层自身的黏土成分含量极少，而在泥水的反复利用中又会不断损失一些黏土，所以需要不断向循环用泥水中加入一些黏土，以保持泥水的较高黏度和较大的相对密度
		$k \leqslant 1 \times 10^{-3}$cm/s 的砂性土	泥水的相对密度应适当增加
		1×10^{-3}cm/s$\leqslant$ $k < 1 \times 10^{-2}$cm/s 的砂性土	开挖面容易失稳，在进入顶管机泥水舱的泥水中必须含有一定比例的黏土并保持足够的相对密度，在泥水中除了加入一定的黏土外，还需要加入一定比例的膨润土及 CMC(羟甲基纤维素)作为增黏剂，以保持泥水性质的稳定

6.2　泥浆套注浆工艺

6.2.1　泥浆套作用机理

大量研究及工程实践表明：优质的膨润土泥浆能在各类地层：包括软黏土、一般性黏土、粉砂和细砂、砂砾甚至卵砾石中起支撑、润滑、防喷涌的作用，可以维持顶管掘进开挖面的稳定。并且能够使得顶管的管道处于悬浮状态，从而最大限度地减少管外壁侧向顶进摩阻力，同时可减少管外壁对周围土体的扰动。

6.2.1.1　膨润土的物质组成、结构特征及基本特性

1890 年，美国的福特•本顿首先发现了膨润土，它的主要成分和对于它作为支承-润滑介质的性能起着决定作用的，是其中叫作蒙脱土的一种黏土矿物，这种矿物以其位于法国南方的蒙脱英里翁矿床而得名。

蒙脱土是一种层状结构的结晶氢化硅酸铝。典型的蒙脱土结构式为：M＋(Al-Mg)$(Si_8)O_{20}(OH)_4 \cdot nH_2O$（M＝Ca,Na），理想结构的蒙脱土单位晶层体是一种三层结构，为两片 Si-O 四面体晶片中间夹一个 Al-O 八面体晶片，晶层之间以共价氧连接，层间堆积导致形成范德华间隙，称之为中间层（interlayer or gallery）。每个结构单元的厚度约为

1nm，长和宽都为 100nm 左右。层状蒙脱土具有很大的比表面积（约 $725m^2/g$），蒙脱土晶体即由许多这样的硅酸盐叠层组成。蒙脱土晶体遇水膨胀，与此同时水分子便渗入各个叠层之间。于是两个蒙脱土叠层之间的距离就加大了一倍。晶体内部膨胀现象的原因，则在于叠层内部电荷分布的不均匀。膨润土中的蒙脱石是 2：1 型层状铝硅酸盐，其四面体中的硅可被铝随机置换，八面体中的铝可被同价或低价离子如 Ca^{2+}、Na^{2+}、Mg^{2+} 等类质同象置换，这种类质同象置换过程使蒙脱石晶层面有过剩的负电荷，在层间产生一静电场，因此蒙脱石层间可吸附 Ca^{2+}、Na^{2+}、Mg^{2+} 等阳离子和水（H_3O^+）、氨（NH_4^+）等极性分子。正是蒙脱石这种特有的吸附功能使得膨润土具有很强的膨胀能力。

水进入单位晶层间，引起晶格膨胀，颗粒的体积膨胀为原来颗粒体积的 1～10 倍，吸水后形成一道不透水的防渗墙。若再经一段较长时间，则膨润土颗粒会变成膏脂状，渗透系数可以降到 $1×10^{-3}m/s$ 以下，几乎不透水。

不同压实密度膨润土的主要差别在于其土体颗粒间孔隙的大小。当密度大时，单位空间中的土体颗粒及吸附水层所占的体积就大，渗流液体通道就窄。由于膨润土的高吸湿膨胀性和自封闭性，遇水时极度膨胀，密度越大，膨胀倍数越大，同样的渗流空间留给过流液的通道就越窄，其渗流系数也就降低了。

触变性（thixotropy）亦称摇变性，是凝胶体在振荡、压迫等机械力的作用下发生的可逆的溶胶现象。它是由弗罗因德利希（H. M. F. Freundlich 1928）发现的。在静止下来的膨润土悬浮液中，薄片状的蒙土微粒以它们的角隅和棱缘彼此互相支撑。细长的颗粒靠弱的化学键连结形成网状结构，很容易被外力破坏。一旦静止状态被扰乱，例如由于搅拌、振动或泵送等，于是在静止状态下凝固起来的悬浮液就会变成溶液。当这种溶液胶再次静止下来，于是溶胶重新凝固。悬浮液每当静止便结成凝胶，一旦运动起来又变成溶胶，这种从静止状态到运动状态以及从运动状态又回到静止状态的结构交替，可以永无止境地重复下去，这样的特性便叫做触变性。

作为顶管施工中的支撑-润滑介质，膨润土的重要特点即在于它的膨胀性能，这一点须取决于薄片状蒙脱土微粒的大小和数量。

钙膨润土和钠膨润土的区别在于起决定作用的蒙脱土是钙基蒙脱土还是钠基蒙脱土。

在膨润土含量相同情况下，钠膨润土悬浮液中所含极薄的硅酸盐叠层片的数量，约为钙膨润土悬浮液中所含数量的 15～20 倍。由于这种极薄的硅酸盐叠层片的数量大得多，便有利于蒙脱土微粒形成纸牌房子式的结构，因而有利于提高悬浮液的膨胀性能，这样既可改善悬浮液在溶胶状态下的流动性；也能改善悬浮液在凝胶状态下的固结性。所以钠膨润土比钙膨润土更适用于顶管施工。

但是钙蒙脱土有一个特性，即其中化合的钙离子可以用钠离子来置换。通过这样的离子交换，钙膨润土的性能会有很大的变化，形成钠膨润土的优良特性，并因此被实际工程广泛使用。

膨润土加水搅拌即成悬浮液，这里对水质的要求和拌制混凝土时一样。判断膨润土悬浮液是否适于用作支承介质的标准在于它的物理性，起决定作用的主要是悬浮液中的膨润土含量。

表 6-2 中按照每立方米制成悬浮液中含有 30kg，40kg，60kg 和 80kg 膨润土的四种情况，分别列出了各种悬浮液的主要参数。

膨润土悬浮液参数　　　　　　　　　　　　　　　　　　　　　　　　表 6-2

1m³ 悬浮液的组成	30kg 干活性膨润土，988kg 水	40kg 干活性膨润土，985kg 水	60kg 干活性膨润土，977kg 水	80kg 干活性膨润土，969kg 水
悬浮液密度 γ(kg/m³)	1019	1026	1039	1052
运动流限 $\tau_{动}$(g/cm²)	22.4	44.6	204	439
静置 1min 后流限 $\tau_{静}$，1min 后(g/cm³)	42.8	100	320	696
静置 24h 后流限 $\tau_{静}$，24h(g/cm³)	198	584	1265	
表观流限 $\tau_{静}$，表观(g/cm³)	89	210	928	2210

首先从密度的数据中可以看出，膨润土含量对密度的影响不大。大致变化于 1020～1050kg/m³ 之间，因此只是稍高于纯水的密度。所以膨润土悬浮液也可以在水下顶管施工中作为支撑介质，无需顾虑悬浮液因密度不同而流失，故而对膨润土悬浮液来说，密度并不是一个重要的判断标准。

反之，流变极限测量结果表明，无论在运动状态或是静止状态下，悬浮液中的膨润土含量都对流变极限有很大的影响。正如事先的考虑所预见到的，流限在运动状态下达到了下限值。观察表 6-2 可以看出，膨润土含量从每立方米 30kg 增加到 60kg 时，亦即在膨润土含量增大一倍的情况下，运动流限从 22.4g/cm³ 上升到 204g/cm³，因此也就是提高到大约 9 倍；当膨润土含量从 40kg/m³ 增加到 80kg/m³ 时，同样也是在增大一倍的情况下，这时运动流限从 44.6 g（力）/cm³ 上升到 439 g（力）/cm³，增大的比率基本相同。

静置 1 分钟后的比率也类似流动状态下的情况。在这种条件下，当膨润土含量从 30kg/m³ 增加到 60kg/m³ 时，流限从 42.8g（力）/cm³ 提高到 320 g（力）/cm³，增大到 7.5 倍。当膨润土含量从 40kg/m³ 增加到 80 kg/m³ 时，流限则以 100∶696 即 1∶7 的比例提高。

最后，在静置 24h 的情况下，当膨润土含量从 30kg/m³ 增加到 60kg/m³ 时，流限比率为 198∶1265＝1∶6，80kg/m³ 含量的相应数值则限于现有的测量条件而无法测出。

通过对比表明，膨润土含量增加 1 倍，可使膨润土悬浮液的支撑作用提高到 7～10 倍。反之若膨润土含量减少 1/2，支撑作用就可能降低到 1/10。所以，确定悬浮液中的膨润土含量，有着重要的意义。在从运动状态过渡到静止状态时，流限的增大须取决于悬浮液中的膨润土含量。

在每立方米悬浮液中含 30km 膨润土的情况下，静置 1min 后的流限以 42.8∶22.4＝1.9∶1 的比率增大。在膨润土含量为 40kg/m³ 的情况下，静置 1min 后的增大比率已达 100∶44.6＝2∶1。然而在膨润土含量为 60kg/m³ 的情况下，这一比值却降低到 320∶204 即 1.6∶1，以及在膨润土含量为 80 kg/m³ 的情况下，比率为 696∶439＝1.6∶1。

静置 24h 后的流限与运动状态下的比率，在悬浮液中的膨润土含量为 30 kg/m³ 时是 22.4∶198＝1∶8.8，在 40kg/m³ 的情况下是 44.6∶584＝1∶13.3，在 60kg/m³ 的情况下是 204∶1265＝1∶6.2，而对于 80kg/m³ 的含量，则已无法取得测量值。

在将膨润土悬浮液用作支承介质的情况下，静止状态的流限值与运动状态的流限同样具有重要意义：

静止状态下的流限值决定着悬浮液是否适于用作支承介质，运动状态下的流限值则决定着悬浮液是否适于用作润滑介质。

当运动流限与静止流限之比为 1∶6 到 1∶10（最大 1∶15）时，膨润土悬浮液便完全能满足作为支撑和润滑介质的触变泥浆要求。

表 6-2 中所列的流限值，适用于膨胀过程已最后完结的悬浮液。这种膨胀过程的性质，在于水已渗入了构成蒙脱土晶体的硅酸盐叠片的晶层中，致使层间距离增大。水对微小蒙脱土晶体的渗透过程以及水渗入更小得多的晶层之中都需要时间。这就是膨胀时间，搅拌越充分，膨胀时间就越短，否则在水和膨润土的混合料未获充分搅拌的情况下，膨胀时间就会延长许多倍。搅拌取得良好效果的前提是要有足够长的搅拌时间，至少要有半个小时，有时甚至可能需要若干小时。另一个前提是要求膨润土不留余渣地充分溶解在水中，尽可能使每一个膨润土颗粒都被水包围着。最后，在搅拌时不要让空气进入水和膨润土的混合料中，因为空气会妨碍水渗入蒙脱土晶体。再则，膨胀时间也会受到混合料温度的影响。高温（夏季温度）可使膨胀时间缩短，低温（冬季温度）则使膨胀时间延长。当温度低于零度时，膨胀过程即告中止，但混合料并不会遭到破坏。解冻后膨胀过程又会重新继续下去，在这种情况下，须将冻结的时间计入膨胀时间之内。

图 6-4 显示了搅拌效果与膨胀时间的关系及其随温度变化的情况。

从曲线图 6-4 中可以看出，在搅拌效果良好的情况下，搅拌过程结束后即已能够达到 80％左右的最终流限，而在搅拌效果不良的情况下，这一比值则降低到大约 35％。曲线 1 和曲线 2 显示了预先经过良好的搅拌之后流在高温和低温条件下的上升，曲线 8 和曲线 4 则是在不良的搅拌之后的情况。由此可见，如在搅拌效果良好和高温条件下，经过 5h

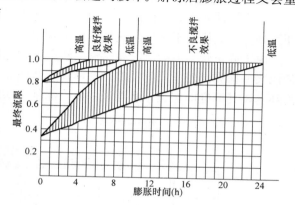

图 6-4　搅拌效果和温度对膨润土悬浮液膨胀时间的影响

的膨胀时间后即已达到最终流限。反之，在搅拌效果不良和低温条件下，则需要 24h 方能达到最终流限。

对于膨胀过程是否已经结束，需要仔细地进行观察，因为膨胀不充分的悬浮液一方面起不到支承作用，另一方面也会由于随后的膨胀而引起膨润土管路的堵塞，并且引起顶进管与周围土层之间表观摩擦系数的上升，从而可能导致增大顶进阻力。

对充分膨胀的膨润土悬浮液，流限在静止状态下可达到上限值。如悬浮液变为运动状态，例如由于摇动、振动或泵送等，立刻又出现流限的下限值，这便是流动状态下的流限，或者也可以说是运动流限。一旦再次静止下来，流限又会升高，经过一定时间之后再次达到其上限值。

6.2.1.2　膨润土悬浮液的支承作用

膨润土由于具有吸湿膨胀性、低渗性、高吸附性及良好的自封闭性能，国外从 20 世纪 60 年代就已经开始将膨润土用作防渗材料。土压平衡式顶管施工对加入的膨润土泥浆的一个基本要求就是它能够形成"滤饼"，可以形成与土粒内部和土粒之间，由胶结和固结的膨润土组成。这个"滤饼"可以演变为一个低渗透性的薄膜，从而可以将过量的地下水压力中的液体压力转化为土颗粒和土颗粒之间的有效应力，这对稳定地层防止顶进中的地面塌陷至关重要。

在无黏性的疏松土层及在黏性很小的土体中，例如在砂砾土中，若不采取其他辅助措施，土层由于本身极不稳定，以致在掘进机顶进之后立刻就会坍落在管壁上。对这类土体来说，膨润土悬浮液的支承作用尤为重要。膨润土悬浮液将渗入土层的孔隙内，充满孔隙并继续在其中流动。流速取决于孔隙的横断面悬浮液的流变特性及注浆压力。因此，为了在同样的压浆压力下达到相同的渗入深度，在孔隙横断面很小的细粒土层中便需要低流限的悬浮液，而孔隙横断面较大的粗粒土层则需要高流限的悬浮液。在克服流动阻力的过程中，压浆压力随着渗入深度的增加而成比例地衰减，所以相应每一种压浆压力，都有一个完全确定的渗入深度。渗入深度与毛细管的直径和压浆压力成正比，与悬浮液的流限成反比。只要悬浮液在毛细管中流动，它便处于流动状态，因而对悬浮液起作用的便是运动流限。这时悬浮液便具有溶胶的稠度。

但当悬浮液达到可能的渗入深度之后静止下来，只需经过一个很短的时间，它的流限便达到静止数值。于是悬浮液就变成了凝胶。

由于静止状态下的流限高达流动状态下的 10 倍，因而在这种情况下膨润土悬浮液便像泥浆一样充满着土层的孔隙。这样在管体四周的土层中就形成了一层密实而有承载能力的环套，其厚度即相当于悬浮液的渗入深度，如图 6-5 所示。

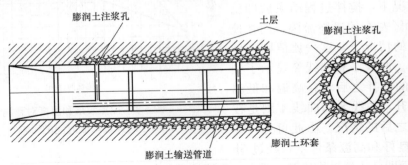

图 6-5　作为支承-润滑介质的膨润土悬浮液的压入系统

如果在这一环套和顶进管之间保持一个相当于土压力的悬浮液压力，悬浮液便承受着全部的土压力，致使土压力不再直接地，而是经由悬浮液间接地加荷于管壁。

作为使摩阻力降低到最小限度的先决条件，最佳支承作用的取得须具备下列前提条件：

1）在设计时以及在推顶过程中准确地查明土层情况，并根据筛分曲线详尽地掌握土层的颗粒分布；

2）计算出土压力，从而确定膨润土悬浮液的压入压力；

3）按基本粒径确定膨润土悬浮液的混合比，并经常进行检验；

4）正确地制备膨润土悬浮液；

5）保证在全部顶进管路上和全部顶进时间内都有膨润土悬浮液压入。

其中最重要的一点，是必须求得正确的混合比。图 6-6 中的曲线显示了悬浮液中膨润土含量与膨润土粒径之间的关系。

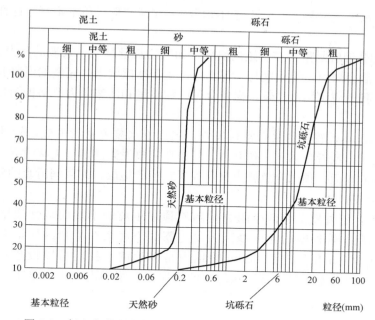

图 6-6　每立方米悬浮液中的膨润土含量与膨润土粒径的关系

所谓膨润土粒径，系指全部颗粒中按重量计算有 25％皆未超过的粒径数值（25％以下颗粒的粒径）。

必须特别指出的是，膨润土含量过低，会导致流限过低。而流限过低的悬浮液起不到支承作用，因为这样的悬浮液会毫无阻力地或只受到很小阻力地流散到土层中去，无法在管体周围形成支承环带。

图 6-6 的曲线表明，在基本粒径为 10mm 的情况下，要求悬浮液的膨润土含量为 60kg/m³ 左右，在基本粒径为 20mm 的情况下，要求悬浮液的膨润土含量为 80kg/m³ 左右，反之，在基本粒径为 2mm 时，悬浮液的膨润土含量为 40kg/m³ 即已足够。

但滑动阻力与运动流限成正比。这就是说，在每立方米悬浮液中含膨润土 60kg 时，运动流限几乎为 40kg/m³ 情况下的 5 倍，而在每立方米悬浮液中含膨润土 80kg 时，则已经高达含量为 40kg/m³ 时的 10 倍。

如果悬浮液中的膨润土含量在全部推顶距离上保持不变，那么对粗粒土体来说，由于需要悬浮液的膨润土含量较高以保证支承作用，故而所需的推顶力就会比细粒土体的情况下更大一些。

但孔隙一旦被膨润土悬浮液充满并形成支撑环带时，粗粒土体的状况将无异于细粒土体。此时在顶进过程中悬浮液中的膨润土只需要达到稳定极限所要求的最小含量 40kg/m³ 即可。

6.2.1.3　膨润土的润滑作用

顶管过程中，我们希望最大限度地降低管外壁侧向摩阻力，唯一的施工措施是在管外壁建立完整的触变泥浆润滑套。但是泥浆润滑套在管外壁的情况是肉眼看不见的。施工人员往往根据顶进阻力的变化间接推算出泥浆套的形成情况。实际施工表明：

1. 在靠近顶管机的区段，也就是在管道的前段，管外壁单位面积侧向摩阻力比较大，以后该值逐渐减小。主要是因为管道的前段泥浆润滑套形成质量不好。这种现象在粉砂地层尤为明显。

2. 注浆的浆液容易聚集在管道的底部。如果注浆量过大，浆液的压力会将管道上浮。管道的上部浆液会缺失，管外壁与上部土体产生干摩擦状态，完整的泥浆润滑套也不复存在。这就要求我们应该均衡注浆，提供合理的注浆量和注浆压力严格控制管外壁的泥浆压力均衡。

3. 很多情况下，管道的接口密封失效，洞口止水装置密封失效，管外壁的泥浆从管子接口渗漏到管内或者渗漏到工作井内，管外壁完整泥浆润滑套无法建立。整个施工将出现无序和困难的局面，顶力会急剧上升。如果在粉砂地层，泥浆润滑套的质量不同，顶进阻力会相差 10 倍以上。

4. 理论上，管外壁的侧向摩阻力是随着顶进距离的增加而线性递增的，但是实际情况并不是如此。管外壁的侧向摩阻力是与膨润土泥浆润滑套的质量密切相关。许多情况下顶进到 200m 和顶进到 600m 的顶力是接近的。我们可以设想在顶进到 200～600m 的区段，管道逐渐趋于悬浮状态，即悬浮在泥浆润滑套中。这也是顶管施工所追求的效果。

6.2.2 膨润土泥浆力学特性及其顶管中的适用性

6.2.2.1 膨润土泥浆的流变特性及调控

由于膨润土蒙脱石层片存在两种电荷，即蒙脱石片层面带永久性负电荷，端面带可变的正电荷，因此分散于水中层片微粒易缔结成卡屋式网结构，网结构内束缚大量自由水，在剪切作用下，网结构会不同程度被拆散，释放出自由水，使体系黏度下降，因此膨润土泥浆具有塑性流体和假塑性流体的流动特性。塑性流体的流动特性如图 6-7 所示。

与牛顿流体不同，塑性流体必须加一定的剪切应力才开始流动，这种使流体开始流动的最低切应力 τ_s 称为静切力，当剪切应力超过静切力在初始阶段，剪切应力和剪切速率不是线性关系（图中曲线），即此时流体不能被均匀剪切流动，而是黏度随剪切速率提高而降低，继续增加剪切速率至一定值后，剪切应力与剪切速率呈线性关系（图中直线段），即黏度不再随剪切速率提高而变化，此时流体网架结构

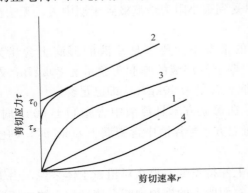

图 6-7 流体的四种基本流动模式
1—牛顿流体；2—塑性流体；3—假塑性流体；4—膨胀型流体图

被充分拆散，已不存在结构黏度，此直线的斜率称为塑性黏度（PV），直线延长线与剪切应力相交的截距 τ_0 通称动切力或屈服值（YP）。

塑性黏度、动切力、静切力是塑性流体的特征和重要参数。

1. 塑性黏度

从剪切应力-剪切速率流动曲线上可知，直线部分的斜率为 $PV = \tau - \tau_s/r$，其物理意义是：流体在层流情况下，泥浆液中的网架结构充分拆散，拆散至恢复处于动平衡时，泥

浆的固体颗粒之间，颗粒与液相之间以及连续相液体内部的总内摩擦作用力的大小。随着膨润土分散性的提高，泥浆含固量的提高，有机增稠剂的加入均会增加塑性黏度，反之提高动切力可降低塑性黏度，如：加入电介质。

2. 动切力（τ_0 或 YP）

动切力是塑性流动曲线上直线段延长线在剪切应力纵轴上的截距。它反映了泥浆液在层流情况下黏土颗粒之间，黏土颗粒与聚合物分子之间相互作用力的大小，即形成空间网架结构能力的强弱，包括网结构的密度、强度。凡是影响泥浆形成网结构的因素均影响 τ_0（YP）值，这些因素包括：

1）黏土矿物的类型和浓度，例如针状凹凸棒土、海泡石黏土泥浆的动切力比片状的膨润土泥浆高；分散性好，端面电荷高的蒙脱石分散性差，端面电荷低的蒙脱石泥浆更易形成网结构，表观黏度、动切力都会高一些；随着泥浆含固量的提高，网结构密度亦增加，动切力也随之上升。

2）泥浆中加入适量电介质如 NaCl、$CaCl_2$ 会引起泥浆分散体絮凝程度增加，因而使动切力升高，加入 MgO 可引起网结构交链，也会引起动切力、表观黏度的升高。

3）所有能拆散或降低泥浆网结构数量、强度的措施都可以降低动切力，例如加入带有多价负电荷阴离子降黏剂，降滤失量剂，使蒙脱石端面正电性反转呈负电性，从而拆散网结构，降低动切力。

泥浆的动切力是其结构黏度强弱的表现，较高的动切力具有较强的泥砂悬浮力，为了保证泥浆具有良好的悬浮泥砂能力和流动性，一般动切力控制在 3～15Pa，动切力过高会造成泵送阻力的增加，停泵后重新启动阻力增大。动切力太低则泥浆缺乏悬浮泥砂能力。

3. 静切力和触变性

静切力（τ_s）：其物理意义是泥浆在静置状态时破坏流体内部单位面积上网结构所需的剪切力，亦即泥浆在静态时要使其流动所需施加最小的剪切力，其反映了静态时泥浆所形成的空间网架结构的强度，即凝胶强度，单位为 Pa。

事实上，泥浆网架结构的建立需要一定时间，随着静置时间的延长，网架结构的数量、强度随之增加。泥浆液的这种剪切时变稀、静置变稠的特性，即触变性，反映了泥浆液网架结构建立和恢复的快慢，恢复速度快表明触变性强，反之则弱，所以泥浆的静切力或凝胶强度是一个与时间相关的参数。真正意义上的静切力 τ_s 或凝胶强度是在泥浆液网结构充分恢复状态下的极限值，这需要很长时间。显然在生产现场测定该值是不现实的，为了适应工地现场的需要，人们规定用初切力和终切力来表示静切力或凝胶强度的相对值。

初切力：规定泥浆液经充分搅拌后，静置 1min（或 10s），用范氏旋转黏度计在 3 转/min 的剪切速率下测得的切应力。

终切力：规定泥浆液经充分搅拌后，静置 10min 后测得的静切力。

初切力与终切力的差值反映了泥浆液网结构恢复的快慢，其值大小表示了泥浆触变性的强弱。

在实际工程应用中，膨润土泥浆的触变性有四种类型，如图 6-8 所示。

曲线 1：黏度恢复快——强凝胶强度，这类泥浆的触变性好，但重新启泵时阻力大。

曲线 2：黏度恢复慢——强凝胶强度，这类泥浆触变性较差。

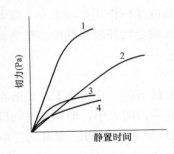

图 6-8 水基膨润土泥
浆触变性四种类型

曲线 3：黏度恢复快——凝胶强度相对较强，这类泥浆触变性好，有一定悬浮能力，泵送阻力和重新开泵启动阻力较小。

曲线 4：黏度恢复慢——凝胶强度低，这类泥浆触变性差，悬浮性亦较差。

泥浆的这种触变性特征与其网架结构密度和强度有关，网架结构在剪切作用下会不同程度被拆散，剪切作用愈强，拆散的比例愈大，这是剪切稀释作用，停止剪切后，被拆散的颗粒只有再相互接触，才能重新连接起来建立空间的定向结构，在网结构的恢复过程中需要时间。网结构密度越大，则颗粒相互接触的频率也越高，结构恢复的速度也就快。网结构的缔合强度高，则静切力也就高，因此不同的网结构密度和强度反映了泥浆的不同触变性类型，在实际施工应用中，应当选择网结构强度相对较低，而密度相对较高的泥浆以获得良好的触变性和合适的凝聚强度。

选择分散性好、ξ 电位相对较高、水化膜厚的膨润土形成的网结构强度相对较弱，网结构恢复速度相对较快，适当增加泥浆的含固量可增加网结构的密度，恢复速度也相对较快，以此可调节泥浆的触变性和凝聚强度，以满足施工的需要。

4. 表观黏度和剪切稀释作用

表观黏度又称视黏度、有效黏度，它表示在某一剪切速率下，泥浆的剪切应力与剪切速率的比值，即：

$$AV = \tau / r \tag{6-5}$$

式中　AV——表观黏度（MPa·s）；

　　　τ——剪切应力（Pa）；

　　　r——剪切速率（s^{-1}）。

对于塑性流体（或宾汉流体模式）表观黏度可表征如下：

$$AV = PV + \tau_0 / r \text{ 或 } AV = PV + YP / r \tag{6-6}$$

对于假塑性流体，表观黏度可用幂律方程（或幂律模式）来表征：

$$AV = Kr^{n-1} \tag{6-7}$$

式中　K——稠度系数；

　　　n——流性指数。

由上式可以看出塑性流体的表观黏度由塑性黏度与动切力和剪切速率所决定的那部分黏度之和，是流体在流动过程中所表现的总黏度。对于泥浆而言，它包括流体内部由于摩擦作用产生的黏度和聚合物与膨润土颗粒之间由于形成空间网架结构所引起的黏度。也就是说泥浆的表观黏度由不随剪切速率变化的塑性黏度和随剪切速率变化的网架结构黏度组成，因此具有网架结构的膨润土泥浆其表观黏度会随剪切速率提高而降低，这是一种剪切稀释作用。不同剪切速率下的表观黏度比值大小反映了剪切稀释作用的强弱，一般将剪切速率相差 10 倍的表观黏度比值称为剪切稀释指数，剪切稀释作用的强弱与网结构强度相关，也与不同剪切速率范围有关。

5. 流性指数和稠度系数

在假塑性流体模式中，指数 n 表示流体在一定剪切速率范围内偏离牛顿流体的程度，牛顿流体的 n 值为 1，即其黏度不随剪切速率变化，是一恒值，随着 n 值的变小，流体偏离牛顿性也越来越远，剪切稀释作用随之增强。n 值直接反映了泥浆液的网架结构强弱。所有能改变网结构措施都可以调节 n 值，为保证泥浆有足够的剪切稀释作用和悬浮泥砂的能力，n 值一般控制在 0.4～0.7。

稠性系数 K：与泥浆流体的黏度和切力相关，它反映了泥浆的流动性和可泵性。随着泥浆含固量的增加，黏度增加，网结构强度的提高均可增大 K 值，但是过大的 K 值，流动性、可泵性能变差，因此，为了使泥浆有良好的可泵性和悬浮泥砂的能力，K 值应保持在一个合适的范围。

膨润土泥浆的流变性能随着网结构的特性和在不同剪切速率下具有塑性流体和假塑性流体双重特性，在高剪切条件下（$>1000s^{-1}$），当网结构完全被拆散时具有塑性流体的塑性黏度特性，在低剪切速率条件下（$<10s^{-1}$）具有塑性流体的静切力特性，在中低至中高剪切速率条件下具有塑性流体和假塑性流体的剪切稀释特性。

对于水平顶管施工，不同于通常的垂直钻井，不存在钻头的高剪切环境，只有泵送的中低—中高剪切速率环境和泥浆套内的低剪切环境，因此剪切稀释作用、流动性和触变性对顶管施工泥浆是最直接相关的流动参数。

6.2.2.2 泥浆流变参数的测定

1. 漏斗黏度

漏斗黏度不能反映泥浆的流变特性，但是它可以反映泥浆的流动性、可泵性及表观黏度相对高低，因此在施工现场，仍然作为泥浆控制的便捷方法。

漏斗黏度计是一个特制的锥形漏斗（容积 750mL），下部为长 100mm，内径 5mm 的流出管，其测试方法如下：

1）左手食指堵住漏斗下口，用泥浆量杯的上端（500mL）和下端（200mL）准确量取 700mL 泥浆液倒入漏斗中；

2）将泥浆杯 500mL 一端置于漏斗口的下方，放开左手食指，同时按下秒表计时，注意漏斗保持垂直；

3）待浆液流满 500mL 量杯，同时按动秒表，记录流出 500mL 泥浆所需时间，即为泥浆的漏斗黏度，单位为 s（秒）。水的漏斗黏度为 15s±0.2s，可用于校核漏斗黏度的准确性。

2. 表观黏度、塑性黏度、动切力、静切力的测定

泥浆的流变参数是通过测定泥浆在不同剪切速率下的切应力变化来表征，范氏六速旋转黏度计（如 ZNN-6，FANN35A）是常用的泥浆流变测试仪器。

该仪器的设计为内筒与外套筒的环隙为 1.17mm，转速与剪切速率的关系为：1 转/分钟（r/min）$=1.703s^{-1}$。旋转黏度计刻度盘偏转读数 θ 与剪切应力 τ（单位为 Pa）成正比，当设计的扭簧系数为 3.87×10^{-5} 时，两者的关系可表示为 $\tau=0.511\theta$，六速旋转黏度计的六个转速与剪切速率和刻度盘读数换算成表观黏度的换算系数如表 6-3 所示。

根据表 6-3，通过用六速旋转黏度计不同转速下测得的切应力可计算出泥浆在不同剪切速率下的表观黏度、塑性黏度、动切力、静切力、剪切稀释指数等流变参数。测定方法如下：

表观黏度的换算系数　　　　　　　　　　　　表 6-3

转速(r/min)	600	300	200	100	6	3
剪切速率(s^{-1})	1022	511	340.7	170.3	10.22	5.11
黏度换算系数	0.5	1.0	1.5	3.0	50	100

将分散好的泥浆倒入泥浆杯中，把泥浆杯置于旋转黏度计测定台上，上升测定台至泥浆液面在外套筒的红线处，分别测定 600r/min、300r/min、200r/min、100r/min、6r/min、3r/min 的切应力读数，按表 6-3 黏度换算系数计算各转速（剪切速率）的表观黏度及相应剪切速率范围内的剪切稀释指数。

一般泥浆的表观黏度以 600 转速（剪切速率 $1022s^{-1}$）时测得的值表示，即：

$AV = 1/2\theta_{600}$，单位 MPa·s；$PV = \theta_{600} - \theta_{300}$，单位 MPa·s；$YP = 0.511(\theta_{300} - PV)$ 或 $0.511(2\theta_{300} - \theta_{600})$，单位 Pa。

静切力的测定方法为：

初切（$\tau_{初}$）$= 0.511\theta_3$，（静置 10s 或 1min）单位 Pa；终切（$\tau_{终}$）$= 0.511\theta_3$，（静置 10min）单位 Pa。

3. 流性指数 n，稠度系数 K 值

根据测定的切应力可计算不同剪切速率范围内的流性指数 n 和稠度系数 K。例如由 600r/min 和 300r/min 的刻度盘读数可用下述两式求得假塑性流体模式的流变参数 n 和 K 值。

$$n = 3.322\log(\theta_{600}/\theta_{300})，（无因次量）\tag{6-8}$$

$$K = (0.511 \times \theta_{300})/511^n，（Pa·s^n）\tag{6-9}$$

上两式可从幂律模式方程推导获得，根据幂律方程：

$$\tau = Kr^n \tag{6-10}$$

则：$K = \tau/r^n = (0.511 \times \theta_{300}) \times 511^n$；$\log\tau_{600} = \log K + n\log \times r_{600}$；$\log\tau_{300} = \log K + n\log \times r_{300}$

解联立方程得：

$$n = \log(\theta_{600}/\theta_{300})/\log(1022/511) = 3.322\log(\theta_{600} - \theta_{300}) \tag{6-11}$$

同样可计算得到其他转速下的 n 和 K 值。

从流变曲线可知，泥浆的 n、K 值随剪切速率范围而变化，在较高剪切速率范围偏离牛顿性相对小一些，n 值也相对大一些，K 值小一些，在低剪切速率范围偏牛顿性相对较大，n 值也相对较小，K 值则变大，即泥浆的 n 值随剪切速率降低而降低，而 K 值趋于增大。

事实上，幂律模式不能有效反映泥浆在低剪切速率环境下的流变性能，因为幂律模式方程中的剪切应力-剪切速率曲线通过原点，即不存在静切力，这与泥浆的实际流变特性不符。

郝谢尔-巴尔克来三参数流变模式修正了幂律模式，从而在更宽的剪切速率范围接近泥浆的实际流变特性，其数学表达式为：

$$\tau = \tau_y + Kr^n \tag{6-12}$$

式中　τ——（应与前述统一 τ_0）为动切力；

τ_y——通常由旋转黏度计 3r/min 测得的刻度盘读数 θ_3 相关，因此用六速等旋转黏

度计同样可测得郝谢尔-巴尔克来三参数流变参数：

$$\tau_y = 0.511\theta_3, (\text{Pa}); n = 3.322\log[(\theta_{600} - \theta_3)/(\theta_{300} - \theta_3)]; K = 0.511(\theta_{300} - \theta_3)/511^n$$

4. 泥浆的滤失量及测定

泥浆液中存在三种类型的水，即化学结合水、吸附水、自由水。在压力作用下，泥浆液的自由水向井壁、隧洞壁地层或土体孔隙渗透，固相颗粒附着在孔隙内直至堵塞孔隙形成低渗透率的阻隔层，在井壁或隧洞壁形成致密的泥饼，从而稳定泥壁，阻止地下水的侵入和泥浆的失水、渗透，即泥浆的造壁作用。

低失水量的泥浆形成的泥壁不透水性好，泥壁致密，强度高，即造壁性好，反之形成的泥壁不透水性降低，泥壁疏松，强度低，即造壁性能差，泥浆的滤失量可反映所形成泥饼的抗渗滤性，即抗渗透性高低。泥浆的滤失量与泥浆的颗粒组成有关，细颗粒多，粗颗粒少则形成的泥饼薄而致密，泥浆的滤失量低，反之，粗颗粒多，细颗粒少，形成的泥饼厚而疏松，滤失量则变大。在实际施工中，泥浆的滤失量，泥饼厚度与地层或土体的孔隙率有关，在渗透性大的地层形成的泥饼会厚一些，滤失量也会高一些，而渗透性低的泥岩、黏土层则泥饼的厚度小，滤失量低。

对于在浅表地层施工的顶管泥浆，要根据土体的孔隙率和孔隙尺寸大小来考虑泥浆固体颗粒尺寸的分布，例如低孔隙率的黏土、黏土粉砂地层，则泥浆的细颗粒可多一些，以便形成致密的泥壁。而对于孔隙率高的砾石砂质地层，流砂地层，则应考虑泥浆含有一定量粗颗粒泥浆，以利于填充较大的孔隙，防止泥浆过多流失，避免喷浆，因此泥浆的颗粒粒子尺寸的组成和滤失量应根据施工地层状况控制在合适的范围，根据经验，顶管施工泥浆 API 滤失量控制在 $<15\text{mL}/30'$，使用优质钠基膨润土，适当提高 pH，添加 CMC、PAC 等聚合物可降低滤失量。

静态滤失量的测定方法：

API 泥浆滤湿仪由耐压可密封的泥浆杯渗滤装置和压力系统组成。装置的渗滤面积为 45.8cm^2，渗滤介质为 9cm 的标准滤纸，渗滤压差为 0.689MPa，在室温下 30min 渗滤出的液体量为泥浆的 API 滤失量。

将泥浆倒入渗滤装置中至刻度（预先堵住装置滤液流出口），放上密封圈和标准滤纸，压上顶盖并顶紧。将渗滤装置插入供压装置并锁定，滤液流出口下端放置 25mL 量筒，关闭连接的气阀，将气源压力调至 0.689MPa，打开连接渗滤装置的气阀，同时按下秒表计时，保持 0.689MPa 压力渗滤 30min，关闭气阀，读取滤出液的体积，即为泥浆的 API 滤失量。

6.2.2.3　顶管现场施工泥浆性能及适应性

以上海市北京西路至华夏西路电力电缆隧道三标 DN3500 顶管工程为例。该项目顶管施工地段土层复杂，多为渗透率较高的砂质-粉砂质或流砂地层，因此要求泥浆不仅要有良好的流变性能，较低的滤失量，而且还要求泥浆有合适的固相颗粒分布和含固量以利填充砂质土层的孔隙、减少泥浆的渗透距离、较快形成致密的低渗透率泥浆套。使用的 1 号泥浆基本能满足渗透率较高土层的施工要求，其性能（泥浆的固相粒度分布）如下：

1）粗粒组分（筛分法）：将泥浆通过 200 目和 320 目筛，筛上固相经水洗烘干，测得粗粒组分，结果见表 6-4。

颗粒组分				表 6-4
泥浆含固量	密度	粒度分布（%）		API 滤失量
%	g/cm³	+200 目	200~320 目	mL/30′
10	1.05~1.06	15~18	4~5	11~12

2）细粒组分粒度分布（激光粒度分析）：将通过 320 目浆液经稀释用激光粒度分析法测定其粒度分布。

6.2.3　泥浆制备

触变泥浆是由膨润土、水和掺合剂按一定比例混合而成。其中膨润土是主要成分，水占大部分。而掺合剂对触变泥浆性能的影响极大，含量虽小，却不容忽视。

膨润土物理性能除颗粒极小外，另一个是它的水化和湿胀。膨润土配成触变泥浆时，土在水中体积膨胀，可达原来的 8~10 倍。

用于顶管的膨润土泥浆通常是触变泥浆，其作用是减少管壁与土体之间的摩擦力。为减少摩阻力，要求触变泥浆具有良好的润滑作用和支承作用。

触变泥浆的配比与膨润土微细颗粒所占的数量、膨润土的种类有关。所以实际使用的配比要经过实验室的测试后确定。

一般情况，按重量计的触变泥浆配比大致是：

水：土为（4~5）：1

土：掺合剂为（20~30）：1

掺合剂是指：碱（Na_2CO）、化学浆糊（CIVIC）、高分子化合物等。其他掺合剂如废机油、木屑、粉煤灰不在上述比例之列。

颗粒极细的膨润土，用土量可以减少，反之应该增加。加碱的作用是使钙基膨润土转化为钠基膨润土，一般加碱率是膨润土的 2%~10%。加化学浆糊的目的是提高泥浆的黏度，降低失水量和增加泥浆的稳定性，一般用于长距离顶管或遇地下水矿化较高的地层。加高分子化合物的目的也是提高泥浆的黏度，降低失水量和提高稳定性，对中短距离的顶管可以不加。

对于在砂性土中的顶管，为了防止泥浆扩散过快，应增加用土量，掺加 CMC 和高分子胶凝剂。对于粗砂层顶管，还应增加粉煤灰、木屑等。

触变泥浆制浆过程一定要严格，达到搅拌均匀。泥浆搅拌后需经 24h 静止方可使用。存放泥浆可以是池也可以是槽，根据需要而定，一般有两只，一只供浆，另一只制浆，轮流使用。掺合剂中有纯碱，应注意防护，因碱对眼睛皮肤有伤害，特别要注意对眼睛的防护。

用于顶管的触变泥浆主要依赖于泥浆的润滑和支承作用，起到减阻的效果。因使用条件不一样，有别于钻井、地下墙、钻孔桩中采用的泥浆。

配制泥浆时，浆液要搅拌充分（图 6-9），膨润土泥浆搅拌时间必须大于 30min，经过充分搅拌的泥浆抽入储浆箱进行水化反应，静置 24h，漏斗黏度大于 26s，再通过液压注浆泵压入管内，在膨润土泥浆压入以前，对储浆箱内的泥浆再一次搅拌，以减少压浆管道的阻尼。

图 6-9 泥浆搅拌系统及储浆箱

6.2.4 注浆工艺

6.2.4.1 注浆原则

只有在管外壁与土层之间形成良好性能的完整泥浆套，机壳外面才不会产生背土现象，才能使顶进阻力成倍地下降，沉降控制到最小（图6-10）。注浆应落实三条原则：

1）压浆一定要从始发洞口开始压浆，以避免管子进入土体后被握裹而引起背土的恶

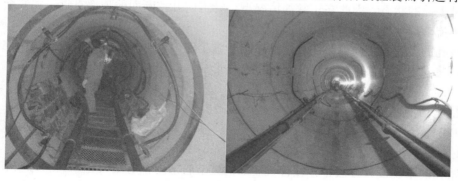

图 6-10 施工现场注浆管的布置图

劣情况。

2）机尾同步压浆，要使浆套随机头不断延伸。

3）要对管道沿线定时进行补浆，不断弥补向土层渗透的浆液量。

6.2.4.2 注浆管路系统

输浆总管由镀锌钢管和球阀、水暖管件等组成，与管节上各压浆孔接通的环形管和支管采用高压软管。触变泥浆由地面液压注浆泵通过管路压送到各注浆孔。在机头处应安装隔膜式压力表，以检验浆液是否到达指定位置，在所有注浆孔内要设置球阀。

在工作井洞口止水装置前的建筑空隙处设置 4 个注浆孔，当管道外壁进入洞内，未与土体摩擦之前就先浸满浆液。根据设计预留的法兰，在法兰上安装双层洞口止水装置。该装置必须与导轨上的管道保持同心，误差应小于 2cm。工作井洞口止水装置密封为橡胶止水法兰。在橡胶止水法兰设置之前应预埋注浆孔，以便压注膨润土泥浆（见图 6-11）。

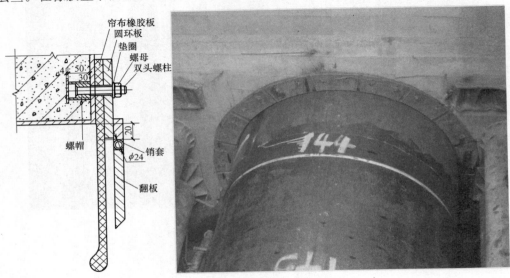

图 6-11 洞口止水装置和密封装置

注浆孔是指机头后部的压浆孔，孔不能直接暴露在土体中，否则容易被土堵塞出口，而不能形成环状的泥浆套。注浆孔一般设置在环形套筒的下面，套筒向后开口，环向连通。同一断面上一般设置 4～6 个，等距分布。不论是钢管还是钢筋混凝土管，管道在泥浆中都呈上浮的状态。因此在正常的情况下，管道向开挖断面的顶部靠近，泥浆会自动向管道底部流动。

补浆孔的设置间距与泥浆的稳定性、顶管施工速度、土质有关。假设机头的注浆是完好的，泥浆向土体的渗透已经稳定，泥皮已经形成。即假设补浆量与土质无关。

$$L = T \cdot V \tag{6-13}$$

式中 L——补浆断面的间距（m）；

T——泥浆实际失效时间（d）；

V——不利情况下的每天平均顶进速度（m/d）。

压浆孔的常规设置方法是：顶管机后面的三节管节上都有压浆孔，其后每三节管节里有一节管节上有压浆孔。压浆总管用镀锌管，除顶管机及随后的三节管节外，压浆总管上每隔 6m 装一只三通，再用压浆软管接至压浆孔处。顶进时，顶管机尾部的压浆孔应及时有效地跟踪压浆，确保能形成完整有效的泥浆环套。管节上供补压浆用预留的压浆孔，补压浆的次数及压浆量根据施工时的具体情况进行调整。

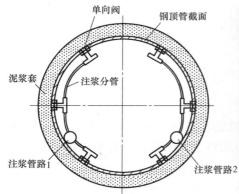

图 6-12　管节注浆孔布置

6.2.4.3　注浆压力

触变泥浆减阻的效果，除了泥浆自身的质量（泥浆掺合量以及泥浆套厚度）以外，还与注浆压力、注浆程序、注浆量、注浆孔的布置等有关。

为使膨润土悬浮液尽快地起作用，应尽量靠近掘进机尾部进行压浆。但在压浆压力较高的情况下，又不宜太靠前，以免膨润土悬浮液沿掘进机向前流出来。

膨润土管道中的压力损失，很难准确计算，因此，对于必须准确地与土压力高度保持一致的压浆压力，应直接在注射喷口上进行连续的测量。

压浆压力不宜调得过高，以免膨润土悬浮液会从注射喷口中涌出和在管口周围形成一个高度压缩栓塞，阻碍膨润土悬浮液的继续流出和扩散。

在推顶过程中，膨润土由于流散到土层中去而有所消耗。必须补充压入膨润土。

如果顶进管路被中继顶压站分成若干段，那么这时宜于仅向被推顶的管路段内压入膨润土悬浮液，而对于静止不动的管路段，则停止压送。膨润土的压入要与中继顶压站的动作协调一致。

膨润土悬浮液沿着管壁运动的方向不得与管路推顶方向相反，以免膨润土悬浮液起制动介质的作用，大大增加推顶阻力。悬浮液的补压始终要保持从后向前的方向。

管路进出口封闭时，管子接头应设置弹性滑动密封，避免悬浮液的流出弄脏工作面和破坏支承压力的形成。

要确定注浆压力，必须先知道管顶的水土压力，也就是泥浆套顶端的水土压力。

$$P_A = \gamma_w H_1 + \gamma H \tan^2(45° - \phi/2) - 2c \cdot \tan(45° - \phi/2) \qquad (6-14)$$

存在卸力拱时：

$$P_A = \gamma_w H_1 + \gamma h_0 \qquad (6-15)$$

其中

$$h_0 = \frac{D[1 + (45° - \phi/2)]}{2\tan\phi} \qquad (6-16)$$

式中　P_A——泥浆套顶端的水压力和主动力（kPa）；

γ_w——水的重力密度（kN/m³）；

H_1——土面或卸力拱以上的水柱高度；

H——管顶覆盖土高度；

h_0——卸力拱的高度；

D——管道外径；

γ——土的重度；

ϕ——土的内摩擦角；

c——土的内聚力。

　　若触变泥浆套的压力 $P<P_A$，则土体要向泥浆套坍塌，因此要求 $P>P_A$。但不能太大，太大了泥浆流失增加，遇薄覆盖层，还有可能将土面拱起，同时泥浆套扩大，用浆量大大增加。

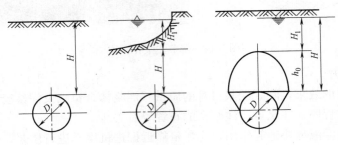

图 6-13　土压力计算图式

　　因此要求注浆压力 P 保持在下列范围：

$$P_A \leqslant P \leqslant P_A + 30 \ （kPa）$$

　　为了使触变泥浆套的压力在停泵以后仍基本不变，在泥浆出口处一定要装单向阀，以防止泥浆回流。这是保持泥浆套压力基本不变的重要措施。一旦产生回浆，泥浆套的压力迅速下降，难以维持土壁稳定。对于黏性土，虽然不致塌方，但也会促使泥浆套收缩，厚度减薄，管壁摩阻力增加。对于砂土，土体在无侧向压力的情况下坍塌，破坏泥浆套，管壁摩阻力会成倍增加。这就是同样的砂土，不同的注浆方法，管壁摩阻力相差很大的原因。

　　注浆管出口处装单向阀的措施，目前尚未广泛地注意。其原因一方面对这一问题认识不够，另一个原因是没有合适的单向阀，市场上的单向阀装上之后，很容易失灵。采用自落式单向阀安装必须垂直，泥浆顺向通过时铁球上抬，停泵时，铁球下落，在泥浆套的余压下封住回浆口，能很好地起单向阀的作用。

6.2.4.4　注浆量

　　注浆量的大小与触变泥浆的失水量大小、顶管地层的土质有关。黏性土地层，渗透系数小，泥浆不容易流失，实际压浆量可以稍大于理论压浆量。注浆量为建筑空隙的 $6\sim8$ 倍，具体应根据地质情况和顶进状况进行调整，并做好压浆记录。

　　特别地，砂性土渗透系数大，泥浆要向土体渗透。渗透量、渗透半径与土体的渗透系数有关，因此实际压浆量要根据具体情况测定。如果压浆量超过理论压浆量数倍，则应改变泥浆的配方，增加泥浆的黏度和稳定性。例如提高含土率，掺加粉煤灰、木屑，增加化学浆糊用量等。

6.2.4.5 注浆方法

在粗粒土体的情况下，只是直接在掘进机之后压入相应于基本颗粒的高含量膨润土悬浮液，而在全部后续管路上则可使用稠度低得多的悬浮液。这样便可以大大降低推顶阻力，或者也可以说是在相同的推顶力下加长推顶距离。同时还可以借此节省膨润土，并减少中继顶压站的数目。

压浆时须注意，压出的膨润土悬浮液要尽可能均匀地分布在整个管体外围，以便能够围绕整个管体形成所需的环带。因此，压浆赖以进行的注射喷口要均匀地配置在整个管壁圆周上。注射喷口的间距或数量需取决于土体允许膨润土向四外扩散的程度。注浆孔的轴向间距在 2 节管子到 5 节管子之间，最好是尽可能每隔 2 节管子即留出一些压浆孔。在渗透性很小的土体中，如密实的矿土和砂砾土，间距就必须缩小一些，在疏松的砾石土中，间距则可以相应地加大。

"先压后顶，随顶随压。"是一条很重要的压注触变泥浆的原则。如果先顶管，机头向前移动时泥浆套的容积扩大，产生抽吸作用，极容易造成洞穴的坍塌，特别是砂土。砂土坍入泥浆套，使泥浆套残缺不全，因此必须先压后顶。管道在顶进过程中不允许停泥浆泵，万一要停泥浆泵，必须先停止顶管。

6.3 顶进扰动对地层位移的影响规律及环境保护

6.3.1 地表沉降与舱内压力的关系

顶管实际工程中在不同机头压力作用下，地表变形的结果见图 6-14～图 6-16。从图 6-14 可以看出，机头压力的变化对管道轴线正上方土体的变形影响较大，随着离开顶管轴线距离的增加，影响逐渐减弱。从图 6-15 和图 6-16 可以看出，机头压力越大，地表变形的隆起值越大，其隆起的最高点距机头所在的位置越近。机头压力增大会使机头前方土体的变形增大，影响范围也增大；而对于机头后方的土体，机头压力越大，其沉降也越大，但沉降值远小于隆起值；对于机头正上方的土体，其变形量在不同的机头压力下保持

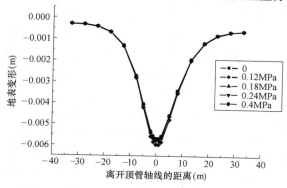

图 6-14 不同机头压力下的地表变形（横向）

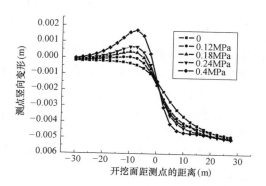

图 6-15 不同机头压力下地表测点变形

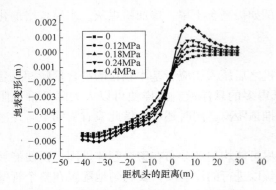

图 6-16　不同机头压力下的地表变形（纵向）

不变。

6.3.2　地表沉降与泥浆套的关系

顶管的施工过程是一个对周围土体的卸载和加载过程，其对环境及周围构筑物的影响是复杂的。各个物理量对土体位移影响的程度是不同的，在分析影响因素时，要对各个环节予以单独考虑。

1. 地表沉降与外壁摩阻力

顶管在土层中顶进，作用在管外壁表面的摩阻力，在一般的砂土和黏性土中约为 20～30kPa。如果在管道外壁与土层之间填充膨润土泥浆，将会大大降低顶管阻力，同时可减少对土体的扰动，有助于减少地表沉降。为使管外壁摩阻力降低到最低，必须使土层与顶管外壁完全被膨润土泥浆分隔开，即在顶管外壁形成一层完整的泥浆套。注浆压力、注浆的位置、注浆量对泥浆套的质量均有影响，最终表现为减阻的效果，因此，以顶管对周围土体摩擦力的大小来判定泥浆套性能的好坏。图 6-17～图 6-19 为西藏路电力隧道工程不同摩阻力下地表变形的结果。

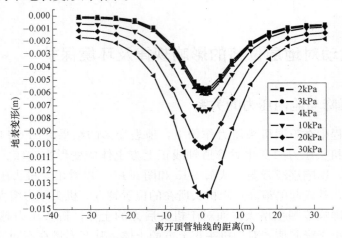

图 6-17　不同摩阻力下的地表变形（横向）

从图 6-17 可以看出，如果在顶管外侧形成质量较好的泥浆套，即顶管顶进过程中摩阻力较小，其对周围土体的扰动也较小，地表的沉降将明显减小，在顶管轴线正上方尤为明显；随着离开顶管轴线距离的增加，这种影响逐渐减弱。摩阻力越大，顶管顶进对其两侧地表土体的影响范围也越大。

从图 6-18 可以看出，摩阻力越大，顶管顶进对轴线正上方土体的影响时间越长。从图 6-19 可以看出，摩阻力越大，机头正上方地表土体变形越小，即当机头通过时，其正上方的土体沉降越小，其前方土体的隆起值也越大，对前方土体的影响范围也越大；在机头后方（0～－20m）范围内，摩阻力越大，沉降越小；机头后方 20m 处，不同摩阻力作用下地表的沉降量相同；离开挖面 20m 之后，当摩阻力较小时，沉降基本稳定，而当摩

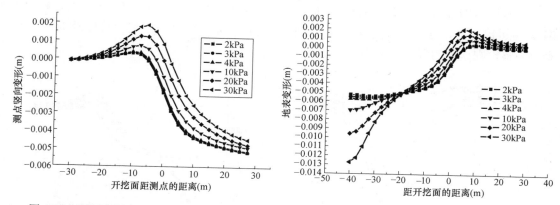

图 6-18 不同摩阻力下的地表变形（纵向）　　　图 6-19 不同摩阻力下地表测点变形

阻力较大时，沉降发展较快，且摩阻力越大，沉降值越大。

2. 地表沉降与泥浆套形状

触变泥浆减摩效果的好坏，除了与选用的浆液材料和配比有关外，还与注浆参数，如注浆孔布置、注浆压力与浆液注入量有关。对于注浆孔布置和浆液注入量，可以联合起来考虑，即以管道外壁泥浆套的不同位置来模拟。本处研究了 5 种情况，如图6-20 所示。

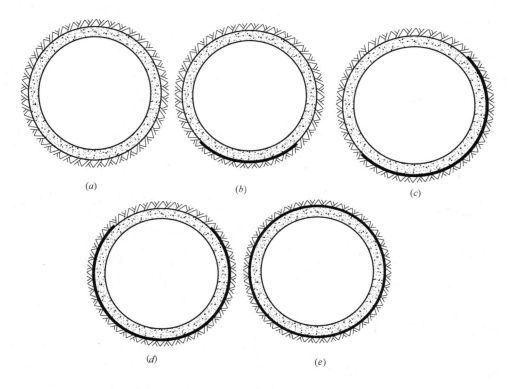

图 6-20 管壁外侧不同位置的泥浆套示意图
(a) 管壁外侧无泥浆套；(b) 管壁外侧1/4泥浆套；(c) 管壁外侧1/2泥浆套；
(d) 管壁外侧3/4泥浆套；(e) 管壁外侧完整泥浆套

　　图 6-21、图 6-22 为在管壁外侧不同位置处形成泥浆套时，地表变形的计算结果。从图 6-21 可以看出，管壁外侧泥浆套的连续性对地表沉降有重要的影响。管壁外侧的泥浆套越完整，则地表的沉降量越小。

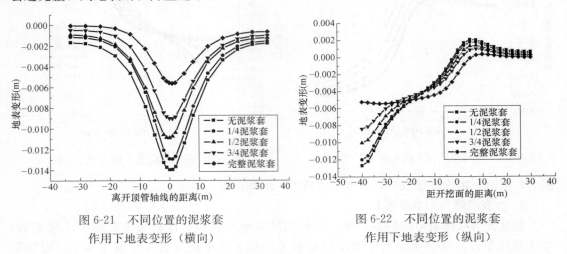

图 6-21　不同位置的泥浆套　　　　　图 6-22　不同位置的泥浆套
作用下地表变形（横向）　　　　　　　作用下地表变形（纵向）

　　图 6-23、图 6-24 为不同注浆压力下地表变形结果。从图 6-23 中可以看出，注浆压力的变化对地表变形的影响较大，当注浆压力为 0.1MPa 时，沿顶管轴线横向地表产生沉降，随着注浆压力的增加，地表沉降不断减小，当注浆压力为 0.2MPa 时，地表产生隆起。从图 6-24 可以看出，注浆压力的变化对机头后部土体影响较大，而对机头前方土体几乎不产生影响。

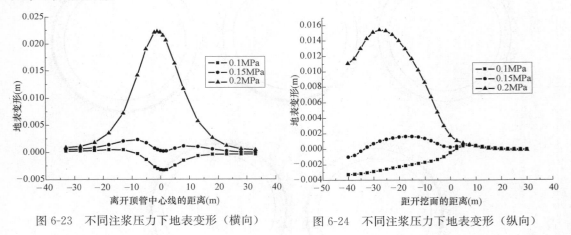

图 6-23　不同注浆压力下地表变形（横向）　　图 6-24　不同注浆压力下地表变形（纵向）

6.3.3　地表沉降与土体抗力的关系

　　顶管实际工程在不同抗力下地表变形结果见图 6-25、图 6-26。从图中可以看出，不同的抗力对管道横向方向的变形有一定的影响，而对纵向的变形几乎没有影响。由于顶管对外侧土体的抗力作用，地表横向的变形并非与顶管轴线对称；外侧地表土体的变形要小于内侧的变形；抗力越大，这种差别也越大。同时，地表沉降最大的点并不是顶管轴线正上方的点，而是偏向顶管曲线的圆心一侧。

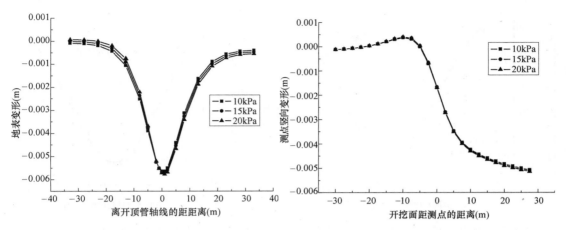

图 6-25　不同抗力下地表测点变形　　　图 6-26　不同抗力下的地表变形（横向）

6.3.4　地表沉降模式与动态预测

目前大家普遍接受和采用一个误差函数曲线来描述地面的沉降，地面沉降 S_V 的计算公式如下：

$$S_V = S_{max} \exp\left(\frac{-x^2}{2i^2}\right) \quad (6\text{-}17)$$

式中　S_V——距离顶管中心线 x 处的地面沉降量；

　　　S_{max}——地面最大沉降量（$x=0$ 时）；

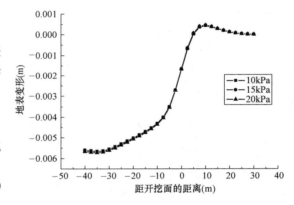

图 6-27　不同抗力下的地表变形（纵向）

　　　i——沉降曲线的标准偏差。

上式考虑的是直线顶管的情况，沉降曲线与顶管轴线对称，而曲线顶管由于顶管外侧对土体的附加抗力，其沉降曲线与顶管轴线是非对称的。根据有限元的计算结果，结合地表沉降曲线实测值，通过回归分析（图 6-28～图 6-30），可得到在曲线顶管情况下地面沉降 S_V 的计算公式如下：

$$S_V = S_{max} \exp\left(\frac{-(x-x_c)^2}{2i^2}\right) \quad (6\text{-}18)$$

式中　x_c——与顶管曲线半径有关的回归系数；

　　　S_V——距离顶管中心线 x 处的地面沉降量；

　　　S_{max}——地面最大沉降量（$x-x_c$ 时）；

　　　i——沉降曲线的标准偏差。

通过研究，找出与上述抗力相对应的顶管曲率半径，再根据以上的拟合结果，得到回归系数 x_c 与顶管曲率半径的关系曲线（图 6-31），对照该曲线拟合，可以得到二者的关系式如下：

$$x_c = -0.0165r + 1.7789 \quad (6\text{-}19)$$

对于 i 值的估计，根据上海等地区的顶管工程沉降实测资料，采用 O'Reilly 和 New

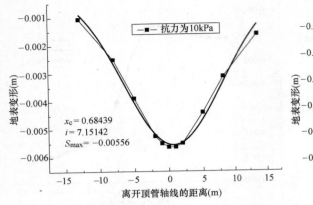

图 6-28 抗力为 10kPa 时地表变形曲线拟合

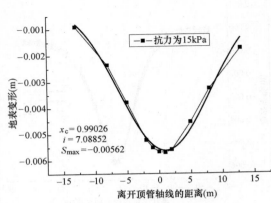

图 6-29 抗力为 15kPa 时地表变形曲线拟合

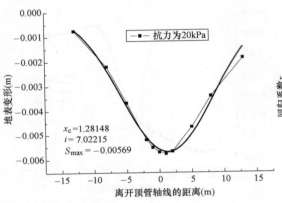

图 6-30 抗力为 20kPa 时地表变形曲线拟合

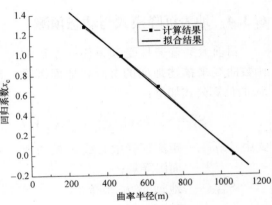

图 6-31 曲率半径 r 与回归系数 x_c

的经验公式计算的 i 值与实测值较为接近：

$$i = 0.43H + 1.1 \tag{6-20}$$

$$i = 0.28H - 0.1 \tag{6-21}$$

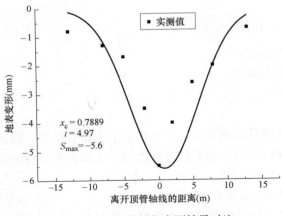

图 6-32 预测结果与实测结果对比

式（6-20）适用于黏土，式（6-21）适用于粒状土。

根据式（6-20）、式（6-21）和有限元计算结果，可分别得到 $x_c = -0.00165 \times 600 + 1.7789 = 0.7889$，$i = 0.43 \times 9 + 1.1 = 4.97$，$S_{max} = -5.6$mm，将以上数值代入式（6-18），可得地表沉降曲线如图 6-32 所示，从图中可以看出，预测结果与实测结果较为吻合。沉降最大值的误差约为 3%。

6.3.5 控制地表沉降的工程技术措施

根据以上有限元的计算结果及实际可能出现的地表不合理沉降，可针对性地采取以下一些工程技术措施。

1. 选用合适的顶管掘进机

以上海地区常见的地层为例，如淤泥质土、黏性土等渗透系数较小的土层，一般采用泥水平衡式顶管机械，地面沉降是较易得到理想控制的。目前，国内外大量的工程实践已经充分证明大刀盘泥水平衡顶管掘进机对地表的沉降控制精度最高、效果最好。对于大刀盘泥水平衡顶管掘进机，被切削的土体从主切削刀刃的缝隙中进入泥水舱，泥水舱内土体在刀盘后的搅拌棒和泥水的共同作用下破碎成为泥浆，然后操作人员通过控制泥水舱的泥水压力和泥浆密度来平衡开挖面的水土压力，使开挖面始终处于稳定状态。面板式大刀盘的切削刀的设计和布置参考了日本有关掘进机的形式，可以满足最佳的切削效果，同时使得进泥流畅，对开挖面的扰动又最小，减少穿越时因刀盘切削土体而使机头正面土体产生的挤压应力，减少对切削面以外土体的扰动，保证开挖面处于最佳的平衡状态。

其他土层中顶管掘进机的选用参见本书第4.2章节。

2. 强化对触变泥浆压浆工艺的管理，充分运用泥浆套原理

实践证明，只要在顶管管节外壁与土层之间形成良好性能的触变泥浆套，不仅会使顶进阻力成倍地下降，而且会使地表沉降和对土体扰动降低到最小。管壁触变泥浆套除了减阻作用，还起到填充因管道纠偏及管道外周附着一层黏土随顶进而形成的管道外周空隙的作用。这些空隙没有得到填实，就会引起地面沉降。从减阻角度考虑，泥浆套越厚越好。但从控制地面沉降考虑，泥浆套过厚，可能发生因地层损失引起地面沉降。理想的泥浆套应该厚度适宜，刚好能填充管壁外周空隙，形成连续状态。在把握好泥浆的配比的同时，要注重泥浆的拌制。拌制好的泥浆静置24h后，漏斗黏度应大于26s，并在使用前再次搅拌均匀。

在压浆时要着重控制如下几个方面：

1) 始发洞口的止水装置要确保不渗漏，管节接口和中继间的密封性能须良好，这些是管道形成浆套的先决条件。

2) 压浆一定要从始发洞口开始压浆，始发洞口的压浆可以避免管子刚进入土体后就被握裹，进而引起"背土"的恶劣情况。管道在背土条件下的运动将对土体产生很大的扰动。

3) 机尾的同步压浆也很重要，要使浆套随机头不断延伸，若不及时压浆，机壳外面也很容易产生背土现象，确保机尾处泥浆套形成对减少土体扰动非常的重要。

4) 要对管道沿线定时进行补浆，不断弥补浆液向土层的渗透量，不断的补浆有助于减少管道前移时对穿越对象上方土体的摩擦扰动。

5) 根据6.3的计算结果，可知管壁外侧泥浆套的完整性对地表沉降有重要影响，因此要合理布置压浆孔，以利于浆液形成环状。

6) 由于注浆压力对地表变形影响较大，因此要严格控制注浆压力。注浆压力基本维持在0.08～0.1MPa，顶进时还需根据地面变形、地下水位等因素适当调整压力和压浆量。

7）曲线段的注浆方法。由于曲线段外侧存在法向分力作用，对土体扰动和摩阻力都会增大，当掘进机进入曲线段时，要增加对曲线外侧的注浆量，尽可能形成完整泥浆套。

3. 合理制定主要施工参数

根据已有的施工经验及研究成果可知，顶管施工参数中对周围环境和邻近已建隧道隆沉变形有明显影响的是：正面水土压力、顶管顶进速度、顶管姿态等。其中顶管姿态取决于顶进测量的精度和纠偏的效果。而正面水土压力和顶进速度则比较难以确定，以西藏路电力隧道工程为例，通过对地质资料仔细研究，最后顶进速度和刀盘正面水土压力确定为：顶进速度 20mm/min；均匀慢速。

刀盘正面水土压力：水土压力设定值取机头中心位置静止土压力的 1.00～1.05 倍左右。由于电力隧道在穿越段管道设计中心平均埋设深度为 10m，故选取水土压力值为：

$$P=(1.0～1.05)×H×r=(1.0～1.05)×10×16kN/m^3=0.16～0.17MPa$$

4. 使用多组纠偏特殊管的纠偏系统

实际施工表明，对曲线顶管如果采用多组纠偏系统形成整体弯曲弧度，掘进机和随后的管节便很容易顺利地曲线行进。在西藏路电力隧道工程中，除机头本身具有的 4 组 8 只纠偏油缸外，还选用了由 6 节纠偏特殊管节组成的纠偏系统。纠偏特殊管为带凹坑的特殊管节，每节管节可附加 4 个纠偏短油泵，成 45°斜线上下方排列。当管道进入曲线段的时候，启动短油缸，并在管节接口断面设木衬垫，形成与设计相符的夹角。在施工过程中，根据轴线的变化，不断调整起曲油缸的行程。确保形成一条圆滑的弧度，减少顶管对管道附近地层变形的影响。

5. 中继间的密封处理

中继环部位的密封断面尺寸大，来回摩擦次数多，加之有纠偏的作用，要克服注浆压力情况下的抗渗漏的难度很大。当中继环密封失效时，会导致膨润土泥浆大量渗漏到管内，以致浆套无法形成，从而导致一系列严重恶果。对流砂地层，甚至会因为渗漏泥水而引起管道下沉，工程难以继续下去。如果缺乏预控措施，是无法解决问题的。因此，为加强中继环的密封效果，可采取如下措施：

1）采用径向可调整的止水装置。确保在施工中可以施加预紧力满足密封效果，或者通过调整压紧螺栓，恢复密封性能。

2）在两道橡胶圈之间设置了油脂注入孔。注满油脂，一方面减少橡胶圈磨损速度，另一方面也起到止水效果。

3）提高密封配合面的尺寸精度、表面粗糙度以及密封材料的质量。

4）设置 4 只注浆孔，顶进时进行同步注浆，以减小顶进阻力。

6. 信息化施工

信息化主要是指地表沉降、地下管线变形、建筑物变形等外部环境的监测，包括数据的采集、整理、分析和反馈。一般在顶管穿越前，先进行试验段顶进，通过信息化施工手段，如：预埋深层沉降测点或测斜管获得地层变形参数，并与顶管掘进参数进行比对，以便施工参数的优化，指导穿越过程的顶管施工。

7. 做好置换浆工作，减少后期土体固结产生的沉降、变形

顶管贯通后，要及时利用触变泥浆压注孔管道外的触变泥浆进行纯水泥浆置换、固化，从而减少管道的后期沉降。

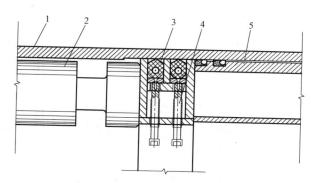

图 6-33　中继间密封构造图

1—外壳体；2—油缸；3—橡胶止水圈；4—调整螺栓；5—内壳体

6.4　穿越过程中顶管顶力的控制

6.4.1　顶管顶力与泥浆套的关系

顶管顶力与泥浆套的厚度、泥浆套与顶管间的摩擦系数以及泥浆套的施工工艺有关。当泥浆套的厚度过小且顶管的顶进偏移量大于泥浆套厚度时，顶管壁直接与周围的土体接触，摩擦系数会增大而导致顶进力增大；若顶管壁与土体斜交，则顶管在顶进的过程中必须克服扰动土体所产生的被动土压力，顶进力会更大。泥浆配比不够，则起不到很好的润滑作用。更重要的是，泥浆套的支承作用会因此失效，导致上覆土层（特别是无黏性的粗颗粒土）垮塌至顶管上而使顶力大大增加。由 $f=N\cdot\mu$ 知，顶进力与注浆压力成正比，注浆压力过大，则顶管顶力增大，但注浆压力过小，又会导致上部土层垮塌、泥浆不能有效扩散到顶管周围，而使顶管顶力急剧增大。在疏松地层中，地层失水、漏浆都很快，含水过少的泥浆套摩阻力会增加，若不能及时补充足够的泥浆，顶管顶力也会因此而增大。因此，在顶管施工中采取一切可能的措施来减小顶管偏移量和保证泥浆有足够稳定的厚度，对于减小推顶力具有重要意义。

6.4.2　顶管顶力与顶程的关系

顶管顶力似应与顶距呈线性关系，但在实际工程中，由于与顶程有关的多种因素的变化，而导致顶推力在整个顶程中呈震荡上升的趋势。以上海市西藏路电力隧道顶管工程现场试验研究结果为例，顶力随顶程变化如图 6-34～图 6-37。

6→7 节管节迎面阻力约 130t，在顶进快结束时顶力急剧上升至 900t 后急剧下降至 400t 左右，顶力整体呈较为平缓的波状上升趋势。

6→5 节管节迎面阻力约 270t，顶程初段至顶程中段顶力整体呈较为剧烈的震荡上升趋势，顶程中段最大顶力达 900t。顶程后段顶力在 800t 左右波动。

4→5 节管节迎面阻力约 130t，顶力在全程整体呈较为剧烈的震荡上升趋势，顶程末段顶力最大，达 620t。

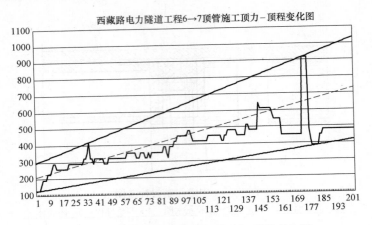

图 6-34　西藏路电力隧道工程顶力-顶程变化图

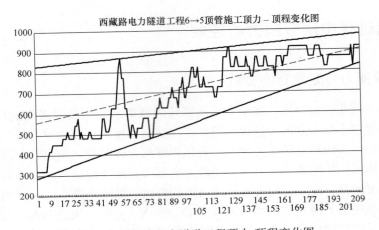

图 6-35　西藏路电力隧道工程顶力-顶程变化图

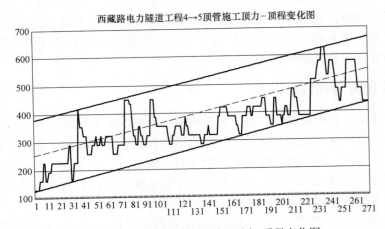

图 6-36　西藏路电力隧道工程顶力-顶程变化图

　　4→3 节管节迎面阻力约 130t，顶力在顶程初段和末段呈较为剧烈的震荡上升趋势，中段较为平稳地波动，顶程末段顶力最大，达 820t。

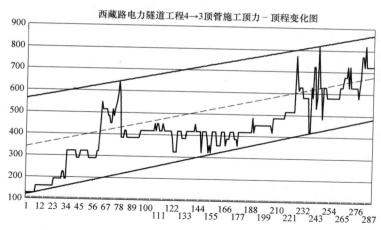

图 6-37 西藏路电力隧道工程顶力变化曲线图

6.4.3 顶进过程中顶力波动的主要影响因素及其控制

6.4.3.1 土体稳定性和地下水水位

顶程中地层的变化对顶进力的影响显著且非常复杂。在假定施工中顶进速度恒定的情况下，迎面阻力取决于地层的性质，而摩阻力则主要取决于土层的稳定性。一般情况下，随着顶进长度的增加，顶进力将随着工作面稳定性和摩阻力的变化而变化。

顶进迎面阻力随地层变化而变化，地层不同，顶管的迎面切入阻力不同。在土压平衡顶管或泥水平衡顶管顶进中，不同地层开挖面的稳定性不一样，作用在刀盘或工作舱的土压力也不一样。

在顶管施工中，除了土的摩擦系数对顶进力的影响外，土的自立能力也是个关键因素。对于粗颗粒的无黏性土来说，由于工作面的开挖造成孔隙水的负压将很快地消散，所以管道上部的土层也会在开挖之后马上或很快塌落到管道上。在细颗粒的无黏性土地层中，由于地层的渗透性比较低，地层的坍塌过程会相应延迟。但是对于黏土类地层，不但黏土颗粒细小，同时含有复杂的黏土矿物，地层的渗透性一般都小于 $10^{-8}\,\mathrm{m/s}$，土的自立时间则相当长。因此，在黏土地层中施工管道时，可以假定管道和地层之间是有间隙的，这一点和无黏性土完全不同。

一般来说，当地层的稳定系数 $N_s \geqslant 6$ 时，无衬砌隧道将会发生全面坍塌。N_s 可以通过如下公式进行简化计算：

$$N_s = (\gamma h - \sigma_T)/C_u \tag{6-22}$$

式中　σ_T——隧道内部的平衡压力（$\mathrm{kN/m^2}$）；

　　　γ——土的重度（$\mathrm{kN/m^3}$）；

　　　h——覆土厚度（m）；

　　　C_u——土的无排水抗剪强度。

在颗粒状的土层中施工时，由于地层具有膨胀性，必然会导致土拱效应的产生，地层的膨胀程度以及局部的应力状态将是决定管道是否受上部地层压力的主要因素。例如，在致密、有棱角的、粒状且具有大幅度膨胀性能的土层中施工时，作用在顶进管道上的应力要远小于在松散的风积砂层中施工时的应力，因为松散砂层中的土拱效应可能会完全失效，上部砂层会塌落到管道上。

地下水位的位置是影响地层稳定的另外一个重要因素。当在地下水位以下的地层中施工时，作用在管道上的垂直压力可以采用如下改进公式计算：

$$P_V = \gamma h_1 + (\gamma - \gamma_w) h_w + \gamma_w h_w \qquad (6\text{-}23)$$

式中　γ——土的重度；

γ_w——水的重度；

h_1——地下水位以上覆土厚度；

h_w——施工位置到地下水位的高度。

显然，地下水的变化，必然引起作用于管道位置上正压力的变化。在泥水平衡顶管机的顶进中，顶力也随掘进面水压的增加而增大。

6.4.3.2　施工停顿

顶进过程中如果停止时间过长，重新启动时顶力则会增大。由于停顿时间长，四周松土会坍落在管壁上抱实，同时水分也会从减阻浆液中离析出来，失去减阻、支撑作用，顶进阻力则会增大。施工停顿后重新启动的顶管施工会发生由静摩擦到滑动摩擦的状态转变，这样不可避免地会出现顶进力的峰值。

经过统计的顶进力记录结果显示，在经过较长时间的停顿之后，重新启动顶进时的顶力一般要比原来高 50%。

6.4.3.3　注浆润滑

在顶管施工中，注浆和润滑效果直接关系到顶力的大小。从 6.1.1 节试验可以看出，注浆减摩的效果非常显著。若注浆稳定性的波动很大，顶进力显然也会有很大变化。这里不再赘述。

6.4.3.4　管道涂层

管道表面的材质不同，和地层之间的摩擦阻力也不同，因此管道表面材质直接影响着施工中所需顶进力的大小。在施工中，总希望管道的外表面尽可能的光滑。例如，当混凝土管道外表采用树脂基的防腐体系进行涂敷处理后，顶进力将会下降。影响顶进力大小的另外一个因素即是管道表面的排水性能，如果管道表面能够提供地层（特别是黏土层）中孔隙水的排出通道，那么地层中孔隙水压力将会下降，从而导致顶进力的增大。在管道顶入之前，通常要在顶进坑中对管道的表面进行涂敷处理，这样可以非常有效地降低摩阻力和顶进力。所采用的涂敷材料其中有一种为 CCP（CLAYCAPPOLYMER）的人造阴离子型可自由流动的粉末状聚合物，可以与清水或者海水以任意比例混合，但通常采用的比例为 1∶1～1∶10。

6.4.3.5　超径比

顶管和施工中的超径比是指施工中的超挖量与所铺设管道直径的比值。其计算公式如下：

$$R = (D_s - D_p)/D_p \times 100\% \qquad (6\text{-}24)$$

式中　R——超径比；

D_s——掘进机外径（m）；

D_p——管道外径。

如果按照直径来计算，超挖量一般为 $20\sim24mm$；但是，在一些特殊情况下，超挖量已经达到 $150\sim300mm$。当采用较大的超挖量时，管道与孔壁之间的空洞必须采用注浆的方法进行充填。应该指出的是，在超挖量较大时，一定要注意采取可靠的措施控制地表的沉降。

在美国拉伯运工业大学，有人研究了超径比对顶进力的影响，采用 $200mm$ 直径的管道在砂层中做试验，研究的超径比范围为 $0\sim14\%$。试验结果表明：4% 为最优的超径比；当超径比大于该值时，顶进力维持在一个较低的水平；但当超径比较小甚至为 0 时，顶进力则急剧升高；与这一最优值对应的直径为 $1000mm$ 和 $2000mm$ 的管道在施工中的最优超挖量分别为 $40mm$ 和 $80mm$（按直径来计算）。这里要指出的是，获得这一最优值的条件是位于地下水位以上的砂层，并且考虑土拱效应；所以这里关于超径比的最优值并不一定适合于黏性土层，特别是在黏土层中进行施工时，地层的膨胀性也是必须考虑的一个因素。

以上是关于圆形管道的超径比。Takezaghi 通过对在不同密度砂层和淤泥层中顶进方形管段的顶进力测量，得出顶进方形管段的最优超径比为 1.2%，能使施工中的顶进力下降 50%。

6.4.3.6 管道直径和外表面状况

相同材质和表面状况的顶管顶力随着管径的增大而呈线性上升趋势；管径愈大，顶力愈大。

管道外表面的材质、接头的形式及对接状况对施工的顶进力都会产生很大的影响。首先管道接头的形式可能会直接提供一个力的作用面，从而增大施工中所需的顶进力。

有人就企口形接头的水泥管道和接头紧密配合的钢管道作了对比试验。尽管水泥管道和钢管道的表面摩擦系数非常接近（钢管道的摩擦系数稍小）；但是，在管道的模拟试验中，顶进力却相差非常大，水泥管道所需的顶进力约为钢管道的 $2.1\sim2.7$ 倍。这在很大程度上是由管道的接口形式不同造成的。

由管接头引起的顶进力的增加很难通过计算的方法得到，但是管接头（无台阶）处的阻力可以利用邻近区域土的力学参数计算得出。对于有台阶的管接头，由于直接提供了一个和顶进方向相反的力的作用面，假定该增加的阻力是一部分有效的迎面阻力，则可以通过下面公式进行计算：

$$\Delta P_s = A \times P_s / (D_s T_s)$$

$$(6\text{-}25)$$

式中　　ΔP_s——管道台阶引起的阻力增加（kN）；

　　　　A——管接头处台阶的面积（m^2）；

　　　　P_s——迎面阻力（kN）；

　　　　D_s——掘进机外径（m）；

　　　　T_s——掘进机的厚度。

6.4.3.7 管线方向偏离

管线方向的偏离对顶进力的影响实际上是与泥浆套的厚度紧密相关的。管线的偏离往往导致管体和周围土体直接接触，在顶进过程中直接扰动土体，偏离值越大，扰动范围越大。要计算或预测顶进力的增加幅度是比较困难的。从现有的有限数据中可以得出，垂直方向上的施工偏差导致的顶进力增加要大于水平方向的偏差。在密实的或者高固结性的地层中施工时，管线每偏斜 0.1 度，其所受的径向作用力就要增大 3 倍。

一般在始发、到达洞口处顶管姿态调整较大，纠偏次数也较多，顶力随之增加较多。

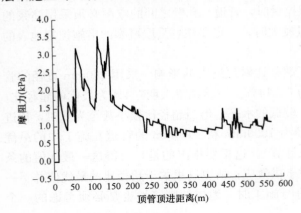

图 6-38 西藏路电力隧道工程 4→3
顶管施工摩阻力-顶程变化图

6.4.4 平均摩阻力与顶程的关系

以西藏路电力隧道工程为例，顶管平均摩阻力与顶程的关系如图 6-38～图 6-41 所示。4→3 节顶管在 100～150m 顶程段，平均摩阻力震荡较为剧烈，最大值达 3.5kPa；150m 后趋于平稳，在 1.0～1.5kPa 之间小幅震荡。4→5 节顶管在 10～75m 顶程段，平均摩阻力震荡较为剧烈，在 15m 处达最大值 8kPa 后，迅速下降至 3.5kPa 左右；200m 后趋于平稳，在 1.0kPa 左右小幅震荡。

6→5 节顶管在 10～100m 顶程段，平均摩阻力震荡较为剧烈，在 25m 处达最大值 8kPa，在 75m 处达 7kPa。100m 后趋于平稳，在 2.0kPa 左右小幅震荡。6→7 节顶管在 10～75m 顶程段，平均摩阻力震荡较为剧烈，在 25m 处达最大值 8.5kPa，其后急剧下降。75m 后趋于平稳，在 2.0kPa 左右小幅震荡。

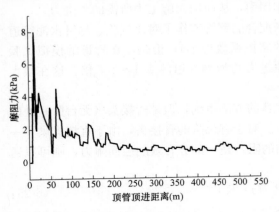

图 6-39 西藏路电力隧道工程 4→5
顶管施工摩阻力-顶程变化图

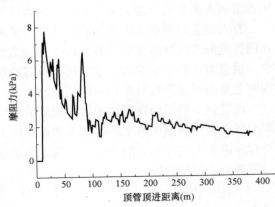

图 6-40 西藏路电力隧道工程 6→5
顶管施工摩阻力-顶程变化图

图 6-38～图 6-41 中，平均摩阻力与顶程关系来看，平均摩阻力在初始顶入段较大，最大可达 8～9kPa，且震荡剧烈，这是由于顶进初期泥浆套还未成型，施工还不太稳定（如轴线控制不太稳定）等因素造成的。初始顶入段后，由于泥浆套已经成型，且施工趋于稳定，平均摩阻力较小且仅小幅震荡，在 1.0～2.0kPa 之间，比许多直线顶管的平均摩阻力还小（见表 6-5），这说明只要在施工过程中能控制泥浆套的稳定和完整，保证泥浆的制备质量，尽量控制轴线偏差等施工因素，曲线顶管的顶进平均摩阻力不会比直线顶管大多少，甚至可以做得更好。

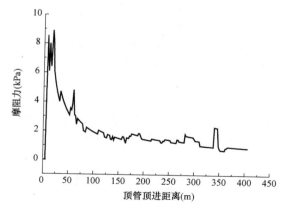

图 6-41 西藏路电力隧道工程 6→7 顶管施工摩阻力-顶程变化图

典型工程管壁摩阻力调查表　　　　表 6-5

工程名称	管径、长度 $\phi \times L(m)$	中继环使用	土质	平均阻力（kPa）	摩阻力（kPa）
武钢青山电厂取水管	钢管 $\phi2.6\times105$ $\phi2.6\times105$	无	粉细砂	6.1 4.3	
甬江越江通道顶管	钢管 $\phi2.6\times581$	6 只	粉细砂兼泥质粉质黏土	5.4	
宝钢自备电厂取水管	钢管 $\phi3.0\times161$ $\phi3.0\times165$ $\phi3.0\times167$	无	淤泥质粉质黏土	4.5 3.9 4.1	
南市水厂过江源水管	钢管 $\phi3.0\times1120$	14 只	粉质黏土	3.0	1.7～4.1
汕头自来水过海管	钢管 $\phi2.4\times1142$	12 只	淤泥质黏土	3.0	2.5～3.1
杨电联网过江管	钢管 $\phi2.4\times850$	10 只	粉质黏土与暗绿色黏土夹层	4.9	4.4～6.4
长江引水二期顶管	钢管 $\phi2.4\times836$ $\phi2.4\times916$	6 只	淤泥质黏土	2.4 3.7	
长江引水二期长桥段顶管	钢管 $\phi3.5\times1732$	18 只	粉砂,砂粒含量 93%	5.0	1.5～7.8

参考文献

［1］　周松. 上海西藏路电力隧道工程施工技术［J］. 城市道桥与防洪，2006（1）：93～95.

［2］　郑跃，丁文其，陈立生. 受顶管施工影响的土体扰动分析与实测研究［J］. 地下空间与工程学报，2010，06（05）：1015～1020.

［3］　顾杨，徐伟忠，陈晓晨，陈立生. 超大直径顶管下穿建筑物时的扰动影响测试与分析［J］. 建筑施工，2014（4）：441～443.

［4］　郑秀华. 膨润土应用技术［M］. 北京：中国地质大学出版社，2001.

［5］　黄宏伟，胡昕. 顶管施工力学效应的数值模拟分析［J］. 岩石力学与工程学报，2003，22（3）：400～406.

［6］　Thomson J C. Pipe jacking and microtunnelling［M］. The University Press, Cambridge, London, 1993.

[7]　Mohammad N，Sanjiv G. Trenchless Technology：Pipeline and utility design，construction，and renewal [M]. McGraw-Hill Professional Press，2004.

[8]　马保松，陈贵生. 顶管和微型隧道技术的发展历史 [J]. 非开挖技术，2003，20 (3)：26-29.

[9]　Clarkson T E，Thomson J C. Pipe-jacking：state-of-the art in UK and Europe [J]. Journal of Transportation Engineering. 1983，109 (1)：57~72.

[10]　日本下水道管渠推進技術協会（社）. 推進工法講座 [R]. 1999.

[11]　曹晓阳，吴学伟. 顶管施工技术在我国的历史与发展 [J]. 非开挖技术. 2005，5：34~37.

[12]　黄均龙，冯崇翊. 我国土压平衡式顶管掘进机的发展与应用 [J]. 非开挖技术，2003，20 (4-5)：94~97.

[13]　王利波. "西气东输"郑州黄河顶管工程 [J]. 建设机械技术与管理. 2005，18 (6)：24~28.

[14]　匡志文. 嘉兴污水处理排海 2050m 超长距离混凝土顶管施工技术 [J]. 非开挖技术，2002，(6)：24~27.

[15]　曹晓阳，李红兵. 顶管施工用管材的比较和应用 [J]. 中国给水排水. 2006，22 (4)：47.

[16]　Shen S L. Behavior of the pressure absorbing gasket（PAG）materials in the joint of reinforcement concrete jacking pipilines [C]. Proceedings of the International Symposium on Structural Technique of Pipeline Engineering，Beijing，1992，499~506.

[17]　魏纲，徐日庆，邵剑明等. 顶管施工中注浆减摩作用机理的研究 [J]. 岩土力学，2004，25 (6)：930~934.

[18]　沈水龙，庞晓明，蒋永勤，唐翠萍. 顶管施工中以环状泥浆护套减小顶力的方法：中国，CN1773151 [P]. 2006.

[19]　Jancsecz S，Steiner W. Face support for a large mix-shield in heterogeneous ground conditions [J]. Tunnelling 94，coference proceding，Institution of Mining and Metallurgy and British Tunnelling Society. London：Chapman and Hall，1994. 531-549.

[20]　Anagnostou G，Kovari K. Face stability in slurry and EPB shield tunneling [J]. Tunnels and Tunnelling. 1996，28 (12)：27~29.

[21]　王星华. 黏土固化浆液在地下工程中的应用 [M]. 北京：中国铁道出版社，1998.

[22]　孙钧，方从启. 城市地下工程活动的环境土工学问题（中）[J]. 地下工程与隧道，1999，(4)：7~9.

[23]　Loganathan N，Poulos H G. Analytical prediction for tunneling-induced ground movement in clays [J]. Journal of Geotechnical and Geoenvironmental Engineering，1998，124 (9)：846~856.

[24]　魏纲，黄志文，徐日庆，章瑞文. 顶管施工引起地面变形的计算方法研究 [J]. 岩石力学与工程学报，2005，24 (增)：5808~5815.

[25]　Lee K M，Rowe R K，Lo K Y. Subsidence due to tunneling：Estimating the "Gap" parameter [J]. Canadian Geotechnical Journal，1992，29 (6)：929~940.

[26]　魏新江，魏纲. 水平平行顶管引起的地面沉降计算方法研究 [J]. 岩石力学，2006，27 (7)：1129~1132.

[27]　冯海宁，龚晓南，徐日庆. 顶管施工环境影响的有限元计算分析 [J]. 岩石力学与工程学报，2004，23 (7)：1158~1162.

第7章 管幕-箱涵穿越施工控制技术

7.1 钢管幕顶进施工控制技术

钢管幕顶进的姿态控制精度和地表变形控制精度是管幕-箱涵穿越施工控制技术的关键环节。最终会影响管幕-箱涵顶进的地表变形结果。一是多根管幕对土体的扰动会产生叠加影响；二是锁扣对土体会产生扰动，带锁扣钢管幕群的顶进对土体的扰动比无锁扣的钢管幕顶进时要大；三是钢管幕的姿态控制精度将直接影响到管幕与箱涵外壁之间的建筑空隙的大小，建筑空隙的增加会导致箱涵顶进的后期沉降控制难度加大，最终影响到管幕-箱涵穿越对象的安全。钢管幕顶进施工现场如图7-1所示。

图 7-1　钢管幕顶进施工现场

7.1.1 钢管幕顶进高精度姿态控制技术

钢管幕的姿态控制包括水平、高程和管道偏转方向的姿态的控制。钢管幕是由许多独立的钢管榫接而成。当钢管幕形成后，向锁扣处注入封闭泥浆，就形成了封闭的钢管幕。理论上讲可以把矩形钢管幕的外侧水土与内侧隔离，从而改善了箱涵顶进对地表变形的影响。

钢管幕顶进的高精度姿态控制与以下因素有关：一是根据不同的穿越地层选择合适的顶管掘进机，满足开挖面的水土压力稳定。只有使得开挖面的水土压力处于平衡状态，顶管掘进机的纠偏操作才是有效的，泥水平衡管幕顶管掘进机如图7-2所示。二是建立一套可靠的测量、显示和纠偏系统。操作人员能够在第一时间掌握机头刀盘面的准确姿态，然后及时地进行姿态控制，如图7-3所示。

图 7-2　泥水平衡管幕顶管掘进机

图 7-3　泥水平衡管幕顶管掘进机操作台

7.1.1.1　RSG 激光诱导纠偏系统

在掘进机内，一般配备反射型方向诱导装置（RSG），见图 7-4。装置的两块光靶板显示在操作盘的电视屏上，在顶进中，光靶板上可同时出现三个激光光点，分别代表：顶管机本体偏移量、应纠偏量和纠偏量。

7.1.1.2　机头旋转控制

由于管幕段顶管施工一般采用带锁口的较小直径的钢管顶进，机头较小，总量轻，在顶进过程中容易产生偏转位移等情况。

管幕钢管两侧焊有锁口，对机头和钢管的偏转起到一定的阻止作用。但在实际工程顶进过程中，钢管很可能会发生旋转，即使是较小的偏转角度，也会影响后续钢管的正确锁口，可采取如下措施加以防治：

（1）设偏转传感器，使操作人员及时了解机头微小偏转情况，并采用改变刀盘转向的方法加以调整。

（2）一旦刀盘反转对调整机头偏转无效，可在机内一侧叠加配重，以达到纠正偏转的目的。在管幕工程顶管施工中，由于管间横向锁扣连接的要求，故如何防止顶进过程中机体旋转至关重要。上述措施，使顶管机在顶进切削土体时，在减少顶进面切线方向切削力的同时大大增强垂直方向的切削力，故可有效地防止机头顶进中的旋转。

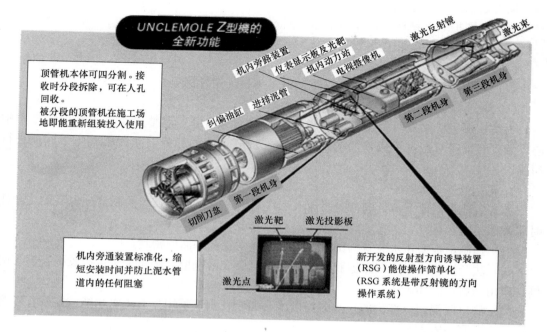

图 7-4　激光反射诱导装置图

（3）在工作井的钢管幕两侧焊接翼板，该翼板与顶管导轨形成限制偏转功能。当钢管幕两侧的翼板即将进入洞口时，切割翼板。使得钢管幕强制防偏转。

（4）为使机头纠偏能带动后续整体刚性钢管的偏转，采用再增加一组纠偏装置，形成多段可动的铰构造，在纠偏油缸的作用下，可以带动后面钢管，达到纠偏的目的。

7.1.2　钢管幕始发、到达技术

7.1.2.1　洞口土体加固

对靠近工作井段土体进行加固处理的目的是使土体具有自立性、隔水性和一定的强度。从而保证管幕钢管始发时洞口的稳定性及防水要求。加固方法有主要有深层搅拌法、旋喷法（粉喷或浆喷）、冻结法和注浆法（包括分层注浆、压密注浆、填充注浆）等。

土体加固要求有：

（1）加固、改良后的土体的无侧限抗压强度 q_u 一般在 0.8MPa 左右。

（2）始发工作井洞口土体加固区域为地下连续墙以外一般为 8m，管幕上下左右各 3m。

（3）到达工作井加固区域一般为地下连续墙以外 3m，管幕上下左右各 3m。

（4）在管幕始发和接收区域，可根据不同的地层采取降水措施，以防止始发和接收洞口土体的泥水流失。

7.1.2.2　钢管幕始发施工技术措施

1. 始发施工

在始发施工之前，需要通过探孔等手段，确认加固土体的止水性能达到设计要求，防止由于加固效果不良导致洞口泥水涌入。

顶管始发的施工方法如下：

（1）在围护墙上钻探孔，检验土体加固效果。

（2）在洞口焊接安装止水装置。

（3）分层凿除围护墙，切割钢筋。

（4）在确认洞口无钢筋和障碍物时，将机头顶进始发洞口。

（5）机头缓慢切削加固土体，直至进入原状土。

为防止掘进机始发时发生磕头现象，可采取如下措施：调整后座主千斤顶的合力中心，始发时加密对掘进机偏差的测量，一旦发现有下磕的趋势，立即用后座千斤顶进行纠偏。

2. 洞口止水装置

为有效地防止地下水、润滑泥浆流入工作井内，需要设置有效的洞口止水装置。设计时需考虑的因素有：

（1）预制钢板型止水装置与围护墙连接的强度及接触面的密封。

（2）法兰橡胶板采用帘布橡胶板，法兰为双层交错口型，避免了法兰橡胶板被钢管两侧锁口角钢剪切破坏。

（3）洞口两侧锁口部位的止水附加措施，如始发洞口采用具有止水功能的厚浆，以避免膨润土泥浆渗入到井内。

洞口止水装置及施工如图 7-5、图 7-6 所示。

图 7-5　工作井洞口止水装置钢压板

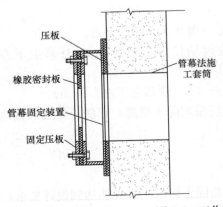

图 7-6　工作井洞口止水装置详图及安装

7.1.2.3 钢管幕接收施工技术措施

钢管幕接收的施工方法如下：

1. 钢管距接收井 20m 时，应进行贯通测量，随后的顶进应加密测量频率，使得顶管机进入接收井的贯通精度能得到可靠的保证。

2. 钢管进入接收井之前，应先行在围护墙上钻探孔，检验土体加固效果。

3. 在洞口焊接安装止水装置。

4. 机头靠上围护墙外侧后，分层凿除围护墙，切割钢筋。

5. 确认洞口无钢筋和障碍物，将机头顶进接收洞口内。

6. 迅速将首节和尾节钢管与始发、到达工作井井壁预埋钢环焊接。同时向接收洞口压住堵漏泥浆。

7. 相邻两根钢管顶进结束后，可进行锁口注浆，以满足有足够的连接强度。

8. 管幕钢管两侧的钢管均顶进完成后，可进行触变泥浆的置换，以减少地层的沉降量。置换材料可用纯水泥浆或者掺入粉煤灰的水泥浆。

7.1.3 钢管幕锁口设计与密封处理

7.1.3.1 钢管锁口设计

管幕法锁口的主要作用是增强钢管幕之间的横向连接，锁口空隙内注入固化剂后即形成水密性止水帷幕。组成管幕的材料有钢管、方形空心钢梁和预拉力方形空心混凝土梁等。钢管之间的锁口类型主要有以下几种，如图 7-7 所示，最常用的接头类型为角钢锁口。

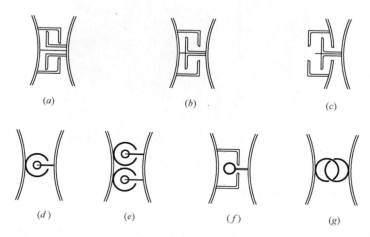

图 7-7　钢管锁口接头样式

对于圆形及马蹄形的管幕断面，锁口所形成的刚度对抑制地面变形有重要的意义，而对于大断面矩形管幕截面，根据试验结果，与钢管的纵向刚度相比，横向锁口力学作用不很明显，锁口主要起到密封止水作用。

以上海市中环线北虹路地道工程为例，工程采用双角钢锁口类型，即图 7-7 （a）、（b）两种样式。该种接头抗弯刚度较大，制作时易于加工，管幕顶进时易于控制。锁口如图 7-8 所示，图 7-9 为工程管幕锁口的照片。

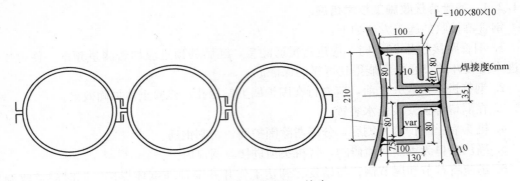

图 7-8 钢管幕锁口接头

图 7-9 钢管幕锁口照片

7.1.3.2 钢管幕锁口密封止水措施

管幕钢管之间的锁口密封性能主要取决于：

（1）管幕顶进的姿态控制精度和锁口的位置精度，为锁口注浆创造有利条件。

（2）当管幕形成后立即由管内向锁口部位注入封闭水泥浆，使得锁口满足止水要求。

可采取以下措施增强管幕止水效果：

1）管幕顶进前，在机头两侧加设注浆孔如图 7-10 所示。

2）顶进前在钢管锁口预先充填泡沫塑料（图 7-11）。

3）钢管锁口处涂刷止水润滑剂，钢管顶进时有润滑作用，后期成为有止水作用的凝胶，如图 7-12 所示。

4）锁口密封注浆采用纯水泥浆或者掺入粉煤灰的水泥浆，注浆时，严格控制水泥浆

图 7-10　锁口处注浆孔

图 7-11　锁口处充填泡沫

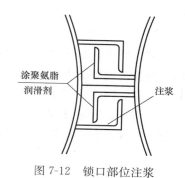

涂聚氨脂
润滑剂
注浆

图 7-12　锁口部位注浆

的注浆压力和注浆量。同时还必须预留足够的跟踪注浆孔，以便在顶进过程中对局部锁口渗漏点进行堵漏。

7.1.4　钢管幕顶进顺序

众所周知，不管采用何种顶管机械，顶管施工中都不可避免地对土体产生扰动，在钢管周围形成塑性区从而产生沉降，根据理论分析，单根管幕钢管顶进后，地表沉降槽为正态分布曲线，当整排钢管幕形成后，地表沉降槽将相互叠加（非线性叠加）。

钢管幕顶进顺序会对管幕变形、管幕的接头精度和地表沉降产生较大的影响。以下采用二维有限元程序分析不同施工顺序对上排管幕的影响，图 7-13 为有限元分析模型，图 7-14 为分析结果。从图 7-14 可见，先施工上排管幕，再施工两侧和底排管幕，后施工的管幕使上排钢管幕的挠度和沉降量明显增加，总的沉降量增加。

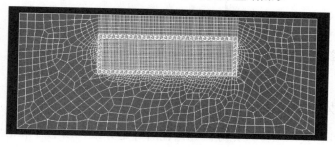

图 7-13　计算模型图

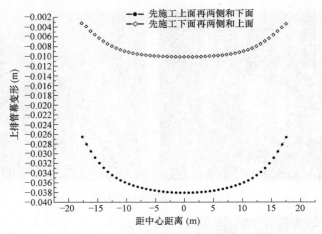

图 7-14 施工顺序引起的上排管幕变形

综上所述，对于"口"字形钢管幕，应按照"先下后上"的顺序，先施工下排钢管幕，再施工两侧和上排管幕。如先施工上排管幕，周围土体受到扰动形成塑性区而产生第一次沉降，当再施工下排管幕和侧排管幕时，将必然引起上排管幕再一次产生沉降，使地表沉降增加，管幕之间锁口精度受到影响，如图 7-15 所示。从而影响钢管幕和箱涵之间的建筑空隙，对后续箱涵顶进精度和止水效果都将带来不利影响。

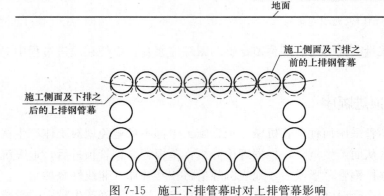

图 7-15 施工下排管幕时对上排管幕影响

但在实际工程中，应综合考虑施工工期、工作面、工艺设备、施工费用等各种复杂因素。当采用先施工上排管幕，再施工下排管幕时，应采取必要的施工措施，如跟踪注浆、预先加固等，控制扰动位移，减少上排钢管幕最终位移和地层沉降量。

7.2 管幕内箱涵顶进施工控制技术

7.2.1 箱涵始发、到达技术

箱涵始发、到达技术须经过充分研究论证后确定方案，以上海市北虹路地道工程为例进行介绍。

7.2.1.1 箱涵始发段土体加固

箱涵预制时一般需要拆除工作井内部分支撑结构。箱涵始发时，要凿除围护墙，在这两个施工工序中，土体处于稳定性最低的状态，为保证洞口土体的稳定性及止水效果，必须对工作井外侧土体进行加固。具体加固形式、加固范围应根据地质情况、周边环境等因素计算确定。

7.2.1.2 箱涵始发工艺

1. 始发流程

箱涵始发工艺一般如下：

（1）在工作井内制作顶进平台，同时，设置导向墩，并安装箱涵后靠结构。

（2）在工作井内安装主顶油缸和配套设备。

（3）在工作井内安装箱涵工具头结构部分，然后制作首节箱涵结构，并将箱涵工具头与首节箱涵组成一体。

（4）在工作井内安装箱涵工具头的驱动部分，并进行设备调试。

（5）在工作井管幕梁上安装箱涵洞口止水装置，该装置需满足与箱涵保持同轴度要求。

（6）箱涵始发前须对正面围护墙体进行拆除，可选用静力爆破、风镐凿除和切割等手段。为确保开挖面的稳定性，围护墙可采用分层分块的拆除。

（7）将围护墙的外层钢筋剥出，沿管幕内侧位置割断。同时，箱涵掘进机始发前，应清除洞口钢筋、混凝土等障碍物。

（8）将箱涵工具头顶进至洞口内，并顶住加固面，使开挖面无支撑状态时间达到最短，确保开挖面的稳定性。

2. 加固体挖掘

当采用网格工具头顶进时，加固体的挖掘工艺如下：

（1）先将网格工具头顶进加固区，这时采用大网格状态。分层分块挖掘，自上而下有序挖掘。

（2）开挖面采用液压挖掘机和人工风镐相结合的方法挖掘。土方的水平运输由土方车完成，通过后面的暗埋段运出。

（3）大、小网格的转换是始发挖掘的关键，转换过程根据实际情况决定，在网格工具头进入原状土之前，做好安装小网格和设置封门挡板的准备工作。某些工程中在大网格下即能保证开挖面的稳定性，小网格仅作为备用措施。

图 7-16　箱涵始发后网格挖除加固体

7.2.1.3 箱涵到达技术

箱涵到达接收工艺一般如下：

（1）接收井洞口外的土体也须进行加固，该加固在管幕顶进前完成。

（2）进行贯通测量，调整箱涵姿态，以便准确到达。

（3）在加固体内顶进开挖阶段应降低箱涵顶进速度，适当挖土，减小土拱效应，降低迎面土压力。

（4）箱涵接收时，接收井内部分支撑拆除。

（5）在围护墙上典型部位开泄压孔，确认箱涵到达过程处于安全状态。

（6）箱涵到达前应落实应急预案的各项措施。

（7）箱涵到达接收井内后，及时封堵箱涵周边建筑空隙，并拆除箱涵工具头。

7.2.2 特种泥浆套施工工艺

泥浆主要起润滑、支撑、止水作用，研究表明，注入合适的泥浆可显著降低顶进阻力。在大断面长距离箱涵顶进中，为形成完整的泥浆套，必须保证箱涵工具头前端及洞口处不漏浆，应采用专门的泥浆止水剂。为了改善泥浆的力学特性，顶进时达到良好润滑效果，可采用钠基特种复合泥浆。

7.2.2.1 特种泥浆材料特性研究

以上海市北虹路地道工程为例，针对软土地层土体结构及渗透性质，选用钻井行业使用的复合剂经改进后制备成特种泥浆，经反复试验研究获得 5 组不同物理性质的复合浆液供实际工程选用。

浆液流变性能参数表　　　　　　　表 7-1

浆液序号	表观黏度（mPa·s）	塑性黏度（mPa·s）	动切力（Pa）	静切力（Pa）	
				10s	10min
1 号	5.5	4.5	1	0	0
2 号	10.25	6.5	3.75	0	1.5
3 号	17.5	11	6.5	3	6
4 号	22	13	9	5	10.5
5 号	33.75	11.5	22.25	11.5	16.5

7.2.2.2 特种浆液配置

特种浆液性能参数　　　　　　　表 7-2

泥浆用途	泥浆性能						
	密度（g/cm³）	漏斗黏度（s）	表观黏度（mPa·s）	塑性黏度（mPa·s）	动切力（Pa）	静切力（Pa）	
						10s	10min
复合泥浆（支撑、润滑）	1.03	41	17.5	11	6.5	3	6
止水泥浆（防渗漏）	1.035	滴流	33.75	11.5	22.25	11.5	16.5

7.2.2.3 泥浆管路系统

泥浆管路系统如图 7-17 和图 7-18 所示。

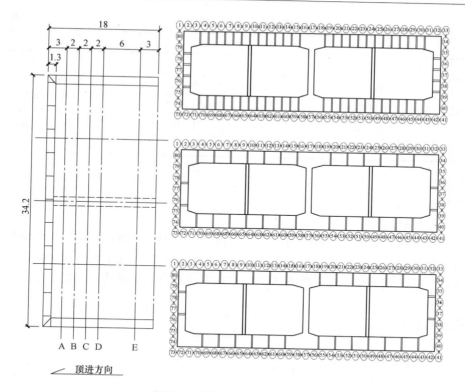

图 7-17 箱涵内部注浆孔布置

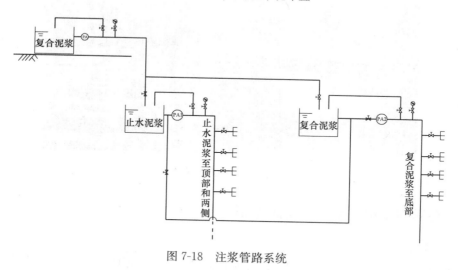

图 7-18 注浆管路系统

7.2.3 顶进阻力与油缸布置

7.2.3.1 顶进阻力计算

箱涵顶进阻力由迎面阻力和周边摩阻力组成的，计算公式如表 7-3 所示。

另外，根据实际施工经验，各节箱涵顶进中开始启动时顶力较大，约提高 10%～15%，这主要是因为经过箱涵预制期间二十几天的休止，泥浆套效果有所降低，被扰动后

191

箱涵顶进阻力计算表 表7-3

阻　　力		计　算　公　式	备　　注
迎面阻力		$F_m=Ae$	$A=$迎面面积； $A_s=$箱涵顶部面积； $A_c=$箱涵侧面面积； $A_x=$箱涵底面面积
周边阻力	箱涵顶部	$F_s=\mu_s P_s A_s=\mu\gamma H A_a$	
	两侧摩阻力	$F_{x1}=2f_c A_c$	
	箱涵底部摩阻力	$F_{x2}=\mu_c p_x A_x=\mu_x(\gamma H+P_{box})A_x$	
总顶进阻力		$T=F_m+F_s+F_{x1}+F_{x2}$	

的土体强度得到一定程度的恢复，土体与箱涵粘结力也相应增加，箱涵启动时的阻力必然增加，然后由于泥浆套的逐步完善不断地减小。

7.2.3.2　顶进油缸布置

顶进油缸的数量是通过顶进阻力经计算而得出的，油缸的布置根据施工要求确定，一般都布置在箱涵的底板部位，以便于顶进过程中顶铁的放置。为了便于箱涵的水平姿态控制，顶进油缸沿着箱涵中心线对称布置。且对顶进油缸进行编组管理，根据箱涵顶进姿态实时进行调整。

顶进油缸数量计算：

$$N=P/R$$

式中　P——顶进阻力设计值；

R——单个油缸设计顶进力。

图7-19　千斤顶布置图

7.2.4　箱涵同步顶进系统与姿态控制

7.2.4.1　液压同步顶进系统

液压同步顶进技术是一项新颖的建筑施工技术。采用固定刚性支撑、顶进器集群、计算机控制及液压同步滑移原理，结合现代化施工方法，将成千上万吨的箱涵在地面分段拼装、累积顶进到预定位置。在顶进过程中，动态控制箱涵的运动姿态和应力分布，并进行微动调节，实现箱涵的同步累积顶进和快速施工，完成人力和现有设备难以完成的施工任务，使得大型箱涵的顶进施工过程既方便快捷，又安全可靠。

大型箱涵液压同步顶进技术是为适应大型施工工程的需要而出现，和以往的大型箱涵或其他建设设施顶进技术相比，它具有科技含量高，实用性强，可靠性高的特点，具体为：①顶进箱涵的重量、顶进距离不受限制。②自动化程度高。③控制模式完备，控制策略及算法成熟。④设备体积小，顶力/自重比大。⑤适应性强，通用性好。

以下以上海市中环线北虹路地道工程为例，介绍液压同步顶进技术的构成。

1. 系统组成

箱涵液压同步顶进系统主要包括：顶进液压油缸组 14 组，每组 8 个 250t 的顶进液压油缸，液压泵源 14 套，就地控制器 7 套，同步顶进控制系统，顶进状态检测系统（容栅测距传感器，液压油缸行程传感器，油压传感器等），网络传输系统以及可视化主控系统等。系统采用网络化集中控制，由一台主控制器和七台就地控制器组成二级控制，为分层群控方式。就地控制器与主控制器联机运行，全部控制操作均在主控制器和主控计算机上进行。为了监视系统的运行状态，可连接多台监视计算机，通过交互的人机界面显示和记录系统当前的运行状态和控制参数。控制系统组成见图 7-20。

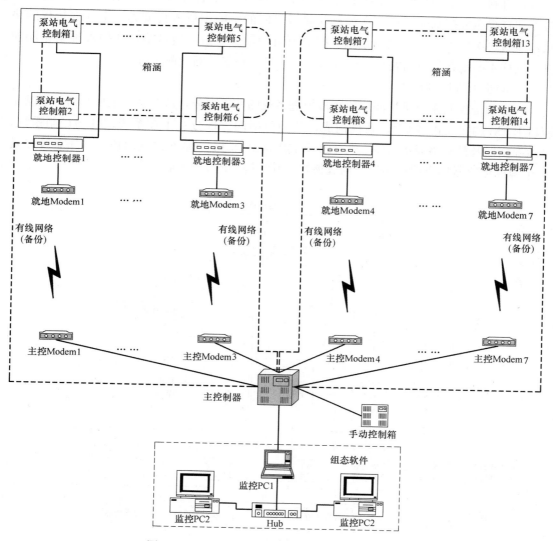

图 7-20　箱涵液压顶进计算机同步控制系统组成

在积累顶进过程中，固定刚性支撑在现场是固定不动的，为液压油缸提供反向作用力。推进器油缸组（组 1、组 2、……、组 N）的油缸 [（油缸 10，油缸 11，油缸 12，油缸 13）、……、（油缸 N0，油缸 N1，油缸 N2，油缸 N3）] 一端顶在固定刚性支撑上，另一端顶在箱涵上，依靠固定支撑提供的反向作用力，伸缸顶动箱涵前进。推进器油缸组的液压动力系统离油缸比较近，便于驱动油缸。所有的现场控制器可以根据现场条件放置在距推进器油缸组比较近的地方，便于控制。传感器组安装在箱涵横断面的两边，跟随箱涵前进。考虑到操作方便和安全可靠，主控制器单独放置，它与多个现场控制器之间采用有线网络实现数据通信。

积累顶进的过程是由计算机控制系统启动，控制所有的油缸伸缸，通过隔板推动箱涵前进，主控系统根据位移传感器组反馈的位移信号和油压传感器的压力信号进行同步控制调节，直到持续推动箱涵同步地走完一个油缸行程，然后计算机控制所有的油缸缩缸。推进器油缸组全部缩缸完成后，在油缸与隔板之间的空隙中放入长度为一个油缸行程的垫块。然后再次启动计算机控制系统，控制所有的油缸伸缸，通过垫块和隔板推动箱涵前进。这样不断地在油缸与箱涵之间放入垫块，推动箱涵不断向前顶进。

2. 同步顶进控制系统

同步顶进控制系统是箱涵液压同步顶进系统的核心部分，这套系统主要是由多个基于双口 RAM 的嵌入式多 CPU 系统构成，其中包括四大部分：主控系统、现场控制系统、泵站控制器及其网络通信系统，与 112 个液压油缸和 14 个泵站组成的顶进液压系统以及14 个容栅传感器构成的检测系统构成整体，其结构如图 7-21 所示。

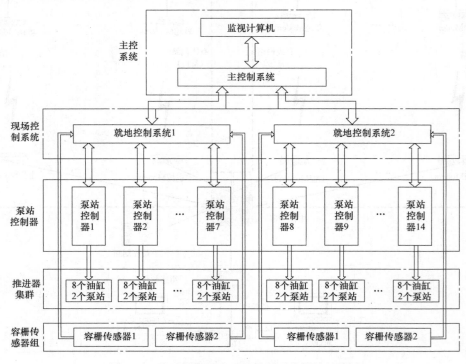

图 7-21　大型箱涵同步顶进控制系统模块结构图

主控系统是同步顶进控制系统的核心部分，主要负责控制信号采集和处理、同步控制调节以及人机信息交换。主控系统主要包括 PC 监视系统、主控制器、面板控制器和多个 Anybus 总线共享模块。

现场控制系统是同步顶进控制系统的中间控制环节，负责整个现场的控制，任务量大，控制要求高，通常一组由两个就地控制系统组成。每个就地控制系统具有两个主要功能：第一是负责就地设备的控制和管理，通过接收来自主控系统的控制信息，经过处理后发送给泵站控制器；第二是采集现场的传感器信号，包括容栅传感器的位移信号和压力传感器的油压信号。

泵站控制器主要负责现场执行机构的驱动和控制，包括伸缩缸电磁阀、定量泵电机、变量泵电机和变频器调速控制，同时与就地控制系统实时交换数据信息，主要是接收执行机构控制信息和采集现场反馈信息。

同步顶进控制系统的通信主要包括三大部分，第一是主控系统与现场控制系统之间的通信；第二是就地控制系统与容栅传感器之间的通信，第三是嵌入式多 CPU 系统中多 CPU 之间的通信。

大型箱涵液压同步顶进控制的核心技术主要包括信号采集的传感与检测、控制策略、人机界面以及电磁兼容性四部分。

3. 系统工作原理

顶进状态检测系统通过顶进液压缸行程传感器检测到每个液压缸"全伸"或"全缩"状态；通过油压传感器检测设备液压缸组的顶进油压，也即顶进力；通过布置在箱涵上下左右四个角的容栅测距传感器检测箱涵顶进的同步性。

就地控制器接收检测信号，经有线或无线网络传输到主控制器。

主控制器接收网络传输信号，一方面通过可视化人机界面显示系统运行状态，另一方面根据操作人员的意图，通过手动控制箱以及当前的工作状态形成主控指令，经网络传输到就地控制器，实现同步顶进系统的进程控制。

就地控制器根据主控指令，控制液压泵源中各种电磁阀，即控制各组液压缸的动作；同时进行变频器调速，调节各组液压缸的运动速度，以保证箱涵顶进的同步。

4. 控制策略

全部顶进液压缸上都安装有行程传感器，检测每个液压缸"全伸"或"全缩"状态，用容栅测距传感器测定箱涵四角的位移。全系统顶进液压缸的同步控制策略为：

（1）所有液压缸缩缸至"全缩"状态；

（2）以一组液压缸为主令点，其余液压缸组根据同步误差调节顶进速度，进行伸缸同步跟踪；

（3）当任一液压缸伸至"全伸"状态，所有缸停止伸缸；

（4）网络化的远程集中控制。

箱涵顶进过程中需要进行顺序为动作控制、协调控制、姿态控制、受力均衡控制及自动操作控制，系统控制范围很大，输入、输出信号多。液压油缸集群控制所传递的信息多为短帧信息且信息交换频繁，要求有较高的实时性、良好的时间准确性和有较强的容错能力。为提高系统的可靠性、准确性，必须采用网络化的集中控制方式。网络化集中控制将箱涵推移过程的监视和控制传输到地面进行，其优点在于：

（1）控制可靠性高、准确性好，各分系统能充分协调工作；

（2）操作人员在地面即能完成监视和操作，方便简单；

（3）具有良好的监视特性，网络化集中控制可通过多台计算机同时监控顶进系统运行情况、箱涵测控点位移曲线、顶进负载大小、推移进程等参数；

（4）通过直观的人机界面，施工管理人员在地面即能观看箱涵的推移过程，体现了技术的先进性。

箱涵顶进控制系统信号传输如图 7-22 所示。控制系统中每个就地控制器控制 2 组泵站（每组泵站包含一个定量泵和一个变频泵）和 2 组液压缸组（每组液压油缸组包含 8 台液压油缸及其电磁阀等控制部件）；就地控制器接收从相应传感器输入的液压缸状态、油压、测量点位移等数据，同时与主控制器进行数据通信，向主控制器发送液压缸状态、油压、位移、当前步序号反馈、PWM 值以及报警等信号；又从主控制器接收控制步序号、位移差值、PID 初值及增益、变频泵 PWM 手动值等控制信号；再通过数据分析处理，向每组泵站和阀组、变频器输出控制信号。通过网络化的集中控制，能够将众多的测量信号和控制信号进行很好的协调，使控制效率和可靠性得到极大提高。

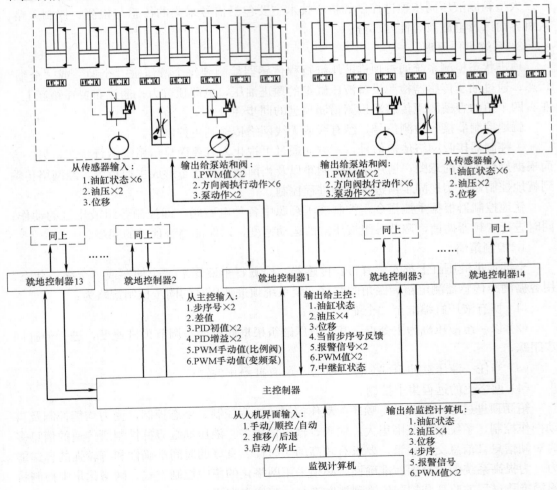

图 7-22　顶进控制系统信号传输

集中控制系统中的通信网络负责把整个箱涵顶进系统的各个部分连接起来，物理连接采用星形网络。星形网利用中央结点可方便地提供服务和重新配置网络；任何一个连接只涉及中央结点和一个站点，单个连接点的故障只影响一套设备，不会影响全网，因此容易检测和隔离故障，便于维护。

5. 可视化人机界面

人机界面是液压顶进控制系统的重要组成部分，直接负责人机信息交流。控制系统的运行状态通过界面显示传递给操作者，实现从控制系统到操作者的信息传输。操作者通过操作面板和人机界面操作控制系统，将决策信息传递给设备，实现从操作者到控制系统的信息传输。该人机界面通过 PC 机的 USB 串行口与主控系统有着良好的通信功能，通过这一人机界面可以实现控制系统软件的模块化设计、调试，同时可以监视控制系统的运行，并实时地对控制系统的运行做出调节和控制。人机控制界面见图 7-23。

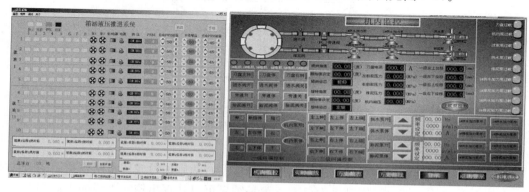

图 7-23 箱涵液压同步顶进系统人机界面

软件部分主要包括组态软件，主控制器的控制程序。主控部分的功能：

（1）由监控计算机或手动操作箱发出对液压系统的控制指令（泵电机的启停，液压油缸的动作步序，坐标差值反馈，变频泵调节值，PID 调节值等）；

（2）接收就地控制器返回的数据（当前运行状态，坐标值，液压油缸位移值，负载行程值，泵油压信号，比例阀 PWM 值等）；

（3）用组态软件在 PC 机或工控计算机上形象地显示各种数据，直观地反映当前系统的状态。组态软件（HMI-Human and Machine Interface）是一种工业实时监控的控制软件，它具有动画效果、实时数据处理、历史数据和曲线并存功能，同时具有多媒体功能和网络功能。

在箱涵顶进过程中，液压顶进控制系统不仅具有高效、可靠的同步调节能力，实现箱涵姿态和速度控制，而且实时控制能力比较强。大型箱涵液压同步顶进系统为管幕法箱涵顶进施工奠定技术基础。

7.2.4.2 箱涵姿态控制

箱涵顶进中姿态控制包括水平向姿态及高程姿态控制。在始发阶段水平姿态由顶进平台两侧的导向墩限位装置实现，在正常顶进段，通过液压同步顶进系统、底排两侧主顶进油缸的纠偏以及通过两侧开挖面网格的挖土方式来调整。对箱涵的高程控制，箱涵顶进普遍具有向下叩头的趋势，这正是顶进所期望的箱涵贴着底排管幕顶进的姿态。

1. 水平姿态控制

开始顶进时，箱涵在顶进平台上顶进，极易发生方向偏差，开始顶进段的姿态对后续箱涵顶进的影响极大，因此，必须在箱涵始发时，控制好顶进方向，利用设置的导向墩，控制箱涵的顶进方向，避免发生误差。导向墩的设置如图 7-24 所示。

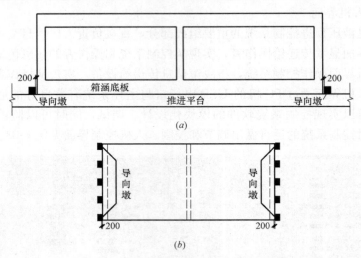

图 7-24　导向墩布置图
(a) 导向墩剖面图（横断面）；(b) 导向墩平面布置图（俯视）

箱涵进入土体后，水平向的姿态控制通过调整左右两侧顶力或调整网格挖土的方法实现。根据对首节箱涵切口及尾部平面偏差的测量结果可以计算出箱涵中线的平面偏差及转角，据此结果进行纠偏，如使左侧顶进量增大可使左边的油缸伸长量加大或者左侧适量挖土，纠偏的原则是勤测勤纠、微量纠偏。

2. 高程姿态控制

箱涵姿态控制包括箱涵"叩头"和"抬头"两个方面的控制。当箱涵进入管幕内部时，由于管幕的作用，只要箱涵切口处没有集中力作用，底排管幕不产生沉降，箱涵"叩头"的可能性较小，这是管幕内箱涵顶进的优点。因此，主要是计算和控制箱涵顶进中"抬头"现象的发生，尤其是第一节箱涵的"抬头"现象。

7.2.5　箱涵顶进地表变形控制技术

箱涵顶进时，管幕能分担一部分上覆土压力，切断滑动面传递路径，有利于稳定性；箱涵上、下切口挤土充分发挥了土体的抗剪强度，改变了主应力方向，对开挖面稳定性产生非常有利的影响；管幕形成封闭的水密性空间，切断了地下水的通道，使得管幕内有限的自由水沿着开挖面自由排出并不会对开挖面的稳定性产生过大的威胁，排出水后，土体强度一定程度上得到提高。箱涵顶进地表变形控制技术，以上海市中环线北虹路地道工程为例进行详细说明。

7.2.5.1　箱涵开挖面稳定性控制技术

由于管幕内软土没有加固，箱涵开挖面稳定性主要由通过专门设计的网格维持；为提高稳定性储备，在大网格内设置能够安装可装拆的小网格，灵活控制网格的开口率。

7.2.5.2 箱涵开挖面稳定施工工艺

由于开挖面多是淤泥质黏土，呈饱和状态，为增强开挖面稳定性。采取的针对性措施如下：

（1）网格工具管的设计是在大网格内设置可装拆的小网格。大网格上下分为3层，竖向分为8块，共计24块。小网格在始发时不安装，进入原状土后可根据实际情况进行加装，最小可分为87cm×84cm的网格，轴向长度为80cm。在网格工具管的四周呈喇叭口状起到压缩土体和稳定开挖面的作用，箱涵顶进过程中将前方土体挤入网格内，由后方小型履带式挖掘机挖土。

（2）当一节箱涵顶完后，再浇筑第二节箱涵时，开挖面通常需等待35天的时间，在这时就必须把网格内的封门板全部插上。

（3）当箱涵挤土顶进时，地表隆起到一定量时，适当挖除网格内的土体，地表即产生沉降，根据监测结果，调节挖土工况可较准确地控制地表变形。调节注浆压力也可调节地表变形。

7.2.5.3 泥浆固化工艺

当箱涵顶进结束后，通过注浆孔向箱涵与管幕的间隙内注入纯水泥浆，在箱涵周围形成水泥浆套承担周边的荷载。箱涵四周每隔6m设置一道注浆断面，水泥浆注入仍采用该注浆孔，通过地面的实时监测反馈，控制注浆压力和注浆量。以稳定箱涵的后期沉降。待水泥浆凝固后，相当于每隔6m即形成一道横向支撑梁，即使梁之间有部分泥浆未固化，由于管幕作用，可以把荷载传递至箱涵而不至于引起较大的工后沉降。

参考文献

[1] 周松，杨俊龙，葛金科. 软土地层大断面管幕-箱涵施工技术 [J]. 岩土工程界，2006，（02）：30～32.

[2] 山添喬，余村仁，高原好孝，池田亨，藤田義教，安藤進. 近畿自動車道松原海南線桧尾工事—ESA工法による大断面ボックスカルバートの推進施工 [J]. 土木施工，1991，32（12）：1～12.

[3] 金子益雄，柴田一之，加藤建治. フロンテジャッキング工法による高速自動車道直下の大断面トンネルの施工—大成田線トンネル工事 [J]. 土木施工，2003，1（4）：2～10.

[4] Musso G. Jacked Pipe Provides Roof for Underground Construction in Busy Urban Area [J]. Civil Engineering—ASCE，1979，11（49）：79～82.

[5] Bito，Yasuhisa. Construction Methods of the Structures Passing Through Under Railway Lines [A]. Japanese Railway Engineering，1987，4（26）：6～9.

[6] Coller P J，Abbott D G. Microtunneling techniques to form an insitu barrier around existing structures [A]. In：High Level Radioactive Waste Management - Proceedings of the Annual International Conference [C]. Las Vegas，NV，USA，1994，（2）：386～394.

[7] Tan W L. Ranjith P G. Numerical Analysis of Pipe Roof Reinforcement in Soft Ground Tunneling [A]. In：Proc. of the 16th International Conference on Engineering Mechanics [C]. ASCE，Seattle，USA，2003，（in CDRom）.

[8] Satoh S S. Furuyama Y M，Endoh. T. Construction of a Subway Tunnel Just Beneath a Conventional

Railway by Means of Large-Diameter Long Pipe-Roof Method [A]. North American Tunneling [C]. A. A. Balkema, 1996, (1): 473～481.

[9] 张春生，刘蕴琪. 采用管棚法穿越公路的隧洞工程 [J]. 华东水电技术，1998，1：28～32.

[10] 陈赐麟. 管棚法浅埋暗挖工艺穿越铁路 [J]. 市政技术，1998，2：50～55.

[11] Fang C Q, Li X H. Prediction of Ground Settlement Induced by Pipe Jacking in Shallow Underground Soils [J]. J. Journal of Jiangsu University of Science and Technology (Natural Science), 1999, l20: 5～8.

[12] Xiao S G, Xia C C, Zhu H H, Li X Y. Vertical deformation prediction on upper pipe-roof during a box culvert being pushed within a pipe-roof [J]. J. Chinese Journal of Rock Mechanics and Engineering, 2006, 25 (9): 1887～1892.

[13] 熊谷镒. 台北复兴北路穿越松山机场地下道之规划与设计 [J]. 福州大学学报（自然科学版），1997，25（增）：56～60.

[14] Yamazoyi T, Yomura J, Takahara Y, et al. The application of ESA construction method in Kayio project of Matubara Kayinan Line [J]. Civil Construction, 1991, 32: 2～12.

[15] Robert N C. Software Engineering Risk Analysis and Management [M]. New York: McGraw-Hill Book Company, 1989.

[16] Kaneke M, Sibata Y, Katou K. The construction of large section tunnel under highway using FJ method in Oosawa Narita Line [J]. Civil Construction, 2003, 41: 2～9.

[17] Kim J Y, Park I J, Kim K G. The study on the application of new tubular roof method for underground structure [J]. Tunneling Technology, Symposium (Korean), 2002, 3 (4).

[18] 袁金荣，陈鸿. 利用小口径顶管机建造大断面地下空间的一种新手段—管幕工法 [J]. 地下工程与隧道，2004，(1)：23～26.

[19] 魏纲，徐日庆，郭印. 顶管施工引起的地面变形计算方法综述 [J]. 市政技术，2005，23（6）：350～354.

[20] 马锁柱. 大直径超前管幕施工沉降试验研究 [J]. 铁道工程学报，2006，6：64～66.

[21] 姚先成，潘树杰. 管棚支护技术在超浅理隧道施工中的应用 [J]. 施工技术，2004，23（10）：43～44.

[22] 刘辉. 浅埋暗挖法修建地下工程应用分析 [J]. 铁道工程学报，2005，86（2）：38～40.

[23] Tan W L, Ranjith P G. Numerical Analysis of Pipe Roof Reinforcement in Soft Ground Tunneling [C] \\ In: Proc. of the 16th International Conference on Engineering Mechanics, ASCE, Seattle, USA, 2003.

[24] Shimada H, Khazaei S, Matsui K. Small diameter tunnel excavation method using slurry pipe jacking [J]. Geotechnical and Geological Engineering, 2004, 22 (2): 161～186.

[25] 万敏，白云. 管幕箱涵顶进施工中迎面土压力研究 [J]. 土木工程学报，2007，40（6）：59～63.

[26] Vafacian M. Analysis of soil behavior during excavation of shallow tunnel [J]. Geotechnical engineering, 1991, 22 (2): 257～267.

第8章 小半径曲线穿越施工控制技术

8.1 急曲线盾构施工控制技术

工程实践表明，小半径曲线隧道盾构施工存在以下难点：（1）急曲线隧道轴线比较难以控制；（2）管片易出现破损开裂错台等质量问题，会导致隧道漏水和漏浆事故；（3）测量工作难度大；（4）隧道整体因侧向分力向弧线外侧偏移，纠偏量较大，增加了对土体的扰动，易发生较大的沉降量；（5）纠偏难度大，盾构在急曲线段掘进，纠偏过大，一方面会使盾构内壳刚体对衬砌产生很大的集中荷载，导致管片内力激增，混凝土开裂破坏；另一方面会使盾构壳体与周围土体产生单边挤压和剪切，引起土体损失和地面沉降；（6）盾构在曲线段推进时，盾构姿态的不断变化会产生较大的地层损失。

由几何原理可知：多边形的边越多，则越接近于圆；而在边数相同的情况下，正多边形的面积最大。由此推断盾构在曲线段推进中，每环可分为均匀的 n 个小段，可以计算出每段推进和转向的纠偏量 δ，并可将地层损失减少 n 倍（图 8-1），其 n 次纠偏的地层损失为：

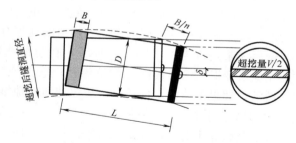

图 8-1 盾构在曲线段掘进示意图

$$V = \frac{2LDB^2}{nR} \tag{8-1}$$

式中 　L——盾构机长度；

　　　　D——盾构机直径；

　　　　B——管片环宽度；

　　　　R——曲线段的曲率半径。

由盾构姿态调整所形成的外侧挤压区对临近地铁隧道的隆起影响显著，故采用铰接盾构预先调整盾构姿态，以减少对临近地铁隧道的扰动。

盾构数值模拟需要考虑地层损失的影响，所谓地层损失是指隧道施工中实际开挖土体的体积与竣工后隧道体积之差。盾构推进过程产生的土体沉降主要是由地层损失引起的。Lee 等（1992）引入间隙参数 GAP 来描述地层损失，根据 Lee 等的定义：

$$GAP = G_p + U_{3D}^* + \omega \tag{8-2}$$

式中 　G_p——物理间隙，在圆形隧道中通常是指盾构机械的最大外径与隧道管片外径之差；

U_{3D}^{*}——由于开挖面应力释放导致土体的三维弹塑性变形；

ω——人为施工因素产生的土体损失。因为土压平衡盾构可以很好地控制压力舱的压力值，U_{3D}^{*} 基本可以忽略。

通常导致地层损失的因素如下：

1）开挖面土体移动。当盾构掘进时，开挖面土体受到的水平支护应力小于原始侧向力，开挖土体向盾构内移动，引起地层损失而导致盾构上方地面沉降；当盾构推进时，如作用在正面的土体推力大于原始侧向力，则正向土体向上、向前移动，引起地层损失（欠挖）而导致盾构前上方土体隆起。

2）盾构后退。在盾构暂停推进中，由于盾构推进千斤顶漏油回缩而可能引起盾构后退，使开挖面土体坍落或松动，造成的地层损失。

3）土体挤入盾尾建筑空隙。由于盾尾后面隧道外周建筑空隙中压浆不及时，压浆量不足，压浆压力不恰当，使盾尾后周边土体失去原始三维平衡状态，而向盾尾建筑空隙中移动，引起的地层损失。

4）改变推进方向。盾构在曲线推进、抬头推进、叩头推进或纠偏过程中，实际开挖面不是圆形而是椭圆，因此引起的地层损失。

5）在土压力作用下，隧道衬砌产生的变形也会引起少量的地层损失。

6）盾构挤压扰动的影响。开挖、掘进时都不同程度地对土层产生挤压扰动。当盾构掘进遇到弯道以及进行水平或垂直纠偏时，也会使周围的土体受到挤压扰动，从而引起地表变形，其变形大小与地层的土质及隧道的埋深有关。

壁后注浆是盾构施工的关键环节，在急曲线盾构施工中尤其重要，其目的主要有：①防止地层变形；②提高隧道的抗渗性；③保证管片衬砌的早期稳定性，使外力作用均匀。通常，如果土体稳定性较好，盾尾建筑空隙维持时间较长时，则无需要求壁后注浆一定与盾构掘进同时进行。但是，当地层是不稳定的均粒系数小的砂质土、含黏性土少的砂、砂砾及软黏土时，应在盾构推进的同时就向盾尾建筑空隙中注入浆液，即采用同步注浆法。注浆压力的大小、注浆量的多少直接影响地表的沉降与否，盾构数值模拟中有必要考虑注浆的影响。

8.1.1　土体损失率影响及其控制区间优化

急曲线盾构隧道施工造成的地层位移中反应敏感的因素包括盾尾建筑空隙、推进速度、注浆压力、管片拼装、注浆材料等，在 FEM 数值模拟计算中可归纳为土体损失率和壁后注浆压力。其中，导致地层损失的因素包括开挖面土体移动、盾构后退、土体挤入盾尾建筑空隙、改变推进方向、隧道衬砌产生的变形、盾构挤压扰动的影响等；注浆压力则直接对土体及隧道管片产生力学作用引起结构变形、土体位移。注浆量的多少对地表的沉降影响较大，盾构数值模拟中有必要考虑注浆压力、注浆量的因素。

8.1.1.1　扰动位移及其控制

考虑土体损失率 $\{2.6‰，6.0‰，9.1‰，10.2‰，11.2‰\}$，FEM 模拟计算获得隧道底板上浮、顶板沉降位移的最大值变化如图 8-2 所示。

图 8-2 所示结果为注浆压力等于 15％覆土静载荷、不同土体损失率（2.6‰、6.0‰、9.1‰、10.2‰、11.2‰）条件下双线盾构掘进过程土体竖向位移变化汇总。可以看出：

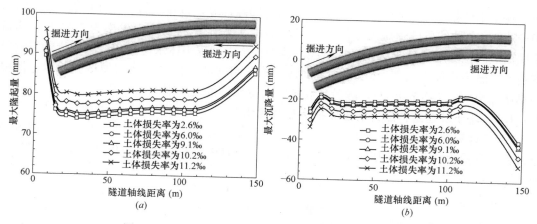

图 8-2 双线掘进过程土体位移变化（不同土体损失率）

1) 土体损失率变化对扰动位移有显著影响，土体竖向位移随着土体损失率增大而增大；

2) 注浆压力等于 15%覆土静载荷、土体损失率为 2.6‰~11.2‰范围变化时，双线掘进完成后土体的最大隆起量在 73.93~96.01mm 范围之间变化，最大沉降量在 17.39~52.25mm 范围之间变化。

盾构隧道施工全过程顶底板土体竖向位移峰值随土体损失率变化如图 8-3、图 8-4 所示。

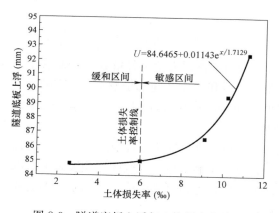

图 8-3 隧道底板上浮与土体损失率关系

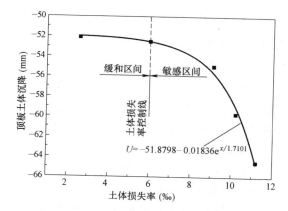

图 8-4 隧道顶板下沉与土体损失率关系

可以看出，土体损失率越大，隧道底部上浮量越大，同时隧道顶部及地面下沉量也越大，土体竖向变形与土体损失率呈幂指数关系。尤其值得注意的是当土体损失率小于 6‰，随土体损失率增大隧道竖向位移增加缓慢，但土体损失率大于 6‰时，土体损失率增大会导致隧道竖向位移急剧增加，工程建设中应引起足够重视。

盾构在曲线段推进时，盾构姿态的不断变化会产生较大的地层损失。根据以往研究，n 次纠偏的地层损失实例如下：

宁波轨道交通 1 号线东环南路站至天童庄车辆基地出入段线盾构段，起讫里程为 RK0+146.934~RK0+800，入段线长 653.066m，最小曲线半径 300m，线间距 10.7~12m。盾构机长度 $L=10$m，直径 6340mm，管片环宽度 1200mm。按式（8-1）计算，曲线段施工土体损失率增加量为 1.93‰。按盾尾间隙计算，直线段施工土体损失率 3.46‰，半径 300m 急曲线段隧道施工土体损失率增加 1.93‰，总的土体损失率为 5.39‰，隧道顶底板竖向位移增量处于缓慢增加阶段。若考虑施工过程土体水位变化、纠偏扰动影响导致直线段隧道土体损失率≥6‰，则急曲线段施工引起的土体损失率增加将使总体土体损失率增大至 8‰（甚至更大），隧道顶底板竖向位移将进入急剧增加阶段。

8.1.1.2　基于隧道结构应力的土体损失参数优化

FEM 计算获得土体损失率 2.6‰、6.0‰、9.1‰、10.2‰、11.2‰ 条件下隧道掘进全过程管片最大 Mises 应力分布、最大 Mises 应力随土体损失率变化如图 8-5 和图 8-6 所示。

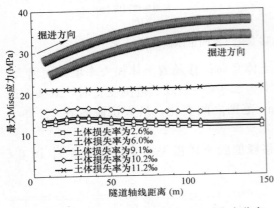

图 8-5　隧道掘进过程管片最大 Mises 应力分布　　　图 8-6　Mises 应力随土体损失率变化

结果显示，隧道施工过程中管片等效 Mises 应力与土体损失率呈幂指数相关关系，土体损失率增加则 Mises 应力增大。总体上可以划分为缓和变化区间和敏感区间，如图 8-6 所示。当土体损失率小于 8‰时，随土体损失增加 Mises 应力缓慢增大；当土体损失率大于 8‰时，随土体损失率增加 Mises 应力急剧增大。

比较图 8-3、图 8-4 和图 8-6，综合考虑急曲线隧道掘进对周边环境及隧道结构自身强度的影响，宁波轨道交通急曲线段东环南路站—天童庄车辆基地出入段线盾构段施工时以土体损失率 6‰作为控制指标值，土体损失率 6‰～8‰作为预警指标值，达到了扰动位移值满足对周边环境扰动影响的要求及隧道管片稳定的目的。

8.1.2　注浆压力影响及其合理范围

8.1.2.1　基于扰动位移的注浆压力控制

图 8-7 为盾构隧道掘进过程中土体位移随着注浆压力的变化。

可以看出，土体竖向位移随着注浆压力的增大而减小；土体损失率为 9.1‰、注浆压力为隧道中心处土体自重应力的 15%～35% 范围变化时，双线掘进完成后土体的最大隆起量在 65.91～91.00mm 范围之间变化，最大沉降量在 7.078～42.90mm 范围之间变化。

隧道顶底板竖向位移随注浆压力变化如图 8-8 所示。

图 8-8 显示：1）注浆压力变化对隧道顶板沉降影响显著，随注浆压力增加顶板沉降量近似呈线性减小；2）注浆压力大小对隧道底板上浮位移影响甚微。

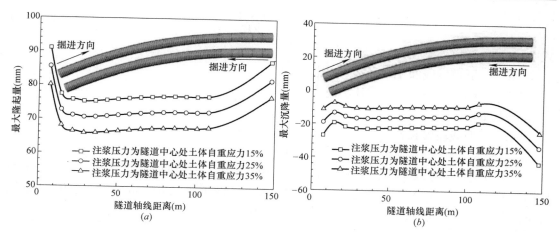

图 8-7 双线掘进过程土体位移变化（不同注浆压力）

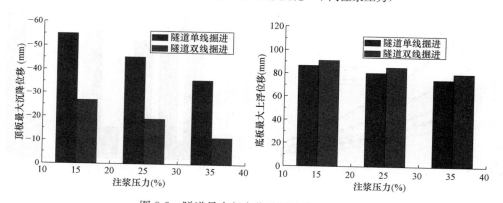

图 8-8 隧道最大竖向位移随注浆压力变化

8.1.2.2 基于隧道结构强度的注浆压力控制

对急曲线盾构隧道而言，当施加均匀分布的注浆压力时，由于隧道内外侧荷载不平衡将产生附加分布荷载，从而形成附加弯曲应力和横向剪应力。考虑图 8-9 所示附加荷载简化计算模型，建立曲线段盾构隧道注浆压力附加荷载及附加弯曲应力与注浆压力的相关关系。

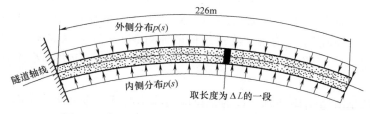

图 8-9 曲线段隧道注浆影响附加荷载计算简图

可得曲线隧道轴向弯矩、弯曲应力如式（8-3）和式（8-4）：

$$M(s)=Rr^2\pi p(s)\left\{(1-\cos\varphi)-2\sin\frac{\varphi}{2}\left[\cos\frac{\varphi}{2}\sin\alpha+\sin\frac{\varphi}{2}(1-\cos\alpha)\right]+(1-\cos\alpha)\right\}$$

$$(8-3)$$

$$\sigma_{\max}(s) = \frac{M(s)D}{2I} \qquad (8\text{-}4)$$

式中　r——隧道外半径；

　　　R——隧道轴线曲率半径；

　　　$p(s)$——隧道周边分布注浆压力；

　　　$\varphi = L/R$；

　　　L——曲线段弧长；

　　　$\alpha = S/R$。

以宁波地铁 1 号线东环南路站—天童庄车辆基地出入段急曲线隧道为例，取混凝土弹性模量 $E = 3.45 \times 104$MPa，隧道外径 $D = 6200$mm，隧道内径 $d = 5500$mm。不同注浆压力条件下隧道弯曲应力、Mises 应力变化如图 8-10 所示。

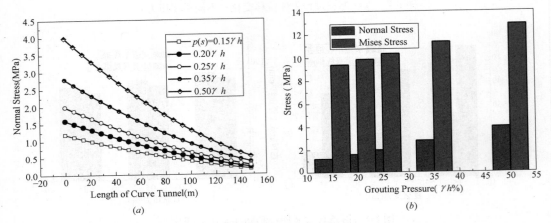

图 8-10　曲线段隧道注浆压力引起隧道轴向附加应力变化

（a）弯曲应力沿隧道轴线分布；（b）不同注浆压力下隧道最外侧 Mises 应力分布柱状图

图 8-10（a）为一定长度曲线盾构隧道在不同注浆压力作用下隧道结构弯曲应力沿隧道轴线分布。可见：1）由于急曲线隧道内外侧荷载不平衡，注浆不可避免地使曲线段隧道产生附加弯曲应力，该应力对隧道外侧管片结构产生张拉作用；2）当隧道曲率半径一定时，随注浆压力增加隧道结构附加张拉应力相应增大。图 8-10（b）为不同注浆压力下隧道最外侧 Mises 应力变化。可以看出：1）随注浆压力增加，曲线段隧道最大弯曲应力呈非线性增大；2）随注浆压力增加隧道结构最外侧 Mises 应力增大；3）常规注浆压力范围内（$0.15 \sim 0.50$）h，Mises 应力增加幅值不大，最大 Mises 应力远小于管片混凝土设计强度值。

值得注意的是隧道结构外侧出现的张拉应力作用对管环接缝防水抗渗、管片混凝土抗拉强度将有可能产生不利影响。上述的结果很好地解释了许多急曲线盾构隧道顶底板挤压破坏、管片接缝张开或管片裂缝、渗漏等隧道病害现象及其力学成因。注浆压力的选择应以隧道结构容许抗拉强度为控制指标。

比较图 8-8 和图 8-10，综合考虑急曲线隧道顶底板位移及隧道结构抗拉要求，宁波东环南路站—天童庄车辆基地出入段线盾构施工急曲线段实际注浆压力控制范围为（15～

25%)γh。

8.1.3 隧道轴线标高预测与控制

急曲线盾构隧道轴线控制、防偏、纠偏一般比较困难，而且纠偏容易造成土体多次扰动、土体损失率增加，导致扰动位移加剧及管片结构稳定性风险加大。因此，急曲线盾构隧道施工轴线的有效预控十分重要，尤其隧道竖向位移的预测和控制将直接影响施工质量和安全。以土体损失率 9.1‰、注浆压力等于 20%覆土静载荷的施工参数为例，单线掘进完成后，隧道顶沉降、底板上浮位移沿轴线分布如图 8-11（a）所示，双线掘进完成后隧道顶板沉降、底板上浮沿轴线分布如图 8-11（b）所示。

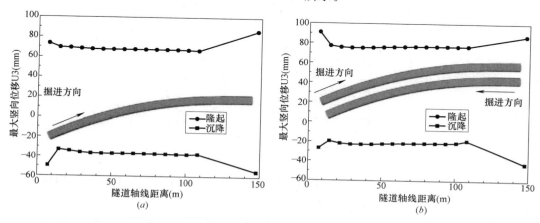

图 8-11 急曲线隧道开挖顶底板竖向位移沿轴线分布
（a）隧道单线开挖完成；（b）隧道双线开挖完成

图 8-11 计算结果显示，无论隧道单线掘进还是双线掘进，隧道顶板不同程度产生沉降位移、底板产生上浮位移。尤其底板上浮位移显著，最大值超过 90mm，总体接近 80mm。图 8-2 及图 8-3 所示的数值计算结果表明，土体损失率增加会加剧隧道底板上浮，若施工中采取竖向反复纠偏将会加大土体损失率从而加剧隧道上浮，难以实现预期位移控制的目的；若采取增加注浆压力，一定程度上可有效调整隧道底板隆起但隧道顶板沉降量将同时加剧，造成隧道横向椭圆度增大。因此，采取纠偏和注浆压力变化对调整隧道轴线高程均有较大技术难度和限制。参照图 8-11 所示的计算结果，地铁急曲线段隧道施工中采取预留适当上浮位移空间的技术方法，即盾构机控制轴线标高略低推进，部分抵消隧道开挖后上浮位移影响，可使开挖完成后隧道轴线标高更好地接近设计标高。

8.2 曲线顶管施工控制技术

8.2.1 曲线顶管施工的力学分析

8.2.1.1 楔形套环及楔形垫块法施工时的力学分析

传统工法施工时，由于管节接口张开成 V 形，在曲线外侧相邻两管节的端面将可能相互分离，顶推力将偏心作用于相互接触部分的端面并向前传递。

1. 首节管子受力分析

当首节管子刚进入曲线段时，其后续管节尚处于直线段，首节管子和第二节管子之间的接缝张开成 V 形，张角为 δ。因此，可建立首节管受力分析模型如图 8-12 所示。

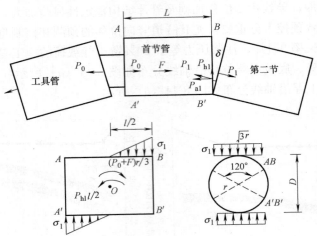

图 8-12　传统方法施工时首节管受力分析模型图

该管节受力主要有：机头千斤顶向后的顶推反力 P_0、第二节管子向前的顶推力 P_1、管壁外周摩阻力 F 及周围土体抗力厅 σ_1。

由于管节接口张开成 V 形，首节管与第二节管子之间的压应力可假定成线性分布（即图 8-12 中 B' 点处压应力最大，而 B 点处为零），所以顶推力 P_1 可等效为集中作用于管子端面上距离 B' 点为 $2/3r$ 的一点上。P_1 又可分为轴向分力 P_{a1} 及径向分力 P_{h1}。由于偏转角 δ 甚小，有：

$$P_{h1} = P_1 \times \sin\delta \leqslant P_{a1} \tag{8-5}$$

考虑对首节管中心点 O 取矩，则使首节管偏离设计轴线的转动力矩可计算如下：

由 $P_0 + F(P_{a1} = P_0 + F)$ 引起的转动力矩为：$(P_0 + F) \times r/3$；P_{h1} 引起的转动力矩 $P_{h1} \times l/2$ 可以忽略不计，因此，转动力矩可取为 $(P_0 + F) \times r/3$。

在转动力矩的作用下，周围土体抗力沿首节管轴向将成线性分布，沿径向则可假定为均匀分布于左右两边的管侧壁上（对应中心角均为 120° 的范围内），如图 8-12 中所示。土抗力的最大值为 σ_1，沿径向作用于首节管端面处。则周围土体提供的抵抗转动的力矩可计算如下：

$$2 \times \frac{\sigma_1}{2} \times \frac{l}{2} \times \frac{l}{3} \times \sqrt{3}r = \frac{\sqrt{3}}{6}\sigma_1 r l^2 \tag{8-6}$$

对首节管中心点，取力矩平衡方程为：

$$\frac{\sqrt{3}}{6}\sigma_1 r l^2 = (P_0 + F) \times r/3 \tag{8-7}$$

解上面方程可得，要使首节管在曲线顶进时不偏离设计轴线，需要周围土体提供的抗力至少应为：

$$\sigma_1 = \frac{2(P_0 + F)}{l^2\sqrt{3}} \tag{8-8}$$

2. 后续管节受力分析

当第 n 节管子进入曲线段时，其与前后两节管子之间的接缝均张开成 V 形，张角为 δ，则可建立受力分析模型如图 8-13 所示。

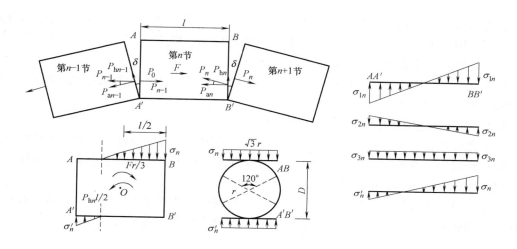

图 8-13　传统方法施工时后续管节受力分析模型图

该管节受力主要有：第 $n-1$ 节管子向后的顶推反力 P_{n-1}、第 $n+1$ 节管子向前的顶推力 P_n、摩阻力 F 及周围土体抗力 σ_n。

同首节管分析中之假定，顶推力 P_{n-1}（P_n）将集中作用于管子端面上距离 A'、B' 点为 $2/3r$ 的点上。考虑对第 n 节管子中心点 O 取矩，则使其偏离设计轴线的转动力矩计算如下：

由 P_{hn} 引起的为：$-\dfrac{P_{hn} \times l}{2}$；

由 $P_{an} - P_{n-1}$（$F = P_{an} - P_{n-1}$）引起的转动力矩为：$F \times r/3$；

同样假定第 n 节管周围土体抗力沿径向均匀分布于左右两边的管侧壁上（对应中心角均为 $120°$ 的范围内），如图 8-13 中所示。则可如下求得土抗力：

由转动力矩 $\dfrac{P_{hn} \times l}{2}$ 引起的土抗力为：

$$\sigma_{1n} = \frac{3P_{hn}}{\sqrt{3}rl} = \frac{6P_n \times \sin\delta}{\sqrt{3}Dl} \tag{8-9}$$

由转动力矩 $F \times r/3$ 引起的土抗力为：

$$\sigma_{2n} = \frac{2F}{\sqrt{3}l^2} \tag{8-10}$$

由顶推力径向分力 P_{hn} 引起的顶管机上部土抗力为：

$$\sigma_{3n} = \frac{P_{hn}}{\sqrt{3}rl} = \frac{2P_n \times \sin\delta}{\sqrt{3}Dl} \tag{8-11}$$

三者叠加可得：

$$\sigma_n = \frac{8P_n \times \sin\delta}{\sqrt{3}Dl} - \frac{2F}{\sqrt{3}l^2} \tag{8-12}$$

$$\sigma'_n = \frac{4P_n \times \sin\delta}{\sqrt{3}Dl} - \frac{2F}{\sqrt{3}l^2} \tag{8-13}$$

顶管前端曲线内侧最多与土体脱离，显然 $\sigma'_n \geqslant 0$。施工过程中，P_n 要克服两部分阻力，一是摩阻力 F，一是地层抗力，因此若 F 成倍增加，则 P_n 至少应增加相应倍数，因此，σ_n、σ'_n 都应随着摩阻力的增加而增大。

由于 $\sigma_n > \sigma'_n$，则可得到要使第 n 节管子在曲线顶进时不偏离设计轴线，需要周围土体提供的抗力至少应为式（8-12）的计算值。

8.2.1.2　单元曲线顶管法施工时的力学分析

单元曲线顶管法施工时，由于管节之间节点调整器的存在，顶推力将通过千斤顶和缓冲橡胶垫相对均匀地传递到前一节管子的整个端面上，而不是像传统方法施工中那样，顶推力仅作用在管节间相互接触的部分端面上。

当采用单元曲线顶管法施工时，第 n 节管子与前后两节管子之间的接缝在节点调整器的作用下均张开成 V 形，张角为 δ，则可建立受力分析模型如图 8-14 所示。

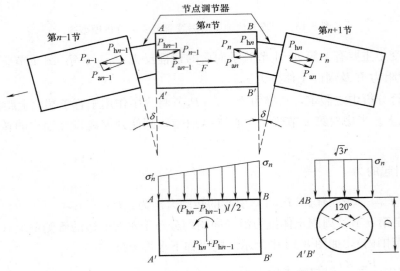

图 8-14　单元曲顶施工时管节受力分析模型图

该管节受力主要有：第 $n-1$ 节管子向后的顶推反力 P_{n-1}、第 $n+1$ 节管子向前的顶推力 P_n、摩阻力 F 及周围土体抗力 σ_n。

由于采用节点调整器后，顶推力在管节之间相对均匀地传递，故可假定 P_{n-1} 及 P_n 均作用在管断面中心处。考虑对第 n 节管子中心点 O 取矩，则使其偏离设计轴线的转动力矩为：$\dfrac{(P_{hn} - P_{hn-1}) \times l}{2}$。

同样假定第 n 节管周围土体抗力沿径向均匀分布于左右两边的管侧壁上（对应中心角均为 $120°$ 的范围内），如图 8-14 中所示。则可如下求得土抗力：

由转动力矩 $\dfrac{(P_{hn}-P_{hn-1})\times l}{2}$ 引起的土抗力为：

$$\sigma_{1n}=\frac{6(P_{hn}-P_{hn-1})}{\sqrt{3}Dl}=\frac{6(P_{an}-P_{an-1})\times\tan\left(\dfrac{\delta}{2}\right)}{\sqrt{3}Dl}=\frac{6F\times\tan\left(\dfrac{\delta}{2}\right)}{\sqrt{3}Dl}\tag{8-14}$$

由顶推力径向分力 $P_{hn}+P_{hn-1}$ 引起的土抗力：

$$\sigma_{2n}=\frac{6(P_{hn}+P_{hn-1})}{\sqrt{3}Dl}=\frac{6(P_{an}+P_{an-1})\times\tan(\dfrac{\delta}{2})}{\sqrt{3}Dl}=\frac{2(2P_{an}-F)\times\tan(\dfrac{\delta}{2})}{\sqrt{3}Dl}\tag{8-15}$$

二者叠加为：

$$\sigma_n=\frac{4(P_{an}+F)\times\tan\left(\dfrac{\delta}{2}\right)}{\sqrt{3}Dl}=\frac{6F\times\tan\left(\dfrac{\delta}{2}\right)}{\sqrt{3}Dl}\tag{8-16}$$

$$\sigma_n'=\frac{4(P_{an}-2F)\times\tan\left(\dfrac{\delta}{2}\right)}{\sqrt{3}Dl}\tag{8-17}$$

显然，$\sigma_n\geqslant0$。σ_n、σ_n' 都应随着摩阻力的增加而增大。

由于 $\sigma_n>\sigma_n'$，则可得到当采用单元曲线顶管法施工时，要使第 n 节管子在曲线顶进时不偏离设计轴线，需要周围土体提供的抗力至少应为式（8-16）的计算值。

8.2.2　注浆参数与地层抗力、纠偏力的关系

顶管偏离的原因如下：

1）由于顶进力过大或地层过于软弱而使地层难以提供超过其自身极限承载力或地层变形过大而导致的偏差。

2）曲线外侧的超挖也会使顶管凸侧悬空而无足够抗力使其与曲线轨迹保持一致。

纠偏力就是所需地层抗力与地层的极限承载力之差值，因此，所需地层抗力越大，则纠偏力越大。地层抗力与纠偏力与泥浆套的稳定性关系是一致的。

研究表明，地层抗力与摩阻力至少是成正比关系的。在顶管不和管节周围土体直接接触的情况下，由 $F=N\mu$ 知：摩阻力与泥浆套压力成正比，此时地层抗力与泥浆套压力相等，因此，泥浆套压力似乎越小越好。但是另一方面，泥浆套压力过小（如注浆孔间距过大、注浆量过小，导致泥浆不能有效地扩展到顶管周围，形不成稳定而完整的泥浆套），则导致管节周围土体因坍塌或大变形而与部分或全部管段直接接触而导致摩擦力急剧增大（实验证明摩擦系数可增大 5～6 倍，若膨润土含量更高，或使用改性膨润土，则比例系数甚至更大）。当然，在疏松地层中，泥浆套由于厚度（注浆量）不够或化学性质不稳定而失水过快，或配比不合理，黏滞力不够，而使大量疏松颗粒直接塌落到顶管上，也会使摩擦系数急剧增大，导致摩阻力增大。显然，泥浆套压力以适度大于周围地层压力为宜。

泥浆套压力取决于注浆压力、注浆量、注浆孔间距以及地层性质。注浆压力过小，导

致泥浆不能有效扩散到顶管四周形成稳定均一的泥浆套；注浆孔间距过大，则在一定注浆压力下，泥浆不能扩散足够的距离，导致部分管段不能形成泥浆套或形成不充分；注浆量过少，则泥浆套很薄或部分管段无泥浆充填；疏松地层中由于泥浆会在孔隙中扩散，则要求注浆压力、注浆量更大些，注浆孔间距更小些。

注浆压力、注浆量、注浆孔间距、地层性质以及泥浆自身化学稳定性对泥浆套压力和纠偏力有深度而复杂的影响，要定量评价，则有赖于数值模拟和更多实际工程施工数据的对比分析。

8.2.3　曲线顶管纠偏

在曲线顶管施工中，对偏差的控制和校正是一个非常关键的技术难题，同时也是施工质量控制的主要指标之一。如果顶进方向控制得好，轴线偏差小，不仅能提高工程质量，而且可以减小设备的顶力和扭矩，加快施工进度，对工程具有十分重要的意义。

8.2.3.1　可能导致偏差产生的施工因素分析

在曲线顶管施工中可能导致轴线偏差的施工因素主要有：

1. 主观因素

主要是指设备加工、设备安装、管节选择、操作技术等人为因素。只要主观上重视并采取严格的质检措施，这类因素造成的轴线偏差是完全可以消除的。

（1）机头加工误差，如机头的整圆度等。

（2）管节外形尺寸误差，如端面不平整、管轴线与端面不垂直等。

（3）设备（如导轨、后靠背、千斤顶等）安装的精度误差。导轨安装误差是机头始发阶段发生轴线偏差的主要因素，尤其容易导致机头磕头、抬头等高程偏差现象。后靠背及千斤顶的安装误差则将导致顶推力发生偏心，也会引起轴线偏差。

（4）管前挖土操作不当，这将可能造成管前与管周围的土压不平衡，甚至出现塌方，以致产生较大的偏心荷载，从而造成轴线偏差。

（5）管侧土体超挖量不合理，超挖过大，容易造成管节产生向内的轴线偏差；超挖过小，则管节可能产生向外的轴线偏差。

（6）轴线测量误差等。

2. 客观因素

造成轴线偏差的客观因素主要是指顶管穿越土层的复杂性，坚硬、不均匀等。

（1）当土层很坚硬时，会对机头的挤入造成较大的阻力，挤入阻力的合力易偏离机头中心上移，而顶推力的作用点却不会相应地上移，这样便产生出一对力偶，结果将造成机头上仰，顶进路线发生向上的高程偏差。

（2）当土层很软弱（或很松散）时，一方面，由于机头的自重和上方覆土的荷载，将使机头由于受压而下俯，顶进路线将发生向下的高程偏差；另一方面，松软土层往往不能承受偏心顶力引起的径向顶力，也就不能提供管节偏转所需的土抗力，此时将很难控制顶进的方向，极易造成中心偏差。

（3）当土层不均匀，比如在穿越层理倾斜而且各层密度也差别较大的层状土时，将使机头前端遇到不均匀的迎面阻力，而且机头周围的土压力也不平衡，如施工不慎也会造成轴线偏差。

（4）当覆土过浅时，由于缺少必要的竖向荷载，机头将可能向顶部松软地区翘起，导致顶管路线发生向上的高程偏差。

8.2.3.2 纠偏应遵循的基本原则

在曲线顶管施工中，尽管造成偏差的原因很复杂，纠偏过程中的变化因素又很多，但从以往的工程实践来看，纠偏操作还是有规律可循的。曲线顶管纠偏中的一些基本原则如下：

1. 纠偏要及时

曲线顶进中要不断监测机头的位置和前进趋向，发现偏差应立即纠正。在偏差较小的时候纠正，这对轴线控制精度的要求较高，纠偏要根据具体工程情况而定。在实际施工中，可以根据偏差允许值和以往的施工经验来确定一个"偏差控制范围"，超出这个范围，就应该及时采取纠偏措施。

2. 机头的纠偏角要小

纠偏操作是通过机头前进方向的改变也即使机头朝纠偏方向旋转一个纠偏角来实现的。纠偏角小一点，可以使纠偏曲线相对顺直、平缓地回到设计路线上。反之，纠偏角过大，则往往会造成纠偏曲线过陡，管路前进方向发生急剧的转折，容易出现"大起大落"的"超调"现象，严重的还可能导致管节发生损坏。因此，在纠偏操作时要尽量采用较小的纠偏角。

3. 及时回零

纠偏过程中，当偏差减小到某个合适值时，就应该使纠偏千斤顶回零，这个合适的值，通常称为"纠偏停止值"。在纠偏千斤顶回零以后，由于"惯性"，机头会沿原坡度（千斤顶回零时的坡度）继续前进。如果回零时机头还未达到设计路线，就会继续向设计路线靠拢；如果机头已经回到设计路线方开始回零，将会发生"超调"现象。由此可见，回零过迟和机头纠偏角过大一样，都可能造成相反方向偏差的形成，给工程带来不必要的麻烦。

4. 先大后小

即当顶进路线上同时有高程偏差和中心偏差时，一般不要同时纠正，而应先纠正偏差较大的一面。当正在纠正高程（或平面）偏差时，如果平面（或高程）偏差超出了"偏差控制范围"，则应立即将前者停止，先将后者纠正。

8.2.4 曲线顶管轴线控制措施

8.2.4.1 顶管机的选型

顶管掘进机应通过对隧道所在地质纵剖图和地层的物理性能指标、环境保护要求以及可能遇到的不明障碍物等情况充分了解、分析的基础上进行选择。对于曲线顶管的纠偏要求而言，顶管掘进机选型应重视以下几条；1）机头壳体的灵敏度。不同的地层和管道直径，其灵敏度是不同的。2）顶管掘进机纠偏油缸的总顶力。3）纠偏油缸的行程大小。4）必要时设置多组顶管掘进机纠偏系统，以满足曲线顶管的导向要求。5）通过中继环对管道进行辅助纠偏控制。

8.2.4.2　中继环的设置

在机头后面和管道的适当位置设置中继环，中继环由径向可调密封的滑移钢套环和数组油缸和泵站组成，油缸可分成四组，既可以顶进又能够调整管道的姿态。油缸的总顶力配置尽可能大，以能够提供足够的纠偏力。

8.2.4.3　设置纠偏特殊管节

对钢筋混凝土曲线顶管而言，可在机头后设置多节纠偏特殊管。该管节的承口端部设置四组凹槽，以便放置短行程油缸。一旦顶管进入曲线段，即可以启动短行程油缸，满足纠偏的要求。纠偏特殊管内必须设置拉杆，用以锁定接口的张开量。

8.2.4.4　设计特殊管节

对于小曲率半径的顶管，根据规范的要求，相邻两管节之间的转角应该小于 0.3°，但是有些特殊的工程，曲线半径不得不大于该转角的要求时，考虑到施工的安全，可以缩小管节的长度，从而满足规范的要求。

8.2.4.5　前端管节之间设置连接拉杆

在由直线进入曲线时，只要机头及紧后的几个管节开始起曲，后续的管节在到达起曲段时，也会因为顶力和侧向土压力的合力作用而自动起曲，对于曲线半径小的情况，为了避免在从直线进入曲线时，起始管节之间相对转角超标、缝隙张角过大，导致平面线形出现折点，形成轴线偏差，在机头后的多节管子之间可设置连接拉杆。拉杆为一端固定，一端有一定的可伸缩量。该伸缩量即为在既定曲线半径下，对应于某一管节长度所允许的管节接缝最大值，通过拉杆的设置，保证了顶管轴线的准确和顺滑。

8.2.4.6　加强测量工作

测量是顶管施工的眼睛，要想确保隧道轴线的精确，把好顶进测量关是重中之重。从技术、经济角度考虑，人工连续测量比自动测量更具有适用性。测量应建立 24h 轮班制度，进行顶进全过程的测量工作，以满足特殊地段加密测量的需要。

图 8-15　测量的精度照片

测量一般选用的是全站仪（精度 2s 级）、精密水准仪等测量仪器，从而确保测量的精度（图 8-15）。

施工中应遵循"勤测勤纠"的原则，曲线段应加密测量频率。可以每顶进 1～2m 测量一次机头姿态、每 30m 复核一次轴线偏差的施测频率，并在机头穿越地下构筑物和保护建筑物的前 10m 加测一次管道轴线，在机头进入接收井的前 50m、20m、10m 各测一次管道轴线，通过严密、精确地顶进测量，保证了区间隧道贯通轴线的精确。

8.2.4.7　合理选取纠偏值

通过顶进测量，获得顶进的偏差趋势后，以形成纠偏趋势为原则，采用"取中法"进行纠偏，即下一顶进最大纠偏值为机头当次测量位置与设计轴线偏差值的一半，以保证最终顶进形成轴线的顺滑，避免出现明显的拐点或折点。

参考文献

［1］ 葛金科，张悦. 急曲线顶管技术应用［J］. 岩土工程学报，2002，24（02）：247～250.

［2］ 郑鸷能. 盾构区间施工小半径急曲线段施工工艺探讨［J］. 四川建材，2008，（3）：187～190.

［3］ 李翔. 小半径曲线盾构掘进时管片破损分析［J］. 现代城市轨道交通工程实践，2006，6：1～6.

［4］ 闫志刚，赵玉成，杜立峰. 急曲线盾构隧道近接施工研究［J］. 公路，2012，10：219～222.

［5］ 陈杰，汤德芸，孟宪忠，杜影，滕炳森. 盾构机穿越小曲线半径隧道施工技术［J］. 建筑施工，2014（10）：1187～1188.

［6］ 陈强. 小半径曲线地铁隧道盾构施工技术［J］. 隧道建设，2009，29（4）：446～450，474.

［7］ 江涛，林森，刘佳明，李朝. 小半径曲线地铁盾构隧道施工技术研究［J］. 中国城市轨道交通关键技术论坛暨中国国际轨道交通论坛，2012.

［8］ 潘同燕. 大口径急曲线顶管施工力学分析与监测技术研究［D］. 上海：同济大学，2000.

第9章 穿越施工监控测量技术

9.1 穿越施工扰动影响下的环境保护监控测量技术

在隧道穿越施工过程中，由于土体压力、孔隙水压力产生变化，施工区的应力场平衡受到破坏，引起土体的位移和沉降，从而会对地面的建筑物、构筑物、地下管线等物体的稳定产生影响。当土体变形过大时，会造成邻近结构和设施的失效或破坏。因此，在地下穿越过程中，只有对周围的土体和相邻的建（构）筑物进行全面、系统的监测，才能正确评价施工方案的合理性，通过调整施工工艺，满足工程的安全性和减小对周围环境的影响程度，在出现异常情况时及时反馈，并采取必要的工程应急措施。

9.1.1 监测的目的

监测的主要目的

1. 对周边环境安全进行有效监护。在工程施工中进行周密的监测，可以保证在建筑物和管线变形处在正常范围内时工程的顺利施工，在建筑物和管线的变形接近警戒值时，有利于采取对建筑物和管线进行保护的技术应急措施，在很大程度上避免或减轻破坏的后果。

2. 为信息化施工提供参数。工程监测不仅即时反映出施工产生的应力和变形状况，还可以根据由局部和前一工况的施工产生的应力和变形实测值与预估值的分析，作为及时优化和调整施工参数的重要依据。

3. 验证有关设计和施工参数。现场监测不仅确保了工程的安全，在某种意义上也是一次试验段掘进 1∶1 的实体试验，所取得的数据是结构和土层在工程施工过程中的真实反应，是各种复杂因素影响和作用下的综合体现，因而也为工程领域的科学和技术发展积累了第一手资料。

9.1.2 环境保护监测的内容

按相关规范、标准要求，监测的内容主要有：

（1）建（构）筑物沉降、水平位移、倾斜及裂缝监测；

（2）地下管线位移监测；

（3）深层土体位移（水平、竖向）监测；

（4）地下水位监测；

（5）孔隙水压力监测；

（6）土压力监测。

9.1.3　监测点的布设

监测点的布置应最大程度地反映监测对象的实际状态及其变化趋势，并应满足监控要求；监测点不妨碍监测对象的正常工作，并尽量减少对施工作业的不利影响。监测标志应稳固、明显、结构合理，监测点的位置应避开障碍物，便于观测。加强对监测点的保护，必要时设置监测点的保护装置或保护设施。

9.1.3.1　建（构）筑物的竖向位移监测

建（构）筑物竖向位移监测点的布置应符合下列要求：

（1）建（构）筑物四角、沿外墙每 10～15m 处或每隔 2～3 根柱基上，且每边不少于 3 个监测点；

（2）不同地基或基础的分界处；

（3）建（构）筑物不同结构的分界处；

（4）变形缝、抗震缝或严重开裂处的两侧；

（5）新、旧建筑物或高、低建筑物交接处的两侧；

（6）烟囱、水塔和大型储仓罐等高耸构筑物基础轴线的对称部位，每一构筑物不得少于 4 点。

9.1.3.2　建（构）筑物的水平位移监测

建（构）筑物的水平位移监测点应布置在建筑物的墙角、柱基及裂缝的两端，每侧墙体的监测点不应少于 3 处。

9.1.3.3　建（构）筑物倾斜监测

建（构）筑物倾斜监测点布置应符合下列要求：

（1）监测点宜布置在建（构）筑物角点、变形缝或抗震缝两侧的承重柱或墙上；

（2）监测点应沿主体顶部、底部对应布设，上、下监测点应布置在同一竖直线上；

（3）当采用铅锤观测法、激光铅直仪观测法时，应保证上、下测点之间具有一定的通视条件。

9.1.3.4　建（构）筑物的裂缝监测

建（构）筑物的裂缝监测点应选择有代表性的裂缝进行布置，在工程施工期间当发现新裂缝或原有裂缝有增大趋势时，应及时增设监测点。每一条裂缝的测点至少设 2 组，裂缝的最宽处及裂缝末端宜设置测点。

9.1.3.5　地下管线监测

地下管线监测点的布置应符合下列要求：

（1）应根据管线年份、类型、材料、尺寸及现状等情况，确定监测点设置；

（2）监测点宜布置在管线的节点、转角点和变形曲率较大的部位，监测点平面间距宜为 15～25m；

（3）上水、煤气、暖气等压力管线宜设置直接监测点。直接监测点应设置在管线上，也可以利用阀门开关、抽气孔以及检查井等管线设备作为监测点；

（4）在无法埋设直接监测点的部位，可利用埋设套管法设置监测点，也可采用模拟式测点将监测点设置在靠近管线埋深部位的土体中。

9.1.3.6　深层土体位移监测

土体分层竖向位移监测孔应布置在有代表性的部位，数量视具体情况确定，并形成监测剖面。同一监测孔的测点宜沿竖向布置在各层土内，数量与深度应根据具体情况确定，在厚度较大的土层中应适当加密。

深层水平位移监测应符合下列要求：

（1）测斜管应在穿越前 1 周前埋设完毕；

（2）埋设前应检查测斜管质量，测斜管连接时应保证上、下管段的导槽相互对准顺畅，接头处应密封处理，并注意保证管口的封盖；

（3）测斜管长度应不小于所监测土层的深度；当以下部管端作为位移基准点时，应保证测斜管进入稳定土层 2～3m；测斜管与钻孔之间孔隙应填充密实；

（4）埋设时测斜管应保持竖直无扭转，其中一组导槽方向应与所需测量的方向一致；

（5）测斜仪应下入测斜管底 5～10min，待探头接近管内温度后再量测，每个监测方向均应进行正、反两次量测；

（6）当以上部管口作为深层水平位移相对基准点时，每次监测均应测定孔口坐标的变化。

9.1.3.7　地下水位监测

（1）地下水位监测精度不宜低于 10mm；

（2）水位管埋设后，应逐日连续观测水位并取得稳定初始值。

9.1.3.8　孔隙水压力监测

孔隙水压力计应在事前 2～3 周埋设，埋设前应符合下列要求：

（1）孔隙水压力计应浸泡饱和，排除透水石中的气泡；

（2）检查率定资料，记录探头编号，测读初始读数；

（3）采用钻孔法埋设孔隙水压力计时，钻孔直径宜为 110～130mm，不宜使用泥浆护壁成孔，钻孔应圆直、干净；封口材料宜采用直径 10～20mm 的干燥膨润土球；

（4）孔隙水压力计埋设后应测量初始值，且宜逐日量测 1 周以上并取得稳定初始值；

（5）应在孔隙水压力监测的同时测量孔隙水压力计埋设位置附近的地下水位。

9.1.3.9　土压力监测

埋设时应符合下列要求：

（1）受力面与所需监测的压力方向垂直并紧贴被监测对象；

（2）埋设过程中应有土压力膜保护措施；

（3）采用钻孔法埋设时，回填应均匀密实，且回填材料宜与周围岩土体一致；

（4）做好完整的埋设记录；

（5）土压力计埋设以后应立即进行检查测试，穿越前至少经过 1 周时间的监测并取得稳定初始值。

9.1.4　监测的设备及方法

1. 建（构）筑物和地下管线垂直位移监测使用精密水准仪，精度可选择±0.3mm，观测方法为闭合回路法，闭合差满足相关等级要求。

监测利用建立的水准测量监测网，参照Ⅱ等水准测量规范要求使用精密水准仪施测。

各监测点高程初始值在施工前测定（至少测量 2 次取平均）。监测点的本次高程减前次高程即为该测点的本次垂直位移，本次高程减初始高程即为该测点的累计垂直位移。

2. 建筑物倾斜监测应测定监测对象顶部相对于底部的水平位移与高差，分别记录并计算监测对象的倾斜度、倾斜方向和倾斜速率。应根据不同的现场观测条件和要求，选用投点法、水平角法、前方交会法、正垂线法、差异沉降法等。

3. 裂缝监测应包括裂缝的位置、走向、长度、宽度及变化程度，需要时还包括深度。裂缝测数量根据需要确定，主要或变化较大的裂缝应进行监测。

裂缝监测可采用以下方法：

（1）对裂缝宽度监测，可在裂缝两侧贴石膏饼、画平行线或贴埋金属标志等，采用千分尺或游标卡尺等直接量测的方法；也可采用裂缝计、粘贴安装千分表法、摄影量测等方法。

（2）对裂缝深度量测，当裂缝深度较小时宜采用凿出法和单面接触超声波法监测；深度较大裂缝宜采用超声波法监测。

在工程施工前应记录监测对象已有裂缝的分布位置和数量，测定其走向、长度、宽度和深度等情况，标志应具有可供量测的明晰端面或中心。裂缝宽度监测精度不宜低于 0.1mm，长度和深度监测精度不宜低于 1mm。

4. 土体分层竖向位移可通过埋设分层沉降磁环或深层沉降标，采用分层沉降仪结合水准测量方法进行量测。深层水平位移的监测宜采用在土体中预埋测斜管、通过测斜仪观测各深度处水平位移的方法；测斜管宜采用 PVC 工程塑料管或铝合金管，直径宜为 45～90mm，管内应有两组相互垂直的纵向导槽。

5. 地下水位监测宜采通过孔内设置水位管，采用水位计等方法进行测量。

6. 孔隙水压力宜通过埋设钢弦式、应变式等孔隙水压力计，采用频率计或应变计量测；量程应满足被测压力范围的要求，可取静水压力与超孔隙水压力之和的 1.2 倍；精度不宜低于 0.5%F·S，分辨率不宜低于 0.2%F·S。孔隙水压力计埋设可采用压入法、钻孔法等。

7. 土压力宜采用土压力计量测。土压力计的量程应满足被测压力的要求，其上限可取最大设计压力的 1.2 倍，精度不宜低于 0.5%F·S，分辨率不宜低于 0.2%F·S。土压力计埋设可采用埋入式或边界式（接触式）。

9.2　地下工程穿越测量的内容和特点

测量是地下工程穿越成功的眼睛，是确保掘进机（盾构、顶管等）能正确地沿着设计线路进行推进和贯通的保证。控制测量为地下工程穿越施工提供线路基准，是成功贯通的关键，也是地下工程穿越的技术难点。

地下穿越工程一般由两端竖井和中间隧道（或管道）组成。地下穿越工程控制测量主要包括以下内容：（1）地面控制测量（平面和高程）。其中甲方提供的首级测量控制网作为起始数据布设平面和高程控制网。（2）地上与地下联系测量。联系测量为解决从地上到地下的测量传递，其中地下定向和高程传递是工程测量成败的关键之一。（3）井下控制测量。（4）掘进机（盾构、顶管等）姿态定位测量等。

大量工程实践证明，凭借高性能、高精度测量仪器，地下工程穿越测量可以确保工程顺利贯通。在实际施工中，掘进机（盾构、顶管等）姿态测量是整个测量工作中任务比较繁重的部分，一般配备专业盾构（顶管）自动引导测量系统。盾构（顶管）的姿态偏差决定了盾构（顶管）的推进、管片拼装或顶管机头纠偏等施工操作方法，对于工程成败至关重要。掘进机（盾构、顶管等）姿态偏差需随推进不断进行测量，因而，其测量系统要求具有实时、连续和自动的特点。

9.2.1　盾构姿态自动引导测量技术

盾构机姿态六要素（X、Y、Z 坐标，方向 α，旋转 β，坡度 γ）数据准确、快速地确定，是隧道工程顺利推进和保证工程质量的前提。"盾构姿态自动引导测量系统"建立了一套完整而严密的盾构机姿态自动测量作业方法，减轻人工测量负荷，减少和防止人为因素致错的可能，加大获取盾构姿态数据流密度（频度可控），并能够作为"地下工程施工网络监控信息采集管理系统"的信息源，提高观测结果的可靠性和准确性，降低作业强度和成本。

9.2.1.1　系统原理与技术特点

1. 系统原理

隧道盾构根据公路、地铁隧道设计轴线向前推进，通过盾构实际轴线与设计轴线进行比较取得盾构姿态的偏差数据。盾构设计轴线通常由平曲线和竖曲线组成，平曲线主要包括直线、缓曲线、圆曲线三种，竖曲线主要包括直线、凸曲线、凹曲线三种。

自动引导系统的测量方式根据传统的连续支导线测量原理，通过每一测站的前后视转角和距离测量，最后测得盾构机内棱镜的坐标。根据盾构体预设定目标点（P_1，P_2，P_3）三维坐标的实测值，采用通过三维向量归算法，得到盾构特征点（盾构切口中心和盾尾中心等）坐标，然后运用常规测量偏差计算方法求解，最后得出盾构姿态偏差数据结果。自动引导系统运行方法示意图如图 9-1 所示。

系统能连续跟踪测定当前盾构机的三维空间位置及姿态，并和设计轴线进行比较，在

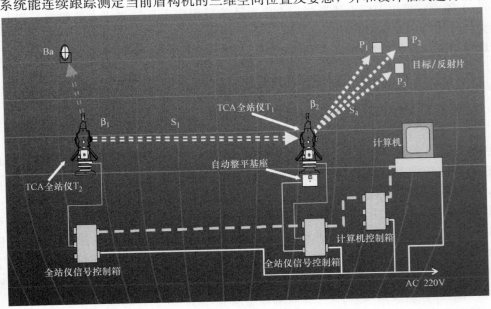

图 9-1　系统运行方式（双机模式）

系统计算机的显示屏上显示的主要信息包括：切口中心里程、切口中心水平偏差及垂直偏差、盾尾中心水平偏差和垂直偏差、机头水平方向偏差角、机头横向旋转角、机头纵向坡度偏差和测量时间等。屏幕信息显示如图9-2所示。

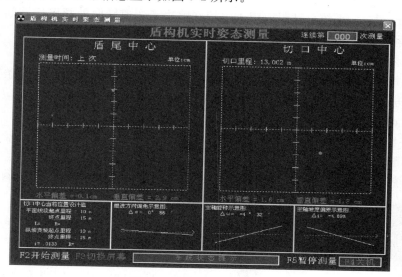

图9-2　姿态测量屏幕信息

2. 程控自动测量技术

程控自动测量技术是确保盾构姿态自动测量的重要条件。目前主流全站仪皆具备了可编程控制功能。仪器提供专门的控制代码（一般 ASCII 码）或函数调用库给程序员开发调用，通过 RS232 串行口控制全站仪实现自动测量。将自动测量逻辑抽象后进行计算机软件编程，就能通过自动测量取得实测数据提供盾构姿态偏差解算所用。

3. 计算机软件技术

计算机软件技术是实现盾构姿态自动测量系统的核心技术。盾构姿态自动引导测量系统建立了总体软件框架，采用面向对象的编程技术，结合数据库、图形、通讯和网络等软件技术，进行高度集成。计算机软件技术的广泛应用保证了盾构姿态自动引导测量系统整体设计意图的全面实现。

4. 多模式应用系统构建

根据隧道施工工艺、工况的不同，盾构姿态自动引导测量系统构建采用多模式应用系统，包括如下：

① 演示模式——无全站仪，供系统介绍用。

② 单机模式——用一台全站仪，静态。

③ 双机模式——用两台全站仪，一台静态，一台动态。

④ 检测模式——人工操作全站仪，由界面输入数据，程序计算并报告盾构姿态偏差。

5. 系统特点

该系统无须其他精密传感设备的辅助，仅采用常规测量仪器（计算机和全站仪），就能够高精度快速地自动连续测量，直接给出盾构机姿态的全部要素。具有如下优越技术特点：

1) 实时准确——自动测量并反映当前盾构机状态，数字与图形表达使结果易于理解

221

和掌握；结果准确精度高，满足规范要求。

2）快速稳定——测量一次约 2min，可设定间隔时间，各次间结果相互独立，对于高温、震动、潮湿的地下隧道环境能够很好适应。

3）动态连续——系统自动跟踪跟进，较好解决了弯道转向处频繁迁站问题，可以长期连续稳定运行。

4）简单易用——系统结构简单合理，操作和维护方便，易于使用。

5）系统每次测量均从隧道基准导线点开始，测量过程中，每站点和每条边检验通过之后再向下进行下一步，各次结果之间相互独立，无累计积分计算。

6）每次直接给出独立的盾构机姿态六要素（如 X，Y，Z，α，β，γ）。

9.2.1.2　系统硬件

1. 控制部分

由于系统工作环境较恶劣，控制部分一般采用工业控制计算机，性能满足防震、抗潮、耐温等要求。

图 9-3　工控机

2. 测量部分

测量系统硬件包括：全站仪、棱镜和反射片、自动整平基座等组成。

系统的自动测量应采用测角精度 $\pm1''$ 测距精度 1mm＋2ppm 以上的自动驱动全站仪。其采用马达驱动，能自动瞄准目标和测量。测量数据经过串行口传输至计算机，并通过编程语言可进行测量自动控制编程。

棱镜和反射片用于仪器自动瞄准和距离测量使用。自动整平基座是双仪器（或多仪器）系统中动态站的基座，安置于车架顶上，随着盾构机向前移动，实时对全站仪自动进行整平。

(a)　　　　　　　　(b)　　　　　　　　(c)

图 9-4　测量系统硬件照片

(a) 全站仪；(b) 棱镜和反射片；(c) 自动整平基座

9.2.1.3　通信设备

通信设备系统包括：控制箱、专用电缆、Y 型通信电缆（仅单机有线通信模式）、专用数据网络等组成。

　　计算机和每台全站仪之间配备控制箱，控制箱保证了两者之间数据的长距离准确通讯，同时为全站仪和自动整平基座不间断地供给 12V 直流电。控制箱与计算机、全站仪、自动整平基座之间的连接均需专用电缆。单机模式下，全站仪和计算机通过 Y 型通信电缆直接连接，满足系统运行的电源和通讯要求。通过专用数据网络可实现单双机模式下的远程监测。

9.2.1.4　系统软件

　　盾构姿态自动引导测量系统集成了盾构姿态测量管理和运行的各项功能，软件具备数据的自动收集和存储、数据的人工输入、系统参数设置、数据计算、历史信息管理、报表统计分析与输出、权限管理和系统帮助等。系统软件界面如图 9-5 所示。

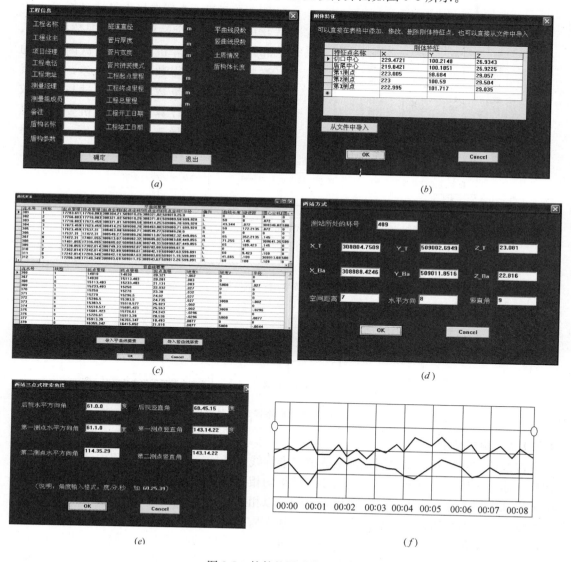

图 9-5　软件的图形化界面图

（a）导入工程信息；（b）导入盾构空间信息；（c）导入隧道设计曲线；（d）站点设置；
（e）预搜索角度设置；（f）偏差曲线

9.2.1.5 系统工作流程

盾构自动导向系统工作流程如图 9-6 所示。全站仪将测量数据实时传输到计算机，然后，配套软件实时对测量结果进行处理，同时进行数据库操作和数据处理结果的可视化显示；操作人员可以通过可视化显示的结果对盾构机运行姿态进行调整，并且对自动全站仪设置进行修改，重新设定其观测间隔、激光强度、自动重测、开关机等操作。

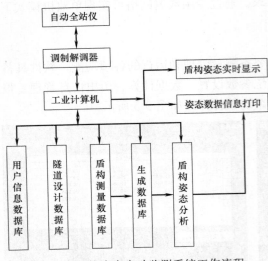

图 9-6 盾构姿态自动监测系统工作流程

盾构自动导向系统软件基本流程如图 9-7 所示。系统通过自动连接和手动连接两种方式与全站仪联机实现数据传输，也可以提取计算机内本地硬盘内保存的数据。若所测得数据没有粗差，数据就会导入盾构测量数据库，通过与设计数据之间进行的计算得到盾构机姿态信息的各项参数并导入生成数据库，同时将计算结果以图像的形式显示出来。

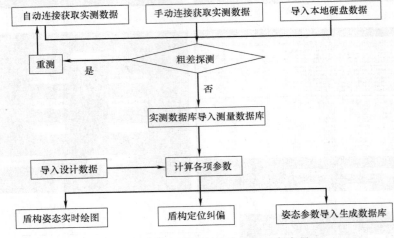

图 9-7 盾构自动导向系统软件基本流程

9.2.1.6 测量精度

该系统在测量时，每次测量都从隧道基准导线点开始。测量运行过程中每点和每条边在检验通过之后才进行下步，得到的姿态结果均相互独立，无累积计算。故系统求解计算中无累计性误差存在，因此，每次结果之间可以相互起到检核作用。从而避免产生人为的或系统数据的运行错误。这种每次直接给出独立盾构机姿态 6 要素的测算模式，在同类系统中是首次采用。冗余观测能够避免差错，也是提高精度的有效方法。最短可设置每 3 分钟测定一次盾构机姿态，由此产生足量冗余，不仅确保了结果的准确，也保证了提供指导信息的及时性。同时替代了隧道不良环境中的人工作业，改善了盾构隧道施工信息化中的一个重要但较薄弱的环节。

9.2.1.7 系统优势

基于对已有同类系统优缺点的分析，该系统在理论原理和方法上与传统方法有所不同，主要体现在：其一，系统运行不采用激光指向接收靶的引导方式，而是根据三测点坐标值来对盾构机刚体进行精确解算，摒弃以往积分计算盾构姿态元素的推算方法，防止了误差累积；其二，选用具有二次开发功能的高精度全自动化的测量机器人，测量过程达到完全自动化和计算机智能控制；其三，在理论上将平面加高程的传统概念，改变为按空间向量归算，简化测量设置方式和计算过程，提高准确性。

本系统的组成特点主要表现在：从设备构成可知，系统不使用陀螺仪，并舍去其他许多系统所依赖的传感设备或测倾仪设备，从而最大限度地简化了系统构成。系统实现最简和最优。由于机器人良好的性能和高精度以及定位原理上直接采用三维框架，通过在计算理论和方法上突破过去传统方式的框框。能够高精度地直接给出盾构机上任意（特征）点的三维坐标（X，Y，Z）以及3个方向的（偏转）角度，这样即使是结构复杂的盾构机也能够简单地同时确定任意多个特征点。比如 DOT 式双圆盾构需解决双轴中心线位或其他盾构更多轴心，以及铰接式变角等问题，可通过向量和坐标转换计算解出而不必增加观测。本系统的最大特点就是由测量点的坐标直接解算，直接给定测量对象（刚体）的空间姿态。

9.2.2 顶管施工自动测量技术

"雄鹰顶管自动引导测量系统"是为了解决长距离曲线顶管的测量困难而研究开发的。顶管埋设地下管道的施工方法避免了开槽埋管破坏地面给道路交通带来的影响，所以在城市建设中得到越来越广泛的应用。为了取得更大的社会经济效益，减少工作井的数量，顶管向着长距离、曲线顶管的方向发展，但顶管机头位置、顶管轴线偏差的测量难度逐渐变大。该系统有效解决了长距离、曲线顶管测量难题。

9.2.2.1 系统的测量原理

该系统的测量原理为传统的支导线测量，由于施工的是曲线管道，受曲率限制，井下固定的测量仪器 T1 无法直接观测到顶管机头中心 P0，因此按支导线测量的形式，在管道中布设若干的导线点 T2、T3、T4 如图 9-8 所示。

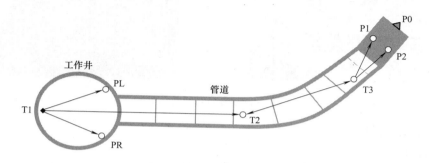

图 9-8 顶管引导测量示意图

PL、PR 为固定于井下的后视点，顶管开始前，从地面导线点引测坐标和方位角到井下的 T1、PL、PR 点上，作为地下导线测量的起始数据。

由于机头中心 P0 往往无法直接安置测量棱镜，所以在机头通视良好的地方固定安置两只棱镜 P1、P2，通过测量 P1、P2 的坐标归算求解出 P0 的坐标。

T2、T3……P1、P2 点在顶管施工时是随着管道顶进而整体移动的，因此每测定一次机头中心位置 P0 都必须由 T1 站开始进行全程支导线的测量。

该系统按上述支导线测量方式，逐站有序地自动完成测距和测角。

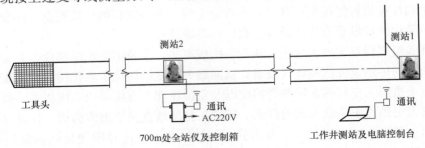

图 9-9　顶管引导测量位置示意图

9.2.2.2　系统的组成

系统按传统的连续导线测量的形式布设，自动测量的系统配置如下：

1）在每一个导线点上安置一台自动全站仪及棱镜，棱镜中心应该与全站仪竖直轴保持重合。

2）配置一台计算机，由它控制各台全站仪的测量并进行数据的收集和处理。

3）每台全站仪及计算机均配信号控制箱，用于向全站仪提供电源以及全站仪与计算机之间相互进行通讯。如图 9-10 所示。

图 9-10　顶管自动测量系统

9.2.2.3　系统操作平台

1. 硬件部分

该系统一般可配置四台全站仪，计算机需有四个串口来进行通讯，在进行编程及通讯之前，必须对各串口的通讯参数，如波特率、奇偶校验位等按系统要求选择最佳配置。通讯波特率设置应恰到好处，以提高传输的可靠性。计算机安装于机头内，系统能在震动状态、5～50℃及 80％相对湿度等震动、潮湿、高温等恶劣环境中正常运行。

2. 软件部分

操作系统：Windows 界面

工具软件：Visual Basic 6.0

自动全站仪的软件：

——系统软件：包括所有基本功能，组织并控制全站仪传感器之间的相互作用

——应用软件：支持特殊应用测量

3. 系统通讯

原理框图如图 9-11 所示。

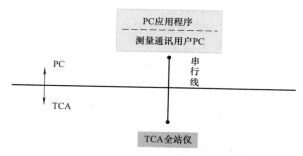

图 9-11　通讯原理框图

每个通讯单元的组成：由用户发送请求到服务器（全站仪），服务器回送应答到用户。

9.2.2.4　系统的工作流程

系统的各部分通过计算机联系起来，构成一个完整的系统进行测量工作。整个导向测量系统的工作流程如图 9-12 所示。

9.2.2.5　系统的运行

系统主要应用于自动监测、自动引导测量如：穿越工程等一些有特殊需要的测量项目，这种测量项目要求长时间反复跟踪测量。

在系统软件的支持下，自动导线测量系统在计算机的控制下，各站点上的全站仪相互配合、自动有序地测量各导线点的水平角、垂直角及边长，如同人工测量一样，由导线起点逐站进行。前后视仪器上的棱镜自动对准测站，相应的望远镜自动低头，以免干扰测站仪器的照准，其他站上的仪器自动面向侧方，以免视场上出现多个棱镜。角度和边长测量数据自动传回计算机进行数据处理，计算机显示系统的测量结果。4 站导线测量每循环测量一次，约为 5min。每次测量完之后，按设置的间歇时间停止运行，然后自动开始下

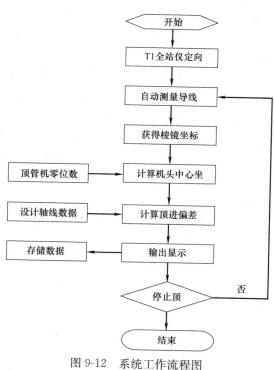

图 9-12　系统工作流程图

227

一次测量，周而复始循环进行。

9.2.2.6　系统在顶管施工中的应用

顶管施工测量需要频繁测量机头的位置，以便及时纠正机头的偏差，因此测量过程是重复进行的。但每一次测量除起始点外，其他各导线点都随管道向前顶进而移动了。

1. 顶管施工测量

直线顶管时，测量机头位置比较简单，一般在工作井井下用经纬仪指向，水准仪测高程或激光指向仪测量就可以了。但长距离的曲线顶管，受管道弯曲限制，井下测站 T1 的仪器无法直接测量机头位置 P0，而必须用导线测量的方法，在管道内设 T2 站、T3 站，逐站测量至机头 P0。顶管过程中，整条管道是移动前进的，管道内的导线点 T2，T3，… 也是移动的，因此每一次测量 P0，和隧道或地下铁道施工测量不同，都必须全程由井下至机头逐站进行，人工测量的工作量就越来越大，无法满足顶管纠偏的需要，并且严重影响顶管进度，使得先进的曲线顶管无推广使用。

在曲线顶管施工测量中，T1 是固定于井下的仪器墩上的，是固定点，为地下导线测量的起始点；PL，PR 为固定于井壁上的后视点，它们的起始坐标和方位角由地面的控制点通过地上与地下定向联系测量，在顶管过程中，井是不动的。由于机头中心无法安置棱镜，通过测定 P1，P2 棱镜归算得到 P0 的坐标。

2. 系统在曲线顶管施工测量中的应用

自动导线测量系统在顶管工程中称之为顶管自动引导测量系统。在顶管自动引导测量系统中，必须在管道里的测站上安置自动整平基座，自动整平基座依靠 12V 的直流电源作动力，当管道顶进时全站仪整平受到破坏时能及时自动把仪器的基座整平。德国产的 AD212 自动整平基座，整平精度为 ±32″，整平范围为 10°40′。

顶管自动引导测量系统在运行前须进行系统初始化。

（1）在计算机的工作文件中输入井下导线起始点 T1 坐标，T1－PL 和 T1－PR 方位角；

（2）在计算机的工作文件中输入管道轴线的设计元素：起、终点坐标，曲线主要点坐标，曲线元素，管道坡度等；

（3）把各台全站仪进行初步定向，并把定向值输入计算机文件。这是为了进行第一次自动测量时，各站仪器能很快找到目标。启动系统计算机，进行自动测量（按 F1 键）；

（4）根据顶管施工情况，系统可退出自动测量程序（按 F5 键），暂停一段时间后，重新进入自动测量状态（按 F1 键），也可以关闭计算机（按 F4 键），各台全站仪会相继自动关闭。

顶管自动引导测量系统计算机界面如图 9-13 所示。

9.2.2.7　系统的使用效果

系统已在多条长距离曲线顶管中应用，充分体现出它的优越性：

1. 系统运行稳定性好。顶管自动引导测量系统对机头进行连续跟踪测量，大部分为顶管顶进过程中的动态测量，测定机头偏差的成果很稳定，一般在几毫米之间跳动，在施工过程中，不关机连续进行，从未发生过系统死机。可靠性很高，很好地保证了机头纠偏效果。

2. 系统测量精度高。顶管施工中，测定机头位置的偏差精度达到厘米级即可。在每

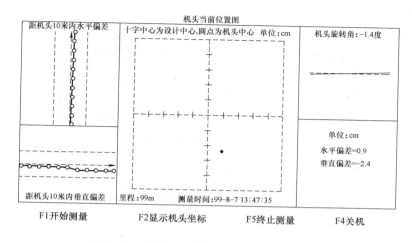

图 9-13 顶管自动引导测量系统计算机界面

顶进 30～50m，进行一次人工测量检测，可以统计、校核出本系统测定机头的精度为左右偏差±1cm，上下偏差±1cm，而国外同类产品测定精度为±4cm。

3. 系统自动化程度高。在系统运行的控制软件中编写了许多自动纠错程序，系统容错性能很好。例如管道中人员走动及物体阻断测量视线虽会引起测量暂停，但计算机会显示视线被挡的信息，提示被阻挡的地方，因此可很快排除障碍物，一旦障碍物排除，自动测量系统便可自动接下去进行测量。有的国外系统当测量视线被阻断便会引起系统停止运行，须人工逐站重新启动。

4. 系统可以在恶劣的施工环境中正常运行。在已应用自动测量的顶管施工工程中，空气中水汽很大，湿度也很高。一方面，这对测量精度产生很不利的影响，尤其是三角高程精度；另一方面也会对自动测量的仪器设备产生损害。但系统仍然正常运行，经受住最恶劣环境的考验。

5. 提高工程质量。由于实行"勤测勤纠"，操作者对每一瞬间的机头位置都有充分了解，随时采取正确纠偏措施，避免因偏移量过大而造成无法挽回的恶果，使管道曲线圆滑，符合设计轴线。

6. 节省大量资金及人力。因为人工测量在长距离曲线顶管中几乎无法达到自动测量的测量程度（连续跟踪测量），而且人工测量占用人员需 3～4 人，劳动强度相当大。而自动测量系统代替人工测量，无须人员操作，更无劳动强度可言。由于自动测量的应用，改直线顶管为曲线顶管，可减少工作井的数量，节省了造井的资金以及造井引起的动迁费用。

9.2.3 管幕箱涵施工测量技术

管幕箱涵法是利用微型顶管技术在拟建的地下建筑物四周顶入钢管（或其他材质的管子），钢管之间采用锁口连接并注入防水材料而形成水密性地下空间，在此空间内进行顶进大断面箱涵形成通道的方法。如图 9-14 和图 9-15 所示。因此，为了保障钢管能严格沿着设计轴线顶进，随后控制箱涵沿着钢管幕设计轴线顶进和顺利贯通，使箱涵的偏差符合设计要求，测量控制尤其重要。

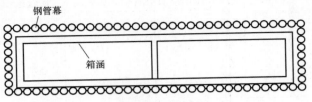

图 9-14　钢管幕顶进断面

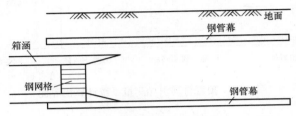

图 9-15　钢管幕顶进剖面

9.2.3.1　钢管幕顶进高精度方向控制技术

管幕是由许多独立的钢管榫接而成，施工过程中若有钢管因精度控制不良，当钢管幕顶进偏差大时，会导致锁口角钢变形、脱焊，管幕无法闭合，甚至会导致箱涵卡住，无法顶入。同时，由于锁口的影响，顶管顶进过程中，需要严格控制顶管的水平和高程方向的顶进精度。根据施工场地的工程地质、水文地质情况以及周边环境的要求，管幕段的精度要求是：顶进过程中按要求进行测量复核，及时调整顶管施工参数，保证管幕轴线偏差小于 30mm。根据上述要求，采用 RSG 激光诱导纠偏系统措施来保证顶进的高精度。

在掘进机内，配备的反射型方向诱导装置（RSG），其两块光靶板显示在操作盘的电视屏上（图 9-16）。在顶进中，光靶板上可同时出现三个激光光点，分别代表：顶管机本体偏移量、应纠偏量和纠偏量。

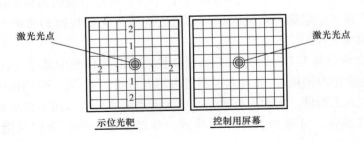

图 9-16　RSG 光靶板（左侧是顶管机的示位光靶，右侧是控制用屏幕）

如顶管机的位置处在顶进计划上，激光点便同时照射在光靶与屏幕的中心部位（图 9-17）。

如顶管机的位置脱离顶进计划线，激光光点便同时偏离光靶与屏幕的中心部位（图 9-17）。

此时，通过操作操作盘上的纠偏千斤顶开关，移动屏幕上的激光光点的位置（图

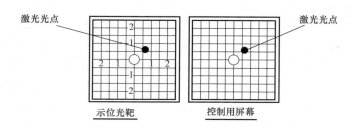

图 9-17 RSG 光靶板偏移

9-18）。屏幕的中心表示顶进计划线，激光光点表示顶管机刀盘最前端的中心。因此，当操作屏幕的中心与激光光点重合，便能使顶管机正确沿着顶进计划线进行顶进。

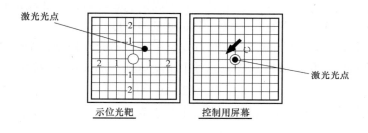

图 9-18 RSG 光靶板纠偏

如上所述，在顶进过程中应始终注意观察控制用屏幕，只要通过操作使激光光点不脱离屏幕中心点，便能够精心高精度的顶进作业。

9.2.3.2 箱涵施工测量

箱涵的姿态控制在始发阶段主要靠顶进平台两侧的导向墩限位装置实现，当顶进 10m 以后主要通过液压同步顶进系统、底排两侧主顶进油缸的纠偏以及通过两侧开挖面网格的挖土情况来调整箱涵的水平顶进姿态，高程偏差也可通过调整网格的挖土位置进行调整。箱涵虽然在已顶好的管幕内进行顶进，但还是要及时测定箱涵的实际姿态进而进行调整。

在箱涵顶进过程中，测量工作主要从两方面考虑：一是地面控制测量，二是包括顶进过程中的轴线偏差控制和高程坡度控制及箱涵的旋转控制且参数测量。

1. 地面控制测量

在箱涵顶管施工前，已经用甲方提供的平面控制点在工作井之间加设了导线控制点，在箱涵顶进前将对其进行测前复核，以保证控制点的精度。由此将其以导线引测到工作井上两侧，作为井下平面控制依据。

利用施工区域附近由业主移交并经加密后复核满足要求的水准控制点，在工作井之间布设二等水准网。

2. 方向引导测量

在顶进施工之前，测定工作井和接收井预留洞口中心的实际坐标 (X, Y, Z)。由于工作井接收井建造完成后不可能完全与设计位置（平面和高程）一致，因此顶进施工测量必须以两井洞口中心的实际坐标为基准，对原设计的线型进行调整，调整应以原设计线型位置变化最小为原则。由于箱涵的顶进是在已顶好的管幕之中进行施工，如果管幕施工的质量是比较理想的，可以完全按设计线形来控制顶进方向。

姿态控制需要有可靠的测量数据，随着箱涵顶进，随时要测定箱涵姿态，动态反映箱涵情况。测量内容包括顶进过程中的轴线偏差和高程坡度及箱涵的旋转角度。在箱涵顶进过程中，要定时测量箱涵的姿态以对顶进加以控制。在箱涵内布设四个棱镜（箱涵前部尾部各两个），每次通过测量棱镜的三维坐标（X，Y，Z），计算后得出箱涵的实际姿态（轴线、高程偏差以及箱涵的旋转数据）。由于箱涵内部有中隔墙，因此在工作井内架设两台仪器才能同时测出四个棱镜的坐标。

3. 精度控制

箱涵施工的地面控制测量可采用高精度测量仪器与增加测回数的方法提高地面控制点的精度，用其测量井下的固定控制点，可使其误差对箱涵贯通的影响 $m1 \leqslant \pm 10mm$。

控制顶进方向的地下控制测量起始点为井下固定的导线点，因此测定井下导线点的位置和方位至关重要，采取以下措施来保证定向测量的精度：

（1）井下仪器墩及井壁上的后视方向点安装牢固，不允许松动，全部用强制归心装置固定仪器及后视棱镜，保证仪器和棱镜的对中精度达到 0.1mm，后视边安装精度为：

$$0.1mm \times \sqrt{2} = 0.14mm$$

井下后视边长很短，设为 30m，则产生方向中误差为：

$$\pm 0.14mm/30m \times \rho'' = \pm 1''$$

考虑到测量仪器测量角度的误差，使用 $\pm 2''$ 的仪器。由此，井下定向测量的误差（包括导线点设置的对中误差和角度测量误差）为：

$$m = \pm \sqrt{(1^2 + 2^2)} = \pm 2.2'',$$

它对贯通的影响为 m_2，箱涵最大长度取为 120m，则：

$$m_2 = \pm 2.2'' \times 120m/\rho'' = \pm 1.3mm$$

（2）定向测量的角度使用 SET 21D 全站仪测量，4 个测回观测取平均，以提高照准精度。

（3）由于箱涵尺寸很大，箱涵中空气湿度和温度对测量的影响不会太大（折光影响），且顶距一般较小不超过 150m，三角高程测量方式能准确测定箱涵的高程，满足测量精度要求。

（4）地下控制测量的误差对箱涵贯通的影响可由下式得出：

$$m_3 = [s] \times (m_\beta \times \rho'') \times \sqrt{\frac{(n+1.5)}{3}} \tag{9-1}$$

式中　　$[s]$——导线全长，$[s]$ 最长取为 120m；

m_β——取 $\pm 2''$，为角度测量误差；

n——导线边数，对于本标段，测量时 $n=1$，则：

$$m_3 = \pm 1.1mm$$

（5）由测量引起的箱涵贯通测量误差地面控制测量、工作井定向测量和管道地下导线测量，则：

$$m=\pm\sqrt{(m_1^2+m_2^2+m_3^2)}=\pm10mm$$

此乃中误差，取极限误差（最大误差）为 3 倍中误差，则贯通测量极限误差为 $\pm30mm$。考虑到施工误差，按"等影响系列"，则本测量方案最终可保证的顶管贯通误差$\leqslant\pm3\times\sqrt{2}=\pm42mm$，满足施工的需要。

9.3 穿越过程的非开挖监测

随着城市建设的发展，地下穿越工程中被穿越建（构）筑物的保护是一项重要课题，而如何及时有效地获取土层沉降位移的信息是工程成败的关键。针对地下穿越过程中对常规沉降的监测工作面、监测频率由于环境、监测要求等的种种限制及监测数据及时性和灵敏度不能满足要求的情况，非开挖水平测斜监测技术采用了非开挖的方式铺设水平放置的测斜管，用于监测土体的竖向位移，可以在地下穿越工程中监测被穿越土体及建（构）筑物的沉降变形情况，具有监测数据准确灵敏、受外界条件干扰小、监测数据连续等优点，在常规沉降监测有诸多限制的工况下更显现出其良好的适应性。

9.3.1 非开挖监测的原理

非开挖监测主要使用水平测斜仪进行量测。测斜仪主要由以下四部分组成：装有重力式测斜传感仪器的探头、读数仪、滑轮装置和控制电缆（图 9-19）。测斜探头长度一般为 0.5m，两端装有导轮，探头安装受力平衡的伺服加速度计。

图 9-19 水平测斜仪

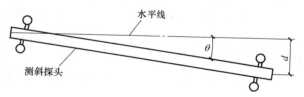

图 9-20 水平测斜仪工作原理示意图

工作状态时，测斜探头与水平方向之间的夹角 θ 可由测斜探头输出电压换算得出，如图 9-20 所示。测斜探头输出电压与倾角的正弦成正比，其值为：

$$U=K\cdot\sin\theta \tag{9-2}$$

式中 θ——测斜倾角；

K——测斜探头的灵敏度系数。

由上式可得：

$$\sin\theta=U/K \tag{9-3}$$

测点在垂直方向的偏移量：

$$d = L \cdot \sin\theta = (L/K) \cdot U = H \cdot U \tag{9-4}$$

式中　H——探头电压-位移转换系数（测斜探头出厂率定表提供）。

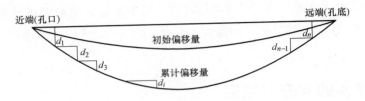

图 9-21　剖面沉降观测原理示意图

剖面沉降观测时，测斜探头以其导轮沿着水平沉降管的导槽移动。测头的传感器以测斜导管导槽为方向基准，测量水平沉降管的倾斜角度，每间隔一定距离采集一次数据，输出倾角电压信号，该倾角信号（第 i 个测点处）可换算成第 i 个测点处垂直偏移量 d_i（图 9-21）。

累积偏移量：

$$D = \sum_{i=1}^{N} d_i = \sum_{i=1}^{N} H \cdot U_i \tag{9-5}$$

位移（沉降）量＝累积偏移量－初始偏移量，即：

$$S = D - D_0 \tag{9-6}$$

9.3.2　非开挖水平测斜监测管的埋设方法

9.3.2.1　轨迹设计

轨迹设计的核心是设计拖拉管路线的纵断面位置尺寸，需考虑的因素有平面位置和埋深的要求、地下管线及其他障碍物的影响、钻杆和管材对曲率半径的要求等。

穿越轨迹包括入孔、第一造斜段、第一曲线段、水平段、第二曲线段、第二造斜段和出孔。出、入土角度的经验值为 $8°\sim20°$。

9.3.2.2　埋设过程

（1）在管道的入土点和出土点各需开挖入、出土坑。

（2）定向钻进的泥浆采用定向钻专用膨润土和泥浆添加剂，以提高造浆率和成孔质量。泥浆的马氏漏斗黏度根据土层的不同一般控制在 $35\sim55$。

钻进采用水平导向钻机（图 9-22）。钻机在入土点就位后，利用其自身的螺旋锚杆旋入地下使钻机固定。钻入前将探测棒插入导向头内，导向头后端与钻杆连接，然后开动钻机将导向头顶入地下。负责导向控制的人员在地面上手持探测仪随钻进方向移动，随时接收导向头发出的方位与

图 9-22　水平导向钻机

深度信号，钻机可根据此信息及时调整导向头，随时改变深度和方向，在地下形成一个较小的圆孔通道。

钻杆的深度误差范围控制在±0.20m以内，轴向偏差范围控制在±0.30m以内。记录好钻进过程中的扭矩、顶力、泥浆流量、泥浆压力、角度改变量等参数。

（3）扩孔护壁

在孔洞形成后，将导向头卸下，换上直径为0.30m的钻头，将钻头扩孔回拖至初始位置。

扩孔时，使用根据地层实际情况配置的泥浆，确保孔壁稳定并保持泥浆流动顺畅（图9-23）。当扩孔时，减慢行进速度，同时减小泵压，增大转速。扩孔完成后，用清孔器对孔洞进行一次清孔处理，以排出孔内多余渣土，并进一步稳定孔壁。

图 9-23　运用泥浆扩孔护壁

（4）牵引回拖

安装DN300回扩器及分动器。分动器后接OD250 PE套管（测斜管管径OD90，尾端系绳索穿在PE套管内部，随套管一起进入孔内），如图9-24所示。

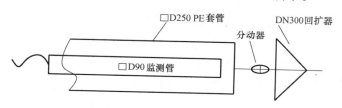

图 9-24　回扩及拖管示意图

将管材连接成需要长度后，需将测斜管前端封闭，用U形环与钻头上的孔眼相连，然后开动钻机将其一次性拖入已形成的孔洞中。在套管及测斜管中间的孔隙内灌入泥浆，拆除分动器及回扩器，将套管从前端拉出，测斜管就位。

9.3.3　非开挖水平测斜的测量过程

水平测斜管埋设完毕后，待测斜管周围填充的浆液硬化且钻孔时扰动的土体趋于稳定后，方可进行测试。穿越未实施前观测3次取平均值建立起测斜管位移的初始数据。对比当前与初始的观测数据，可以得出地层所发生的位移。

在水平测斜管的一端设置水准观测点，在每次采集数据时采用精密水准仪测量该点高程变化，以修正孔口高程。

9.3.3.1　人工测量

测斜仪测量范围为±30°，分辨率为2.9″，其探头一端连接控制电缆，另一端连接拖拉用的绳索（图9-25）。观测时，探头从测斜管的一端向另一端移动，在每隔0.5m间距处暂停并进行测量读数工作。在测斜仪观测时，为了消除和减少仪器的零漂及装配误差，在位移的正方向及探头旋转180°以后的反方向各测读一次数据，取正反两方向测读数据的代数平均值作为倾角测值。

9.3.3.2　自动测量

为更及时、准确、全面地记录和掌握监测数据的变化情况，可采用无线自动监测系统。

无线自动测量系统由固定式水平倾斜仪（图 9-26）、电压数字输出模块、集线器模块、电源模块、无线传输终端、数据存储与处理系统组成。系统可定时采集传感器数据并通过无线传输终端传送到监控中心。

图 9-25　人工测量

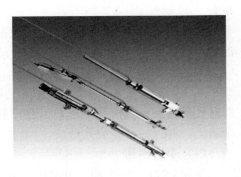

图 9-26　固定式水平测斜仪

电压数字输出模块将电压信号转换成数字信号并进行传输。数据集线器将一个或多个经电压数字输出模块转换过的信号集中到集线器中并连接到无线传输终端上。数据无线传输系统将输出的数据通过无线传输终端传输到上位机并进行远程传输。数据存储与处理系统采用基于 Windows 操作系统的计算机，对无线传送来的数据进行分析、处理，及时、准确地提供地层的沉降数据。

参考文献

[1] 周松，荣建，王洪新，赵国强. 水平测斜监测技术及其在盾构穿越中的应用 [J]. 地下空间与工程学报，2015，11（02）：422～428.

[2] 李青岳. 工程测量 [M]. 北京：测绘出版社，1984.

[3] 岳秀平. 盾构姿态自动监测系统研究开发与应用 [J]. 中国市政工程，2004.

[4] 郑金森. 自动导线测量系统及其在顶管施工中的应用. 测绘通报，2001.

[5] 张吉兆. 钢管幕顶进控制技术. 市政技术，2007.

[6] 武汉测绘科技大学测量平差教研室，测量平差基础 [M]. 北京：测绘出版社，1996.

[7] 廖少明，刘建航. 邻近建筑及设施的保护技术 [M]. 基坑工程手册，北京中国建筑工业出版社，1997.

[8] 闫富有. 地下工程施工 [M]. 郑州：黄河水利出版社，2011.

[9] 毕见山. 大型顶进箱涵施工技术研究 [D]. 上海：上海交通大学，2008.

第10章 穿越施工的应急措施

地下穿越工程常因地质情况不详、施工操作不当等原因出现预想之外的紧急状况。本章根据已有工程经验和现象分类列举了地下穿越工程可能出现的紧急状况及相应的应急处理措施。

10.1 盾构穿越施工应急措施

10.1.1 既有建（构）筑物变形过大的应急措施

既有建（构）筑物出现变形过大情况，即相应保护对象的变形已达到报警值时，应及时暂缓施工，启动临时应急处理措施，组织相关人员分析原因，制定后续变形控制的有效施工技术措施。分析既有建（构）筑物变形过大的原因，结合盾构位置、正面土压、盾构施工参数、同步注浆量等工况，对照变形发展趋势和相关施工参数的控制偏差，查找出变形大的原因。

1. 既有建（构）筑物出现变形原因

（1）施工不当引起建（构）筑物沉降，例如切口土压/水压力设定不当、盾构纠偏过猛、推进速度过快、注浆量不足等；

（2）建（构）筑物年代久远，结构薄弱，对沉降的敏感度较大；

（3）多次穿越同一建（构）筑物，对该建（构）筑物下的地基土扰动过大。

2. 征兆

建（构）筑物及附近地面的沉降逐步增大，出现裂缝、凹陷等现象，甚至在个别监测次数中发现沉降数据突变，这些都是事故发生的征兆。

3. 措施

（1）根据变形出现的阶段，针对性调整正面平衡压力（合理设定土舱压力、螺旋机出土量）或同步注浆量等施工参数；

（2）选用高性能斯维英注浆泵，实现单管单泵多点同步及时注浆；

（3）隧道内二次补浆；

（4）地面跟踪注浆（厚浆或双液浆）；

（5）变形过大时建（构）筑物的保护性加固。

（6）加密监测、信息化指导施工。

10.1.2 开挖面失稳应急措施

1. 开挖面失稳的原因

开挖面上部软土地层受开挖面支护不足而失稳；泥水盾构泥水未形成有效泥膜；开挖面上软下硬，下部硬质地层引起开挖困难，导致盾构推进速度缓慢，开挖不均匀，为开挖面局部失稳提供了条件。

2. 征兆

切削偏差量为正值；地面沉降较大。

3. 措施

对土压平衡舱系统内，注入泡沫剂或膨润土改良土体，使土压力值更为接近实际。对泥水平衡舱系统内，添加 PMS 改良泥水，形成更为有效的泥膜。设定稍高的土舱平衡压力。适当欠挖闷推。可考虑应急气压装置，通过气压迅速维持开挖面稳定。控制切削偏差量在零附近。

10.1.3　盾尾渗漏应急措施

1. 盾尾渗漏原因

水压力过大；盾尾油脂量和压力不足，不能及时密封盾尾，造成尾刷的密封效果减弱，形成盾尾渗漏；盾尾密封或盾尾刷损坏；盾构后退损坏盾尾。

2. 征兆

盾构作业面泥水量增大。

3. 措施

从管片注浆孔压注聚氨酯（或双液浆），形成环箍，封闭涌水通道。增加盾尾油脂压注量。管片与盾尾之间加塞海绵条。采用上述措施失效或渗漏较为严重的情况，可采用盾尾与管片之间封钢板进行紧急止水。严格控制好后续管片姿态，尽量保持居中拼装。

10.1.4　螺旋机卡死、出土不畅应急措施

1. 原因

正面障碍物或桩区拔除不干净，残留的钢筋混凝土或钢筋进入盾构螺旋机所致。

2. 征兆

刀盘油压、螺旋机油压突然上升。从螺旋机内旋转出钢筋及混凝土块。

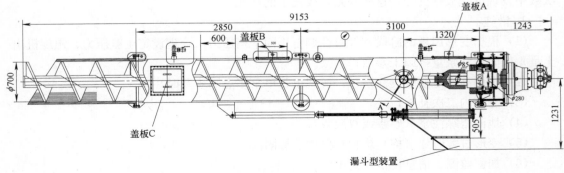

图 10-1　螺旋机结构图

3. 措施：

（1）扩大螺旋机出土口。扩大螺旋机出土口、清理口部的土体，观察是否有钢筋、混

凝土块等卡住螺旋机，待清理完毕后，恢复螺旋机正转、反转操作，观察是否能够转动。

（2）打开盖板法。拆掉盖板 A、B 和 C 后，清理内部的土体，观察是否有钢筋、混凝土块等卡住螺旋机，待清理完毕后，再安装上盖板，恢复螺旋机正转、反转操作，观察是否能够转动。

（3）加强螺旋机出土口涌水涌泥的观察。

（4）外加油泵车提高螺旋机工作油压法。由于螺旋机驱动系统油压不满足被卡住，尝试采用增加油压的办法来让螺旋机转动。

（5）螺旋机主轴上焊接加筋板，外加千斤顶辅助旋转法。直接在螺旋机主轴面加装筋板，用千斤顶对螺旋机主轴施加径向力，辅助螺旋机转动。具体操作如图 10-2 所示。螺旋机选型考虑一定的悬浮功能。

图 10-2　具体操作照片

10.1.5　盾构机千斤顶后退应急措施

1. 原因

油压内泄；

在管片拼装过程中收回过多千斤顶油缸；

不合理拼装顺序导致收回和伸出千斤顶活塞杆不合理。

2. 征兆

盾构及车架后移迹象；正面土压力降低；地面沉降速率出现突变。

3. 措施

后退量的测定及原因判定；液压系统密闭性检查；适量闷推。

10.1.6　轴承密封失效应急措施

1. 原因

刀具升温过高，灼伤主轴密封件；存在侧向力作用影响轴承密封效果或寿命；轴承密封润滑油泄漏导致泥水、渣土渗入轴承，使得轴承密封无法正常使用，甚至造成刀盘转动参数显示不正常，影响施工参数的调整和控制；正面水土压力大，轴承密封油压设置不当。

2. 征兆

轴承转动有一定杂音或升温迹象。唇口密封油脂压力异常或检测油脂存在异物。

3. 措施

主轴密封耐压能力达到一定压力要求；带压更换。

10.1.7 螺旋机喷涌应急措施

螺旋机喷涌是指盾构机掘进过程中打开螺旋输送机闸门出土时，以水为主，水和泥砂混合从出土口喷涌而出，散落在隧道内，皮带由于打滑无法运输土体。

1. 原因

螺旋机喷涌的原因主要有：在水底浅覆土地段施工时河床底塌方、开挖面充水裂隙发育或已成盾构隧道同步注浆液没有完全充实衬背空隙以致留下流水通道等，形成开挖面富水压力大，由此造成盾构机不能连续掘进，出现喷涌。

2. 征兆

打开螺旋输送机即发生喷涌，接着土舱内土压力很快回落。

3. 措施

螺旋机出土口加装手动闸门；土体改良；可能出现高涌水情况下宜选用双节螺旋机；设置保压舱。

10.1.8 刀盘失效应急措施

1. 原因

刀盘失效原因：隔离圈尺寸、刀盖与刀轴连接螺栓紧固力矩等刀具装配质量对刀盘失效的影响；硬质地层对刀盘失效的影响；刀具选择不当及刀具高低位影响；选用不合理掘进参数。

2. 征兆

根据探测性刀具表明刀具磨损严重。

3. 措施

优化刀盘切削刀具的配置，间隔且根据刀具用途高低有差异性布置，增加耐磨性。预防刀盘失效措施，如渣土改良，减少刀具磨损。涉及刀具损伤，换刀，根据地层与水的情况选择常压进舱、降水进舱和带压进舱方案。涉及结泥饼，从中心旋转接头大流量冲刷或人工进舱，清理泥饼。合理选择耐磨较好的零部件。合理选用掘进参数。

10.1.9 穿越江底冒浆应急措施

1. 原因

江底覆土厚度过浅；正面切口压力波动量大；开挖面压力设定值过高；同步注浆压力不合理，对江底土层扰动较大；盾构纠偏时超挖严重。

2. 征兆

江面出现冒泡现象。

3. 措施

在江底覆土厚度过浅位置抛土，加大覆土厚度；严格控制土压波动范围；严格控制开挖面泥水压力，在推进过程中要求手动控制开挖面泥水压力；严格控制同步注浆压力，以免注浆压力过高而顶破覆土；适当提高泥水各项质量指标；严格控制出土量，可适当欠挖防止超挖；稳掘进一段距离后，进行充分的二次补浆；合理设置推进速度，提高拼装效率。

10.1.10 盾构旋转问题应急措施

1. 原因

在淤泥质土层中摩阻力过小不能抵消盾构机的自转力矩，使得盾构机自转。盾构机主顶油缸松动，在转弯段掘进时盾构机和隧道轴线不一致存在一定的角度造成切向分力，使得油缸轴线偏移和盾构机轴线发生不平行现象，结果使得切向分力进一步变大，引起盾构机自转。为了将盾构机纠正到设计轴线上，盾构机司机将一侧的分区推力调整的很大而另一侧的分区推力调整的很小，两侧推力差异过大，造成盾构机自转。

2. 征兆

盾构机在掘进时开始旋转，刚开始旋转速度较慢，每环转 $1\sim3'$，到一定环数后旋转速度加快，达到每环 $6\sim15'$。最终旋转角累计达到一定角度，影响到盾构的掘进施工。

3. 措施

用单边压重、举重臂夹管片、刀盘同向旋转等常规办法。倾斜千斤顶产生反向扭矩纠旋转，即支撑环钢板切割缺口，倾斜千斤顶纠偏。外加千斤顶产生反向扭矩纠旋转，即在管片和盾壳之间提供径向反力装置，两反力装置之间加切向千斤顶（该措施慎用，易对成形管片产生扭剪破坏。必须使用时应考虑盾壳周边减磨措施，以及设置可调节轴线的千斤顶），调整管片拼装左右顺序等。

10.2 盾构穿越施工应急案例

10.2.1 斜向下穿轨道交通 2 号线概况

正在运行的轨道交通 2 号线，是上海市重要的客运交通命脉，连系着浦江两岸。轨道交通 2 号线浦东段隧道，是从陆家嘴站出发，沿世纪大道向龙阳路站运行的双线区间隧道。途经东昌路站、东方路站、杨高南路等站。

轨道交通 4 号线张杨路-浦电路站区间盾构下行线隧道从浦电路站始发，沿福山路下方向北推进 420 余米后，将斜向穿越世纪大道，从轨道交通 2 号线东方路站—杨高南路站区间隧道下方通过。穿越隧道的投影长度约为 69m（354～412 环），两隧道间投影交叉点的距离分别为 1.719m 和 1.542m。

轨道交通 4 号线张杨路—浦电路站区间盾构上行线隧道从张杨路站始发，向南推进 130 余米后，将斜向穿越世纪大道，再次从轨道交通 2 号线区间隧道下方通过。穿越隧道的投影长度约为 96m（137～217 环），两隧道间投影交叉点的距离为 1.045m 和 1.375m。

轨道交通 2 号线运行隧道保护要求：（长期值，穿越施工允许值，参照地铁保护条例、技术标准）

隧道竖向沉降（隆起）　≤±5mm

隧道横向变形　　　　　≤±5mm

10.2.1.1　盾构穿越区段的地面及周围环境情况

盾构穿越轨道交通 2 号线隧道的区域位于世纪大道、潍坊路、福山路的交汇处，道路下方地下管线纵横交错。

世纪大道是上海最现代化的道路之一，路面宽阔，共有 8～12 条机动车道和 2 条非机动车道，路面宽达 50 余米，交通高峰时车流量很高。道路两侧建筑物主要有世纪联华超市及住宅楼等。

10.2.1.2　地铁盾构从已建地铁隧道下方穿越的难度

（1）轨道交通 2 号线为运行隧道，为确保地铁列车的运行安全，盾构穿越施工时的保护标准要求很高。

（2）2 号线隧道位于④层土中，土质软，呈流塑状。且未作任何预加固处理。

（3）盾构机从轨道交通 2 号线隧道下方斜向穿越，穿越距离长，影响范围大。

轨道交通 4 号线隧道与轨道交通 2 号线上行线的投影交叠长度约为 96m，与下行线的投影交叠长度约为 69m，加上前后影响区，施工影响区域的范围大。

（4）两隧道间的距离小，最小为 1.045m。

10.2.2　主要施工技术措施

10.2.2.1　在已建轨道交通 2 号线隧道内安置自动监测系统

为了保证轨道交通 2 号线的安全运营，盾构穿越前，在轨道交通 2 号线隧道穿越影响区段内布设自动化监测系统（电子水平尺等），通过连接电缆将监测数据传输到监控室，进行实时、精确的监测。

自动监控室与施工现场值班室之间通过计算机网上传输数据进行联系。

10.2.2.2　加密设置地表监测点，加强施工监测

通过采用信息化施工，利用监测结果指导施工，不断优化施工参数，提高掘进水平，加强对掘进土压力、出土量、推进姿态、推进速度、同步注浆等管理等方法，有效地控制了地层损失，将地面沉降控制在允许范围内。

由于盾构穿越轨道交通 2 号线时地面上方是世纪大道，而世纪大道不仅车流量大，又是浦东的重点景观大道，所以在世纪大道上开孔布设深层沉降监测点非常困难。但是此处的变形数据对指导盾构施工具有重要意义，所以深层沉降监测数据必不可少。为了解决这个矛盾，制定了利用路面的地下管线窨井，作为地表沉降监测点。

在盾构推进穿越轨道交通 2 号线上方的世纪大道上布设了两个沉降观测断面，轴线上每 5m 布设一个沉降监测点，同时监测所有管线和地面窨井。

由于盾构推进路线位于福山路下，而福山路上分布有天然气、污水、雨水、电力等地下管线，为了确保地下管线的安全，在布点成孔前咨询了有关管线单位，并向主管部门办理了掘路手续，避免由于成孔施工而破坏地下管线。

10.2.2.3　穿越前的模拟试推进

在盾构穿越轨道交通 2 号线前，在福山路上进行模拟试验段，布设两排深层沉降监测点，模拟盾构穿越轨道交通 2 号线时现有隧道沉降情况，用以指导盾构穿越轨道交通 2 号线时掘进、注浆的施工参数定量化确定。

模拟推进的目的是检测所拟定的盾构推进所有主动技术保护措施的实际效果，主要检

测指标是地面沉降值、盾构上方 1m 处土层垂直位移量，以及盾构推进后，补充注浆、土体加固注浆和跟踪注浆的效果。

10.2.2.4　合理设置土压力值，防止超挖和欠挖

盾构推进时，根据监测信息的反馈，及时调整土压和出土量，从而科学合理地设置土压力值及相宜的推进速度等参数，使盾构匀速推进，防止超挖和欠挖，以减少对土体的扰动。

10.2.2.5　姿态控制，减少纠偏

在穿越轨道交通 2 号线的推进过程中，勤测盾构机的姿态偏差，盾构司机根据偏差及时调整盾构机的推进方向，尽可能减少纠偏，特别是要杜绝大量值纠偏，同时在盾构穿越期间，适当降低推进速度，从而保证了盾构机平稳地从轨道交通 2 号线下方穿越。

10.2.2.6　及时足量压注同步浆液

在盾构穿越轨道交通 2 号线期间，采用惰性浆液注浆及双液注浆工艺，并确保注浆量。随着盾构推进，脱出盾尾的管片与土体间出现"建筑空隙"，即用浆液通过设在盾尾的压浆管予以充填。压入衬砌背面的浆液会发生收缩，为此实际注浆量要超过理论建筑空隙体积。

但过量压注也会引起地表局部隆起。因此除控制压浆数量外，还需控制注浆压力。

10.2.2.7　盾构穿越后的二次注浆

在同步注浆施工结束后，对轨道交通 2 号线有影响的施工区段范围内的惰性浆液进行补充注浆加固。

10.2.2.8　对该区段隧道土体进行双液注浆加固

在隧道置换注浆施工结束后，对该区段隧道土体进行双液注浆加固。施工范围为隧道顶部 90°范围，轨道交通 2 号线中心线以下范围内的土体，加固后的土体有良好的均匀性和较小的渗透系数，注浆加固后土体强度达到 $P_s \geqslant 1.2\mathrm{MPa}$。

10.2.2.9　信息化施工

在穿越轨道交通 2 号线隧道的施工过程中，贯彻了信息化施工的原则，通过制定的信息传递网络，报监理工程师备案。组织技术人员 24h 轮岗值班，保证数据的连续性。

10.2.3　下行线盾构穿越实况

10.2.3.1　组织保障及管理措施

建立了穿越地铁二号线组织网络加强对穿越工作的控制力度。

在施工操作人员中增加富有施工经验的、责任心强的人员。

穿越推进的施工技术要求以技术指令单的形式下达，并在班前向当班施工人员逐项详细交底。

穿越推进施工工程中，由现场巡视施工员将盾构头部掘进施工现场、隧道内注浆施工现场、地面沉降观测现场的信息及时向值班室汇报。当班施工技术人员根据实际反馈的信息，对施工现场下达调整施工参数和步骤等指令。

穿越推进阶段的操作，都按方案确定的措施进行。安排施工技术人员 24h 值班。穿越推进期间对准备采取的技术措施，向班组人员详细的交底，做到每一个操作人员都明了。

在穿越前对盾构机及其他辅助设备进行一次全面彻底的检修。在穿越推进期间，增派

盾构设备技术人员加强值班，保证了穿越二号线期间盾构机未发生故障。在其他物资供应上组织货源，确保施工物资材料的及时供应。

10.2.3.2　穿越实况

盾构穿越推进从 2 月 14 日开始，至 3 月 2 日推进结束。其后为补充注浆等。总共推进环数为 61 环，长度 73m（350～411 环）。推进速度为 10mm/min，最慢时为 6～8mm/min。

推进阶段的土压力设定值从初期的 0.263MPa 逐渐调低，随后又升至 0.205MPa。千斤顶总推力的变化范围为 1240～1490×10kN；大刀盘扭矩的变化范围为 970～1247kN·M。在推进过程中，盾构前方上海轨道交通 2 号线隧道监测点累计隆起值为 2～3mm，瞬时最大值超过 3mm。

所有监测点在脱出盾尾后都出现沉降，但数据较小。上海轨道交通 2 号线隧道监测点 24h 沉降量均小于 1mm。随后在监测点沉降至-1mm 时，进行补充注浆。注浆后的最大隆起值为<2mm。单孔注浆量为 0.03～0.2m³。注浆液类型为双液浆。

10.2.3.3　总体效果

上海轨道交通 2 号线隧道被斜向下穿后，隧道监测点累计量均在±1mm 以内。盾构穿越推进是成功的。

10.2.4　经验总结

1. 土压平衡盾构机在精确设置监测点、合理调整土压力，及时调整推进速度及盾构纠偏量的情况下，近距离穿越地下构筑物是可行的。盾构前方 2 号线隧道的位移量基本上控制在 2～3mm。

2. 在盾构穿越过程中，尽量减少盾构的纠偏，减少对土体扰动程度。

3. 脱出盾尾后的日沉降量均控制在<1mm。3～5d 后当总沉降量接近-1mm 时，才进行二次补浆和其他技术措施，总沉降量均控制在±1mm 以内。

4. 电子自动水平尺自动连续跟踪监测轨道交通 2 号线隧道沉降是十分合理和有效的信息化手段。一方面，能及时反馈信息调整盾构掘进施工参数，另一方面，能及时检验二次补浆工艺的效果。

10.3　顶管穿越施工应急措施

10.3.1　顶管施工风险分析

顶管施工中可能出现各种不良现象，如管道轴线偏差，工作井及后背墙变形坍塌，导轨或主顶油缸偏移，顶铁外崩，管节破裂或管道接口渗漏，地面下沉或隆起，周边环境破坏等。表 10-1 列出了常见的风险因素分析。

10.3.2　顶管始发、接收施工风险分析与应急预案

顶管施工中的始发、接收施工是一项很重要的工作，如果始发、接收时洞口安全、可

靠、顺利，那么可以说顶管施工已经成功了一半。许多顶管工程的失败就在始发、接收施工这两个环节上。

顶管工程常见风险因素分析		表 10-1
风险因素		现 象
顶管始发、到达施工风险	始发磕头	始发的时候发生机头磕头、机尾上翘的现象
	始发管节后退	机头前方水土压力大，摩阻力不足
	始发、到达洞口坍塌	在始发、到达洞口拆除时，前方土体临空面产生水土流失引起地面坍塌
顶管顶进施工风险分析与应急预案	轴线失控	由于机头周围的土体的特性不均匀，对行进中的机头产生的力矩不平衡，从而使机头产生某一方向的偏差
	接口漏浆	管接口处有地下水渗入或者产生漏水漏泥
	管节破裂	顶进中管节发生破裂
	液压系统泵、阀连续故障	施工中常有泵阀连续损坏的现象
	顶力过大	顶力超出了通常的顶力
	沉降过大	在顶管机穿越过后或顶管施工完成以后，在管子中心线左右两侧的地面产生沉降，并且随着时间的推延，沉降槽的宽度与深度均与日俱增
	机头旋转过大	在顶进过程中，机头会发生旋转。旋转不仅仅限于机头，有时会涉及管节、中继间和整条已顶进的管道
	地面隆起	泥水压力设置过大，上方水土压力不能平衡泥水压力，造成地面土体隆起
	泥水压力过大	长距离顶进，由于排泥泵功率不足，需要接力，或排泥泵堵塞
	后背开裂、位移、变形	顶力过大，或后背支撑不足
机头上扬		机头上方覆土不足，水头高浮力大
遇障碍物处理预案		地下不明障碍物如混凝土块、桩基等

10.3.2.1 始发阶段洞口顶管机磕头

1. 现象与危害

所谓始发磕头，就是在始发的时候发生机头下沉、机尾上翘的现象，如图 10-3 所示。通常来说，虽然顶进管道的重量总是比土低的。但顶管机相对来说是比较重的，其重心又比较靠前，如果机头从工作井支架上顶出后，悬臂段过长，土体支承力不够，就会发生磕头现象，特别是在砂性土层中容易发生这种现象。

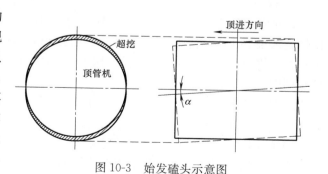

图 10-3 始发磕头示意图

2. 原因分析

（1）工作井外的土体受到扰动后变得松软，使得土体支承力不够；

（2）在遇到软硬程度完全不同的两层土质中，顶管机很容易偏向软的土层。

3. 防治及应急措施

（1）顶管始发时，启动底部两只主顶油缸，将顶力合力中心降低，使得顶管机的受力方向向上倾斜，避免顶管机的磕头；

（2）采用延伸导轨，使得基坑导轨的支点前移，从而避免磕头现象；还可酌情预留抛高；

（3）将前部管子同机头用拉杆连接成整体；

（4）对洞口外土体加固处理，使土体具有自立性、隔水性和一定的强度，并防止"磕头"现象。洞口土体加固可以采用化学加固法主要有注浆法、旋喷法和深层搅拌法。还可以采取降水和冷冻等物理方法，对于砂性土质，应当在工作井洞口区重点做好降水加固土体。

10.3.2.2　始发阶段管节后退

1. 现象与危害

覆土较深或土体较软时，始发时应防止顶管机及前几节管节往后退的情况发生。

2. 原因分析

发生上述情况的原因是由于全封闭式顶管机的全断面上主动土压力所造成的使顶管机后退的力大于顶管机及管节周边摩擦阻力和它们与导轨间摩擦阻力的总和。管节一旦后退，前方的土体就会发生不规则的坍塌。如果是在比较单一的土中，土体沿着滑裂面坍塌，严重影响洞口上部的安全，由于上部土体扰动后土压力变小，顶管机再次顶进的方向也会沿滑裂面往上爬高。如果是在不均匀的土中，顶管机不仅会爬高，而且会向一侧偏移，导致管节在后续顶进过程中无法控制。

3. 防治及应急措施

为防止顶管机及管节的后退，通常在洞口两侧安装上手拉葫芦，当主顶油缸回缩之前，设法用手拉葫芦把最后一节管节或顶管机拉住不让其后退。手拉葫芦的另一个功能是防止顶管机的大刀盘向某一方向旋转时产生的力矩使顶管机朝另一个方向偏转。

10.3.2.3　始发、接收洞口坍塌

1. 现象与危害

在顶管机始发、到达时，如果洞口外土体强度不够且未进行加固处理时，以及地下水位较高未采取止水或降低水位措施，在拆除洞口封门时，大量土体和地下水通过洞口涌入工作井，将导致洞口周围地表大面积塌陷，顶管井和顶管隧道可能产生不同程度的位移，危及周围建筑物和地下管线的安全。

2. 原因分析

（1）土体加固不当

当顶管始发、到达洞口拆除封门后，如果洞口外侧土体自立性不足，一般均采用土体加固措施，顶管洞口外侧一般采用旋喷桩加固方式，旋喷桩与沉井井壁之间采用压密注浆填充，土体加固施工一方面主要需保证被加固土体的自立强度，另外一方面关键是加固土体的均匀性和封闭性，保证洞口外侧临空面土体无薄弱点，从而达到防治水土流失的目的。

（2）地下水或承压水水位高

顶管始发、到达洞口外侧土体在地下水或承压水水头较高时，尤其是砂土和粉土，土体液化程度高，容易在水头的作用下造成涌水、涌砂现象，必须在顶管始发、到达洞口采取必要的降水或止水措施。

3. 防治及应急措施

（1）选择合适的洞口土体加固措施是非常必要的。对于洞口旋喷桩加固的，要确保加固土体的均匀性。

（2）当降水措施效果不大时，可以考虑采取旋喷桩和压密注浆达到提高土体强度和止水的目的。

（3）始发、到达的顶速控制。

机头始发时需要依次通过止水圈、旋喷桩等，其中旋喷桩的硬度比较大，因此控制机头始发时的顶速非常重要。顶速过快会使泥水舱压力大于止水圈胶皮的外翻弹力，导致胶皮外翻，顶管过程中胶皮外翻位置会不断漏水，破坏泥水的正常循环，从而影响正常顶进。另外，刀头切削下的旋喷桩很难被循环带出，被迫向两侧挤压，造成顶力不断增大，在水压作用下，没有及时被带出的旋喷桩被冲至胶皮内侧，机头顶进时与这些硬物挤压，使胶皮很快被挤烂。再则，顶速过快使机头正面压力异常增大，造成旋喷桩整体移位而破坏，使其失去原有的止水性能。如果旋喷桩的质量不好或有空洞，始发时顶速过慢会导致洞口上方抽空形成塌陷，如有此现象发生时应及时调整顶进速度，避免机头上方土体不断落下，造成地面进一步塌陷。

机头到达防范的关键是加强测量及加固体的校核工作，避免出现偏差而无法到达，当机头到达前应做好必要的加固和降水措施，确保到达洞口的加固土体的稳定。

（4）为了防止始发、到达过程中发生水土涌入顶管井的危险情况，应该准备必要的应急物资、设备和人员，包括配置水泵、发电机、堵漏材料等。

10.3.3 顶管顶进阶段施工风险分析与应急预案

10.3.3.1 顶进轴线失控

1. 现象与危害

轴线失控主要由于机头周围土体的土性不均匀，对行进中的机头产生的力矩不平衡，从而使机头产生某一方向的偏差。但如果土体的差别过大，力矩不平衡很严重，提供的纠偏力矩不足以抵消相反方向的力矩时，机头就会沿着已形成的轨道偏下去，也就是轴线失控。管子顶完在做竣工测量时，发现管道中心线与设计的管道中心线有较大的偏差。顶管机头没有从预留洞到达，或偏差较大。

2. 原因分析

（1）由于工作井位与设计井位发生较大偏差原因造成。

（2）由于测量仪器误差过大所引起的。

（3）由于顶管机的开挖面不稳定、水土压力不平衡所致，产生正面水土压力不平衡的原因有：顶管机没有正面平衡机制，开挖面的地层有流砂等不稳定条件；虽然顶管机具有平衡手段，但是操作不当导致开挖面没有处于平衡状态；在顶进过程中出现不良的地质，或者地质条件发生突变，导致开挖面的稳定无法正常控制，纠偏无效。

（4）顶管机纠偏液压系统工作不可靠或者发生故障。

3. 防治及应急措施

（1）前期信息调查：在开工前需详细调查沿线土体的历史状态。然后在进入有松填土段或河底下的过浅覆土段时，应尽量避免有危险倾向的操作。

（2）严格执行测量放样复核制度，测量仪器必须保持完好，必须定期进行计量校正。

（3）施工前对顶管机进行认真的保养和修理，无故障投入顶管施工。

（4）选用平衡性能较好的顶管机进行施工，施工过程中严格控制开挖面的水土压力，稳定正面土体。

（5）对不良地质，施工前做好土体改良的施工辅助技术措施。

10.3.3.2　顶进顶力过大

1. 现象与危害

顶力过大是指顶力超出了顶管的控制顶力。顶进阻力由两部分产生：①机头：包括开挖面迎面压力和机头筒体与土体直接接触产生的摩阻力。阻力大小和地质情况、机头的大小、机型和埋深直接有关。②沿线管节的摩阻力：整根管道在土体中像火车一样行进，和土的接触面积是巨大的，沿线的摩阻力也将是巨大的。克服的办法除了靠中继间进行接力之外，最基本的手段是用膨润土泥浆减小摩擦。如果机头泥浆套没能良好地形成，以致沿线的摩阻力不正常地增加，可能导致顶力过大。

2. 原因分析

（1）土质的突变如沿线遇到障碍物，会造成迎面阻力的急剧上升；

（2）地面载荷太重或土体不断受到冲击，也会使土体被压实，增加迎面阻力；

（3）在偶然情况下，如果管线偏离轴线幅度太大，或轴线根本失控，导致受力不均，也会使顶力增大；

（4）泥浆套破坏。泥浆套破坏成因是很多的，有泥浆本身的问题，也有压浆技术问题。

3. 防治及应急措施

（1）设计初期做好详细的地质调查，避免暗桩等因素；

（2）避免泥浆套破坏。方法如下：

① 仔细检查膨润土泥浆是否原料过粗，或配料过稀，保证泥浆的质量。

② 对各沉降测点图线进行分析。沉降大处常是泥浆套损坏而造成顶力过大的地方。

③ 启动各中继间。先分析哪一个区域顶力大，是局部还是全部。

④ 逐一卸下压浆系统的总管和分管，开启每一个浆孔球阀进行检查。目的是防止浆套偏侧高压。如果有一侧高压同时对侧无浆的情况，就可一面卸放高压浆并同时向对侧补浆，以逐步重新建立不偏压的完整浆套。浆液偏压比没有压浆的后果还要严重。

⑤ 检查地面特别是相邻的管道，是否有地方存在漏浆现象。

⑥ 加强浆套管理。

（3）顶力图示化。一般来说，在上海地区，如果沿线摩阻力在 $1.2kN/m^2$ 左右，便可判断为整个套体基本完整。如果大于 $2.0kN/m^2$，可判断泥浆套肯定有缺陷并有恶化的可能，必须立刻查明并进行针对性的改进。可采用"顶力图示化"方法管理。机头部分的基本顶力为起始段顶力。观察后续顶力的增长速度斜率图线，曲线一陡就表示顶力在异常上升。画一条 $1.2kN/m^2$ 的斜线，作为顶力警戒线。超过这条斜线就应采取对应措施。上海长距离顶管中摩阻力在 $1.0kN/m^2$ 以下，甚至 $0.4kN/m^2$ 的施工管理实例是很多的。

（4）顶力一旦过大，应立即停止作业，否则可能导致管子破裂等恶性事故。

（5）如果有安装中继间的，应及时地启动中继间，首先分析阻力变化原因，并配合补浆，逐段使顶力降低。

（6）如果机头遇到障碍物，经判断，刀盘可以磨掉的，譬如木桩、水泥之类，就让刀盘把它慢慢地磨掉，并缓慢地顶进油缸。倘若不可以磨掉，如钢筋、钢板桩之类，只能开挖来解决了。

10.3.3.3　机头旋转过大

1. 现象与危害

在顶进过程中，机头会发生旋转。旋转不仅仅限于机头，有时会涉及管节、中继间和整条已顶进的管道，旋转方向也各不相同。刀盘式顶管机的旋转包括始发、到达时的旋转和顶进过程中的旋转，由于刀盘的旋转而顶管无法克服刀盘的反向转矩，就会造成顶管机自身的旋转。非刀盘式的顶管机常常在顶进一段距离以后发生旋转。所以，在顶进过程中必须时刻注意顶管机的偏转仪，不让其偏转大于 $5°$。但是，有时顶管机在偏转较大时不仅不容易纠正，而且偏转会越来越大，给操作、测量、纠偏以及排土都带来不利的影响。

2. 原因分析

（1）在机头始发时，由于机头与导轨之间的摩阻力较小，难以平衡刀盘切入土体时的反力矩，机头产生旋转。始发后，虽然机头后有管节，但是有时还不能平衡反力矩，还会带着管节一起旋转。

（2）中继间油缸安装不平行，油缸动作不同步，也能使中继间产生旋转，有时还会涉及相邻管节。

（3）主顶油缸安装不平行同样会使管节产生旋转。

（4）纠偏过大，特别是在轴线两侧来回摆动。

3. 防治及应急措施

（1）配重压回。在顶管机内需纠正的一侧上加一些配重，以平衡顶管机布置不均衡的情况，一般效果有限。加了配重以后，顶管机的重量增加了，要注意防止顶管机偏低的走向趋势。并且须当心配重的跌落，以免造成意外事故。

（2）用刀盘的转向来纠正顶管机的旋转，正确的方法是：从顶管机后方看，如果顶管机产生顺对针方向的转动，那么刀盘也必须向顺时针方向旋转。反之亦然。通常都能把顶管机的旋转纠正过来。这种纠正工作在顶管机旋转的角度很小时是行之有效的。

（3）尽量提高泥水舱内的压力而使刀盘的转矩增大，在泥水顶管中，也可暂时关掉进排水泵再徐徐顶进，目的也是提高刀盘的转矩。同时准确判断刀盘的转向，千万不可逆向旋转。还要注意泥水舱的泥水压力，绝不允许其超过顶管机所能允许的最高泥水压力。

（4）在顶管机刀盘部位注浆，以提高土的强度，从而增加刀盘的转矩。注浆以后需待浆固化后再启动刀盘，这时可采用双液速凝浆，以加快凝固时间。因为顶管停止顶进时间过长会使顶力增加，这时可采取定时顶进 20cm 左右，同时又不断注入润滑浆来降低顶力。

（5）停止造成轴线往复摆动的错误纠偏方法。

10.3.3.4　地面沉降过大

1. 现象与危害

在顶管机穿越过后或顶管施工完成以后，在管子中心线左右两侧的地面产生沉降，并且随着时间的推移，沉降槽的宽度与深度均与日俱增。严格地讲，在顶管施工过程中，地面沉降是不可避免的。但是，采用不同的施工方法，会有不同的沉降结果。同一工法，由于土质的不同、覆土深度不同、管道直径不同，也有不同的沉降。

2. 原因分析

（1）超挖。正常的挖土量须控制在应挖土体的 95%～100% 之间。但由于如下各种不当操作会形成不同程度的超挖：

如果是机头开挖面沉降，基本是由于顶速相对过慢，导致"超挖"，迎面泥水压力小于主动土压力，开挖面的土体坍塌造成沉降。

对于泥水机械平衡式顶管机来讲，因为刀盘面可以紧贴开挖面前后浮动，并自动缩小切土口，而泥水平衡顶管机由于刀盘和刀口都是固定的，作业时稍不注意就会导致"超挖"。因此刀盘转速应是可调的，最简单的办法是采用变频调速的驱动器。

如果是机尾土体沉降，第一，是由于机头纠偏量较大，其轴线与管道轴线形成了一个夹角，在顶进中机头形成的开挖坑道成为椭圆形，此椭圆面积与管道外圆之差值，即为机头纠偏引起的地层损失。纠偏量越大，地层损失也越大，土体沉陷也越大；第二，机尾的注浆不及时，机头的外径一般比管子外径要大，机头顶过后管道外周产生空隙，注浆的目的是为了及时在空隙处形成浆套，如果不能及时地注浆填充，周围土体挤入环形空隙中，也会导致机尾地层损失而产生沉降。控制机尾的地表沉降，要及时注浆，浆量充足，通常浆量要大于管道外径空隙体积的 2.5 倍以上，松软土质、机头纠偏时，注浆量相应增加。

（2）中继间处土体沉降

① 中继间顶伸时，外部体积减小，中继间合拢时，外部体积增大，扰动土体，引起地表的沉降；

② 如果此时中继间接缝和密封不好或磨损，泥水流入管内，会引起地层较大损失，地表产生较大的沉降；

③ 顶管过程中对土体扰动而产生的沉降；

④ 润滑浆套内的浆液流失造成的沉降；

⑤ 采用了辅助的降水施工造成的沉降。

3. 防治及应急措施

（1）针对具体沉降测点的位置进行分析，控制好出土量，做到不超挖。

（2）针对中继间处的沉降，要严格控制中继间的外径尺寸及橡胶密封圈的外形和尺寸。中继间伸缩时，要注意前后区段管节浆套状况，保持浆套完整，减少注浆量和注浆压力的波动。中继间顶伸时，随即补浆，填充缝隙。

（3）同步注浆，要装压力表，控制好注浆压力。每节管节开顶时，都要检查注浆情况，确保管节浆液与机尾浆液通畅，形成完整的浆套。发现机尾缺浆，要及时补浆。润滑浆要有一定的稠度，不能太稀。

（4）如果对沉降要求很高的情况下顶完全程后，必须用充填浆把润滑浆完全置换出来。

（5）尽量少采用降水这一辅助施工手段，而采用无须降水的机械式顶管施工。

（6）如果沿线不断沉降，就说明泥浆套已损坏，应立即针对这段进行运动中的修补。再不然，可立即对产生沉降过大的地下管线旁侧或是建筑物旁侧进行填充性注浆加固，以防沉降恶化。

10.3.3.5 地面隆起

1. 现象与危害

机头顶进轴线前上方地面有开裂、隆起。

2. 原因分析

泥水平衡压力设定值过高。开挖面泥水压力大于被动泥水压力。

3. 防治及应急措施

顶进时先设置 15m 试验段，按下列公式计算泥水压力设定值

$$P_设＝P_主＋2/3(P_被－P_主)$$

式中　$P_设$——设定的开挖面泥水压力值；

　　　　$P_主$——开挖面主动泥水压力值；

　　　　$P_被$——开挖面被动泥水压力值。

按上述公式设定泥水压力后，通过试验段地面沉降测量记录，调整合适的泥水平衡压力值，并根据沿线覆土深度及土质情况及时调整。

10.3.3.6 泥水压力过大

1. 现象与危害

从泥水压力表反映泥水压力较大，且降不下来，刀盘前上方地面有渗水或冒水，并有微微隆起。

2. 原因分析

（1）顶进距离较长且排泥系统中无接力泵，使排泥流速降低或流量过小，造成排泥不畅；

（2）排泥泵吸泥管漏气，排泥量下降；

（3）排泥泵扬程过低，无法满足要求；

（4）排泥管路有堵塞；

（5）进水泵排量过大，与排泥泵不匹配，造成泥水压力增高；

（6）接力泵排量过小。

3. 防治及应急措施

泥水舱内的泥水压力可以根据压力表的读数进行人工控制，也可以通过 PLC 可编程计算器实现自动的稳定控制。泥水管路系统主要由泥浆泵、管路、机内截止阀和旁通阀和基坑内的旁通装置等组成。对于人工控制的泥水系统，机内截止阀和旁通阀都是由油缸控制开闭的。由于频繁的开闭易导致球阀的密封泄漏，为了便于检修，宜在截止阀的前面增加两只手动控制球阀，正常顶进处于常开状态，检修时给予关闭。泥水舱内的压力可以通过调整机内截止阀的开口大小来进行控制。对于砂性地层，正面压力往往比较难以稳定控制，尤其是在停止顶进的过程中，泥水舱的压力会逐渐衰减，就需要向泥水舱内不断地注入泥浆材料，以维持稳定的压力。泥水舱压力稳定的另一个重要因素是对泥水材料的管理，以便在刀盘前形成泥膜，阻止正面砂性地层的坍塌。

在泥水顶管中，一般对切削刀具的宽度和面板开口槽的宽度加以限制，使进入泥水舱的土体都能够顺利进入排泥管口，并在排泥水管路中设置沉箱、滤网等措施，保证管路的畅通。另外堵管与泥水管道的直径也有很大的关系。除此以外，在胸板的合适位置布置人孔仍然是非常必要的，当遇到堵管时可以打开人孔排除故障。对于某些特殊的工况，有必要设置气闸墙，在全气压状态下用人工排除故障。

10.3.3.7　管道上浮

1. 现象与危害

对于大口径钢顶管以及超大口径混凝土顶管，对轴线控制要求较高。顶进过程中，稍一疏忽，就容易造成管道上浮，轻则造成顶管轴线偏差超过允许值，重则造成管道大幅度上浮及钢顶管焊缝开裂，影响工程及施工人员的安全。

2. 原因分析

(1) 超挖，造成上部土体受到扰动过大，失去部分承载力；

(2) 顶管的泥水压力控制不当；

(3) 顶管所处的地质土层属于软弱土层，土体承载力差；

(4) 顶管覆土层较小，造成顶管上覆土层压力较低，若发生管道上浮的现象，往下纠偏会比较困难。

3. 防治及应急措施

(1) 在施工规范允许的范围内，有意使顶管低于设计轴线顶进，预留出顶管上浮空间；

(2) 顶管纠偏时尤其是上下纠偏时，应严格按照"勤测勤纠，小角度纠偏"的原则进行，防止大角度纠偏带来管道上浮；

(3) 在顶管前端堆放压铁增加管段重量，来增加管节的抗浮能力。

10.3.3.8　后靠背开裂、位移、变形

1. 现象与危害

后靠背可能被主顶油缸顶得严重变形或损坏，或与后座墙一起产生位移，无法承受主顶油缸的顶力，顶管施工被迫中止。

2. 原因分析

由于后靠背承载力过小，或顶进顶力过大，超过后靠背的极限荷载。

3. 防治及应急措施

顶进时必须加强观察，及时了解后靠背位移、开裂情况，以便及早采取措施。发现后靠背有变形或开裂的预兆或顶力即将达到后靠背的极限顶力时及时加设中继间，避免后靠背损坏。如果后靠背已经出现位移或开裂现象，应立即停止顶进，采取以下措施：

(1) 加大后靠背钢板，增加后靠背受力面积；

(2) 对后座墙后的土体采用压密注浆加固土体；

(3) 及时向技术部门汇报，组织有关技术人员研究对策。

10.3.4　顶管遇不良地质和障碍物风险分析及预案

10.3.4.1　顶管遇不良地质

1. 现象与危害

对黏土而言，易出现泥水舱内的黏土固结，致使泥水排放受阻，效率下降，扭矩增加。

2. 原因分析

刀盘开口率与地层不适应；泥水舱内搅拌不充分；刀盘中央、舱的弯角等部位易发生黏土固结。

3. 防治及应急措施

（1）把弯角部位做成土体易流动的光滑构造；

（2）装备喷射管等高效冲洗、去除装置；

（3）在易黏附的部位设置超高分子聚乙烯板减小黏附力；

（4）舱内设置搅拌叶片搅拌切削泥水；

（5）用低黏性泥水长时间连续运转清洗泥水舱；

（6）在泥水中添加界面活性剂；

（7）黏附显著时可直接向舱内投入界面活性剂，并进行搅拌。

10.3.4.2 顶管遇障碍物

1. 现象与危害

顶管机遇障碍物时，会产生刀盘驱动电流过大，顶力剧增的现象，将导致顶管机无法启动致使不能继续顶进的后果。

2. 原因分析

（1）地质勘察资料不全或障碍物勘察有偏差；

（2）地下遇不明障碍物。

3. 防治及应急措施

在刀盘上不同的直径方向布置一定数量的撕裂刀，对于切削障碍物是非常重要的。此外，在选择刀盘堆焊和硬质合金刀具的材料时也应该慎重选择。

顶进时如顶管机头遇到石块、混凝土等障碍物时，机内仪表显示的泥水压力、刀盘电流、刀盘转矩以及主顶顶力都会发生变化，操作人员必须密切注意每个参数的变化情况，及时发现情况，避免机械被障碍物损坏，同时正确判断障碍物的类型、大小，以便及时采取既经济又有效的措施。

如果是较小的单个障碍物，而且距接收井距离较近的情况，可放慢顶进速度，障碍物有可能被刀盘转到顶管一侧，或者跟随机头一起向前推移。当采用具有强力破碎功能的泥水平衡顶管掘进机时，小颗粒（100mm 以内）障碍物可通过切削刀盘的二次破碎功能切碎，经过排泥管排除。

10.4 顶管穿越施工应急案例

10.4.1 工程概况

某顶管段采用 DN3500×2500 标准 F 型钢筋混凝土管节顶进，管顶埋深为 11.7～13.7m。顶管穿越土层主要为 4 层重粉质砂壤土，上部为 1 层填土、2 层、4 层砂壤土透水性较强，各土层含水量高，通水性极强，液化性高、摇震反应迅速、稳定性差。该段顶管涉及土层物理力学性质见表10-2和典型地质剖面图见图10-4。

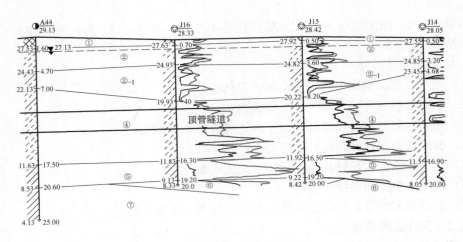

图 10-4 典型地质剖面图

土层物理力学性质指标 表 10-2

土层号	土层描述	标准贯入击数 N	相对密度 G_s	天然含水率 W（%）	饱和度 Sr（%）	垂直渗透系数 KV（cm/s）	黏聚力 C（kPa）	内摩擦角 Φ（°）	允许承载力 $[R]$（kPa）
1	素填土	5	2.72	31.3	94				
2	重粉质砂壤土	7	2.70	29.5	97	$6.72×10^{-4}$	6	18	110
2-1	重粉质壤土	5	2.72	31.4	99	$2.31×10^{-5}$	17	11	100
3	重粉质壤土	5	2.73	34.7	98	$5.50×10^{-6}$	15	9	90
4	重粉质砂壤土	14	2.70	27.4	98	$5.37×10^{-4}$	6	23	160
5	粉质黏土	11	2.73	28.3	98	$6.49×10^{-7}$	40	15	200
6	粉砂	22	2.69	24.1	97				250

10.4.2 现象及原因分析

10.4.2.1 地表沉降剧增

根据该工程地质详勘报告，顶管顶进段前80m，主要切削土层为2-1重粉质壤土和4层重粉质砂壤土，其中2-1层重粉质壤土中含有部分黏性土颗粒，顶管上部地面未有明显沉降。当顶管顶进至80m，主要切削土层为4层重粉质砂壤土，地面开始出现大面积沉降，并伴有地面冒水冒浆现象，部分地面出现一条宽约4m、深约2m的沉降槽。顶管上部地面冒水、冒浆和沉降槽见图10-5和图10-6。

10.4.2.2 顶管顶力大幅上升

随着顶管上部出现大面积沉降，顶管机头正面土体坍塌，地面冒水、冒浆造成泥水舱压力无法建立和管道四周泥浆套无法形成，顶管顶力随即大幅上升，4月13日的顶力为413t，4月14日上升至710t，之后由于地面沉降未能得到及时有效控制，顶力很快达到约3000t。后续通过不断采取各项技术和管理措施，顶力上升得到一定的遏制，至10月6日顶管贯通，由于泥浆套破坏，顶力较大而采用了中继间顶进，总顶力在2500~3700t之间。整个顶管过程顶力变化曲线见图10-7。

图10-5 顶管上部地面冒水、冒浆

图10-6 顶管上部地面沉降槽

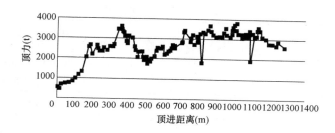

图10-7 顶力变化曲线图

10.4.2.3 顶管姿态失控

该段顶管于4月13日顶管开顶，前80m轴线偏差均在受控范围内。至5月27日测量结果高程偏差为偏上5cm，达到技术交底规定的偏差预警值。至5月29日，高程偏差为偏上11cm，开始采取一级纠偏措施。至6月2日，累计高程偏差至偏上24cm。至6月4日，累计高程偏差为偏上34cm。后续测量结果显示最大高程偏差达到偏上1.21m，最大平面偏差达到偏左1.22m的顶管姿态失控的不利局面。为控制顶管姿态失控的局面，除采取一级纠偏措施外，在1~3节管之间增设二级纠偏措施，之后顶管姿态回转趋势明显。至顶管到达时，测量累计高程偏差为偏下3.3cm，偏右8cm。测量顶管轴线偏差曲线见图10-8。

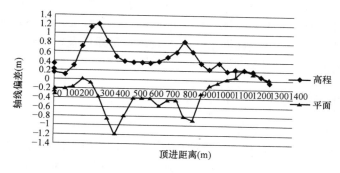

图10-8 顶管轴线偏差曲线图

255

10.4.2.4 原因分析

1. 地质条件较差

本段顶管穿越土层主要为 4 层重粉质砂壤土，上部为 1 层填土、2 层、4 层砂壤土透水性较强，液化性极高。根据地质详勘报告中地基勘探试验成果采用表见表 10-3，顶管切削土层为 4 层重粉质砂壤土，粉性颗粒含量达 93.1%，上部 1 层填土、2 层重粉质砂壤土、2-1 层重粉质壤土，各层土粉性颗粒含量也达到 70% 以上。由于顶管切削土层黏性颗粒较少，正面未能形成泥膜，机头前方泥水舱压力起不到支护作用，造成前方土体坍塌，大量土体超挖。各层土粉性颗粒含量高，且地下水丰富，受顶管施工扰动反应极其敏感，对地面沉降控制极其不利。上述地质条件是造成地面大面积沉降的主要原因之一，土体坍塌和地面沉降引起顶力剧增。而在粉性土中，扰动后的土体抗力较小，顶管轴线易于偏离，姿态调整困难。

地基勘探试验成果采用表　　　　　　　　　　表 10-3

土层号	土层描述	标准贯入击数(击)	液性指数 IL	砾砂 >2 (mm)	粗砂 2~0.5 (mm)	中砂 0.5~0.25 (mm)	细砂 0.25~0.075 (mm)	粉粒 0.075~0.005 (mm)	黏粒 0.005 (mm)
1	素填土	5					17.6	74.1	8.3
2	重粉质砂壤土	7		0.0	0.0	0.0	0.0	74.6	24.4
2-1	重粉质壤土	5	0.66	0.0	0.0	0.0	1.0	74.6	24.4
3	重粉质壤土	5	0.79	0.0	0.0	0.0	0.1	71.8	28.1
4	重粉质砂壤土	14		0.0	0.2	0.7	22.1	70.1	6.9
5	粉质黏土	11	0.37	0.0	0.0	0.0	1.0	63.0	36.0
6	粉砂	22		3.6	11.9	17.9	39.9	24.6	2.1

2. 顶管机适应性不足

本段顶管采用大刀盘泥水平衡顶管掘进机顶进，刀盘布置和照片见图 3-1 和图 3-2。在粉性颗粒含量较高的土层中顶进，本工程采用的"泥水平衡"顶管掘进机未能做到真正的泥水平衡，而实际意义上为泥水加压顶管掘进机。泥水加压平衡机理是通过顶管机前部的密封舱中注入泥浆，保持适当压力使其在开挖面形成泥膜支承正面土体，达到开挖面平衡。当泥水压力大于地下水压力时，泥水渗入土壤，在土壤间隙形成一定比例的悬浮颗粒，由于"阻塞"和"架桥"效应的作用，形成泥膜。随时间的推移，泥膜厚度不断增加，渗透抵抗力也逐渐增强。当泥膜抵抗力远大于正面土压时，产生泥水平衡效果。

本工程顶管机前方切削土体黏性颗粒含量很低，泥浆性能未能达到要求，不能有效在刀盘前部形成泥膜，因此，开挖面泥水平衡失效，大量粉性颗粒受到扰动进入泥水舱，土体超挖从而造成地面沉降等问题。

10.4.3 应急处理措施

10.4.3.1 建立正面泥水输送系统

针对顶管机前方泥水平衡无法建立的问题，泥水系统进水采用膨润土或黏土进行造浆，调整后达到一定密度和黏性的泥浆输送到泥水舱。机头前舱设置一路补浆系统，以补充泥水舱压力。泥水舱内的泥水和切削土体混合后形成密度大、泥砂颗粒多的高浓度泥

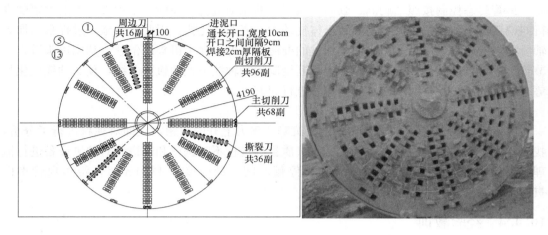

图 10-9 泥水顶管机刀盘布置及刀盘照片

浆，经排泥管输送至地面后，再进行泥水分离，分离后的可利用泥水将其密度和黏度等指标调整至合适值，然后再次输送至泥水舱，以达到循环利用。经试验适用于本工程地质的泥水相对密度为 1.15～1.25，黏度为 25～30s。

10.4.3.2 形成完整的触变泥浆润滑套

在建立好正面泥水系统的同时，由于管道周围砂土易于液化扰动，膨润土触变泥浆不能及时起到填充和支承作用，触变泥浆套不易建立。为此，调整触变泥浆材料性能和注浆工艺，选用的泥浆材料具有固体颗粒含量高、填充和支承性好，失水量低，保持性长等特点。注浆系统管路分为同步注浆和沿线补浆管路，配制同步注浆所用的触变泥浆（A 浆）和沿线补浆所用的触变泥浆（B 浆）。A 浆和 B 浆的性能对照表见表 10-4。

触变泥浆性能对照表 表 10-4

配方	膨润土	纯碱	掺加药剂	漏斗黏度（s）	视黏度（cP）	失水量（mL）	终切力（10^{-8}kPa）	密度（kN/m³）	稳定性
A 浆	12%	6‰	CMC、PHP	滴流	30.5	9	130	10.73	0
B 浆	8%	4‰	CMC、PHP	1′19″2	21	12.5	80	10.48	0～0.001

10.4.3.3 做好施工技术控制和管理工作

1. 泥水压力控制

泥水压力设定和调整对机头开挖面稳定十分重要。泥水压力的设定在静止土压力和主动土压力之间，实际顶进时根据顶进过程和停顿时泥水压力变化进行调整。泥水舱前方设置泥水补充系统，用于泥水舱的泥水改良和泥水压力补充。

2. 注浆质量控制

为保证注浆质量，对浆液质量、注浆压力、注浆量、注浆顺序、注浆管布置等每个环节都进行严格控制。触变泥浆套的质量直接影响顶进过程中的顶力，泥浆套未能形成或停止顶进时间过长导致泥浆套缺失会引起顶力上升。在粉性颗粒含量高的土层中顶进，泥浆套形成比较困难，注浆质量控制至关重要，而且粉细砂易造成注浆孔或球阀堵塞，顶进过程中须经常逐个检查注浆孔，保证注浆孔通畅。

3. 顶管姿态控制

顶管姿态控制按照"勤测、勤纠、微纠"的原则进行。在砂土中顶进，不能大幅度进行纠偏动作，纠偏幅度大容易导致土体扰动大，姿态变化快。因此，在施工过程采取加大轴线测量的频率，尽量采用小幅度纠偏的办法，另外，除了机头纠偏外，利用机头后方三节管节进行辅助纠偏。同时在施工中不断绘制顶管轴线偏差的轨迹曲线，预判轴线变化趋势，及时利用顶管机纠偏油缸和纠偏管进行纠偏。

4. 施工管理工作

本段顶管在顶进至 80m 时出现地面沉降和顶力上升的问题，立即对现状进行了分析，找出原因，后续顶进时对泥水系统、注浆质量等进行不断调整和改进，对顶进设备进行梳理，出现故障时及时修理，减少了顶管停顿时间，最终该段 1300m 超长距离顶管得以贯通。

10.4.4　经验教训

以往有过在砂土中长距离顶管顶力过大、姿态失控最终导致失败的案例，通过该段顶管的分析介绍，总结以下经验教训，对以后类似顶管工程提供借鉴。

1. 在正面和上方为粉性土或砂土中顶管时，应事先详细分析地质报告，并在顶管设备选择、顶管施工控制技术等进行充分的准备。

2. 宜采用大刀盘土压平衡顶管掘进机或泥水加压平衡顶管掘进机。采用土压平衡顶管掘进机时，正面宜添加膨润土泥浆或高分子浆液等进行土体改良。采用泥水加压平衡顶管掘进机，宜设置泥水分离系统，并严格管理泥水质量及各项指标。

参考文献

[1]　葛金科，沈水龙，许烨霜. 现代顶管施工技术及工程实例 [M]. 北京：中国建筑工业出版社，2009.

[2]　夏明耀，曾进伦等. 地下工程设计施工手册 [M]. 北京：中国建筑工业出版社，1999.

[3]　黄其雷. 既有线铁路下穿箱涵带土顶进施工 [J]. 铁道标准设计，2003 (2)：39～40.

[4]　孙均等. 城市环境土工学 [M]. 上海，上海科学技术出版社，2005.

[5]　陈启明. 顶管信息化施工中地面沉降的预测方法研究 [D]. 上海：同济大学，2000.

[6]　童本浩. 西藏北路特大型箱涵顶进施工的监控 [J]. 上海市政工程，2002 (1)：71～72.

[7]　张兵兵. 联拱隧道施工工序动态模拟及施工监控监测技术研究 [D]. 武汉：武汉理工大学，2005.

第11章 地下穿越施工典型案例

11.1 大直径泥水盾构下穿既有地铁隧道施工案例

本章将详细介绍西藏南路越江隧道（采用 ϕ11580mm 大直径泥水盾构）下穿既有上海轨道交通8号线地铁隧道的施工实例。通过盾构机的改制、管片形式的改进、监测数据的即时获得、盾构施工参数的优化设置、二次补偿注浆的实施等技术措施，成功实现了盾构穿越。

11.1.1 穿越段施工工程概况

11.1.1.1 西藏南路越江隧道穿越段概况

西藏南路越江隧道是2010年上海世博会的专用隧道。世博会期间，该隧道对于世博园区内浦东、浦西展馆间的交通联动有着非常重要的意义。

隧道主线起自浦西中山南路与西藏南路的交叉口，其中浦西地面接线道路长度320m，随后进入隧道敞开段，从规划龙华东路以北开始进入暗埋段，过浦西工作井之后，圆形隧道下穿江南造船厂3号码头，向东南方向穿越黄浦江，并在浦东钢铁公司成品码头深桩区处（距离桩尖距离约为2m）到达陆上段，隧道继续下穿轨道交通上海轨道交通8号线（二者结构之间的最小净距为2.79m），东线（隧道入口）在浦东南路—高科西路交叉口之前出地面，西线（隧道出口）继续下穿浦东南路与高科西路的交叉口后再出地面，连接至高科西路止。隧道全长2.63km。需要说明的是，隧道在世博园区浦东片区内设置了两根匝道，世博会期间，开通两根匝道，隧道主线封闭；世博会结束后，封闭两根匝道，开放隧道主线。

西藏南路越江隧道的盾构推进段分为西线盾构隧道和东线盾构隧道。其中西线盾构隧道长度为1176.784m，共784环，东线盾构隧道长度为1151.2m，共772环，最小转弯半径 R 为700m，管片外径 ϕ11.36m，内径 ϕ10.36m，中心环宽1.5m，壁厚500mm，采用通用单面楔形钢筋混凝土管片错缝拼装成环。

西线隧道采用日本三菱公司生产的外径 ϕ11580mm，内径 ϕ11440mm，全长11245mm的泥水盾构掘进机施工，盾构灵敏度为0.97，刀盘转速为0.47r/min，最大掘进速度为4cm/min，刀盘开口率为25%。

东线隧道采用上海城建市政工程（集团）有限公司领衔设计制造的外径 ϕ11580泥水盾构掘进机施工，东线盾构机主要设计参数和西线盾构机基本一致。

隧道管片外弧面与盾构外径间隙为110mm，间隙充填采用单液同步注浆施工工艺。穿越上海轨道交通8号线时西藏南路隧道顶埋深约29m，处于隧道的最低点，平面线形为直线，纵断面线形为 $R=1398.3125$ 的圆曲线。穿越部分长度为211.7m。穿越该位置时盾构切削的土体为⑦$_{1-1}$层草黄色砂质粉土和⑦$_{1-2}$层灰黄色粉细砂。

11.1.1.2　既有地铁隧道被穿越段概况

与西藏南路隧道叠交处的上海轨道交通 8 号线隧道顶覆土约 20m，其主要断面土层为⑤$_{1-2}$层灰色粉质黏土、⑥层暗绿色粉质黏土。西藏南路隧道与上海轨道交通 8 号线隧道之间夹有 1.1～2.3m 不等的⑥层暗绿色粉质黏土，该地层的存在，有利于减少盾构穿越对上海轨道交通 8 号线的影响。

上海轨道交通 8 号线隧道采用钢筋混凝土管片，管片外径 $\phi6.2m$，内径 $\phi5.5m$，环宽 1.2m，壁厚 350mm。

11.1.1.3　两隧道穿越部位相对位置关系

在两隧道叠交处，西藏南路东、西隧道均下穿上海轨道交通 8 号线上、下行线。西藏南路隧道东、西线平面净距为 11.4m，上海轨道交通 8 号线隧道上、下行线平面净距为 4.6m，成井字形交叉，两对隧道中心线的水平面投影在穿越点处夹角约为 56°。穿越时，盾构机顶部与上海轨道交通 8 号线上行线隧道最小净距为 2.68m，隧道与上海轨道交通 8 号线下行线最小净距为 2.78m。穿越位置在浦东岸边段，离浦东工作井约 400m，离黄浦江约 100m。详见图 11-1～图 11-3。

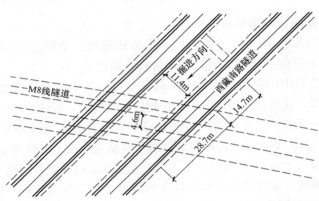

图 11-1　西藏南路隧道与上海轨道交通 8 号线隧道平面位置关系图

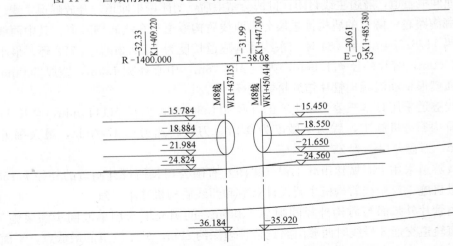

图 11-2　西线隧道与上海轨道交通 8 号线相对位置剖面图

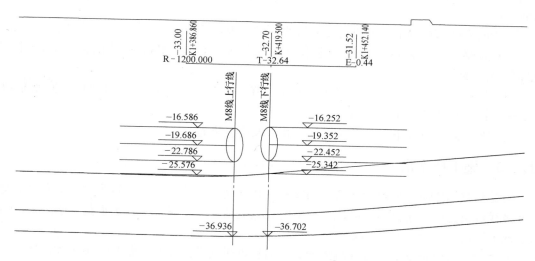

图 11-3　东线隧道与上海轨道交通 8 号线相对位置剖面图

根据地质资料与两隧道设计标高，西藏南路盾构与上海轨道交通 8 号线位置关系详见表 11-1。

西藏南路盾构与上海轨道交通 8 号线位置关系　　　　　　　　表 11-1

	与上海轨道交通 8 号线上行线关系	与上海轨道交通 8 号线下行线关系
西线盾构	净距 2.73m(其中⑥号土厚度 1.966m,⑦$_{1-1}$ 号土厚度 0.764m)	净距 2.80m(其中⑥号土厚度 2.3m,⑦$_{1-1}$ 号土厚度 0.5m)
东线盾构	净距 2.68m(其中⑥号土厚度 1.164m,⑦$_{1-1}$ 号土厚度 1.516m)	净距 2.78m(其中⑥号土厚度 1.498m,⑦$_{1-1}$ 号土厚度 1.282m)

11.1.2　穿越引起的地层位移分析

11.1.2.1　穿越引起地层位移的成因

盾构推进所引起的地层位移主要成因有：推进引起的地层损失、地层原始应力的变化、土体的蠕变、扰动土体的固结、衬砌结构的变形等。因此地层位移场中任意点的位移可表示为：

$$\delta = \delta_1 + \delta_2 + \delta_3 + \delta_4 + \delta_5$$

式中　δ——地层总位移；

　　　　δ_1——地层损失所引起的位移；

　　　　δ_2——地层应力改变所引起的位移；

　　　　δ_3——土体固结与蠕变所引起的位移；

　　　　δ_4——衬砌结构变形所引起的位移；

　　　　δ_5——其他因素所引起的位移。

11.1.2.2　穿越段安全评价标准

根据《上海市地铁沿线建筑施工保护地铁技术管理暂行规定》，与本穿越工程有关的标准有：

(1) 已经试运行的上海轨道交通 8 号线保护等级：一级；

(2) 线路安全正常运营要求：隧道内两轨道横向高差≤2mm；轨向偏差和高低差（横向差异沉降）<1.4‰；

(3) 结构变形控制要求：隧道结构纵向沉降与隆起≤±5mm；隧道结构纵向水平位移≤±5mm；隧道收敛值<20mm；

(4) 测值超过总变形量 1/2 时报警，并采取应急措施。

11.1.3　施工技术措施

根据西藏南路越江隧道施工节点的安排，在穿越上海轨道交通 8 号线时，上海轨道交通 8 号线隧道已经处于试运行阶段，对上海轨道交通 8 号线保护的要求很高，必须采取措施确保上海轨道交通 8 号线的安全。

在穿越上海轨道交通 8 号线隧道前，对盾构推进初期的 400m 推进情况（特别是 50m 模拟穿越段）进行了认真小结，对盾构推进的参数进行了详细分析。同时，穿越时采取了以下技术措施。

11.1.3.1　刀盘改制

施工用的盾构机理论直径为 ϕ11.58m，刀盘上 24 把周边刀较盾构理论直径单边各偏大 5mm，其引起的地层损失率为 $[(151.117m^3 - 157.898m^3)/157.898m^3] \times 1000‰ = 1.73‰$。因此将此单边偏大的 5mm 刀头予以修整，使其与盾构机外壳保持平整，力求降低地层损失率，如图 11-4 所示。

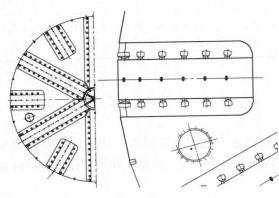

图 11-4　刀盘及刀头局部放大图

调整偏大刀头时，采用调整刀头根部尺寸的方式将刀头内缩。该部分工作在盾构始发前完成。

11.1.3.2　推进速度

在穿越区域，盾构的推进速度不宜过快，控制在 5～10mm/min 较为合适，并根据电子水平尺和地面监测数据动态调整推进速度。

11.1.3.3　切口水压

盾构推进时，将根据电子水平尺及地面监测数据的反馈信息，及时调整切口水压等施工参数，到达上海轨道交通 8 号线隧道下方时，按照实际情况适时准确地调整切口水压。

泥水盾构较之土压盾构的优势在于压力设定准确且波动较小，根据经验，一般切口水压波动值约 0.02MPa，当严格控制其他推进参数时，可以将切口水压波动值限制在 0.01MPa 左右。

由于土拱效应，实际水土压力较理论水土压力小，因此在盾构穿越上海轨道交通 8 号线区域的切口水压设置按照下限值控制，并根据电子水平尺等的实际数据和隧道变形情况不断控制、调整泥水输送的波动值。

11.1.3.4 管片拼装

工程采用通用楔形管片，对于方向的调整和高程的控制相比其他形式的管片较为有利。因此，穿越段施工时，利用管片自身的特点和优点，在发生轴线偏离时，采用管片旋转及时、微量的纠偏，而不进行盾构推进纠偏，尽量减少盾构纠偏对周围地层的扰动，从而减少对上海轨道交通8号线的影响。

11.1.3.5 单液同步注浆

在穿越上海轨道交通8号线隧道的过程中，同步注浆压力设定为比泥水压力高0.03～0.05MPa，注浆量为理论注浆量的100%～150%。采用及时、均匀的单液同步注浆形式，注浆位置为管片上的注浆孔。穿越段每块管片共有4个注浆孔（每环管片共计32个注浆孔，见图11-5），每条线路共有40环此类特殊管片。

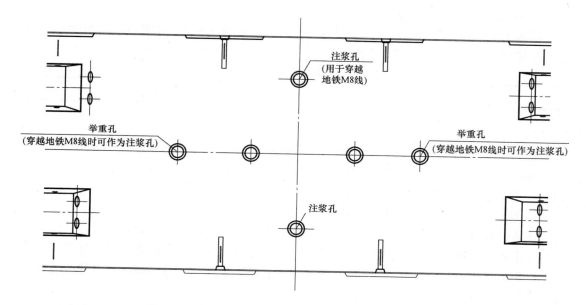

图 11-5　穿越上海轨道交通8号线的管片注浆孔分布图

盾构施工起始注浆位置为注浆孔脱出盾尾即开始注浆，每环注浆点为4点，通过管片注浆孔注入。且在穿越上海轨道交通8号线隧道时，管片轴线方向前端和后部均设注浆孔，若发生后部注浆孔未脱出钢板束即用其后管片的前部注浆孔进行注浆。

注浆时，根据实际情况调整注浆位置、注浆量、注浆压力等参数，并适时进行补偿注浆，有效控制了上海轨道交通8号线隧道的沉降。

11.1.3.6 盾尾密封

为避免泥水窜入盾尾，引起开挖面失稳，从而对上海轨道交通8号线隧道带来不良影响和施工风险，盾尾密封采用2道钢丝刷和1道钢板束的形式（图11-6），以减少盾尾泄漏情况的发生（前两道为钢丝刷，靠近后部土体的盾尾密封为钢板束）。

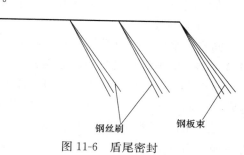

图 11-6　盾尾密封

在盾构穿越施工时，及时对盾尾密封情况进行检查，并加注足量高质量的盾尾油脂。当发生不可恢复性的盾尾密封失效时，可立即在管片外弧面加垫 250mm×300mm 的海棉条进行堵漏，避免开挖面失稳和周围土体的大量沉降，危及上海轨道交通 8 号线隧道的安全。

11.1.3.7　二次补偿注浆

1. 注浆孔布置

本次双液注浆孔布置在越江隧道穿越段范围内的 A1、B1、A2、B2、A3、B3、A4、B4 每环 8 块管片注浆预留孔内（每块管片上有 4 只预留注浆孔）。该穿越区域均在⑦层土中注浆施工，因此在预留孔中安装有防喷装置，并接上单向球阀，然后直接将注浆无缝钢管打入设计深度，防止承压水的喷涌。

2. 双液浆配比

根据施工经验，为尽量减少注浆过程对上海轨道交通 8 号线和周边环境的影响，选用凝固较快且收缩率小于 5% 的浆液配比，具体见表 11-2（200 升浆液配比）。

双液浆浆液配比　　　　　　　　　　　　　　表 11-2

A 液				B 液
水	水泥(P.O42.5 级)	粉煤灰	膨润土	水玻璃(kg)(35 度)
100	100	66	5	30～50

通过甲、乙两液配比的现场试验，另外再加入适量的促进剂，初凝时间为最快 30s～1min。施工过程中根据实际情况配比作适当的调整。

3. 双液浆浆液拌置、运输与注浆过程

注浆设备设置在盾构机后，注浆材料用电机车运入隧道，根据需要，随时进行注浆。

考虑到上海轨道交通 8 号线隧道运营对电子水平尺数据采集的影响，补偿注浆的时机为上海轨道交通 8 号线运行的间歇期。补偿注浆持续时间根据上海轨道交通 8 号线隧道的实际沉降稳定数据作适当调整。

注浆时为减少浆液渗漏，降低注浆压力，防止抬升过大（≤3mm/次），按少量多次对称的原则：采取隔环跳孔施工形式，每环一次施工 1～2 只孔，每两个连续施工环间隔三～四环。注浆采用分层注浆时，先外层后内层，注浆管每次施工 50～100cm，每层回拔 10～20cm；同时，根据电子水平尺实时监测数据调整注浆量和压力，每孔分层注浆可达 2～4 次，注浆全部结束后，拔除注浆管，封闭孔口。

4. 注浆压力及流量控制

在⑦层土施工时，注浆压力控制在 0.5MPa 以下，注浆流量控制在 10～15L/min。

5. 注浆量控制

同步注浆根据监测数据，随时调整注浆量，补偿注浆注浆量按实际情况而定。

11.1.3.8　电子水平尺自动监测系统

盾构在穿越区域距离上海轨道交通 8 号线隧道区间较近，由于轨道交通的特殊性，受运营的限制，无法进行人工测量，为确保其安全，在该部位采用美国 SLOPE INDICA-TOR 公司的电子水平尺及相应的 CR10 数据自动采集器组成沉降自动监测系统，每 5 分钟传输一组数据，进行实时监控，及时发现问题。

电子水平尺的布置以东、西线盾构隧道与 8 号线上、下行线相交的两点，沿上海轨道交通 8 号线纵向向两侧共 100m 内，由 2m 长电子水平尺 50 支首尾相连构成总长 100m 的监测线（50 支×2m/支＝100m）。编号：上行线为 SU1～SU50；下行线为 XU1～XU50。

11.1.4　西线盾构穿越工程实施效果

盾构共分两次穿越，即西线盾构穿越，东线盾构穿越。下面，对西线盾构的穿越情况进行详细说明。

11.1.4.1　西线盾构穿越过程概述

西线盾构 2007 年 11 月 5 日上午切口开始进入上海轨道交通 8 号线下行线下方（推进 258 环），11 月 9 日下午盾尾离开上海轨道交通 8 号线上行线下方（推进 284 环），顺利穿越上海轨道交通 8 号线。在拼装 289 环（11 月 10 日）时，下/上行线沉降曾达到历史最大值：−14.52mm/−16.84mm，曲率半径约为 9000m/7600m。后通过二次补偿注浆，上海轨道交通 8 号线最大沉降稳定在 5mm 以内。如图 11-7 所示。

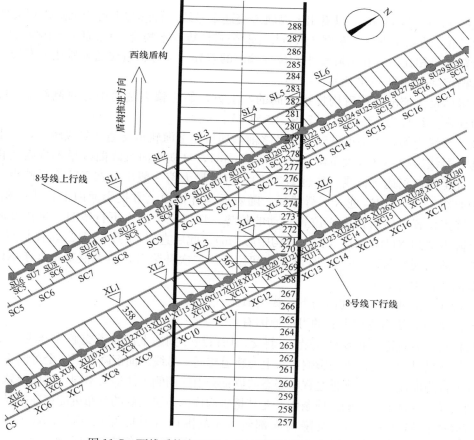

图 11-7　西线盾构穿越时上海轨道交通 8 号线测点布置

11.1.4.2　沉降数据分析

汇总设置在上海轨道交通 8 号线内的电子水平尺实测沉降数据，对图 11-8 所示主要工况进行分析，得到上海轨道交通 8 号线下/上行线的沉降规律。

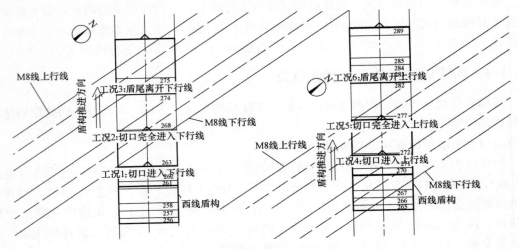

图 11-8　各阶段施工工况图

从图 11-9、图 11-10 可以看出上海轨道交通 8 号线下行线与上行线沉降槽相类似，形状大致呈正态曲线，最大沉降值与 Peck 经验公式计算基本吻合。但沉降分布特征与 Peck 公式计算结果相比，存在沉降槽中心位置偏离的差异。上海轨道交通 8 号线下行线与上行线沉降槽沉降值如表 11-3 所示。

沉降槽最大值出现在盾构推进方向的左上方，始终偏离隧道中心西侧约 2～12m 位置，对应测点编号为 XU12-XU17/SU12-SU17。

以下行线为例，盾构推进到 248 环之前，切口距上海轨道交通 8 号线较远，对上海轨道交通 8 号线影响小（最大沉降量小于 0.15mm），且横断面沉降曲线呈不规则变化。推进 248 环至切口到达下行线（推进 258 环），沉降最大值一般出现在 XU12 号测点（偏离盾构中心约 12m）。切口进入下行线后，随着盾构开挖面上方投影面内下行线面积增大，最大沉降点位置有向盾构中心位置移动的趋势。切口完全进入下行线时（推进 258 环），最大沉降点移到 XU16 测点（偏离盾构中心 4m）。此后直到 11 月 14 日二次补浆前，最大沉降点一般出现在 XU14～XU16 测点之间位置。二次补浆后，最大值基本处于 XU17 位置（偏离盾构中心 2m）。

上行线沉降曲线发展规律与下行线类似。

沉降槽中心偏离盾构中心的可能原因有：

盾构与上海轨道交通 8 号线呈 56°斜交，切口最先到达上海轨道交通 8 号线下方左侧，该部位土体最早受盾构推进的影响，且上海轨道交通 8 号线纵向沉降并不完全等同于盾构正断面横向沉降曲线；盾构推进过程中姿态的调整会引起两侧土体损失不同，从而导致左右沉降量的差异；穿越上方两侧地质条件，尤其是盾构顶部薄层夹砂的分布可能存在差异。

沉降槽底部呈平底形。沉降槽底部约 6m 范围内（对应测点 XU14-XU17、SU15-XU18）沉降量几乎一样（最大差异沉降 0.3mm），曲线底部位置接近水平。

11.1.4.3　沉降变化规律分析

1. 总体趋势

沉降曲线最大值位于盾构中心左侧约 2～12m 位置，通过最大沉降随时间变化曲线来

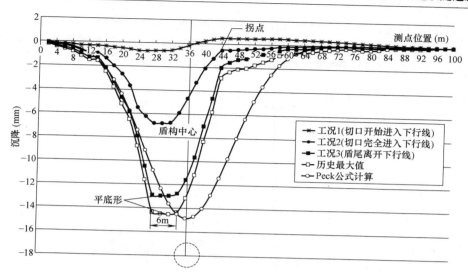

图 11-9 上海轨道交通 8 号线下行线沉降曲线图

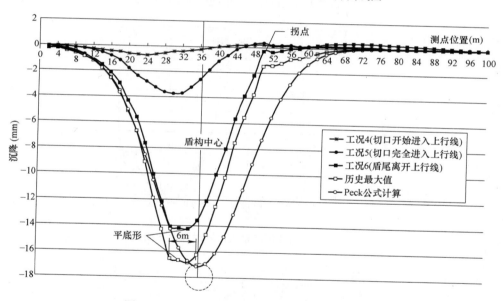

图 11-10 上海轨道交通 8 号线上行线沉降曲线

主要工况对应上海轨道交通 8 号线沉降值及地层损失率   表 11-3

	上海轨道交通 8 号线下行线		上海轨道交通 8 号线上行线	
	沉降槽最大沉降 (mm)	地层损失率 (‰)	沉降槽最大沉降 (mm)	地层损失率 (‰)
切口进入下方(工况 1/工况 4)	0.68	0.04	0.75	0.08
切口完全进入(工况 2/工况 5)	6.80	1.28	3.72	0.60
盾尾完全脱出(工况 3/工况 6)	12.96	2.58	14.24	2.74
历史最大沉降	14.52	3.07	16.84	3.55
当前沉降(11 月 29 日)	3.11	0.62	4.19	1.60

近似反映上海轨道交通 8 号线整体沉降随时间变化情况。由图 11-11、图 11-12 可以看出，下行线与上行线的曲线形态接近，呈阶梯式下降。盾构推进阶段，各测点普遍小幅上抬并保持稳定；而在拼装阶段各测点较快下沉（图 11-13）。

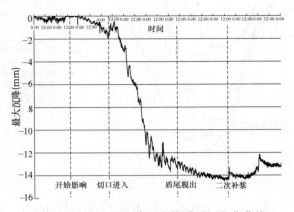

图 11-11　下行线沉降最大值随时间变化曲线

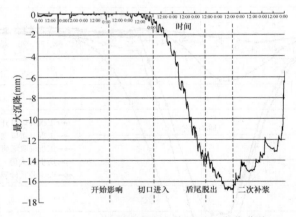

图 11-12　上行线沉降最大值随时间变化曲线

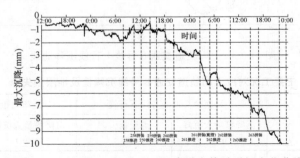

图 11-13　下行线 259~265 环沉降最大值随时间变化曲线

2. 推进阶段的沉降趋势

盾构由拼装转入推进阶段时，千斤顶推力的恢复，对前方土体有一定挤压作用；泥水向四周扩散，对周围土体有一定的支持作用。如图 11-14、图 11-15 所示，切口到达上海轨道交通 8 号线下方直至盾尾脱出，盾构推进对上海轨道交通 8 号线变形影响明显，推进阶段上海轨道交通 8 号线最大沉降值的变化率约为 +0.21mm/h。

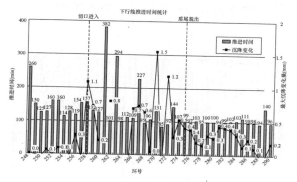

图 11-14　盾构推进对沉降的影响（下行线）

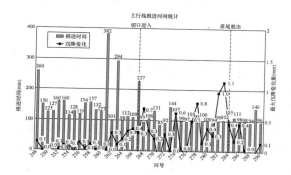

图 11-15　盾构推进对沉降的影响（上行线）

3. 拼装及停顿阶段对沉降的影响

盾构由推进状态转入拼装状态时，千斤顶推力降低，开挖面前方土体有向泥水舱移动的趋势。此外，停止推进时盾构下沉、土体应力松弛、开挖面泥水质量劣化都会加大土体变形。

从图 11-16、图 11-17 可以看出，盾构切口到达前 7～8 环（10～12m）管片的拼装停顿开始对上海轨道交通 8 号线变形有较大影响。从下行线数据分析，盾尾距离下行线约 10 环（15m）位置起，管片拼装对隧道影响较小。从切口到达上海轨道交通 8 号线下方到

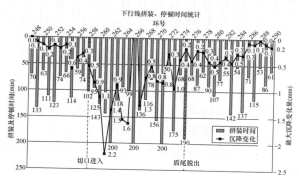

图 11-16　拼装及停顿对沉降影响（下行线）

盾尾脱出，停顿期间最大沉降变化率约为：下行线－0.44mm/h；上行线－0.76mm/h。可见，保证盾构机械性能良好，减少因故障停顿时间，在保证管片拼装质量的前提下，缩短拼装时间，对减小上海轨道交通 8 号线变形是十分必要的。

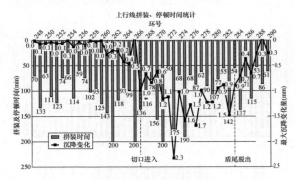

图 11-17　拼装及停顿对沉降影响（上行线）

11.1.4.4　施工参数影响分析

1. 切口水压

根据泥水平衡的机理，切口水压大于地下水压时，泥膜才能形成。为保持开挖面稳定，设定泥水压力＝地下水压＋土压＋预压，故泥水压力设置不能过低，必须大于静水压力或承压水头（0.30MPa）。

根据地质报告，⑦号土主动土压力系数与静止土压力系数接近，自立性极好，不易坍塌。在切口水压能够保持正面土体稳定的前提下，调高切口水压对上海轨道交通 8 号线沉降并不敏感，这点从图 11-18 中可得到反映。

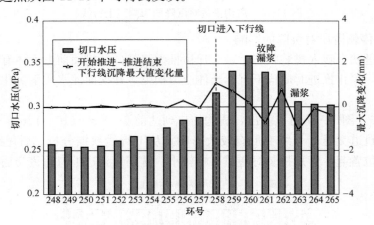

图 11-18　切口水压与最大沉降关系曲线

2. 注浆参数

同步注浆能及时填充盾尾建筑间隙，还起到阻止盾构正面泥水向后方已建隧道流动的作用。本工程同步注浆方式为管片壁后注浆；注浆材料主要为石灰膏、黄砂、粉煤灰、膨润土等，为高密度适时结硬性浆液。注浆后的浆液前期可流动，后期强度较高，并具有较好的耐泥水冲刷稀释的性能。

考虑到注浆泵的功率及盾尾刷的承压能力，每环注浆量控制在 11.8m³，填充率约为 198%。

由于土体存在极限的劈裂压力值，且盾构距离上海轨道交通 8 号线较近，故注浆压力不宜过高，实际注浆压力控制在 0.8～1.4MPa，以避免浆液劈入地层，造成更大的扰动。具体注浆参数见图 11-19。

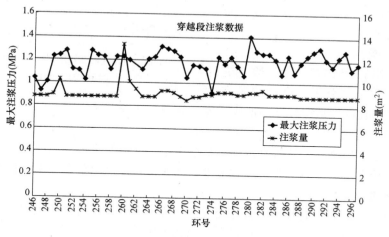

图 11-19　穿越段同步注浆参数

3. 二次补浆

二次补偿注浆的浆液采用凝固较快（初凝时间 10s）且收缩率小于 5% 的双液浆，主要材料为水泥、水玻璃、膨润土。通过在 283 环、273 环和 263 环注浆形成三道环箍，使上海轨道交通 8 号线上/下行线分别位于两个环箍之间，如图 11-20 所示。在同步浆液基本凝固的情况下，双液浆环箍形成效果最佳。环箍的存在能阻止后续注入浆液向地层其他位置扩散，使浆液的作用得到最大发挥，起到填充空隙和挤密土体的双重效果。通过在两个环箍之间少量多次跳跃式注浆，累积注浆 62m³，平均每环注浆约 3m³，使上海轨道交通 8 号线

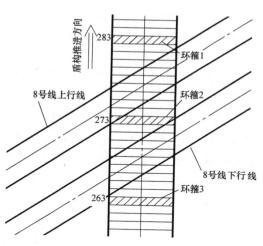

图 11-20　二次补浆示意图

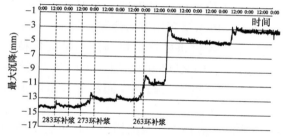

图 11-21　下行线二次补浆阶段最大沉降随时间变化曲线

271

下行线最大沉降由－14.52mm减小为－2.75mm，上行线最大沉降由－16.84mm减小为－2.80mm，如图11-21、图11-22所示。由于浆液的收缩、土体的固结，二次补浆结束后上海轨道交通8号线变形又略有增大。

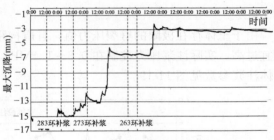

图11-22　上行线二次补浆阶段最大沉降随时间变化曲线

4. 泥水性能

工程所采用的PMS高分子泥浆系统是结合传统泥浆和高分子聚合物的泥浆体系，该体系能在砂性地层较好的形成泥膜，有利于开挖面稳定。

5. 盾构推进速度

盾构推进速度控制的好坏将直接影响开挖面泥水压力的稳定、掘削量管理和送泥、排泥泵控制。传统上认为穿越上方隧道过程中，为保持切口水压稳定和送、排泥的通畅，推进速度以中慢速为佳。

本工程中，盾构切口离开上海轨道交通8号线下方到盾尾脱出的过程中，根据泥水循环控制系统显示，盾构始终处于超挖状态。因此采取加快施工进度，使盾尾注浆尽早实施对上海轨道交通8号线起到支撑作用，以达到控制上海轨道交通8号线变形的目的。同时考虑到注浆材料的供应能力，推进速度定为15mm/min。

11.1.4.5　西线盾构穿越总体效果

1. 大直径泥水盾构近距离穿越上海轨道交通8号线的地层损失最终可控制在2‰，变形控制在－5mm内，保证了上海轨道交通8号线的安全；

2. 根据电子水平尺测量数据的波动特征判断，可以认为盾构机施工的影响范围为开挖面前方及盾尾后方1~1.5D（D为盾构机直径）；

3. 本隧道与上海轨道交通8号线56°斜交，西线盾构切口左侧最先到达上海轨道交通8号线，沉降最大值始终偏向左侧，沉降槽不对称；盾构停顿或管片拼装阶段导致的上海轨道交通8号线沉降占总沉降较大比例；穿越过程中发生的最大沉降值（－14.52/－16.84mm）与理论预测值（土体损失率5‰、最大沉降－18mm）接近。

4. 割掉突出大刀盘的5mm外凸刀头，对减轻地层扰动，减小地层损失起到了重要作用；

5. 泥膜的形成对开挖面稳定及干砂量控制至关重要，应重视泥浆配比，提高泥浆质量；

6. 在切口水压能够保持正面土体稳定的前提下，在本工程地质条件下，调整切口水压对上海轨道交通8号线沉降并不敏感；

7. 为控制切口前方超挖产生的下沉及其发展，在保证切口水压稳定、送排泥的通畅的前提下可适当提高推进速度，以尽早利用壁后注浆弥补前方超挖；

8. 控制盾构推进中的姿态，使推进轴线尽量与隧道轴线保持一致，尽量不纠偏。控制衬砌拼装偏差，保持管片环与盾构之间间隙均匀，防止钢丝刷受损和盾尾漏浆；

9. 采用前期流动性好、后期强度大的高密度同步单液浆能及时填充建筑孔隙，减小地层变形；

10. 采取双液浆形成环箍再二次补偿注浆的措施后，可将上海轨道交通8号线沉降控制在5mm内。

11.1.5 东线盾构穿越工程实施效果

11.1.5.1 东线盾构穿越过程概述

东线盾构于 2008 年 1 月 23 日切口开始进入上海轨道交通 8 号线下行线下方（推进 269 环），1 月 28 日盾尾离开上海轨道交通 8 号线上行线下方（推进 296 环），顺利穿越上海轨道交通 8 号线。在推进 282 环过程中，下行线沉降达到历史最大值：－29.70mm；在拼装 295 环过程中，上行线沉降达到历史最大值：－21.25mm。后通过二次补偿注浆，对应东线盾构位置，下/上行线沉降减小至－0.77mm/－2.26mm。

11.1.5.2 沉降数据分析

如图 11-23 所示，西线盾构穿越工况下，上海轨道交通 8 号线已发生一定变形，沉降槽最大值（下/上行线：－3.29mm/－3.18mm）位于对应西线隧道位置。由于自动监测系统只显示沉降槽曲线的最大值，为更好地反映东线盾构施工对上海轨道交通 8 号线的变形影响，2008 年 1 月 22 日将电子水平尺数据清零。

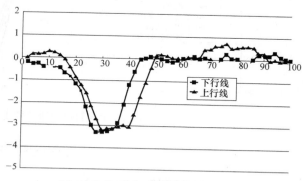

图 11-23　电子水平尺清零时刻数据

清零时刻，对应东线盾构位置测点（XU50-XU100/ SU50-SU100）沉降值较小（－0.18mm～＋0.7mm），可用清零后数据来分析东线盾构施工对上海轨道交通 8 号线的变形影响。

按图 11-24 所示主要工况，整理电子水平尺实测沉降数据，得到东线盾构穿越阶段上海轨道交通 8 号线下/上行线的沉降规律（图 11-25、图 11-26）。各工况下沉降槽最大沉降与地层损失率关系如表 11-4 所示。

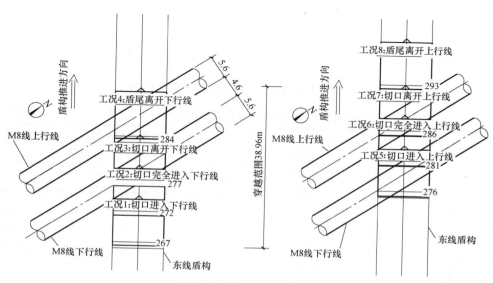

图 11-24　主要工况示意图

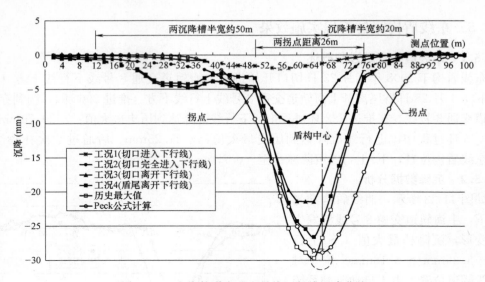

图 11-25　上海轨道交通 8 号线下行线沉降曲线

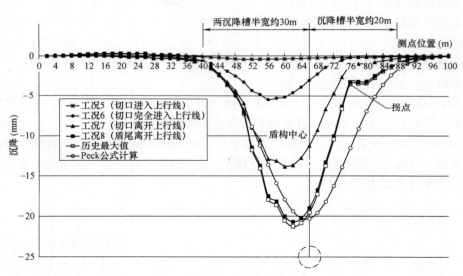

图 11-26　上海轨道交通 8 号线上行线沉降曲线

主要工况对应上海轨道交通 8 号线沉降值及地层损失率　　　　　　　表 11-4

图 P1 图 P0 P2	地铁上海轨道交通 8 号线下行线			地铁上海轨道交通 8 号线上行线		
	沉降槽 最大沉降 （mm）	地层 损失率 （‰）	占历史最大 沉降百分比	沉降槽 最大沉降 （mm）	地层 损失率 （‰）	占历史最大 沉降百分比
切口进入下方 （工况 1/工况 5）	−1.97	0.59	6.63%	−0.42	0.12	1.98%
切口完全进入 （工况 2/工况 6）	−9.82	2.31	33.07%	−5.48	1.07	25.81%
切口完全脱出 （工况 3/工况 7）	−21.45	4.89	72.21%	−13.88	2.80	65.32%

续表

图 P1 图 P0 P2	地铁上海轨道交通 8 号线下行线			地铁上海轨道交通 8 号线上行线		
	沉降槽最大沉降（mm）	地层损失率（‰）	占历史最大沉降百分比	沉降槽最大沉降（mm）	地层损失率（‰）	占历史最大沉降百分比
盾尾完全脱出（工况 4/工况 8）	−26.60	5.38	89.53%	−20.69	4.22	97.36%
历史最大沉降	−29.70	6.25	100%	−21.25	4.37	100%
当前沉降（2.17 日）	−4.20	1.26	14.14%	−2.86	0.98	13.46%

从图 11-25、图 11-26 可以看出，上海轨道交通 8 号线下行线与上行线沉降槽类似，形状大致呈正态曲线，最大沉降值与 Peck 经验公式计算基本吻合。上海轨道交通 8 号线沉降槽曲线有以下特点：①沉降槽中心向左偏离盾构中心；②上行线沉降始终小于下行线沉降。

11.1.5.3　沉降规律分析

沉降槽最大值出现在盾构推进方向的左上方，始终偏离隧道中心西侧约 2～10m 位置，对应测点编号为 XU26-XU32/SU26-SU32（图 11-27）。沉降槽发展符合的"随着盾构开挖面上方投影面内上海轨道交通 8 号线面积增大，最大沉降点位置有向盾构中心位置移动的趋势"的规律。

东线盾构穿越上海轨道交通 8 号线过程中，类似工况下，上行线沉降始终小于下行线沉降，这与西线盾构穿越过程中上海轨道交通 8 号线变形规律有很大不同。

沉降曲线最大值位于盾构中心左侧约 2～10m 位置，通过最大沉降随时间变化曲线来近似反映上海轨道交通 8 号线整体沉降随时间变化情况。从图 11-28、图 11-29 可以看出，东线盾构穿越时下行线与上行线的沉降最大值曲线形态类似，呈阶梯式下降。

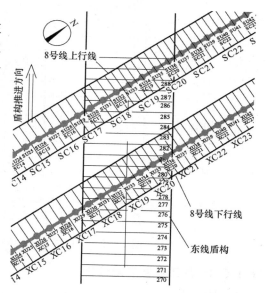

图 11-27　东线盾构穿越时上海轨道交通 8 号线测点布置

盾构由拼装转入推进阶段时，千斤顶推力恢复，对前方土体有一定挤压作用；泥水向四周扩散，各测点迅速上抬，较短时间内又较快下沉。从数据清零至沉降达到历史最大值，推进阶段下/上行线沉降变化量总计约为 −0.20/+1.90mm，平均每环沉降 −0.01/+0.04mm。

盾构由推进状态转入拼装状态后，千斤顶推力降低，开挖面前方土体有向泥水舱移动的趋势，各测点较快下沉（图 11-29）。从数据清零至沉降达到历史最大值，拼装阶段下/上行线沉降变化量总计约为 −29.5/−23.15mm，平均每环沉降 −0.70/−0.54mm。

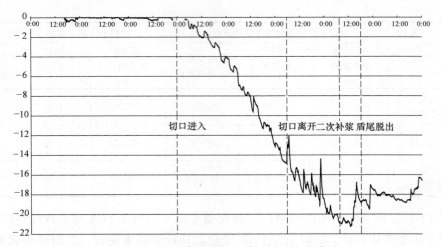

图 11-28　上行线沉降最大值随时间变化曲线

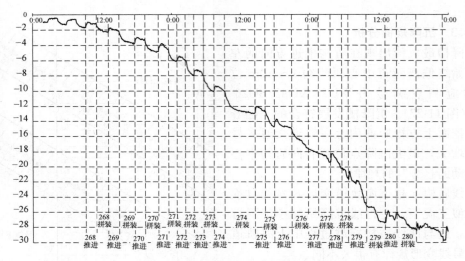

图 11-29　下行线 259～265 环沉降最大值随时间变化曲线

11.1.5.4　施工参数影响分析

1. 切口水压

根据泥水平衡的机理，为保持开挖面稳定，形成较好的泥膜，切口水压设置大于地下水压，必须大于静水压力或承压水头（0.30MPa）。

在东线推进过程中，切口水压最低设置为 0.32MPa，随着盾构埋深增加，切口水压适当提高，实际切口水压值如图 11-30 所示。在切口水压能够保持正面土体稳定的前提下，调高切口水压对上海轨道交通 8 号线沉降并不敏感。

2. 注浆参数

注浆是控制盾尾通过后上海轨道交通 8 号线沉降的主要手段，注浆材料性能、注浆量大小及注浆的及时性直接决定地层沉降的发展。上海轨道交通 8 号线下/上行线最大变形曾达到－29.70mm/－21.25mm，但通过同步注浆和二次补浆，将上海轨道交通 8 号线变形成功控制在－5mm 以内。

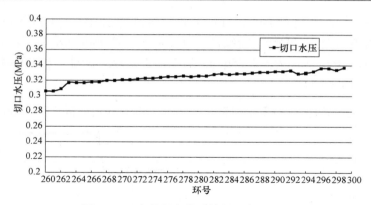

图 11-30 穿越段东线盾构切口水压设置

考虑到注浆泵的功率及盾尾刷的承压能力，相对西线每环注浆量 11.8m³，东线适当减少了注浆量，每环注浆控制在 9.2m³，填充率约为 154%，具体注浆参数见图 11-31。

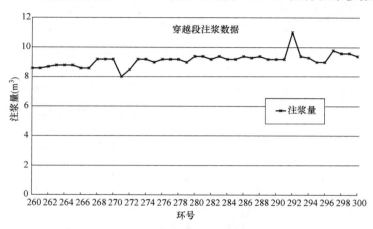

图 11-31 穿越段同步注浆量

3. 二次补浆

根据西线穿越二次补偿注浆的成功经验，东线补偿注浆采用与西线相同浆液；注浆仍按照"先打环箍、再在环箍间注浆"的思路，实际施工中根据电子水平尺的数据变化灵活运用。

与西线盾构有充足时间补浆不同，东线盾构穿越后上海轨道交通 8 号线将很快恢复运营，故二次注浆时间适当提前，同时考虑到盾尾钢丝刷的承压能力，在盾尾通过 11～9 环后开始补浆。二次补浆如图 11-32 所示，环箍选定为 273、283、293 三环，在环箍 1、环箍 2 形成前，补充了适量浆液使下行线最大沉降值始终控制在 30mm 以内。

通过少量多次对称跳跃式注浆，累积

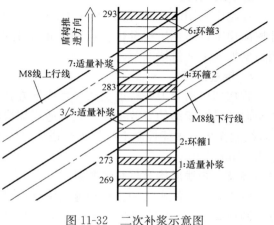

图 11-32 二次补浆示意图

注浆约 53m³，平均每环补浆约 2.53m³（平均每环总注浆量约 11.86m³，填充率约 200%），使上海轨道交通 8 号线下行线最大沉降由－29.70mm 减小为－4.08mm，上行线最大沉降由－21.25mm 减小为－2.78mm。后期由于浆液的收缩、土体的固结变形又略有增大（图 11-33、图 11-34）。

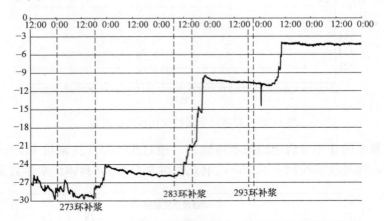

图 11-33　下行线二次补浆阶段最大沉降随时间变化曲线

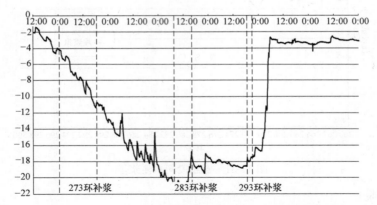

图 11-34　上行线二次补浆阶段最大沉降随时间变化曲线

4. 泥水性能

穿越中采用的 PMS 高分子泥水指标为：相对密度 1.2～1.25，黏度大于 19s。为保持开挖面稳定，防止盾构机拼装停顿时正面土体向泥水舱移动，每环推进结束前 10min 向调整槽加入了适量堵漏剂。

5. 推进速度

盾构切口离开上海轨道交通 8 号线下方到盾尾脱出的过程中，盾构机缺少控制上海轨道交通 8 号线变形的有效手段，只有适当加快施工进度，使盾尾注浆尽早对上海轨道交通 8 号线起作用，才能控制上海轨道交通 8 号线变形。结合注浆材料的供应能力，速度一般定为 15mm/min。

11.1.5.5　东线盾构穿越总体效果

（1）大直径泥水盾构在扰动地层中近距离穿越上海轨道交通 8 号线的地层损失率最终可控制在 2‰，变形控制在－5mm 内，能保证上海轨道交通 8 号线的安全；

（2）在扰动地层中，东线盾构穿越上海轨道交通 8 号线产生的最大沉降（－29.70mm/－21.25mm）较西线穿越对应的最大沉降（－14.52mm/－16.84mm）增加了 30%～100%。

（3）上海轨道交通 8 号线沉降发展符合"随着盾构开挖面上方投影面内上海轨道交通 8 号线面积增大，最大沉降点位置有向盾构中心位置移动的趋势"的规律。

（4）东线盾构穿越再次验证了在切口水压能够保持正面土体稳定的前提下，在本工程地质条件下，调整切口水压对上海轨道交通 8 号线沉降并不敏感。

11.2 大直径泥水盾构穿越机场滑行道案例

11.2.1 工程概况

11.2.1.1 隧道概况

虹桥综合交通枢纽仙霞西路下穿机场隧道为虹桥综合交通枢纽市政道路及配套工程的一部分，位于虹桥交通枢纽及虹桥机场的北侧，是连接虹桥机场东、西两侧的重要通道。

该隧道为双向四车道，分为南线隧道和北线隧道，南线隧道长约 1035.71m，起讫里程分别为 NK2＋361.86 和 NK3＋397.57，共 690 环；北线隧道长度约 1044.15m，起讫里程分别为 BK2＋362.65 和 BK3＋406.80，共 696 环。南北线隧道最小转弯半径 $R=$ 950m。南、北线采用两台直径为 11.58m 的泥水平衡盾构机由场西工作井向场东工作井同向错时推进。

隧道管片采用通用单面楔形钢筋混凝土管片，外径 11.36m，内径 10.36m，中心环宽 1.5m，壁厚 500mm。每环管片由 8 块预制混凝土管片组成，错缝拼装成环。管片混凝土抗压强度等级为 C55，抗渗等级为 S10，纵向和环向均采用直螺栓连接，防水采用橡胶止水带，纵向传力衬垫为丁晴软木橡胶垫，环向传力衬垫为普通塑料板。管片外弧面与盾构内径间隙 4cm，盾尾刷内采用密封盾尾油脂填充。管片外弧面与盾构外径之间的建筑间隙为 11cm，采用单液同步注浆施工工艺充填。

11.2.1.2 穿越基本情况

场西和场东穿越平面示意图如图 11-35、图 11-36 所示。隧道穿越场西绕行滑行道中心的里程约为 BK2＋428，距场西工作井约 65m，覆土深度约为 9.5m，盾构垂直穿越绕

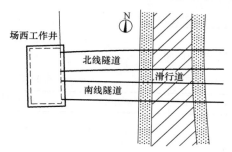

图 11-35 场西穿越平面示意图

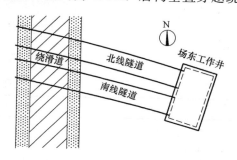

图 11-36 场东穿越平面示意图

滑道。隧道穿越场东绕行滑行道中心的里程约为 BK3＋323，距场东工作井约 84m，覆土深度约为 10.4m，穿越时隧道与滑行道夹角为 80°。两绕行滑行道道面宽 23m，道肩宽 38m。

绕行滑行道从下至上的结构形式为：山皮石垫层 50cm，24cm 厚水泥稳定碎石底基层，22cm 厚水泥稳定碎石基层，38cm 厚水泥混凝土板道面。

11.2.1.3 穿越施工设备

工程采用的泥水盾构外径 ϕ11.58m，全长 11.245m，灵敏度为 0.97，总推力为 112000kN，刀盘最大转矩为 22760 kN/m，刀盘固定转速 0.47r/min，刀盘开口率为 25%，最大掘进速度为 4cm/min。盾构机的纵断面及横断面的形式见图 11-37。

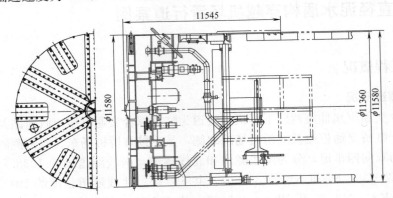

图 11-37 盾构机纵断面图

11.2.1.4 周边地质水文条件

穿越机场滑行道区域土层情况见图 11-38，土层的物理力学参数见表 11-5。穿越段盾构推进主要位于第④、⑤$_1$ 层。场地地下水类型有浅部土层中的潜水和深部土层（第⑦层）中的承压水。潜水埋深约 0.50～1.75m；承压水水头变化幅度约为 3.0～11.0m。

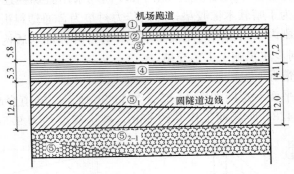

图 11-38 穿越绕滑道区段地质纵剖面图

土层物理力学特性指标　　　　　　　　　　　　　　　　表 11-5

土层名称	层厚(m)	湿重度(kN/m³)	内聚力(kPa)	内摩擦角(°)
①$_1$ 填土	1.79			
②$_1$ 褐黄～灰黄色粉质黏土	1.71	18.6	25.0	17.5
③灰色淤泥质粉质黏土	5.83	17.4	13.0	18.0

续表

土层名称	层厚(m)	湿重度(kN/m³)	内聚力(kPa)	内摩擦角(°)
④灰色淤泥黏土	4.12	17.0	14.0	13.0
⑤₁灰色黏土	12.70	17.9	16.0	17.0
⑤₂₋₁灰色黏土	5.6	18.3	5	27.5
⑤₃灰色粉质黏土	14.85	18.3	17.0	21.0

11.2.2 穿越的难点

11.2.2.1 穿越区域内土层条件差

隧道穿越区域断面内主要分布有③淤泥质粉质黏土层、④淤泥质黏土层和⑤₁黏土层。④和⑤₁层土具有较明显的触变、流变特性，在动力的作用下，土体结构极易破坏，从而使土体强度骤然降低，地面沉降控制难度大。

11.2.2.2 浅覆土施工

隧道在穿越机场绕滑道时顶覆土约为9.5m，覆土深度小于盾构机直径，属于浅覆土施工，这种情况下盾构施工易引起较大地表沉降，也可能引起地表冒浆。

11.2.2.3 沉降控制要求高

机场方要求的沉降标准相当严格，而隧道采用大型泥水平衡盾构，开挖面较大，土体损失不易控制。根据以往施工经验，地面沉降通常为$+10\sim-30$mm，要达到机场要求的绕行滑行道隆沉±10mm标准有较大难度。

11.2.3 施工控制措施

11.2.3.1 穿越前进行试验段推进试验

为检验现有设备、工艺的可行性，优化施工参数使其适应穿越区段的土层情况，为正式穿越提供借鉴，在穿越施工前进行现场盾构试验段推进试验；通过改变施工参数并结合监测数据分析各施工参数与地表沉降关系，从而较为准确和系统地得到微扰动的施工方法。

试验采用单因素分析法，在其他施工参数不变的条件下，只改变单一因素来分析其对盾构推进的影响。主要包括进行泥水压力试验、进泥密度试验、推进速度试验、同步注浆量试验。试验段参数设定情况如表11-6所示。

推进试验参数设定表　　　　　　　　　　　　　　表 11-6

推进环号	轴线处泥水压力(kPa)	进泥密度(kg/L)	推进速度(mm/min)	盾尾同步注浆量(m³)	备注
试验环1~7	200~221	1.3	22	9	改变泥水压力
试验环8~13	210	1.15~1.27	22	9	改变进泥密度
试验环14~19	210	1.250	17~22	9	改变推进速度
试验环20~24	210	1.250	18	8~12	改变盾尾注浆量

1. 在分析推进过程中泥水舱压力对地层沉降的影响时，通过计算泥水压力改变引起的纵向沉降槽的体积变化来反映总体沉降状况。为保证测点数据的完整性和有效性，以盾

构切口后 3 环至切口前 6 环范围内的测点沉降值作为统计范围，通过线性拟合得到沉降槽体积，以各测点沉降变化量的均值和方差作为检验指标。泥水压力试验结果见表 11-7。

泥水压力对切口沉降影响　　　　　　　　　　　　　　表 11-7

环号	轴线处泥水压力 （kPa）	沉降槽体积变化量 （mm³/m）	沉降变化量均值	沉降变化量方差
试验环 1	200	14850	0.57	9.82
试验环 2	200	−1800	−0.54	1.32
试验环 3	201	−4800	−0.33	2.5
试验环 4	201	6075	0.47	30.8
试验环 5	206	−10650	1.14	1.88
试验环 6	212	−18750	−1.31	14.33
试验环 7	218	54975	3.54	15.92

由试验可知，当盾构顶部切口水压为 185～190kPa，轴心切口水压控制在 200～206kPa（计算值 190～200kPa）左右时，沉降变化较小。

2. 通过改变泥水密度进行试验，具体试验成果见表 11-8。

进泥密度对切口沉降影响　　　　　　　　　　　　　　表 11-8

推进环号	进泥密度 （kg/L）	沉降槽体积变化量 （mm³/m）	沉降变化量均值	沉降变化量方差
试验环 8	1.150	−16800	−1.89	1.27
试验环 9	1.180	−25275	−1.69	6.23
试验环 10	1.200	4050	0.44	3.28
试验环 11	1.200	−48675	−3.34	24.10
试验环 12	1.200	900	0.00	4.08
试验环 13	1.270	3675	0.31	0.77

由表 11-8 可知，当进泥密度为 1.2～1.30kg/L 以上时，切口沉降变化较小。当进泥密度小于 1.2kg/L，地表沉降较大。

3. 推进速度对地表沉降影响试验结果见表 11-9。本试验以盾构切口后 8 环至切口前 1 环范围内的测点沉降值作为统计范围。

推进速度对地表沉降影响　　　　　　　　　　　　　　表 11-9

环号	盾构速度 （mm/min）	沉降槽体积变化量 （mm³/m）	沉降变化量均值	沉降变化量方差
试验环 14	19	11250	0.78	10.996
试验环 15	19	−39075	−2.83	13.921
试验环 16	17	−25200	−1.91	24.849
试验环 17	18	−7275	−0.48	3.936
试验环 18	21	−21450	−1.55	1.165
试验环 19	22	2475	0.84	2.144

从表 11-9 可以看到，推进速度的变化对于土体沉降没有明显联系。当速度保持在 18～21mm/min 都能够使地表沉降控制取得理想结果。

4. 同步注浆量参数分析。由于建筑空隙的存在，在盾尾脱离时会出现瞬时的无支撑状态，致使尾隙变形或局部崩塌，引起土体沉降。采用同步注浆及时进行空隙填充是控制土体沉降的关键因素。本工程采用的同步注浆浆液主要成分为石灰膏、黄砂、粉煤灰、膨润土。注浆完成后，初期浆液为可流动，后期强度较高。其比重可达到 2.002，稠度为 9.3cm。3d 强度为 0.19MPa，14d 强度为 0.415MPa，28d 强度为 0.50MPa 以上，并具有较好的耐泥水冲刷稀释的性能。本次盾构施工根据间隙计算的理论注浆量为 6m³/环。

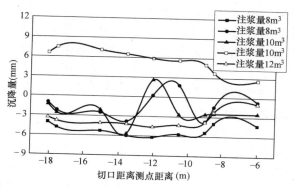

图 11-39 试验段同步注浆量与地表沉降的关系

图 11-39 为不同注浆量的试验结果。可以看出，注浆量为 8m³ 时，地表隆起量小于 2mm。注浆 10m³ 会导致注浆环处地表隆起 3mm 以上，连续注浆 10m³ 甚至引起周围很大范围内地表的隆起。注浆 12m³ 有可能导致土体破坏，反而导致地表沉降增大。因此，宜将注浆量控制在 8～10 m³。

11.2.3.2 盾构穿越机场施工控制措施

盾构穿越机场滑行道施工在现场推进实验的基础上，通过严密控制盾构推进及同步注浆等施工参数，同时采取了如下施工控制措施：

（1）对盾构姿态勤测少纠，减少大幅纠偏引起的过大沉降；

（2）控制出土量误差在±1‰以内，减少超挖和欠挖引起的道面沉降；

（3）采用通用单面楔形管片，达到纠偏简单、迅速、有效，拼装精度较高，拼装容易、高效的目的，有利于对周边土体扰动的控制；

（4）为避免盾尾泄漏，引起开挖面失稳，盾构机盾尾采用 2 道钢丝刷和 1 道钢板束的构造形式以满足密封要求，同时采用高性能进口油脂填充空隙；

（5）根据沉降监测数据，及时进行二次补浆。

11.2.3.3 采用非开挖水平测斜监测穿越机场滑行道的沉降变形情况

本工程中盾构需要穿越飞行禁区，对常规的地表沉降监测方法、频率和范围存在种种限制。为及时、准确地了解机场绕滑道及其下方土层扰动的情况，以便于及时调整施工参数，确保绕滑道的安全，采用先进的非开挖技术埋设直径为 70mm 的内壁有两组互成 90°纵向导槽的 ABS 水平测斜管，采用 JTM-U6000E 系列活动式水平测斜仪监测绕滑道下方土体的垂直位移。水平测斜管的埋设方法及水平测斜的过程详见第 6 章相关内容。

本工程共设置两组监测断面，A 监测断面垂直于盾构推进方向；C 监测断面平行于盾构推进方向，监测断面设置见图 11-40。

为便于数据的比对分析，利用精密水准仪同时在 C 监测断面处进行了常规地表沉降监测。图 11-41 是盾构推进至切口位于 63 环时（此时盾尾位于 58 环）两种监测数据的对

比。可以看出，盾尾经过机场绕滑道后，两种
监测手段反映的绕滑道整体隆沉变化趋势基本
一致。盾构推进引起的周边土体位移量大小随
土层与隧道的相对位置不同而不同，并随其距
离增加而减小，具有衰减性。图中数据较好地
反映了上述规律，无论是隆起还是沉降，水平
测斜的变化幅度都大于常规地表监测，差异最
大达到 5mm 左右。

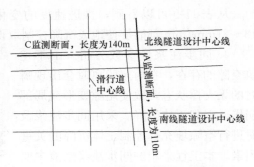

图 11-40　非开挖监测平面布置

与常规监测手段相比，通过水平测斜手段
监测深层土体的扰动，能够更及时、更灵敏地
获得土体的位移情况。由于采用非开挖技术把水平测斜监测点埋设在地表以下，可在不影
响飞机起降的条件下进行实时监测，为及时、准确调整施工参数提供有力的数据支撑，确
保穿越安全。

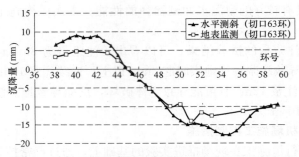

图 11-41　水平测斜监测数据与地表监测数据对比分析

11.2.4　工程实施效果

1. 隧道的施工情况

隧道贯通后，管片平面及高程的偏差均在规范要求的 ±75mm 范围内，隧道的椭圆度均
在 ±8‰D（±91mm）范围内。成环隧道衬砌内环面、接头等处无渗漏泥沙、无线流及滴漏
现象，仅在某些环的注浆孔处及环缝、纵缝等处有少量的湿渍，进行及时处理后符合规范及
设计的防水要求。其余指标也均在规范要求的范围之内，工程取得了阶段性的成功。

2. 机场滑行道的沉降变形情况

第三方监测数据显示，盾构穿越后道面最大沉降仅为 8.5mm，在机场要求的范围之内。

11.3　土压平衡盾构穿越倾斜严重超标的砖混结构居民房工程案例

11.3.1　工程概况

11.3.1.1　民房与盾构区间相对位置关系

上海市轨道交通 11.4 标区间隧道上行线盾构从工作井始发推进 30m 后，穿越一幢倾

斜民房，且在倾斜方向一侧穿越，穿越距离约为 80m。在穿越范围内，隧道埋深为 9.2～9.7m。上下行线隧道与倾斜房屋的相对位置关系如图 11-42、图 11-43 所示。

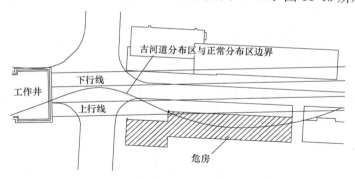

图 11-42　隧道与倾斜房屋相对位置平面图

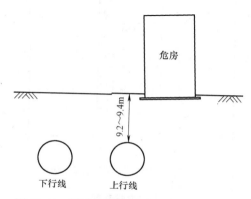

图 11-43　隧道与倾斜房屋相对位置剖面图

11.3.1.2　拟建隧道情况

隧道采用 $\phi6340$ 土压平衡盾构推进，隧道内径 $\phi5500\text{mm}$；隧道外径 $\phi6200\text{mm}$。隧道衬砌采用预制钢筋混凝土管片，管片设计强度 C55、抗渗等级 $\geqslant$S10。每环由 6 块管片组成，环宽 1200mm，厚度为 350mm，通缝拼装。管片环向、纵向均采用 M30 直螺栓连接。

11.3.1.3　被穿越危房状况

被穿越房屋建于 1960 年，5 层砖混结构，楼板为预制混凝土空心板，砖墙厚度 220mm，底层地格栅以下墙厚 330mm。基础为钢筋混凝土条形基础，埋置深度 $H=1.1\text{m}$（H 为设计室外地面至基础底面的距离）。

砖标号：底层地格栅以下均用 330 厚 100 号砖，底层用 100 号机制八五砖，二、三、四层用 $\geqslant$75 号砖，五层用 $\geqslant$50 号砖。砂浆强度等级：大方脚及头层用 100 号，二、三层用 50 号，四、五层用 25 号。

根据房屋检测评估报告，该房屋已经整体向北侧倾斜，由房顶至地面平均倾斜 22cm 左右，最大处倾斜达 26cm，平均倾斜率为 1.5%，最大倾斜率为 1.72%，如图 11-44 所示。该房屋总体上已进入明显老化期，结构较为薄弱、整体性有所欠缺，存在安全隐患。

11.3.1.4　工程地质概况

盾构在房屋下穿越的土层为④淤泥质黏土层、⑤₁₋₁黏土层。该土层为高含水量、高压缩性、低强度、低渗透性的饱和软黏性土，具有较高的灵敏度和触变特性，极易在动力作用下发生土体结构破坏，土体强度骤然降低等情况。各土层的力学参数见表 11-10。另据岩土勘查报告显示，此房屋恰好位于古河道分布区与正常地层分布区的分界区域，南北两侧土质不均，如图 11-45 所示。

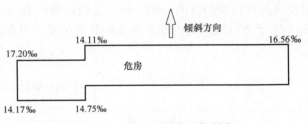

图 11-44　房屋顶部角点倾斜率

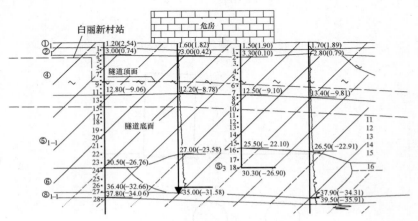

图 11-45　倾斜房屋下方地质剖面图

土层力学参数　　　　　　　　　　　表 11-10

层号	重度 $\gamma(kN/m^3)$	黏聚力 $C(kPa)$	内摩擦角 $\varphi(°)$	静止土压力系数 K_0	渗透系数 $k(cm/s)$	侧限压缩模量 $E_s(MPa)$
②₁	18.1	18	16.0	0.48	$5×11^{-6}$	4.39
③	17.3	11	13.0	0.50	$6×11^{-5}$	4.39
④	16.7	12	10.0	0.55	$7×11^{-6}$	1.99
⑤₁₋₁	17.5	14	13.0	0.50	$7×11^{-6}$	2.71

11.3.2　穿越施工的难点

本工程的施工存在以下难点：

1. 房屋自身存在安全问题：房屋结构薄弱，整体性欠缺；最大倾斜率已达到 1.72%；已进入明显老化期，存在安全隐患。

2. 房屋的超载作用使得土层的应力场呈不对称性、不均匀性，增加了施工参数控制的难度。

3. 地质情况较为复杂：房屋地基南北土质不均；盾构穿越的土层为高含水量、高压缩性、低强度、低渗透性的饱和软黏性土，具有较高的灵敏度和触变特性。

4. 房屋基础到隧道中心线的距离较近（约 8.5m），盾构施工对房屋的影响大。而且，由于房屋位于隧道的斜上方，相对于位于房屋位于隧道上方的情形，同样的沉降量会使房屋产生更大的附加倾斜。同时也导致通过在隧道内注浆控制房屋沉降的难度加大。

5. 房屋到工作井的距离较近（约 35m），盾构姿态调整及模拟推进试验的时间较短。

11.3.3 主要施工技术措施

11.3.3.1 微扰动控制技术

本段施工盾构穿越房屋的地层位移场、房屋沉降以及施工参数控制具有较大的特殊性，地层和房屋的变形对施工参数的反应均较为敏感。因此，在高灵敏度的软土地层中穿越房屋时，盾构各施工参数的设定及其匹配必须做到精细化的控制，实现微扰动施工。

1. 复杂环境条件下的正面土压力

盾构正面土压力的控制首先要设置好的施工参数。一般在地面无超载的盾构推进中正面压力按静止土压力测算。但开挖面实际土压力与盾构土舱内设置的土压力总有偏差，故设置正面土压力还是须通过盾构在试验段中的地面沉降监测反馈而定。特别在盾构穿越房屋时，要以理论预测为导向，精心地根据关键监控点实时监测的反馈，适时准确地调整土压力以控制保护对象地隆沉。图 11-46～图 11-49 表示盾构穿越房屋时，设置土压力的变化。其提高趋势及量值与三维有限元预测基本相符。

$$P = K_0(\sigma_{0z} + \Delta\sigma_z) \tag{11-1}$$

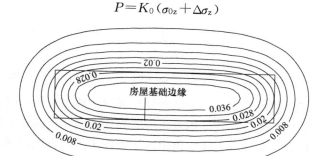

图 11-46　房屋下方同一深度处的土体附加竖向应力分布等值线（单位：MPa）

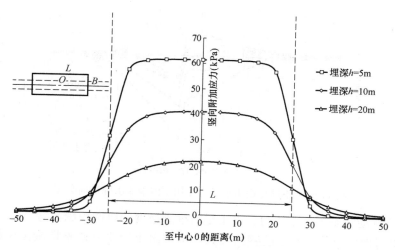

图 11-47　沿隧道中心的竖向附加应力分布曲线

287

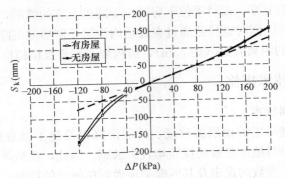

图 11-48 开挖面最大水平位移 S_k 随正面附加压力 ΔP 的变化

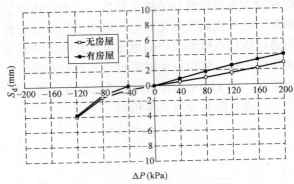

图 11-49 地表最大竖向位移 S_d 随正面附加压力 ΔP 的变化

　　房屋存在对地表沉降横向分布的影响是十分显著的。地表有房屋时，在一定正面附加压力作用下，地表主要发生隆起；且与地表无房屋相比，同样正面压力作用下，地表的隆起值更大。而房屋无论在正附加压力还是负附加压力作用下都发生沉降，并向隧道一侧倾斜（图 11-50）。

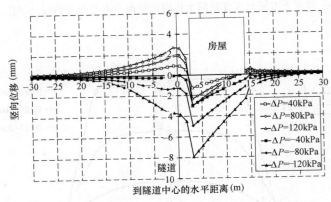

图 11-50 不同正面附加压力作用下的地表沉降横向分布

　　2. 盾构微扰动状态下，土压力、出土量与推进速度的协调控制
　　出土量是对地层位移影响很敏感的参数，调整出土量要靠调整螺旋出土机的转速 n。在盾构微扰动状态下，为使 n 与正面压力 P 和推进速度 v 相匹配，在试验段推进中测出

n、P、v的变化曲线见图 11-51。从中得出 n 与 $P×v$ 的相关性统计图，见图 11-52。

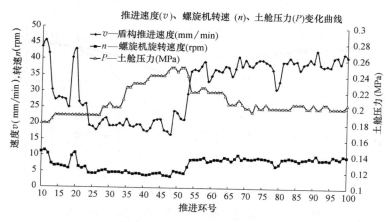

图 11-51　n、P、v 变化曲线

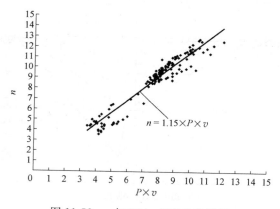

图 11-52　n 与 $P×v$ 相关性统计图

从 n 与 $P×v$ 的相关性中可知当 v 一般为匀速时，则精心调整 n 值，即可适时准确地调整 P 值。

$$n＝1.15×P×v \tag{11-2}$$

11.3.3.2　穿越施工理论分析

1. 地面复杂超载环境条件下的沉降规律

盾构穿越房屋时的地层位移场与无房屋时存在显著的不同。在同样的施工条件作用下，房屋的存在增大了地层沉降量，体现为附加地层损失。

房屋的自重、长度、房屋与隧道的相对位置对房屋沉降曲线的形态和附加地层损失均有着显著的影响。房屋基础刚度对附加地层损失影响较小，但会对基础的不均匀沉降程度产生影响。

由图 11-53 和图 11-54 可见，房屋基础相对于自然地表发生了较大的沉降，同时引起基础侧边一定范围内的地表发生微小隆起，对于其他自然地表基本不产生影响。

2. 房屋关键沉降参数与地层损失率关系

关键沉降参数有三个：a. 横向整体倾斜率 K_h：引起纵墙沿横向倾斜；b. 纵向沉降曲

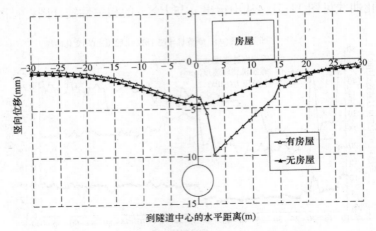

图 11-53　不同地层损失引起的地表沉降横向分布

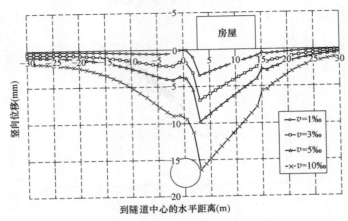

图 11-54　有无房屋时的地表沉降横向分布对比

率 K_z：引起纵墙弯曲；c. 纵向沉降坡度 i_z：引起横墙沿纵向倾斜。

房屋关键沉降参数和总沉降量的最大值与地层损失率的关系如图 11-55 所示。

3. 位移场动态特性

盾构穿越过程中，随着盾构的前进，地层位移场也将随之改变，是一个动态的发展过

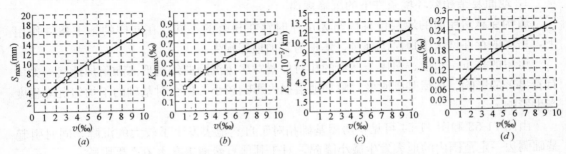

图 11-55　房屋关键沉降参数随地层损失率的变化

（a）纵墙沿横向倾斜；（b）引起纵墙弯曲；

（c）引起横墙沿纵向倾斜；（d）纵向沉降坡度 i_z

程。动态位移场包括盾构位置变化引起的稳定动态位移场和施工参数突变、波动产生的不稳定动态位移场。特别是在地面分布复杂超载条件下，地层移动有更特殊的规律，研究这些规律是盾构穿越信息化控制和保证周边环境安全的基础。

复杂条件下地层移动的基本规律及其机理分析如图 11-56 所示。

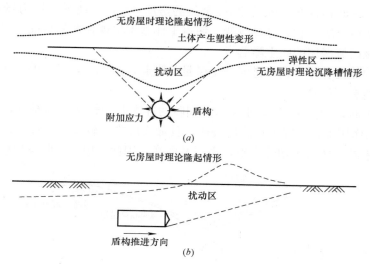

图 11-56　无房屋时地表的理论沉降情形
（a）横向剖面；（b）纵向剖面

盾构在推进过程中，若盾构上方无建筑物作用，则地表在推进中的隆起与盾尾脱出后的沉降情况如图 11-57 所示。

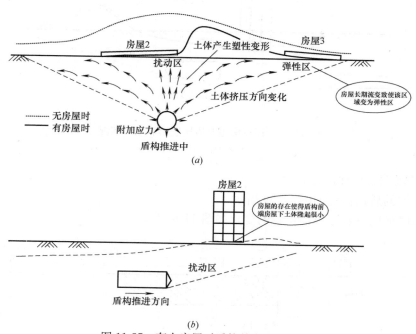

图 11-57　存在房屋时盾构前方变形情况
（a）横向剖面土体影响区域；（b）纵向剖面土体影响区域

当盾构上方存在建筑物且该建筑物建筑时间较长时，地下应力场已经发生一定程度的改变。在本案例中，盾构从房屋 2 下方穿越，房屋 2 的存在使得在盾构穿越中，盾构正上方的隆起量很小，如图 11-57 所示，这主要是由于房屋的存在使得地面超载较大，造成本应该发生较大隆起的房屋位置基本并不隆起。这就导致上方受扰动塑性区的土体被挤压至两边。由于盾构右侧仍存在一栋已建 50 余年的房屋 3，该房地基中应力场可能在经过如此长时间的流变后，应力状态已经改变，使得土体基本呈现弹性的特征，因此，挤压过来的土体会导致该区域房屋的向上隆起。

同时，盾构能使房屋 2 在推进时产生微量的隆起，这说明，设定的土压力或同步注浆的压力设置可能有所偏高。

当盾构经过时，如图 11-58，由于盾尾间隙的存在和塑性区土体被挤压至两边，房屋 2 在结构荷载的作用下，沉降发展速度较快，且最终沉降量较大，而在远离盾构隧道的位置，被挤压过来的土体由于塑性变形，来不及回弹，因此房屋 3 沉降发展较缓慢。

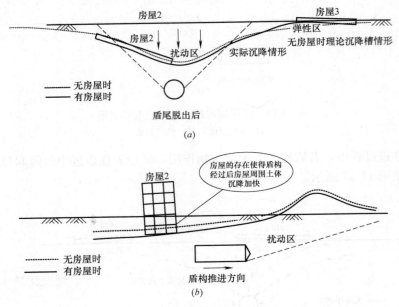

图 11-58　存在房屋时盾尾脱出后变形情况

(a) 横向；(b) 纵向

4. 位移场动态特性计算分析

五种工况的盾构位置如图 11-59 所示。

地表沉降横向分布随盾构位置的变化如图 11-60 所示。

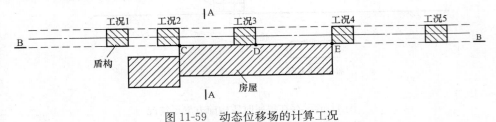

图 11-59　动态位移场的计算工况

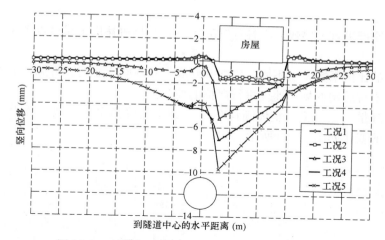

图 11-60 地表沉降横向分布随盾构位置的变化过程

房屋沉降纵向随盾构位置的变化如图 11-61 所示。

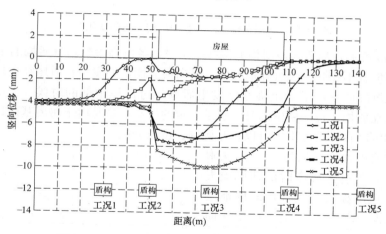

图 11-61 地表沉降纵向分布随盾构位置的变化过程

由图 11-61 可见,在横向上,房屋的整体横向倾斜率随这盾构的推进不断的增加,且倾向隧道一侧。由图 11-61 可见,在纵向上,由于房屋长度较大(54m),房屋基础沉降曲线发生了明显的弯曲。

选取基础边缘上的左边角点 C、中点 D、右边角点 E 为测点(图 11-62)。假设盾构匀速推进且不停顿,掘进速度 40mm/min,三个测点的沉降量 SC、SD、SE随时间的变化曲线如图 11-62 所示,测点沉降速率的最大值约为

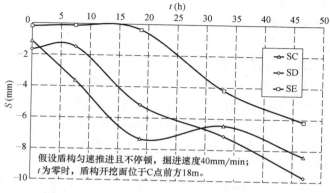

图 11-62 房屋基础测点沉降随时间的变化过程

0.3～0.4mm。

若盾构匀速推进且不停顿，则各点沉降速率 v_s 与掘进速度 v 呈线性关系：

$$v_s = k \cdot v$$

不同测点的比例系数 k 也不同，约在 0.0001～0.00015 之间。可见，为了控制房屋的沉降速率，需要对盾构的掘进速度进行严格的控制。

房屋总沉降量 S_{max}、横向整体倾斜率 K_h、纵向沉降曲率 K_z、纵向沉降坡度 i_z 的最大值随盾构位置的变化如图 11-63 所示。

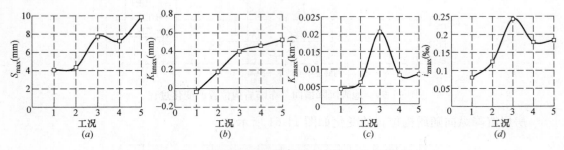

图 11-63　房屋关键沉降参数随盾构位置的变化过程

由图 11-63 可见，当盾尾地层损失保持一定时，各沉降参数随着盾构的推进是不断变化的，波动幅度各不相同。总沉降最大值、横向最大倾斜率发生在盾尾经过房屋以后，但纵向上的最大沉降曲率和最大沉降坡度发生盾构经过房屋中部的时候（工况 3）。其中，总沉降最大值在盾构经过房屋中部时出现了一定的波动，这是由于房屋基础具有一定的刚度，使得基础沉降在一定范围内可以相互协调、重新分配。

设无房屋时的地层损失为 V_0，定义附加地层损失 ΔV 为有无房屋时的地层损失的差值。附加地层损失与无房屋时的地层损失的比值 $\Delta V / V_0$ 随房屋荷载的变化曲线如图 11-64 所示。

由图 11-64 可见，当房屋荷载较小（小于 60kPa）时，房屋引起的 ΔV 很小；随着房屋荷载的增加，ΔV 开始显著增长；当房屋荷载达到一定程度时，ΔV 趋于稳定。

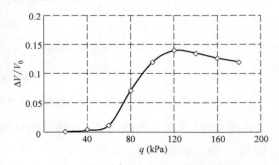

图 11-64　附加地层损失比随自重的变化

11.3.3.3　信息化施工确定合理参数

从现场监测反馈分析可以得出以下结论：

在下行线试验段推进中，实际采用的设定土压力与理论值相差较大，差值在 0.05～0.15MPa 之间。设定土压与隆起量存在一定的对应关系（图 11-65）。地表隆起量和房屋隆起量的变化趋势基本上与设定土压基本保持一致，设定土压力大则隆起量大，反之亦然。

在 72～110m 处，房屋隆起量与地表隆起量变化趋势差异较大。对于房屋 2，该处的隆起量与设定土压的变化趋势不一致，设定土压增大，而隆起量却持续减小。房屋隆起量

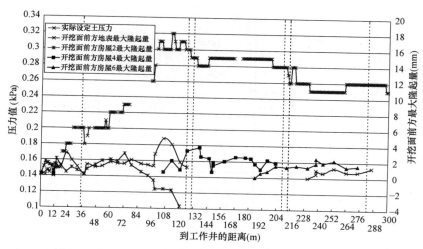

图 11-65 设定土压力与开挖面前方地表/房屋隆起量的对比

与地表隆起量变化的差异性表明，房屋隆起变化对设定土压的敏感性较低，其沉降发展具有一定的持续性（惯性）。

设定土压力很高的区域，二次注浆量相应地较高（图 11-66），这表明过高的土压力导致了较大的后续沉降，需配套地增加二次注浆量。

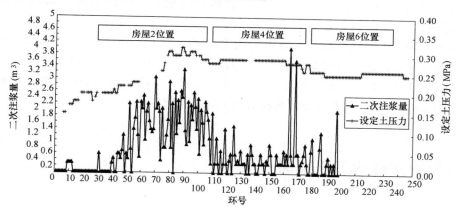

图 11-66 设定土压力与二次注浆量的对比

根据隆起量变化情况，以地表隆起 2mm 作为合理设定土压力的标准，对设定土压力的进行修正（图 11-67）。把修正后的设定土压与理论土压力进行比较，可以发现二者的变化规律比较吻合。因此考虑根据实测数据的分析结果修正理论土压力，作为设定土压力的建议值。

11.3.4 穿越施工总体效果

白丽新村站—武威路站区间隧道下行线距离该房屋较远，2007 年 4 月下行线盾构从其西北侧下方穿越。上行线盾构穿越倾斜楼房从 7 月 6 日正式开始，直至 8 月 17 日全部顺利穿越结束。穿越后楼房各监测点累计沉降量均控制在 1cm 范围内，1 小时内沉降变化小于 1mm，楼房也未出现墙面开裂的情况，最大横向倾斜率变化控制在 1‰以内，纵向曲

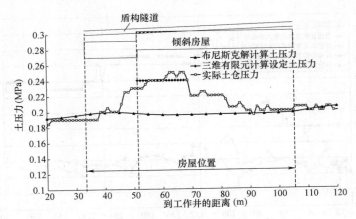

图 11-67　实测土压力与理论计算土压力对比

线的各相邻点没有产生较大的差异沉降。该楼房东侧 150m 范围内其他建筑物累计沉降量均控制在－5mm 之内。由于各项技术措施得当，穿越倾斜楼房获得圆满成功。

根据盾构穿越房屋后上海市建筑科学研究院房屋质量检测站 2007 年 6 月 15 日出具的结构现状检测报告表明：地铁隧道施工未对该居民楼造成明显的结构性影响，倾斜基本未发生变化，其西北角倾斜率为 17.52‰，较盾构穿越房屋已存在倾斜率 17.2‰ 相比，盾构施工对房屋倾斜率影响较小，为 0.32‰。盾构穿越前后，楼房的沉降量控制在＋5～－10mm 范围内。

根据上海岩土工程勘察设计院有限公司 2009 年 2 月 15 日《施工信息化监测阶段小结》监测数据显示：施工方移交场地后一个月 2008 年 11 月 7 日，该房屋最大累计沉降－33.8mm（F9′）；至 2009 年 2 月 15 日，该房屋最大累计沉降－36.6mm（F9′）沉降速率最大－0.034mm/d（FB1），表明该建筑物后期沉降已稳定。

11.4　顶管穿越的工程案例

11.4.1　上海白龙港南线东段 $\phi4000$ 混凝土顶管穿越磁悬浮、航油管及高速公路

11.4.1.1　工程概况

上海市白龙港南线东段 $\phi4000$ 混凝土顶管工程，位于远东 1 号～迎宾 10 号顶管区间段长 150m 范围内先后穿越磁悬浮及 S1 高速公路及航油管，穿越对象的情况如下：

1. 磁悬浮

在本案例主干管远东 1 号～迎宾 10 号顶管区间川南奉公路—远东大道之间、A1 公路下匝道东侧（2 根顶管分别从磁悬浮 P0854～P0855 和 P0855～P0856 号承台中间穿越）穿越磁悬浮轨道线，顶管中心线距离两侧磁悬浮承台桩基础约 7.43m。磁悬浮轨道线现状及平面位置图见图 11-68～图 11-70。

2. 迎宾大道 S1

本案例远东 1 号～迎宾 10 号在川南奉公路迎宾大道路口以东穿越磁悬浮桥桩后开始

穿越迎宾大道 S1 高速公路，其中穿越里程为：远东 1a 号～迎宾 10a 号（46.6～107.3m）、远东 1b 号～迎宾 10b 号（56.54～119.68m）。顶管穿越情况详见图 11-71。

图 11-68 磁悬浮现状

图 11-69 磁悬浮边匝道现状

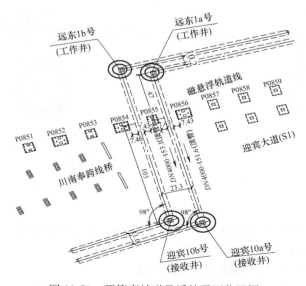

图 11-70 顶管穿越磁悬浮处平面位置图

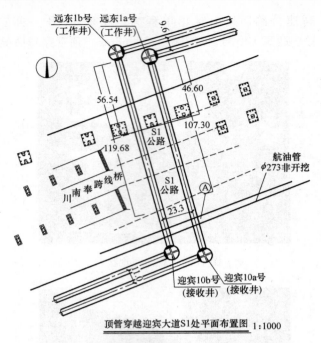

图 11-71　顶管穿越迎宾大道 S1 平面位置图

3. 航油管

同时，顶管主干管在迎宾大道南侧穿越一根航油管。该航油管为 $\phi 273$ 钢管，采用牵引法施工，位于本工程主干管上方，与管顶距离约为 $2\sim 3m$，见图 11-72。

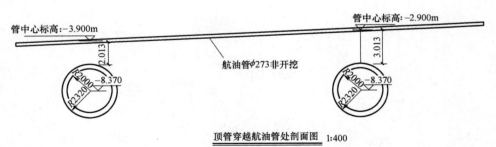

图 11-72　顶管穿越航油管处剖面图

11.4.1.2　地质条件

管道所经区域，管顶覆土厚度为 $4.87\sim 10.50m$，全部位于④层淤泥质黏土，顶管所涉及的主要土层参数如表 11-11 所示。

11.4.1.3　工程施工的难点、风险点及相应对策

归纳本工程的施工难点、风险点及相应对策如表 11-12 所示。

主要土层参数　　　　　　　　表 11-11

层号	岩土名称	层厚（m）	含水率 W（%）	重度 γ（kN/m³）	孔隙比 e_o	塑性指数 I_p	液性指数 I_L	剪切试验 C_q C（kPa）	剪切试验 C_q Φ	压缩模量 E_s（MPa）	标贯击数 N	渗透系数 K（cm/s）
①₁	填土	1.23	40.9	17.1	1.227	21.8	0.76	14	13.9			
①₂	淤泥	0.63										
②₁	褐黄～灰黄色粉质黏土	1.65	29.0	18.9	0.827	15.0	0.60	20	16.7	5.43		3.0E-06
②₃A	灰黄～灰色黏质粉土	1.22	31.5	18.6	0.858			5	28.6	7.73	5.7	5.0E-05
②₃	灰黄～灰色砂质粉土	2.87	28.6	18.7	0.816			3	30.4	9.63	8.1	5.0E-04
③	灰色淤泥质粉质黏土	3.09	41.3	17.5	1.162	15.5	1.29	12	14.1	3.22		3.0E-06
③T	灰色砂质粉土	1.86	29.1	18.8	0.819			2	30.6	9.73	5.5	4.0E-04
④	灰色淤泥质黏土	13.14	50.1	16.8	1.416	20.8	1.26	11	10.9	2.29		2.0E-07
⑤₁	灰色黏土	5.51	39.9	17.7	1.135	19.2	0.94	15	14.5	3.52		1.0E-06
⑤₃₁	灰色粉质黏土夹粉砂	2.70	36.2	17.9	1.047	16.0	0.92	16	16.3	4.07		2.0E-05
⑤₄	灰绿色粉质黏土	2.65	22.1	19.9	0.640	14.2	0.30	51	15.0	7.86		3.0E-06

工程施工难点、风险点及相应对策　　　　　　　表 11-12

序号	施工难点及风险点	对策与措施
1	大口径顶管掘进机选型和设计对本工程的适应性要求高	(1)研制新型大口径顶管掘进机； (2)选用大刀盘全断面泥水平衡顶管掘进机； (3)采用泥水自动平衡系统； (4)采用遥控操作,集成数据采集和数字监控系统
2	近间距平行顶管,微扰动施工控制不利	(1)建立微扰动控制目标和体系； (2)穿越过程分阶段精细化控制
3	磁悬浮保护	(1)以顶管施工参数控制为主的方式,包括泥水质量、压力、顶进速度、泥浆质量等控制； (2)预埋跟踪注浆管及管内二次注浆加固等施工措施； (3)加强施工监测,施工中,与磁悬浮监护单位密切沟通,做到信息化指导施工； (4)顶管施工完工后,进行穿越段泥浆固化施工,并进行后续磁悬浮相关监测,根据第三方监测结果,对顶管轴线两侧穿越磁悬浮承台处采取管内单液浆二次注浆
4	穿越航油管保护	(1)采取预埋跟踪注浆管、始发到达的洞口采用混凝土封堵和旋喷桩加固、管内二次注浆加固和内壁增加一道不锈钢板止水等措施； (2)设置间接点进行监测,在航油管周边距油管 1m 以上位置布设测斜及分层沉降监测点； (3)根据施工进度,加强监测,并及时针对航油管防腐层进行检测； (4)顶管施工完工后,需进行穿越段泥浆土体固化施工,并进行后续航油管相关监测

11.4.1.4 顶管设备选型

1. 顶管机选型

本案例采用如图 11-73 所示的全新研制的大刀盘泥水平衡式顶管机施工（前文章节介

绍的顶管机型），对面板上的刀头、刀座和布置形式，进泥口的大小，机内泥水管路的布置都进行了改进。本顶管机采用泥水自动平衡系统，实现遥控操作并集成了数据采集和数字监控系统。

2. 成品管的选型

本案例顶管管节采用 DN4000 的 F 型钢筋混凝土管。接口形式为钢承口式柔性接口，且首次在排水管接口中采用了双止水橡胶圈。根据已贯通的管道接口情况的反馈均无渗漏水，说明双道止水橡胶圈对防止管道渗漏水起到至关重要的作用。

管节内径为 4000mm，管节外径为 4640mm，管节有效长度为 2500mm，管壁厚为 320mm。混凝土强度等级为 C50，抗渗等级为 P8。主筋采用冷轧带肋钢筋（CRB550 级），钢筋强度标准值 $f_{stk}=$ 550N/mm^2。其余钢筋采用 HPB235 级钢和 HRB335 级钢。

图 11-73　大刀盘泥水平衡式顶管机

11.4.1.5　穿越施工保护措施

1. 注浆工艺

穿越施工过程中，为了控制地表沉降和被穿越建（构）筑物及管线的变形，泥浆套的形成至关重要，洞口处注浆、同步注浆和沿线的管道补浆都应该注意建立起管外壁完整的泥浆润滑套。

洞口处注浆是指在始发工作井洞口止水装置前的建筑空隙处设置 3～4 个注浆孔，当管道外壁进入洞内，未与土体摩擦之前就先浸满浆液。触变泥浆随管外壁向土体渗入。这样可以避免管外壁入土后产生背土的现象，一方面能够使得注浆减阻的效果更加明显，另一方面还可以减少始发段的地面沉降。

同步注浆施工过程中，触变泥浆由地面液压注浆泵通过 D50 的管路压送到 1 号注浆泵站，再由 1 号注浆泵站向机尾压浆。机头后的同步注浆的浆套应该随着机头的顶进不断向前延伸。在机头处安装隔膜式压力表，以检验浆液是否到达指定位置。同步注浆的压力应与静止土压力平衡，注浆量则根据不同的地质情况加以区别；对于本工程的黏土，注浆量为建筑空隙的 2 倍左右。

沿线的管道补浆按顺序依次进行，每班不少于两次循环，定量压注。补浆量根据915.5m 的顶进长度基本确定为同步注浆量两倍。

2. 触变泥浆的配方和性能指标

本工程采用触变泥浆的配方和性能指标如表 11-13 所示。

触变泥浆的配方和性能指标　　　　　　　　　　　　　表 11-13

膨润土	纯碱	CMC	漏斗黏度(s)	视黏度(cP)	失水量(mL)	终切力(dyn/mm^3)	比重
12%	4‰	1.5‰	36″	30.5	9	130	1.063

3. 顶管机姿态控制

顶管的姿态控制主要采用如下技术：

1）顶管机的纠偏液压系统工作可靠。设备在施工前进行认真的维修保养，在施工过程中配备足够的易损件，纠偏系统不允许带故障施工。液压锁不能有泄漏现象。纠偏油缸的设计顶力能够克服异常情况下的纠偏推力的要求。

2）施工过程中，贯彻勤测量、勤纠偏、微纠偏的原则。在施工现场，及时绘制顶管姿态变化曲线图表，包括高程变化曲线和水平变化曲线，在姿态变化曲线图上标出控制线，以便施工人员及时了解异常情况。

3）确定顶管姿态的报警值，当顶管姿态达到报警值时，不允许擅自继续顶进。现场施工人员必须遵循逐级汇报制度。以便将顶管的偏差事故消灭在萌芽状态。

4）测量成果应准确及时，以最快的速度传递到顶管司机处，指导纠偏操作。

5）顶管的纠偏操作根据顶管姿态变化曲线图，经过分析以后作出纠偏的方案。

6）顶管司机交接班重点对纠偏操作方案进行交底。纠偏方案依据测量提供的机头折角、倾斜仪基数和走动趋势、前后尺读数比较、机尾处地面沉降量等制定。

7）0.5°以上的大动作纠偏须尽量避免并慎重讨论，不得已时争取在非重要地段进行并加强观测。

8）纠偏操作参考顶进过程中的机头姿态变化曲线图，贯彻勤纠、微纠的原则。

9）采用以上技术方法，使顶管轴线一直处于严格的受控状态，顶管机的偏差控制在设计规定范围之内。

11.4.1.6 穿越磁悬浮的针对性措施

1）磁悬浮保护采取顶管施工控制参数为主的方式，包括控制泥水质量、压力、顶进速度、泥浆质量等；同时，以预埋跟踪注浆管及管内二次注浆加固等施工措施作为辅助。

2）穿越段的施工监测内容包括：磁浮垂直位移、倾斜监测；深层土体侧向位移（测斜）监测；深层土体分层沉降监测；地表土体垂直位移监测等。施工中，与磁悬浮监护单位密切沟通，做到信息化指导施工。

3）顶管施工完工后，实施穿越段泥浆土体固化施工，并进行磁悬浮后续沉降的相关监测。

4）顶管贯通后，根据第三方监测结果，对顶管轴线两侧穿越磁悬浮承台处采取管内二次注浆，以减小后期沉降，穿越处管节均设置注浆孔。

5）跟踪及二次注浆采用单液浆，水泥采用强度等级为 32.5 硅酸盐水泥，水灰比0.6，注浆压力 0.3MPa 以内，注浆根据第三方监测数据随时调整压力和注浆量。浆液注入率为 15%，注浆范围为管周外侧 2m。注浆情况如图 11-74 和图 11-75 所示。

11.4.1.7 穿越航油管的针对性措施

1）航油管保护采取预埋跟踪注浆管、始发、到达洞口采用混凝土封堵和旋喷桩加固、管内二次注浆加固及内壁增加一道不锈钢板止水等措施，防止泥水流失。

2）航油管上设置测点进行监测，并在航油管周边距油管 1m 以上位置布设测斜及分层沉降监测点。

3）根据施工进度，提早布设相关监测点，如测斜及分层沉降点，并对航油管防腐层进行检测。

4）顶管施工完工后，立即实施穿越段泥浆土体的固化施工，并进行航油管相关的后续监测。顶管穿越航油管处跟踪注浆管布置如图 11-76，图 11-77 所示。二次注浆布置如图 11-78 所示。

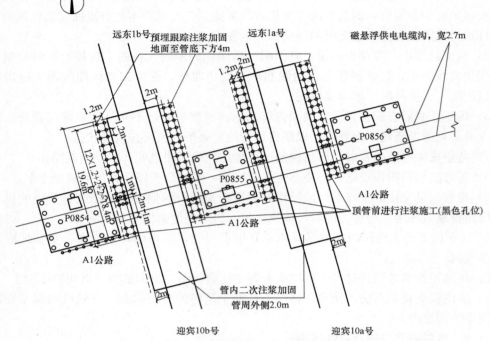

图 11-74　顶管穿越磁悬浮处预埋跟踪注浆孔

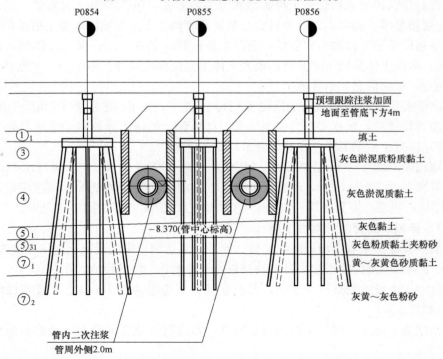

图 11-75　顶管穿越磁悬浮后进行管内二次注浆剖面图

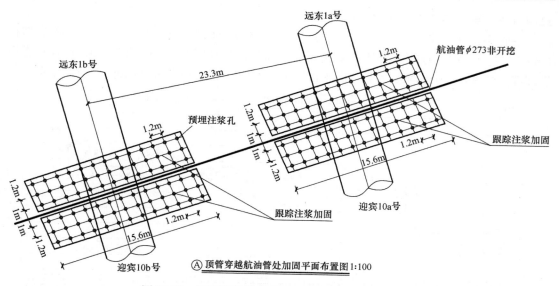

图 11-76 顶管穿越航油管处跟踪预埋注浆管布置图

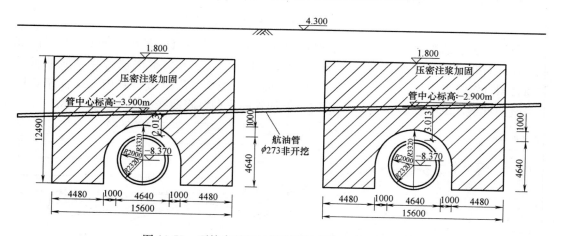

图 11-77 顶管穿越航油管处跟踪预埋注浆管布置图

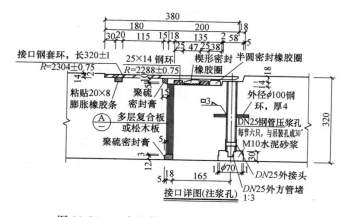

图 11-78 二次注浆专用管节注浆孔布置详图

11.4.1.8　穿越施工综合技术应用效果

　　顶管穿越磁悬浮的沉降指标：磁悬浮支座、桩基的水平和竖向最大位移一般控制在 2mm 以内。本次顶管顺利穿越后，磁悬浮支墩累计沉降控制在−0.6～1.0mm，符合磁悬浮管理部门要求，并未影响到磁悬浮的正常运行。磁悬浮支墩的累积沉降如图 11-79 所示。

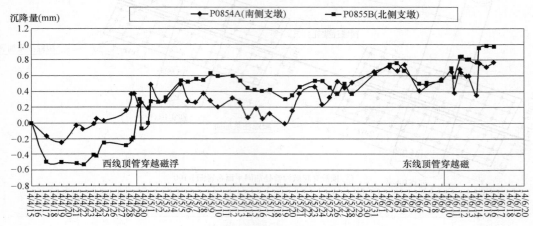

图 11-79　磁悬浮支墩累计沉降曲线图

　　顶管穿越航油管的沉降指标：航油管的沉降预警值为日沉降量±1.5mm 和累计沉降量±8mm，报警值为日沉降量±2mm 和累计沉降量±10mm。本次顶管穿越航油管后，航油管累计沉降最大达到−8mm 后采取了地面注浆加固，后续进行管内二次注浆加固，使得航油管累计沉降控制在−8mm 以内。航油管的累积沉降曲线如图 11-80 所示。

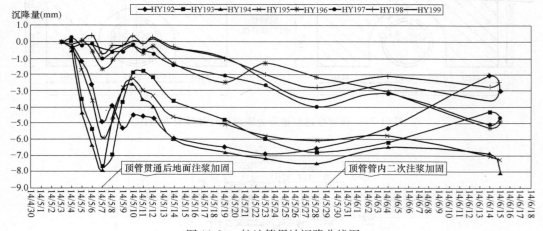

图 11-80　航油管累计沉降曲线图

11.4.1.9　工程总体效果与启示

　　通过超大直径顶管的成套技术应用于实际施工工程，最终依托工程很好地完成了顶力控制、注浆减阻、顶管机姿态控制、沉降控制等内容，使依托工程顺利地完成了穿越磁悬浮、航油管等重要建筑物、构筑物的任务，顶管机的选用、顶管施工技术的研究应用均具有显著的工程实际效果。主要有如下结论和启示：

　　1. 顶管穿越磁悬浮时，适当减小前舱水土压力，可减小由于正面阻力反力造成磁悬浮桥墩的侧向位移；

2. 顶管正常顶进穿越磁悬浮桥墩，正常水土流失基本不会造成磁悬浮桥墩的沉降，而地下水位高低变化和注浆压力对桥墩有一定影响；

3. 顶管航油管保护措施中预加固要慎用，切不可直接加固包裹航油管，钢质航油管有一定延展度，水泥浆包裹后易造成管道脆断。

4. 航油管等重要管线靠近始发洞口时，始发准备要充分并且迅速封堵洞口，然后进行洞口泥浆的填充加固，同时监测航油管的沉降情况。

11.4.2 上海市西藏路电力电缆隧道9～10号井曲线顶管穿越地铁工程

11.4.2.1 工程概况和地质条件

上海市西藏路电力隧道南延伸工程范围位于黄浦区，是西藏路（新疆路—复兴中路）电力隧道工程的南延伸工程。其中9号工作井～10号工作井顶管为 $\phi2700$ 的 F 型钢筋混凝土顶管，全长 510m，由西藏南路和大吉路交叉路口的 9 号工作井始发沿西藏南路向北顶进至西藏南路和复兴路交叉路口的 10 号工作井（位于地铁车站设备层内）。顶管轴线采用三维复合曲线设计，平面线形设计如下：42.533m 的直线→ $R=600$m、$L=35.029$m 的圆曲线→88.747m 的直线→ $R=2500$m、$L=26.121$m 的圆曲线→42.547m 的直线→ $R=1500$m、$L=27.781$m 的圆曲线→126.506m 的直线→ $R=500$m、$L=41.423$m 的圆曲线→32.283m 的直线→ $R=400$m、$L=21.987$m 的圆曲线→25.499m 的直线→ 10 号工作井；平面共有 5 段曲线组成；纵向轴线设计如下：51.921m 纵坡向上 28.95‰→63.9m 半径 $R=2000$m 竖曲线→42.05m 纵坡向下 3‰→38m 半径 $R=2000$m 竖曲线→140m 纵坡向下 22‰→44m 半径 $R=2000$m 竖曲线→130.585m 水平进入 10 号工作井。竖向共有 3 段曲线组成；顶管全线与地铁上海轨道交通 8 号线平行，并有部分重叠，且在顶进过程中下穿 2 号风井和 3 号出入口，净距分别是 1.43m 和 0.74m。图 11-81 为工程概况图。

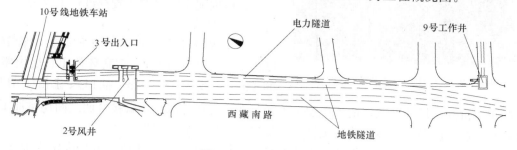

图 11-81　工程概况图

管道所经区域，管顶覆土厚度为 8.7～12.8m，管道基本位于③层灰色淤泥质粉质黏土和④层灰色淤泥质黏土，顶管所涉及的主要土层参数如表 11-14 所示。

土层参数表

表 11-14

土层	含水量 w(%)	密度 ρ_0(g/cm³)	压缩系数 α_{1-2}(MPa⁻¹)	峰值黏聚力 c(kPa)	峰值内摩擦角 ϕ(°)
①	34.7	1.85	0.49	15	15.0
②	38.3	1.80	0.57	14	15.0
③	43.5	1.77	0.81	12	14.5

土层	含水量 w(%)	密度 ρ_0(g/cm³)	压缩系数 α_{1-2}(MPa⁻¹)	峰值黏聚力 c(kPa)	峰值内摩擦角 ϕ(°)
④	51.3	1.70	1.12	13	10.5
⑤₁₋₁	43.3	1.76	0.83	13	9.5
⑤₁₋₂	36.3	1.82	0.51	15	14.5

11.4.2.2　穿越施工的特点和难点

由于西藏路位于上海市中心闹市区，地下空间已经被充分占据。所以要敷设一根外径 ϕ3.2m 的钢筋混凝土管电力隧道，只能设计成三维复合曲线。这段隧道由 15 段平曲线和 9 段竖曲线组成。最小平曲线半径为 300m，最大纵坡 24‰，多区间呈双 S 形曲线。最大埋深 22m，最小埋深 10m。这是目前国内顶管轴线变化最大、施工难度最大的顶管项目。

顶管在运营的地铁隧道和人行地道结构之间穿越，净距只有 1.5m，穿越长度 25m。顶管还在 S 形曲线状态下，穿越大世界桩基和延安路高架桥桩基。净距为 40cm，穿越长度 40m。

作为难度大且线形复杂的三维复合曲线顶管项目。本工程的特点和难点如下：

1）三维复合小曲率半径曲线顶管；

2）顶管全线与地铁上海轨道交通 8 号线平行，并有部分重叠，顶管穿越地下管线以及下穿地铁上海轨道交通 8 号线 2 号风井和 3 号出入口，对地面沉降要求很高；

3）穿越地层的土质局部有加固区，如下穿的 2 号风井和 3 号出入口部位。

图 11-82　大刀盘泥水平衡式顶管机

11.4.2.3　顶管设备选型

1. 顶管机

按设备选型的原则及方法，本工程采用如图 11-82 所示的大刀盘泥水平衡式顶管机施工，对面板上的刀头、刀座和布置形式，进泥口的大小，机内泥水管路的布置都进行了改进。

2. 成品管的选型

本工程设计采用 ϕ2700 的 F 型管，管节长度为 1.5m 和 2m 两种，钢套环伸出长度由常规的 140mm 改为 180mm，插口尺寸相应调整，橡胶止水带断面尺寸加大，增加压缩过盈量。在钢套环与混凝土管接合面之间还增加了一环遇水膨胀橡胶条，保证了曲线顶管时管接口具有良好的密封性。

为了满足本工程复杂三维复合小曲率半径顶管的要求，设计把管节长度定为前 20 节 1.5m，后面管节均为 2m 长。由于本段顶管曲线变化复杂，为了保证管接口的密封性能，对常用的楔型橡胶止水带的材质进行了改进，增加了含胶率，提高了止水带的回弹性能。对于小曲率半径曲线顶管管节局部应力集中问题，改进如下：①用相对厚而软的 25mm 厚松木板代替多层夹板；②在曲线外侧的缝隙中及时塞木片，进一步补偿端面承载面积；③当曲线发生反弯时，及时调整木垫的位置与厚度。

11.4.2.4　曲线段主要施工控制措施

1. 曲线段注浆

由于曲线段的外侧存在法向分力的作用，对土体扰动和摩阻力都会增大，所以当顶管机进入曲线段时同步注浆和沿线的管道补浆都应该注意管外壁完整泥浆润滑套的建立。检查的方法：一是通过各注浆孔的压力情况，二是可以拆开支管，同时打开球阀，视浆液向内喷射的状况，如果某一孔位没有浆液，则应该在该孔位压浆，而在对面的注浆孔可以放浆，以减少对面的泥浆压力。从而形成较好的完整泥浆润滑套。

2. 触变泥浆的配方和性能指标

本工程采用触变泥浆的配方和性能指标如表 11-15 所示。

触变泥浆的配方和性能指标 表 11-15

配方	膨润土	纯碱	CMC	漏斗黏度（s）	视黏度（cP）	失水量（mL）	终切力（dyn/mm³）	比重
A 浆	15%	6‰	2‰	42″	32.5	6	150	1.073
B 浆	12%	4‰	1.5‰	36″	30.5	9	130	1.063

3. 姿态控制技术

1）采用机头纠偏结合特殊纠偏管节（3节）同时作用，即每组纠偏系统形成整体弯曲弧度，来引导后续管段顺利进行。

2）在前 7 节管子中都设置拉杆，其预埋件为整环钢板，以防止预埋件锚固强度不够的问题。

3）在顶进过程中，全程记录每个管节接缝缝隙的变化情况，用以指导纠偏。

4）采用顶管自动引导测量系统提高轴线控制的及时性和测量效率。

5）纠偏特殊管设计：对曲线顶管，除了机头一套纠偏装置以外，又增加了四套纠偏装置，在后方筒与 1 号管之间设置一套纠偏装置。在 1～2 号管和 2～3 号及 3～4 号管之间亦各设置一套纠偏装置。纠偏特殊管就是在管子端面预留六个凹坑，在凹坑内各放 100t 柱塞缸，当管子进入曲线段时顶出液压油缸，在端面塞入木垫。纠偏特殊管上的柱塞缸选用超短型（$L=200$）。液压动力装置满足超高压条件，以适应管壁的特殊条件。

4. 曲线段纠偏控制方法

当顶管进入曲线段时，必须有一个平缓的过渡段，然后过渡到曲线段。施工时的纠偏控制应遵循内包络线的原则，即实际轨迹在设计曲线的内侧运动，这是为了避免机头后面的管道向设计曲线外侧滑移。曲线顶管的纠偏控制要特别注意前 20m 左右管道的弯曲弧度，以后的管子将跟随前 20m 的整体弯曲弧度行进。因此，对前 20m 管道的管节接口缝隙、拉杆螺母调整、弧形木塞板和缝隙量测都要认真操作。做到随时观测及时调整。当机头一进入过渡曲线段，就必须启用机头纠偏和三组纠偏特殊管节的油缸，使前四节管节口的缝隙满足理论计算要求，以便尽早形成整体弯曲弧度，利于曲线顶进的控制。

11.4.2.5 穿越施工综合技术应用效果

1. 顶力控制效果

通过以上注浆工艺等措施，三维复合小曲率半径顶管的顶力得到了很好的控制，顶力没有出现突变现象，顶力和顶距关系曲线图 11-83 所示。

2. 减摩效果

图 11-84 为单位面积摩阻力 f 值与顶距关系图。本段顶管只在顶进初始阶段 f 值接近 3kPa，在其后顶进中 f 值基本都小于 1kPa，减摩效果十分明显。

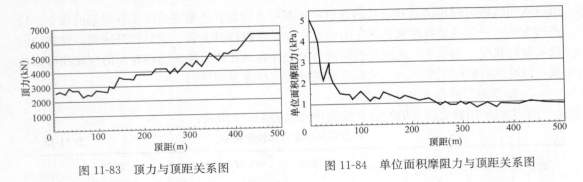

图 11-83　顶力与顶距关系图　　　　图 11-84　单位面积摩阻力与顶距关系图

3. 轴线控制效果

采用以上技术方法，顶管轴线一直处于受控状态，顶管机的偏差控制在设计规定范围之内，图 11-85 和图 11-86 分别为水平偏差和高程偏差曲线。

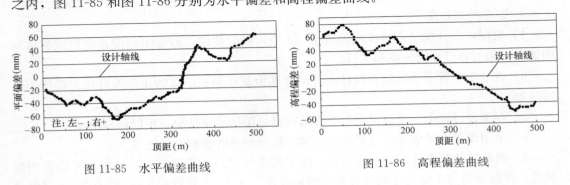

图 11-85　水平偏差曲线　　　　　图 11-86　高程偏差曲线

4. 沉降控制效果

实际施工中加强了顶管注浆控制及地面监测，通过地面监测得到隆沉量与相对应的顶管机主参数进行比较，及时调整了顶管机参数，从而指导以后的顶管顶进，最大限度地减少了土体扰动及地面沉降。使顶管对地面沉降的影响降低到最低，从而达到了保护周边建筑物的目的。

图 11-87 为本段顶管沉降最大点的沉降曲线图。顶管的最大沉降值小于 10mm。

11.4.2.6　工程总体效果

该项目选用了性能优越的顶管掘进机、采用了触变泥浆压浆控制技术，通过信息化施工控制技术、多组纠偏特殊管的纠偏技术，泥浆置换质量控制技术，最终达到了保护地铁二号线隧道和地下通道的目的，确保了该区间隧道的贯通。建成后的西藏路电力隧道见图 11-88。

本工程实施情况总结如下：

1. 对于线性复杂的三维小曲率半径复合曲线顶管，采用 L＝1.5m 的 F 型短管，并增加钢套环的长度，同时采取了有效的管接口密封技术和管节端部传力技术措施，顶管顺利贯通是有可靠保障的（本案例是目前难度最大的线形复杂的三维复合小曲率半径曲线顶管，平面六段直线由五段圆曲线连接，纵向四段直线由三段圆曲线连接，呈"人"字坡）。

2. 在完整泥浆润滑套的条件下，三维复合曲线顶管的顶力与直线顶管相似的。顶管顶进阻力不会明显增加（本案例是三维复合曲线顶管，顶距 510m，顶管最大顶力

6600kN，管道单位面积侧向摩阻力小于1kPa，最终没有启用中继间）。

3. 在三维复合曲线顶管关键技术支持下，顶管的地面沉降能够得到有效的控制（本案例顶管最大点沉降值为9mm，先后成功穿越多根重要的地下管线，顶管与地铁上海轨道交通8号线平行，并有部分重叠，穿越地铁2号风井和3号出入口等地下构筑物，净距小于1m）。

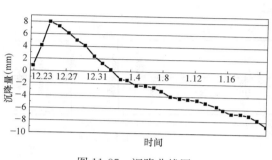

图 11-87　沉降曲线图

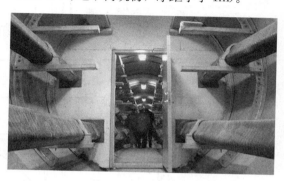

图 11-88　建成后的西藏路电力隧道

11.5　管幕-箱涵穿越上海西郊宾馆案例

11.5.1　工程概况和地质条件

上海市中环线 A3.5 标北虹路工程管幕-箱涵法地道从虹许路、虹桥路口穿越虹桥路和西郊宾馆至北虹路。是国内首次在饱和软土地层中进行的管幕-箱涵法工程，也是目前世界上第一大断面的管幕-箱涵法工程。如图 11-89 所示。工程总平面图如图 11-90 所示。

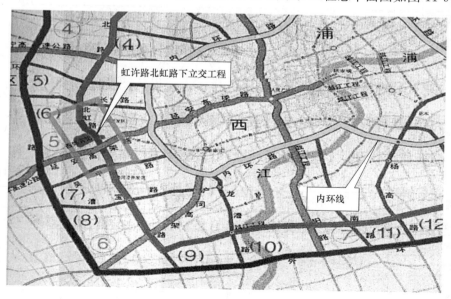

图 11-89　工程概况图

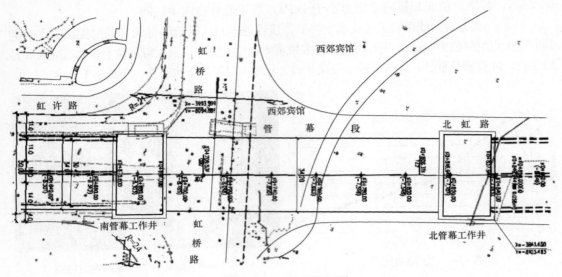

图 11-90　工程总平面图

　　管幕-箱涵段地道长度 126m，双向八车道，宽 34.2m，高 7.85m，幕段由 80 根 φ970，壁厚 10mm 带锁口的钢管呈"口"字形组成，相邻钢管间采用锁口连接。管幕-箱涵段穿越断面如图 11-91 所示。钢管幕参数如表 11-16 所示。

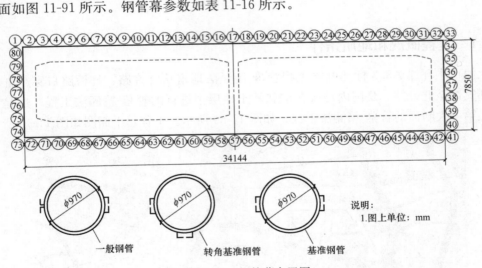

说明：
1.图上单位：mm

一般钢管　　　转角基准钢管　　　基准钢管

图 11-91　钢管幕布置图

钢管幕参数　　　　　　　　　　　　　　　　　　　　　　表 11-16

项目	钢管幕段	项目	钢管幕段
钢管幕长度(m)	125	管幕配置	顶底 33+33，左右 7+7，共 80 根
分节长度(m)	16	钢管锁口(mm)	L-100×80×10，与钢管通过焊接连接
钢管外径(mm)	970	管幕立面外包尺寸(m)	36.284×9.99
钢管壁厚(mm)	10，12	管幕内部净尺寸(m)	34.344×8.05
钢管及锁口材料	Q235A	管幕与箱涵间的空隙(cm)	上为 20，左右为 10

管幕和箱涵位于③₁灰色淤泥质粉质黏土和④灰色淤泥质黏土层,为饱和软土。含水量大、承载力低、渗透系数小。其物理力学性质指标如表 11-17 所示。管幕顶部覆土厚度为 4.5～5.0m。

地基土物理力学性质   表 11-17

层序	土层名称	层底埋深 (m)	含水量 $w(\%)$	湿重度 $\rho(kN/m^3)$	压缩系数 $a_{v0.1-0.2}$ (MPa^{-1})	固快强度峰值		无侧限抗压强度 $q_u(kPa)$
						$C(kPa)$	$\phi(°)$	
③	灰色淤泥质粉质黏土	6.00～8.40	45.6	17.3	0.96	14.4	13.0	30.7
④	灰色淤泥质黏土	14.50～16.50	48.1	16.9	1.15	14.0	10.5	40.2

11.5.2 穿越的特点和难点

该工程管幕段位于上海地区第④层饱和软土地层中,含水量大,强度低。由于虹桥路上交通繁忙,地下有许多管线,穿越段周边环境比较重要,工程施工中必须保护虹桥路、西郊宾馆及周边环境,对地表变形控制要求严格。本案例结合创新开发的超大断面管幕-箱涵顶进工法进行施工,工程的特点和难点如下。

11.5.2.1 工程特点

1) 工法适用于软土地层浅埋式大断面长距离非开挖地道工程;

2) 箱涵依靠网格工具头稳定开挖面,对管幕内土体可不进行加固处理;

3) 箱涵利用已构筑的暗埋段结构提供足够的后靠力,不需对工作井后的土体进行加固;

4) 箱涵采用顶进法取代对拉法,使受力体系更简化;

5) 在管幕与箱涵之间形成完整可靠的支承润滑介质。既可减少箱涵顶进过程中的地表沉降,又能降低箱涵顶进阻力;

6) 利用底排钢管幕作为箱涵顶进的基准面,可有效控制箱涵的姿态;

7) 可降低工程投资费用,缩短工期,且安全可靠。

11.5.2.2 工程难点

1) 钢管幕顶进的偏差问题;

2) 箱涵始发的风险问题;

3) 箱涵顶进的沉降控制及密封方法;

4) 箱涵开挖面的稳定问题;

5) 箱涵的顶力及后靠的问题;

6) 箱涵的方向控制问题。

11.5.3 管幕-箱涵顶进工法的施工工艺流程

管幕-箱涵顶进工法施工工艺流程如图 11-92 所示。

先施工管幕两端的南、北工作井,然后进行北工作井始发段深层搅拌桩加注浆法加固,深层搅拌桩加固宽度为 3m,注浆加固宽度为 5m。接着在工作井内安装钢结构网格工

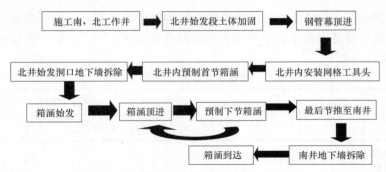

图 11-92　管幕箱涵顶进工法施工流程图

具头，预制第一节箱涵，始发处地下墙混凝土凿除，箱涵始发顶进，第一节箱涵顶进到位后，预制第二节箱涵，达到强度后进行顶进第二节箱涵，如此循环，直到箱涵顶进至南工作井，凿除南井地下墙，箱涵到达。

11.5.4　设备选型

为了缩短工期，本工程采用 8 台 ϕ970mm 泥水平衡顶管机同时进行钢管幕顶进施工，如图 11-93 所示。

图 11-93　ϕ970mm 泥水平衡顶管机

箱涵顶进采用 14 组 112 只 2500kN 的液压油缸，总顶力 2.8×10^5 kN，油缸分两层全部布置在箱涵底板位置，运用计算机液压同步控制顶进系统进行远距离集中控制。箱涵顶进后靠由已建暗埋段结构承受，如图 11-94 所示。

图 11-94　箱涵顶进液压油缸

在首节箱涵前端安装钢网格工具头，以稳定开挖面土体。箱涵顶进过程中，在管幕与箱涵外壁之间建立特种泥浆套，既可以大大减小顶进阻力又能有效地控制地面沉降。前后节箱涵之间采用柔性接头连接。箱涵开挖面土体挤入网格后，由挖掘机挖土，通过土方车运至暗埋段内，可实现连续出土。箱涵顶进结束后，对泥浆套进行固化处理。

箱涵钢网格工具头起到切土和维持开挖面土体稳定的作用，即在不加固管幕内土体的情况下，确保开挖面土体的平衡，在顶进过程中把地面的变形控制在允许的范围内，为此在顶进的过程中，箱涵的土压力控制在静止土压力附近变动。网格工具头的具体设计如下：

本案例的网格工具头为双向网格梁结构，承受网格前端的土压力，图 11-95 为网格工具头计算简图，图 11-96 为现场图片。网格前端的土压力按底排管幕处 $1.2\gamma h$ 计算，本工程取 300kPa。根据计算，大网格尺寸水平共分 20 格，中间两格净间距为 1500mm，其余各格为 1300mm；竖向共分 3 层，从下到上净间距依次为第一层 1715mm，第二层 1400mm，第三层 1435mm；大网格的长度为（伸入土内）1300mm。实际施工表明，本案例的网格工具头设计满足强度和刚度要求，并且在大网格状态下能使开挖面土体保持稳定。

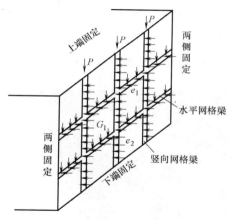

图 11-95　网格工具头计算简图

图 11-96　网格工具头现场图片

11.5.5　钢管幕顶进施工技术

本案例采用 8 台泥水平衡顶管机同时由北工作井向南工作井顶进，每台顶管机平均顶进速度约 30m/d。80 根钢管施工工期为 140d。施工顺序上优先考虑了施工工期的因素，采用了先施工上排管幕，再施工下排管幕。

根据以往的施工实践，钢管顶进采用从基准管开始顺序顶进的方法。上排钢管中，1、5、9、13、21、25、29、33 号钢管为基准管，下排钢管中，41、47、53、63、68、73 号钢管为基准管。左右两排钢管中，34、80 号钢管为基准管。基准管的设置情况如图 11-97 所示。钢管幕顶进现场施工如图 11-98 所示。

11.5.5.1　钢管幕顶进高精度姿态控制技术

对于带锁口的钢管顶进，施工的关键是顶管机的高精度姿态控制，包括轴线偏差和旋转偏差的控制。本案例的钢管幕顶进姿态控制，是在原来的顶管技术上进行了改进和创新，具体措施如下：

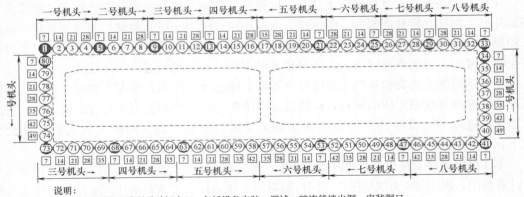

说明:
1) 每根钢管顶进所需时间为7d,包括设备安装、调试、破连续墙出洞、安装洞口
止水装置、穿搅拌桩加固区、钢管顶进及现场焊接和进洞施工等。顶进速度30m/d。
2) 图中带阴影的钢管为基准管,方框中所标数字为钢管顶进工期。
3) 钢管顶进分两个阶段进行,第一阶段八台机头从北工作井向南工作井同时顶进上排33根钢管;
第二阶段,八台机头从北工作井向南工作井同时顶进剩余的钢管。
4) 实际施工中,根据现场情况,可能调整顶进顺序。
5) 顶进后的泥浆置换、锁口止水注浆、洞口钢板焊接等工序采用交叉施工,不占用顶进总工期。
6) 顶进总工期暂计划为90d。

图 11-97　钢管幕顶进工序图

图 11-98　钢管幕顶进现场施工

1. 高程和水平偏差控制措施

1) 采用轨迹示踪可视化软件指导纠偏操作;

2) 采用泥水平衡顶管机施工保持开挖面的稳定以利于纠偏控制;

3) 顶管机装备了 RSG 激光反射诱导装置,使操作人员能够预知顶管机偏差趋势;

4) 在顶管机内设置倾斜仪传感器和纠偏油缸行程仪传感器,即时显示机头的姿态
数据;

5) 顶管机采用了特殊构造措施,一是提高机头的长径比,二是在机头后方紧跟三节
过渡钢管。钢管之间的铰相连以可以产生微小空隙,形成多段可动的铰构造,这样在纠偏
油缸的作用下,可以带动后续钢管,达到纠偏和导向的目的;

6) 通过钢管顶进顺序的合理设计,精确控制管幕的累积偏差在允许的范围内。本案
例中,钢管先按规定的顺序顶进,当累积偏差不能满足精度要求时,则增加基准管,根据
测量结果,对闭合钢管采用异形锁口来封闭管幕;

7）制定机头姿态曲线图指导纠偏操作和确定偏差报警的制度。

2. 机头旋转控制措施

1）设置机头偏转传感器，即时显示机头的偏转姿态数据；

2）依靠过渡钢管之间的防转块来控制机头的旋转；

3）通过刀盘逆转使正面土体对刀盘产生反向力矩来纠正偏转；

4）通过单侧压重来纠正偏转。

11.5.5.2 施工后的钢管幕姿态曲线

1. 单根钢管纵向姿态曲线

以第 12 号管幕为例，图 11-99 为上排第 12 号管幕纵向姿态曲线。由图可知，单根钢管偏差可控制在 30mm 以内。

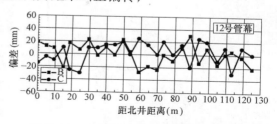

图 11-99　上排第 12 号管幕纵向姿态曲线

2. 横截面总体姿态曲线

以距北井 49m 处的上下两排管幕为例，图 11-100（a）为上排管幕 49m 处竖向偏差曲线，图 11-100（b）为下排管幕 49m 处竖向偏差曲线。由图可知，整体管幕偏差可控制在 40mm 以内。能够满足下一步施工箱涵与管幕之间的建筑空隙的要求。

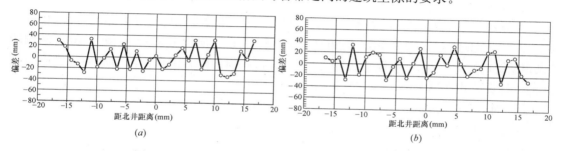

（a）

（b）

图 11-100　距北井 49m 处上下两排管幕横截面姿态曲线
（a）上排管幕 49m 处竖向偏差曲线；（b）下排管幕 49m 处竖向偏差曲线

11.5.6 箱涵顶进施工技术

11.5.6.1 箱涵始发工艺

1. 始发段土体加固范围的稳定性计算

大断面箱涵始发时，由于要凿除连续墙，为保证洞口土体的稳定性，管幕施工前对工作井外侧土体进行了加固。始发段土体加固范围为 8m，具体加固方法如下：①靠近工作井 3m 范围采用水泥土搅拌桩。该区段加固强度 $q_u=0.8$MPa，加固后土体参数为 $c=65.4$kPa，$\phi=15.0°$，$\gamma=16.9$kN/m³；②另 5m 采用压密注浆加固。该区段 $p_s=1.2$MPa，加固后土体参数为 $c=45.0$kPa，$\phi=12.7°$，$\gamma=16.9$kN/m³。根据试验结果，当管幕承担上部土体自重时，开挖面稳定安全系数为 $F_s=1.2$，可以保证开挖面土体的稳定性。

2. 洞口地下连续墙的拆除

当网格工具头和首节箱涵在工作井下的顶进平台上制作安装完成后，将其向前顶进到洞口止水装置内，并距地下连续墙为 0.8m 处，然后采用预先钻孔、装药定向爆破快速拆除地下连续墙。

3. 8m 加固区的挖掘

当网格工具头始发顶进到加固区时，这时为大网格状态，由挖掘机直接在网格内挖土，如图 11-101 所示。

图 11-101 箱涵进入加固区挖掘机在大网格内挖土

11.5.6.2 箱涵的顶力控制

1. 箱涵顶进阻力计算

箱涵覆土厚度 $H=5$m；土体重度 $\gamma=18$kN/m³；土体摩尔库仑参数黏聚力 $c=10$kPa，$\phi=0.5°$；箱涵宽度 $D=34.2$m；箱涵高度 $h=7.85$ m。顶板 1.3m，底板 1.4m，两侧墙 1.0m。切口长度 1.3m。箱涵总长度为 125m。箱涵顶进阻力由迎面阻力和周边摩阻力组成的，计算公式如第 7.2.3 节中表 7-2 所示。

1) 周边摩阻力计算

顶面正压力： $P_s=90$kPa

箱涵自重应力： $P_{box}=77.9$ kPa

两侧的正应力为： $P_c=120$kPa

箱涵顶进过程中注入特种复合泥浆，能极大地降低箱涵与土体的摩擦力，但考虑到箱涵截面过大，完整的泥浆套可能难以形成。设侧面、顶面摩擦系数为 0.05，底面为 0.10 进行计算。

摩阻力为 $F=104000$kN

2) 迎面阻力计算

根据分析，挤土顶进情况下，由于钢管幕的抑制作用，正面阻力按被动土压力超载 30% 计算，此时管幕下缘的土压应力 $p_s=\gamma(1.3h_3+h_4)=116$kPa。于是，把各相关参数代入式（5-9）可得：$R_n=80272$ kN。

3) 总顶进阻力计算

顶进阻力为：$P=R_n+F=184272$kN

根据已有的顶进经验，启动阻力将增大约 5000t，所以 125m 箱涵计算总顶力为：

$F_{总}=P+5000=234300$KN

2. 顶进油缸数量

根据顶力估算的结果进行箱涵顶进油缸配置计算：

顶进阻力设计值为 $P=1.1×23430$t$=25773$t（1.1 为分项系数）

顶进油缸设计值为 $R=250kN$

顶进油缸数量　　　$N=P/R=104$ 只

3. 顶进油缸布置

箱涵启动时，需克服箱涵与隔离层的粘结力，迎面阻力的增加值和箱涵外壁附加阻力，因此总的顶进阻力需考虑一定的安全系数。共布置了 112 个 2500kN 主顶油缸，分成 14 组，每组 8 个，箱涵施工的顶进油缸布置如图 7-21 所示，油缸按图示正确就位的偏差要求小于 3cm，在油缸之间用槽钢分隔，油缸上的油口位置调整至规定部位以便于高压油管的安装。每只油缸下的槽钢两侧焊有钢楔，避免油缸左右移位。

在油缸间设置钢支柱上方铺设跑道板作为土通道；以满足土方车通行的需求。图 11-102 为千斤顶布置的现场相片。箱涵顶进现场施工相片如图 11-103 所示。

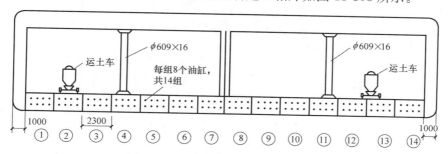

图 11-102　箱涵主顶油缸布置示意图

图 11-103　箱涵顶进施工图

4. 暗埋段受力验算

本案例暗埋段作为后靠，受力体系安全可靠性高。后靠结构局部承压验算（按 C30 验算）：$\sigma=2500\times8/2.4\times1.4=5952kN/m^2<30000kN/m^2$

200m 暗埋段可提供的摩阻力验算：$F_5=A_4f_2=84\times200\times20=336400kN>F_{总}=234300kN$。

5. 箱涵顶进实测顶力曲线

箱涵实际的顶进阻力曲线如图 11-104 所示，前两节顶进阻力增加很快，基本呈线性比例增加，到第三、第四、第五、第六节时，顶进阻力增加缓慢，这主要与施工工艺有关，始发洞口 8m 范围内为加固体，开挖效率较低，顶进速度较慢，所以顶进力波动很大（见图 11-104 中的 0～10m 范围），穿过加固区后，顶进阻力开始随顶进距离增加而增大，这是因前两节箱涵顶进时尚未形成完整的泥浆套。第二节箱涵以后加强了复合泥浆注入和注浆管理，起到明显的减阻效果。可见，随着泥浆套的逐渐完善，顶进阻力随着距离增加很小。由图可知，，每节箱涵的起步顶力为最大值，起始与结束时的顶力差值约为 $4\sim5\times10^4$ kN。第八节箱涵的起始顶力为 2.5×10^5 kN，结束顶力 1.9×10^5 kN。说明泥浆套起到了非常明显的减阻作用，总的装备顶力为 2.8×10^5 kN 是合理的，112 台 2500kN 千斤顶布置在箱涵底板处也是合理的。

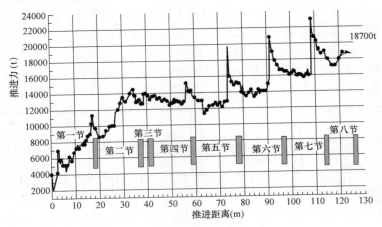

图 11-104　箱涵顶进顶力曲线图

11.5.6.3　箱涵顶进的姿态控制

1. 箱涵水平姿态控制措施

1）采用计算机液压同步顶进系统：该系统通过行程仪传感器测得的位移信号传至计算机，如图 11-105 所示，由计算机调整 14 台泵站电机变频器，调整油泵流量，从而达到控制油缸顶进速度同步的目的。

2）在工作井的箱涵两侧设置导向墩：在箱涵初始顶进阶段，通过在工作井箱涵两侧设置的导向墩有效控制箱涵的水平姿态。

图 11-105　计算机顶进控制系统

3）通过实测成果实时修正顶进参数：箱涵每顶进50cm进行一次姿态测量，测量成果反馈至计算机液压同步顶进系统，修正顶进参数，使得箱涵水平姿态得到及时、有效的控制。

2. 箱涵的高程姿态控制措施

箱涵是贴着底排管幕前进，但在挤土状态下，箱涵切口易上抬，实际施工表明，如果适当挖除部分底排网格内的土体，可以有效遏制切口上抬的趋势，并满足箱涵高程控制的目的。

3. 箱涵顶进中姿态偏差曲线

图 11-106 为箱涵顶进姿态偏差曲线。由图可知，箱涵水平及高程偏差均可控制在40mm 以内。

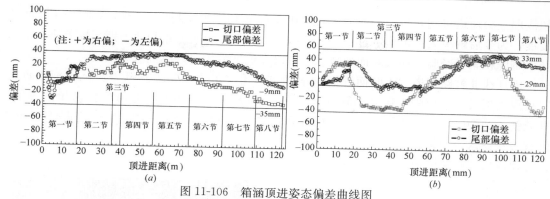

图 11-106 箱涵顶进姿态偏差曲线图

（a）箱涵平面偏差曲线图；（b）箱涵高程偏差曲线图

11.5.6.4 箱涵的地表变形控制

1. 地表变形控制措施

1）开挖面的稳定性控制：由于开挖面大多是淤泥质黏土，呈饱和状态，且水平夹有多层粉砂层。自由水的压力有可能使网格开挖面的土体失稳，引起水土坍塌现象。针对性措施一是合理优化网格工具头的设计，二是当一节箱涵顶完后，把网格内的封门板全部插上。到下一节箱涵顶进时再开启封门板，以此来满足开挖面的稳定条件。

2）通过网格内挖土工艺的调整直接控制地表变形。

3）信息化施工：通过信息化施工技术（地表变形监测、管幕变形监测等）来不断修正顶进参数，控制地表变形。

4）泥浆的固化：箱涵顶进完成后，立即在箱涵与管幕间压注固化泥浆材料。使得箱涵与管幕之间的触变泥浆材料被及时固化，可明显减小地表的后期沉降。

2. 实测地表变形

图 11-107 为第三节箱涵顶进后实测横断面及纵断面地表变形曲线。由图可知，在箱涵正常顶进情况下，地表变形可以控制在 40mm 以内。

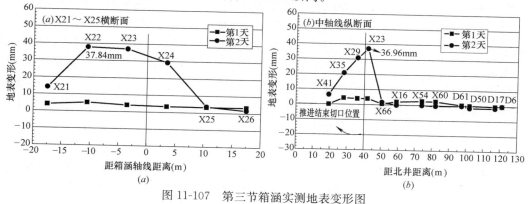

图 11-107 第三节箱涵实测地表变形图

（a）箱涵横断面地表变形曲线图；（b）箱涵纵断面地表变形曲线图

11.5.7 管幕-箱涵顶进工法及施工总体效果

本案例经过工程技术人员科学的分析、严谨的试验，创造性地开发了地下工程新的施工方法：软土地层管幕-箱涵顶进工法，并成功实施，解决了在繁华的大都市修建大断面、超浅埋立交通道难题，将极大地促进我国在大断面浅层地下隧道（通道）工程施工方面的发展，为今后解决大都市地下过街道、地铁车站、立体交叉道路和地下停车场等建设中的技术难题积累了经验。使大断面通道施工可以在地下悄无声息地进行。

中环线北虹路地道"大断面管幕-箱涵顶进应用技术研究"2004 年被列入上海市重大科技攻关项目，该项成果达到国际领先水平。获得了 2006 年度上海市科技进步一等奖。并荣获了 2006 年度第 24 届国际非开挖协会颁发的全世界唯一的一项金奖，这也是中国大陆首次获得这一荣誉。

建成后北虹路隧道见图 11-108。

图 11-108　建成后北虹路隧道

本案例箱涵截面尺寸是目前世界上最大的，管幕长度也是世界最长的之一。软土地层管幕-箱涵顶进（RBJ）工法首次在本工程中得到应用，相应的工程经验可供借鉴。RBJ 工法技术难点和施工总体效果如下。

11.5.7.1　管幕-箱涵顶进工法技术难点

1. 本工程如此长的钢管幕顶进在国内没有先例，在国外也是极为罕见了，保证钢管幕的顶进精度是技术关键。如精度得不到保证，误差积累后则管幕锁口难以闭合，严重影响后续管幕的顶进。另外，如纵向误差过大，也会影响箱涵顶进，当挠度大于管幕与箱涵之间的净空时，则箱涵顶进会因此受阻。钢管幕的施工顺序也对管幕的精度和地表变形有影响，合理确定施工顺序不但要考虑技术上的先进和可行，也要考虑施工组织上的可行性。管幕的管顶离地表最近距离仅约 4m。因此在 80 根管幕顶进施工中，针对软弱的地层及高标准的周边环境保护要求，主要采取以下关键技术：采用掘进机同步跟踪可视化软件系统、RSG 激光诱导纠偏系统、倾斜仪传感器显示、过渡钢管的特殊构造措施以及合理的施工方法，合理的施工顺序等有效的控制了管幕顶进精度。使带锁口的钢管幕顶进精度控制在 30mm 以内。

2. 由于未对管幕内软土进行加固，所以开挖面的稳定性、始发的稳定性是工程成败的关键，如处理不当都会造成工程失败。由于钢管幕及开口网格的存在，开挖面的稳定性与通常所说的稳定性不同，普通的计算稳定性方法不太适用。需考虑网格构造尺寸及土压力相结合的计算方法。

3. 大断面、长距离箱涵顶进中，减阻技术极为重要，如不采用有效的减阻措施，顶进阻力将非常巨大，对千斤顶布置、后靠结构的强度都会提出很高的要求，甚至在阻力过大的情况下，难以达到顶动的目的，高性能的减阻材料及相关的减阻工艺，是降低顶进阻力的有效途径。

4. 如此大断面的箱涵在覆土厚度仅为 5m 的地下穿行，控制地表变形在几厘米范围内有很大的难度。国外的案例是对管幕内土体进行加固后进行箱涵顶进或开挖，开挖面的沉降易于控制，而本工程的思路与国外的工程做法不同：是采用管幕内箱涵网格工具头挤土顶进控制地表沉降，这样把握好钢管幕的力学作用机理，便可有效控制地表变形。

11.5.7.2 工程实施效果

1. 在软土地层中，修建大断面管幕法隧道，采用管幕-箱涵顶进工法（RBJ 工法）是合理可行的。

2. 影响地表变形的主要因素是钢管幕的顶进精度和管幕和箱涵间的建筑空隙。

3. 采用高精度顶进控制技术措施，钢管幕的姿态可以控制在±30mm，对下一步箱涵顶进创造有利条件。

4. 箱涵开挖面在大网格状态下可以维持稳定，不需要加固内部土体。

5. 特种复合泥浆及其整套施工技术可明显降低顶进阻力，并有减小地表沉降的作用。

6. 利用暗埋段作为顶进后靠使顶进系统更加安全可靠。

7. 箱涵同步顶进计算机控制系统实现了对 112 只顶进油缸的远程有效控制，箱涵姿态是受控的。

11.6 泥水平衡盾构穿越城市密集空间及河流案例

11.6.1 工程概况

沈阳地铁十号线丁香公园—张沙布段，长青桥站—浑南大道站区间为标准单洞单线区间，分左右两条线，采用一台 ϕ6240 泥水盾构施工。区间南北向布置，基本位于浑河、长青南街下方，线路走向为出长青桥站后往南沿浑河长青大桥下穿浑河后，再沿长青南街东侧到达浑南大道站。长青南街地面交通繁忙，车流量很大；浑河河面宽约400m，水深 3～4m，水位高度变幅 1～2m。区间周边建（构）筑物主要有浑河长青大桥、长青南街、南堤东路等，其余建（构）筑物距离区间均较远；本区间沿线地下管线较少，主要在长青南街两侧及南堤东路沿线有一些市政管线，如图 11-109 所示。

区间线路从长青桥站出站后呈"V"

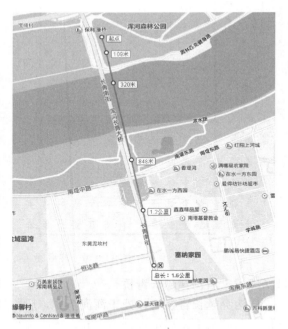

图 11-109 隧道平面位置图

字坡到达浑南大道站，区间起点里程为 K22＋603.804，终点里程 K24＋221.12。右线全长 1617.316m，左线全长 1619.349m（长链 2.033m）。线路最大纵坡为 28‰，最小纵坡为 2‰。隧道最大覆土厚度 25.0m、最小覆土厚度 13.2m。

区间隧道外径 ϕ6.0m，内径 ϕ5.4m，中心环宽 1.2m，厚 0.3m。衬砌环采用通用单面楔形钢筋混凝土管片，最大楔形量为 36mm，混凝土强度等级为 C50，抗渗等级为 P10。每环管片分为 6 块，错缝拼装。管片纵向和环向连接均采用双头弯螺栓连接，管片防水采用弹性橡胶止水密封垫及遇水膨胀橡胶条，传力衬垫为丁腈软木橡胶垫。管片外弧面与盾构内径间隙 4cm，密封盾尾油脂填充。管片外弧面与盾构外径间隙 11cm，采用单液同步注浆施工工艺充填。

区间共设联络通道三处（其中一处与泵房合建），采用矿山法施工。在里程右 K22＋782.003 处设 1 号联络通道，采用冻结法加固；在里程右 K23＋381.003 处设联络通道及泵房，采用冻结法加固；在里程右 K23＋906.003 处设 2 号联络通道，采用旋喷桩加固。

11.6.2　穿越施工的特点与难点

11.6.2.1　盾构下穿浑河

盾构区间在里程 K22＋832～K23＋262 范围内垂直下穿浑河，风险工程等级为一级。

浑河宽约 430m，水深 3～4m，区间隧道与浑河河底的垂直距离约 13～15m。区间盾构在浑河处上覆土层主要为 ③$_1$ 粉质黏土、③$_4$ 砾砂、③$_5$ 圆砾、④$_4$ 砾砂。河床深、土质差，容易导致泥浆渗流，较难形成有效的支撑力，盾构掘进时如姿态控制不好，就可能引起覆土坍塌，导致河流与推进开挖面连通，造成喷涌、塌方等重大工程事故，如图 11-110 所示。

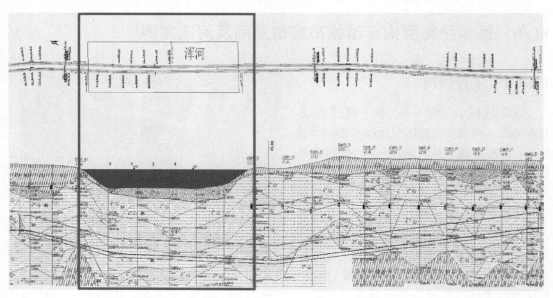

图 11-110　隧道穿越浑河段区间平、剖面图

11.6.2.2　盾构穿越长青桥

盾构穿越长青桥时，处于浑河下方，盾构隧道边线离开长青桥外边线仅十余米，与长青桥桩基础水平距离最近处为 12m，盾构施工将对长青桥结构、运行安全带来影响，穿越长青桥是本工程的重要控制点之一。

盾构在浑河段推进时，河底土体变形无法准确测得，采用合适的施工监测方式，及时调整盾构施工参数，确保长青桥结构、运行安全，是施工中的一大难点（图 11-111）。

盾构区间的右线在里程 K22＋423～K22＋600 范围、K23＋440 及 K23＋728 处内侧穿越高压电杆。其基本位置如图 11-112 所示。

图 11-111 长青桥现状

图 11-112 隧道穿越高压电塔杆位置关系图

11.6.2.3 盾构穿越不良地质地段及上部管线

本工程区间场地地貌类型属于浑河冲洪积扇。盾构掘进地层主要为④₄ 砾砂、④₄₋₃ 中粗砂、④₅ 圆砾、⑤₄ 砾砂、⑤₅ 圆砾，黏性土极少，大于 2mm 颗粒较多，所含颗粒最大粒径约为 100mm。且盾构穿越浑河后垂直穿越南堤东路，在南堤东路沿线有部分市政管线。之后进入长青南街，盾构沿长青南街东侧下行至浑南大道接受井。长青南街沿线有部分市政管道，盾构将从管线下方穿过。

主要穿越地层的性质如下（图 11-113）：

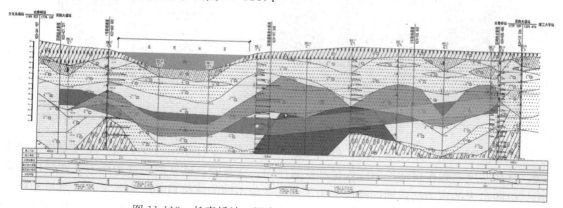

图 11-113 长青桥站—浑南大道区间隧道地质纵剖面图

④₅ 圆砾（Q₄$^{al+pl}$）：黄褐色、灰褐色、杂色，中密～密实，局部稍密状态，湿～饱和。母岩成分不一，以砂岩、石英岩、结晶岩、花岗岩为主，磨圆度较好，呈亚圆形，含粒径大于 2mm 占总质量的 50％～60％，一般粒径 2～50mm，最大粒径 90mm，少量最大粒径大于 110mm，填充物为中、粗砂及少量黏性土，局部黏性土含量偏高，局部含少量卵石。该层局部分布，厚度 2.80～15.40m，层底标高 9.86～29.11m。

⑤₅ 圆砾（Q₃$^{al+pl}$）：黄褐色、灰褐色、杂色，密实，饱和。母岩成分不一，以砂岩、结晶岩、花岗岩为主，级配良好，磨圆度较好，亚圆形、浑圆形及少量圆棱状。粒径大于 2mm 占总质量的 50％～55％，一般粒径 2～40mm，最大粒径 80mm，肉眼可见在 42.3～42.5m 有 7 处大于 110mm 以上砾石，填充物为中、粗砂及少量黏性土，含黏性土及圆砾。该层局部分布，厚度 2.00～13.80m，层底标高-3.53～18.15m。

因此，如何控制开挖面的稳定性、砂土损失以及如何应对大粒径砾石在土舱内的沉积堵塞是本工程的关键。在穿越此区间地下管线密集区时，通过对出土量进行量测并及时对地层损失及沉降量进行预测，查找地面沉降原因，进而对管线等进行主动保护，以及实施必要的工程保护措施，来保证管线、构筑物的安全及正常使用。

11.6.3　设备选型

盾构掘进机的选型与所穿越的地层及周边环境、线路走向、曲线半径等关系很大，针对本段工程的工程地质、水文条件、地上建筑物、地下构筑物及周边环境等情况和工程的重点和难点，结合国内以往盾构机施工的经验，本段工程选用了泥水平衡式盾构机。

工程所采用的泥水盾构外径 ϕ6.24m，全长 8.4m，总推力为 40000kN，刀盘由电动马达驱动，最大刀盘最大转矩为 6573kN·m，脱困扭矩 7888kN·m，刀盘额定转速 0.95rpm，刀盘开口率为 38％，设置有刀具磨损检测装置，最大掘进速度为 5.5cm/min。盾构机的刀盘结构见图 11-114、如图 11-115 所示。

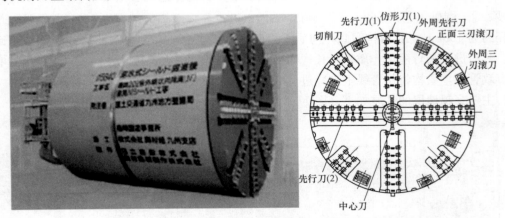

图 11-114　盾构机实体及刀盘结构图

同步注浆采用 4 路注浆管道，备用 4 路，设置了 4 个注浆压力传感器、压力表及气动球阀，整套系统由程序自动控制注入量和注浆压力，注浆时，砂浆的流量和压力受到严格的监控，以防过大的压力造成地面隆起。为了能够适应不同的注浆量和压力要求，注浆量和压力也可以在控制操作触摸屏上进行人工调整。注浆泵采用两台施维英泵，如图 11-116 所示。

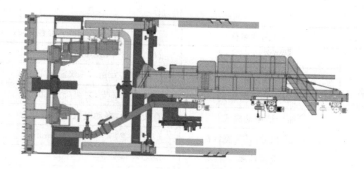

图 11-115　盾构机纵剖面图

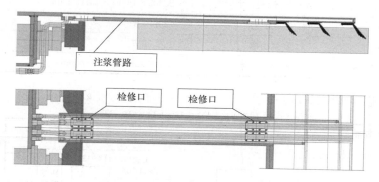

图 11-116　内置式单液注浆管路（四用四备）

泥水处理系统如图 11-117 所示，其主要参数如表 11-18 所示。

图 11-117　泥水分离系统

<table>
<tr><td colspan="6">泥水处理系统主要参数表</td><td>表 11-18</td></tr>
</table>

主部件名称		细目部件名称	参数
地面泥水处理设备	综述	设备总重量	分离设备 39×2＋制调浆设备（不计桶槽）41.5＝119.5t
		设备单件最大重量	7t
		设备总功率	泥水分离设备 218.8×2＋制调浆设备（不计桶槽）226.6＝664.1kW
		泥水处理能力	入料比重≤1.4，最大 1100m³/h，平均 1000m³/h

主部件名称	细目部件名称	参数
地面泥水处理设备	**泥水分离设备（分级列出明细）**	
	设备功率	218.8×2＝437.6kW
	各级最小分离粒径	一级旋流 70μm，一级旋流 20μm
	各级级旋流器数量	一级旋流 2 支，二级旋流 30 支
	振动筛振动模式	直线振动，振动电机提供振动力
	设备外形尺寸（长×宽×高）	(7828×2)×6050×6400mm
	调浆系统	
	设备功率	88kW
	设备总重量	28.5t（不计桶槽）
	设备外形尺寸（长×宽×高）	23300×16467×13767.5mm
	制浆系统	
	制浆能力	120m³/h
	制浆功率	138.5kW
	设备外形尺寸	50000×16500×4000mm

泥浆系统流程如图 11-118 所示。

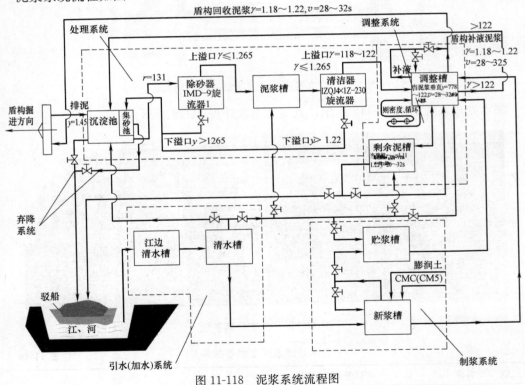

图 11-118　泥浆系统流程图

11.6.4　穿越施工的主要控制措施

11.6.4.1　新型高分子聚合物泥水体系

　　地铁穿越的主要地层是砾石层，泥浆的质量对泥水压力的建立、泥膜的形成起着非常重要的作用，因此需要通过试验确定最佳的新型高分子聚合物泥浆配比，保证穿越施工的顺利实施。

1. 土样粒度分析

（1）实验原理

按照筛孔尺寸从上往下依次减小的顺序组合套实验筛（WQS型振动筛，如图11-119所示），借助振动把干燥砂土筛分成不同的粒级。称量每个筛上和底盘上的砂土量，得出砂土的粒度组成，如表11-19所示。

图11-119　WQS型振动筛

（2）实验结果

3种样品筛分前后状态（3个土样袋，每袋25kg左右），由图11-120可知，砾石本身不渗透，渗透主要发生在砾石间的填充物上。

1号　　　　　　　2号　　　　　　　3号

图11-120　7种目数的筛子＋底盘

各样品的颗粒组成累积分布曲线如图11-121所示。

土样粒度分析 表11-19

粒径（筛孔直径）		平均粒径（mm）	1号样品			2号样品			3号样品		
（目）	（mm）	（mm）	筛上质量和（kg）	质量百分比（%）	累积百分比（%），由细向粗累积	筛上质量和（kg）	质量百分比（%）	累积百分比（%），由细向粗累积	筛上质量和（kg）	质量百分比（%）	累积百分比（%），由细向粗累积
10	2.000	2.000	1	7.66	100	1.05	11.63	1000	2.75	9.87	100
20	0.850	1.193	2.5	19.16	92.34	2.125	23.55	88.37	6.1	21.90	90.13
40	0.425	0.567	5.2	39.85	73.18	2.95	32.69	64.82	12.6	45.24	68.22
60	0.250	0.315	2.9	22.22	33.33	1.5	16.62	32.13	4.65	16.70	22.98
80	0.180	0.209	0.75	5.75	11.11	0.7	7.76	15.51	0.9	3.23	6.28
100	0.150	0.164	0.2	1.53	5.36	0.45	4.99	7.76	0.35	1.26	3.05
120	0.125	0.136	0.5	3.83	3.83	0.25	2.77	2.77	0.5	1.80	1.80
合计			13.05			9.025			27.85		

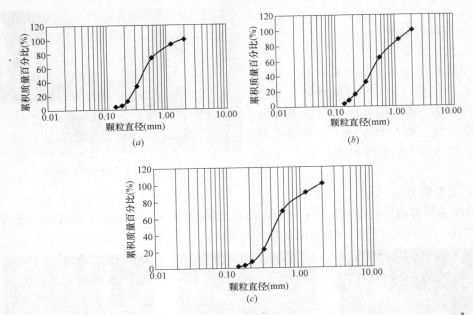

图 11-121　各样品的粒度组成累积分布曲线

(a) 1 号样品的粒度组成累积分布曲线；(b) 2 号样品的粒度组成累积分布曲线；(c) 3 号样品的粒度组成累积分布曲线

　　粒度组成分布曲线表示各种粒径的颗粒所占的百分数，3 种样品的粒度如图 11-122 所示。上升段越陡表明砂土颗粒越均匀，曲线尖峰越高，表明该砂土以某一粒径颗粒为主，粒度组成越均匀；尖峰靠右，表明砂土中粗颗粒越多。3 样品中以平均粒径为 0.567mm（40 目）的颗粒为主。渗透性较强。

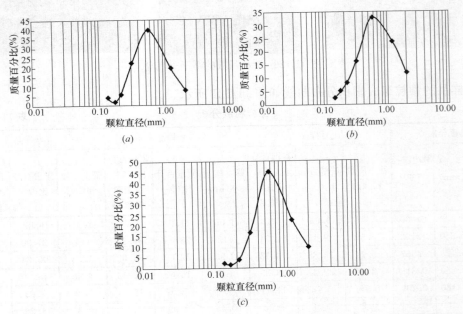

图 11-122　各样品的粒度组成分布曲线

(a) 1 号样品的粒度组成分布曲线；(b) 2 号样品的粒度组成分布曲线；(c) 3 号样品的粒度组成分布曲线

2. 黏土矿物含量分析

黏土矿物 X 射线衍射定性分析是指将所获得的实际样品中的某种黏土矿物的 X 射线衍射特征（d 值、强度和峰形）与标准黏土矿物的衍射特征进行对比，如果两者吻合，就表明样品中的这种黏土矿物与该标准黏土矿物是同一种黏土矿物，从而做出黏土矿物的种属鉴定。

通常采用多晶 X 射线衍射仪，如图 11-123 所示。各土样中黏土矿物 X 射线衍射定量分析结果如表 11-20 所示。

蒙脱石（S）是主要的水化膨胀型黏土矿物。

图 11-123　多晶 X 射线衍射仪

黏土矿物 X-射线衍射定量分析结果　　　　　　　　　表 11-20

土样编号	黏土矿物相对含量(%)						混层比(%S)	
	S	I/S	It	Kao	C	C/S	I/S	C/S
1		91	3	6			6	
2	1	65	32	1	1		18	
3		89	3	4	4		5	

3. 新型高分子聚合物泥水体系

新型高分子聚合物泥水体系配置的目的：

（1）能形成有效的泥膜，让泥浆压力在渗透性高的砂砾岩地层中有效发挥作用。

（2）泥水体系形成泥膜后，失水量适中，保证泥浆从开挖面渗透到一定范围的地层中。

（3）泥水滤液可抑制黏土水化膨胀。

根据不同配方下的防水化膨胀性、失水性、流变性等泥水体系性能的比选，最终确定配方为 3％膨润土，0.2％FA367（两性离子包被剂），0.15％XC（黄原胶），0.2％JT888（防塌剂），1％ NH4-HPAN（水解聚丙烯腈铵盐），1％ FT-1（磺化沥青粉），0.6％ LV-CMC（羟甲基纤维素钠盐），1.5％ CMS（羟甲基淀粉），3％KCL（氯化钾）。根据现场情况此配方可以掺加不同的无机盐使用。其中：

FT-1：防塌，填充孔喉和封堵裂缝，改善泥饼质量，降低滤失量。

膨润土：增加黏度和切力；形成泥饼，降低滤失量。

XC：增黏剂，兼降滤失作用。

CMS：降滤失剂，作用速度快。

LV-CMC：主要用于加重钻井液的降滤失剂，以免引起黏度过大。

FA367：：有效的包被，防止水化，兼降滤失。

JT888：具有抑制页岩水化膨作用，并具有降黏及降滤失的功效

NH4-HPAN：具有一定的防塌效果，抑制黏土水化。

KCL：具有较强的抑制页岩渗透水化的能力。

该防塌泥水配方体系具有：

1）优良的流变失水性能，该配方在常温下失水能保持在 6.0mL 左右，流变性能良好。

2）良好的抑制黏土水化膨胀性能，滤液的防膨率为 95% 左右。

3）很好的抑制黏土水化膨胀及岩屑分散性能。

11.6.4.2　盾构下穿浑河控制措施

盾构始发推进约 230m 后即进入浑河，在穿越浑河阶段，采取了如下应对措施：

（1）补充勘测。进一步查清隧道过河段的地质条件和覆土厚度，为盾构机掘进参数的选取及辅助措施提供第一手准确资料。

（2）设置试验段。盾构进入浑河前，设置一段约 50m 的试验段，摸索最佳的施工参数。

（3）用高分子材料拌制新浆，调整送入开挖面的泥水性能，形成优质泥膜，稳定开挖面。

（4）盾构在掘进时，采用优质盾尾油脂，足量注入，保证盾尾密封效果，防止发生涌水、漏浆。盾尾泄露严重时，采用所制定的应急手段在管片外侧粘贴海绵条的，以增强盾尾防水效果。

（5）加强施工监测及河流、河堤的巡视，根据监测结果及时调整盾构机的施工参数。加强河流、河堤的巡视，观察水面漩涡、气泡及堤坡开裂情况。

（6）严格控制同步注浆量及注浆配比，控制隧道上浮。

（7）严格控制盾构姿态。推进过程中，密切关注盾构轴线偏差，及时进行纠偏调整，保证较好的隧道线形，减小管片接缝错台，提高隧道成环质量。

11.6.4.3　盾构穿越长青桥控制措施

隧道在穿越长青桥施工过程中，主要采用了以下控制措施：

（1）确保盾构穿越时技术措施制定的合理性，对长青桥构造、附近地质、水文等情况进行了详细补勘，取得准确无误的数据，施工阶段遇到特殊土质及时与设计单位联系，修正设计及调整施工方案，确保施工的顺利实施。

（2）在盾构机推进至桥梁影响范围前，布置好监测控制点和仪器，并进行前期监测数据收集，总结规律，指导施工。

（3）穿越时盾构推进参数进行严格的控制。盾构靠近桥梁基础时，推进速度保持匀速，尽量做到均衡施工，减少对周围土体的扰动。推进得过快则刀盘开口断面对地层的挤压作用相对明显，地层应力来不及释放；推得过慢则刀盘的正反转动对地层扰动作用相对明显，容易造成建筑空隙，所以正常推进时速度控制在 2cm/min。盾构纠偏量不急纠、不猛纠，严密注意观察管片与盾壳的间隙，采用稳坡法、缓坡法进行推进，尽可能地减少超挖量。

（4）严格控制同步注浆量及注浆压力，并及时完成注入，防止注浆压力过高造成地层扰动过大。

（5）加强设备保养、维修力量。做到日常多巡视，故障快排除。

（6）加强施工监测，增加监测频率，根据监测数据及时调整盾构机的施工参数；根据需要采用二次注浆加固等措施，确保安全。

（7）穿越期间加强对桥梁的巡视，注意观察裂缝变形情况，以便有针对性的调整施工参数。

11.6.4.4 盾构穿越高压电塔杆控制措施

由于高压电塔杆对沉降倾斜要求很高，为了保证盾构施工期间高压电塔杆沉降变形满足要求，且保证盾构隧道顺利推进，采用了如下施工措施：

（1）在盾构靠近电杆之前，提前设置了临时支撑，做好高压电杆的保护工作。

（2）严格控制盾构的施工参数。盾构靠近电杆基础时，推进速度适中，尽量做到均衡施工，减少对周围土体的扰动。加强盾构姿态控制，减少纠偏。加强泥水性能的控制，形成优质泥膜。加强同步注浆控制，及时填充盾尾建筑间隙，减小沉降。

（3）加强设备保驾力量。做到日常多巡视，故障快排除。

（4）加强施工监测，增加监测频率，根据监测数据及时调整盾构机的施工参数。

（5）盾构穿越后的补压浆及必要的跟踪注浆

在盾构穿越后，对基础的沉降点进行持续地观察，尤其是穿越后的一个月内。将根据土体重新固结引起的沉降量，在隧道内进行后期补压浆，必要时从地面钻孔进行跟踪注浆，以确保基础的安全稳固。

11.6.4.5 盾构穿越不良地质地段及上部管线控制措施

在盾构隧道穿越施工过程中，对于大粒径砾石地质条件对穿越造成的施工影响，主要采用以下施工控制措施：

（1）做好地质补充勘查工作。根据前期勘察资料，针对布点较疏、个别孔样异常的情况进行补充勘察，进一步确定场区地质情况，确保技术措施针对性。

（2）严格控制泥水性能砂性土中掘进时，泥水性能将不断劣化，因此需要不断加入新浆，以调整泥水性能。优质的泥水能在开挖面形成厚厚的泥膜，稳定开挖面的变形，并且能形成聚合体，将大颗粒携带出开挖面。针对本工程区间的砂性土和较多砾石的地质情况，我部采用特别的 PMS 泥浆体系以满足盾构施工泥水性能控制需要。PMS 泥浆体系以膨润土、CMC 为主材，按一定配比加入特殊的高分子材料，形成 PMS 泥浆。在不同阶段，高分子材料配比是不一样的。由此形成的泥浆性能也有所不同。

（3）加强监控测量，优化施工参数。盾构推进时，加强监控测量和施工部门的沟通交流，及时进行施工参数的调整，保证土体沉降满足相关要求。

而对于重要管线（如煤气管、上水管等）采取从地面开挖样洞，直接在管线上布沉降点。一般性管线，在管线上方地表采用钢钉或短钢筋作标记，在盾构穿越时及穿越后进行监测。监测工作由专业人员实施，监测人员分析每次的监测数据及累计数据变化规律，每日监测频率据实际盾构推进情况以及管线沉降量定。

11.6.4.6 盾构穿越施工参数分析

1. 地表变形分析（穿越浑河前）

测点布置如图 11-124 所示。

选取 22 环、42 环及 62 环上方地表监测点，绘制盾构通过监测点前后的沉降变化曲线，如图 11-125～图 11-127 所示。

可以得出以下结论：

（1）整体来看，各监测点处地表沉降控制较好，沉降基本控制在 8mm 以内，没有出现地表隆起的情况，但是由于盾构上方覆土主要为砾砂、圆砾、中粗砂土层，该类地层透水性能好，渗透系数大，外荷作用时主要产生超孔隙水压力，因此地层的力学反应不灵敏。

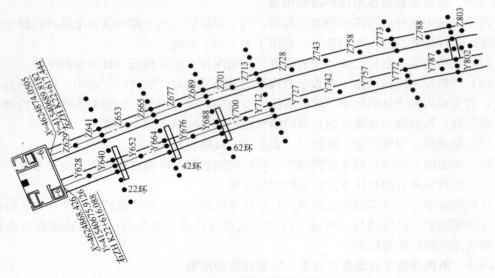

图 11-124　穿越浑河前测点布置图

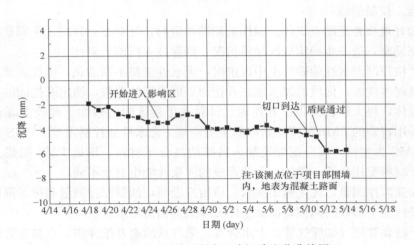

图 11-125　22 环处监测点地表沉降变化曲线图

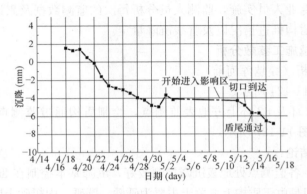

图 11-126　42 环处监测点地表沉降变化曲线图

（2）盾构切口到达监测点时，地表沉降控制在 1～2mm，说明切口水压力设置较合理。

（3）从盾构切口到达至盾尾通过期间，地表仅发生了轻微沉降，并未隆起，这说明盾尾浆液配比和注浆量较为合适。

2. 施工参数调整（穿越浑河段）

（1）切口水压

掘进过程中的切口水压和隧道轴线水土压力计算值的比较如图 11-128 所示。

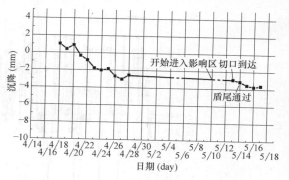

图 11-127　62 环处监测点地表沉降变化曲线图

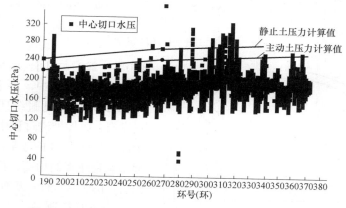

图 11-128　实际切口水压与理论水土压力计算值比较图

在实际工程中，为考虑地下水压和土压的设定误差及送排泥设备中的泥水压变动等因素，实际切口水压力一般比理论计算值大 20～30kPa，但从图 11-128 可见，穿越浑河段切口水压理论计算值介于 220～240kPa 之间，但实际设定值却介于 180～190kPa 之间，切口水压设定值比理论值小 30～40kPa。另外，从下文的干砂量测量结果来看，实际干砂量（31.7m³）大于理论干砂量（29.5m³），说明盾构推进存在一定的超挖现象，也从侧面反映出切口水压设定偏小。

通过现场观察，发现切口水压设定较小主要有以下几个原因：

① 受盾构总推力和刀盘扭矩的限制：根据现场实际推进情况，切口水压设定达到 200kPa 以上时，盾构总推力和刀盘扭矩会突然增大，分别达到 22000kN 和 2000kN·m 以上，超过额定值的 50%，过大的刀盘扭矩对盾构推进不利；

② 受推进速度的限制：切口水压设定值的增大会对土体产生压密作用，导致盾构推进速度减慢，现场推进情况显示，当切口水压设定为 180kPa 时，盾构推进速度可达到 40mm/min，当切口水压设定为 200kPa 时，盾构推进速度将降至 25～30mm/min，当切口水压设定为 230kPa 时，盾构推进速度仅能达到 10mm/min，会很大程度上影响施工工期。

（2）注浆量

盾构机每环注浆量如图 11-129 所示。每环盾尾间隙理论值为 2.77m³，由图可知，除推进初期注浆量较低外，盾尾注浆量基本保持在 150% 左右，且各环注浆量大多处于

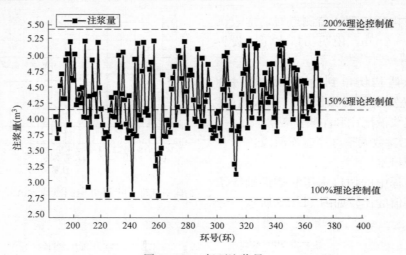

图 11-129　每环注浆量

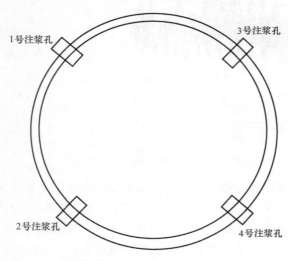

图 11-130　注浆孔布置图

150％～200％之间，满足一般要求。

施工过程中，各注浆孔布置如图 11-130所示。通过统计盾尾各点的注浆量发现，盾构推进过程中，为了抑制管片上浮注浆点 2、4 的注浆量很少，两点注浆会影响到注浆的均衡、稳定，需要时刻关注管片的竖直位移，及时调整注浆方式。

为较好控制地表沉降，在盾构推进过程中，盾构机推进速度应与盾尾注浆流量相匹配。根据理论推导，注浆流量与盾构推进速度应成正比关系，当充填系数为 1 时，斜率理论值为 2.31，如图 11-131 所示为注浆流量与推进速度关系图，注浆流量基本处于散点分布，没有表现出线性关系，说明盾构机在掘进过程中两者之间不匹配，需要进行调整。

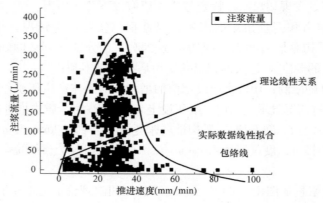

图 11-131　注浆流量与推进速度关系图

3. 盾构姿态

管片上浮是指管片脱离盾尾后，在受到集中应力后产生向上运动的现象。管片上浮会使管片断面产生剪切应力，造成管片的错台、开裂、破损和漏水，降低管片的抗压强度和抗渗能力。监测数据显示，本工程盾构管片也出现了较严重的上浮，如图11-132所示。

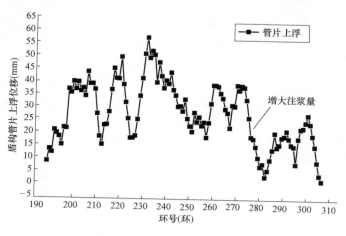

图 11-132　盾构管片上浮情况

从图 11-132 可见，盾构掘进中管片上浮最大值达 57.5mm，超过了报警值；大多数管片的上浮值在 25～50mm 之间，已经接近报警值。

为减轻盾构上浮的趋势，通过以下措施进行控制：

（1）盾构机推进时，将盾构机设定高程降至规定标高以下，即预先向下掘进 50～70mm，加上管片的后续上浮，保证管片的最后上浮量在可控范围内；

（2）将"四点注浆"变更至"两点注浆"，即关闭隧道下部两个注浆孔，仅开启上部两个注浆孔，通过注浆的"下压"作用，抑制管片上浮；

（3）加大注浆量，保证盾尾间隙被填充密实，以防盾尾间隙加重管片上浮。

4. 泥浆质量

当出现泥浆比重过高的问题时，配备压滤机可有效调整泥浆比重，施工过程中泥浆比重达到 1.35 时使用压滤机将泥浆比重降至 1.2，但同时泥浆黏度由 26s 降至 22～23s，脱离了 25s 的标准黏度，通过及时增加化学药剂，稳定了泥浆的质量。

5. 推进速度

刀盘扭矩和推进速度的关系如图 11-133 所示。由图 11-133 可知，刀盘扭矩与推进速度基本上满足递增关系，这是因为扭矩与推力呈线性关系，而推力与推进速度又成正的指数关系，故刀盘扭矩与推进速度也应成递增关系。但同时应该考虑到，当推进速度继续增大时，若刀盘扭矩再大，会超过额定扭矩的 50%，这对盾构机顺利推进是不利的，故施工过程中需要不断关注刀盘扭矩的变化，采取措施避免扭矩过大而影响盾构推进。

千斤顶推力和推进速度的关系如图 11-134 所示。由图可知，千斤顶推力与推进速度没有体现出明显的对应关系。

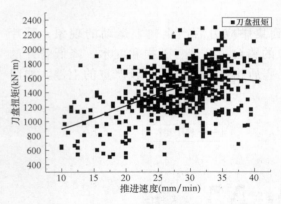

图 11-133　刀盘扭矩和推进速度的关系曲线

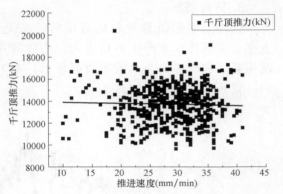

图 11-134　千斤顶推力和推进速度的关系

11.6.4.7　干砂量测量

1. 干砂量测量的必要性

掘削土量的增减是把握掘削面稳定状态的重要指标。掘削土量可由泥水流量、泥水密度的测量值来计算。掘削土量在管理时，首先设定管理基准值，然后确认掘削土量一直处于管理基准值内，从而进行管理。当偏离管理基准值时，就说明掘削面的地层发生了异常情况，需要立即采取措施处理。

干砂量是对切削土量进行管理的有效指标之一，通过测量掘进该环时分离出来的土渣量、经分离后泥浆密度等一系列参数，计算泥水密度，从而求出掘进该环的实际干砂量，最终与理论干砂量对比，了解掘进欠/超挖实际情况。

2. 测量方法

测量掘进环时的干砂量，直接测量参数及对应测量方法如下：

（1）堆积体积

参数设定：

$V_{堆1}$，一级分离砾石堆积体积；

$V_{堆2}$，二级分离中粗砂堆积体积；

图 11-135　泥浆分离系统现场

$V_{堆3}$，三级分离细砂堆积体积。

测量方法：轮式装载机铲斗平装容量一定（$2m^3$），测量时尽量保证每铲达到平装水平；在掘进测试环之前，清空场地上已有的土渣量，掘进完成后，使用轮式转载机铲走土渣，通过计数每级分离系统下的铲斗数得到一、二、三级分离土渣的堆积体积。泥浆分离系统现场如图 11-135 所示，轮式转载机如图 11-136、图 11-137 所示。

（2）土渣堆积密度

参数：$\rho_{堆1}$，砾石堆积密度；$\rho_{堆2}$，中粗砂堆积密度；$\rho_{堆3}$，细砂堆积密度。

测量方法：从固定高度让各级土渣定量自由落下，堆积到一定容器（1000mL）内，测量该容量内土渣的质量，得到堆积密度。测量如图 11-138 所示。

图 11-136　轮式转载机

图 11-137　轮式转载机每挖一次的土方量

图 11-138　堆积密度测量

（3）土渣表观密度

参数：$\rho_{表1}$，砾石表观密度；$\rho_{表2}$，中粗砂表观密度；$\rho_{表3}$，细砂表观密度。

测量方法：排液法测量，如图 11-139 所示。

图 11-139　表观密度测量

（4）泥浆密度

参数：$\rho_{沉降槽}$，沉降槽泥浆密度；$\rho_{调整槽}$，调整槽泥浆密度。

（5）送排泥流量

参数：Q_1，送泥流量；Q_2，排泥流量。

测量方法：泥水管路流量计。

其他参数如下（所有参数均是掘进一环的值或平均值）：

$m_总$，排泥总重；

$m_浆$，经分离系统之后的泥浆重量；

$m_{分离}$，分离出的土渣总重；

m_1，分离出的砾石重量；

m_2，分离出的中粗砂重量；

m_3，分离出的细砂重量；

m_4，未分离出的粉细砂、黏土重量；

$V_浆$，经分离系统之后的泥浆体积；

$V_{分离}$，分离出的土渣体积；

V_1，分离出的砾石体积；

V_2，分离出的中粗砂体积；

V_3，分离出的细砂体积；

V_4，未分离出的粉细砂、黏土真实体积；

ρ，排泥密度。

V^*，实测干砂量；

V，理论干砂量。

3. 测量结果

根据定义，可用如下公式计算：

$$m_{分离}=m_1+m_2+m_3=V_{堆1} \cdot \rho_{堆1}+V_{堆1} \cdot \rho_{堆1}+V_{堆1} \cdot \rho_{堆1};$$

$$V_{分离}=V_1+V_2+V_3=\frac{m_1}{\rho_{表1}}+\frac{m_2}{\rho_{表2}}+\frac{m_3}{\rho_{表3}}$$

$$\rho=\frac{m_总}{Q_2}=\frac{m_浆+m_{分离}}{Q_2}=\frac{\rho_{沉降槽} \cdot V_浆+m_{分离}}{Q_2}=\frac{\rho_{沉降槽} \cdot (Q_2-V_{分离})+m_{分离}}{Q_2}$$

$$V^*=\frac{1}{G_s-1}\left[(\rho-1) \cdot Q_2-(\rho_{调整槽}-1 \cdot Q_1\right]$$

根据测量得到的数据，代入公式可得：

参数	数值	单位
$V_{堆1}$	12.33	m³
$V_{堆2}$	24.47	m³
$V_{堆3}$	11.22	m³
ρ	1.4097	t/m³
V^*	31.7	m³
V	29.5	m³

由计算数据可知：

实测干砂量比理论干砂量大 2.2m³，超挖 7.45％。

其中未分离出的干砂体积 2.4m³，分离出的干砂体积 29.3m³，比例为 1∶12 左右。

4. 干砂量分析

通过以上计算，可得，实际干砂量（31.7m³）大于理论干砂量（29.5m³），实测干砂量比理论干砂量大 2.2 m³，即该环超挖量为 7.45％。实际施工中应注意实测干砂量的变化，密切关注盾构超挖和欠挖状态，保障盾构顺利推进。

11.6.5　穿越施工总体效果

11.6.5.1　工程实施效果

1. 在盾构隧道穿越长青桥施工过程中，周围建筑物、周边管线、道路周围地表均未发现明显裂缝及隆沉。通过对浑河河面及河堤的长期监测，各项监测数值均在可控范围之内。通过沉降监测数据统计发现：长青桥桥墩沉降监测仅为 −1.9 mm，远小于警戒值 10 mm。盾构周围地表最大沉降值为 −8.53 mm，远小于警戒值 25 mm。

2. 新型高分子泥水体系的建立，保证了开挖面水土压力的稳定，为隧道顺利推进奠定基础，隧道日推进进尺达到 20 环（24m/d）。

11.6.5.2　分析总结

通过以上研究和分析，对工程中出现的现象，施工经验归纳如下：

1. 由于砂性地层的力学反应不灵敏，盾构推进对地层及地表的影响相对滞后。

2. 盾构切口地表沉降较小，说明切口水压力设置较合理，一般设置比理论计算值大 20～30kPa，并根据土体实际情况微调。

3. 每环盾尾注浆量大多处于 150％～200％理论值之间，满足一般要求。但是注浆由于盾构上浮而不均衡，施工中应注意保持注浆的均衡、稳定。

4. 每一环的盾尾注浆的同步性不够，施工中应注重注浆量的过程控制，保持"同步"，及时填充盾尾间隙。

5. 干砂量测量显示盾构推进过程有轻微欠挖。实际施工中须注意实测干砂量的变化，密切关注盾构超挖和欠挖状态，保障盾构顺利推进。

6. 盾构机停机时切口水压有"掉压"现象，分析可能与开挖面泥膜质量有关，可采取保压措施，改进泥浆质量来改善正面平衡压力。